XUCHANPIN

JIAGONG JISHU

高职高专"十一五"规划教材

★食品类系列

畜产品加工技术

李慧东 严佩峰 主编 杨宝进 主审

U0285652

化学工业出版社

·北京·

本书是"工学结合，双证配合"的教改教材，全书涵盖肉制品加工技术、乳制品加工技术、蛋制品加工技术三大部分共 22 章的内容。本书在阐述畜产品加工基本原理的同时，以突出实践、实训内容为重点，结合职业技能鉴定相关的内容，重点讲述了畜产品加工的工艺流程、贮藏技术以及质量控制；并根据行业发展特点，增加了关于牛初乳加工技术的介绍，较好地体现了工学结合的特色。为便于实践教学，各章都设置有相应的实训内容和配套复习题，以利于读者巩固所学知识。本书图文并茂，加工实例丰富实用。

　　本书可作为高职高专院校食品、农产品加工专业师生的教学用书，也可作为食品加工企业技术人员的参考书和岗位培训用书。

图书在版编目（CIP）数据

　　畜产品加工技术/李慧东，严佩峰主编. —北京：化学工业出版社，2008.6（2022.2 重印）

　　高职高专"十一五"规划教材★食品类系列

　　ISBN 978-7-122-02578-4

　　Ⅰ. 畜…　Ⅱ.①李…②严…　Ⅲ. 畜产品-食品加工-高等学校：技术学院-教材　Ⅳ. TS251

　　中国版本图书馆 CIP 数据核字（2008）第 103618 号

责任编辑：梁静丽　李植峰　郎红旗　　　　　文字编辑：郭庆睿
责任校对：吴　静　　　　　　　　　　　　　装帧设计：尹琳琳

出版发行：化学工业出版社（北京市东城区青年湖南街 13 号　邮政编码 100011）
印　　装：涿州市般润文化传播有限公司
787mm×1092mm　1/16　印张 17　字数 497 千字　2022 年 2 月北京第 1 版第 11 次印刷

购书咨询：010-64518888　　　　　　售后服务：010-64518899
网　　址：http://www.cip.com.cn
凡购买本书，如有缺损质量问题，本社销售中心负责调换。

定　　价：45.00 元

高职高专食品类"十一五"规划教材
建设委员会成员名单

主 任 委 员　贡汉坤　逯家富

副主任委员　杨宝进　朱维军　于 雷　刘 冬　徐忠传　朱国辉　丁立孝
　　　　　　李靖靖　程云燕　杨昌鹏

委　　　员　（按姓名汉语拼音排列）

边静玮	蔡晓雯	常 锋	程云燕	丁立孝	贡汉坤	顾鹏程
郝亚菊	郝育忠	贾怀峰	李崇高	李春迎	李慧东	李靖靖
李伟华	李五聚	李 霞	李正英	刘 冬	刘 靖	娄金华
陆 旋	逯家富	秦玉丽	沈泽智	石 晓	王百木	王德静
王方林	王文焕	王宇鸿	魏庆葆	翁连海	吴晓彤	徐忠传
杨宝进	杨昌鹏	杨登想	于 雷	臧凤军	张百胜	张 海
张奇志	张 胜	赵金海	郑显义	朱国辉	朱维军	祝战斌

高职高专食品类"十一五"规划教材
编审委员会成员名单

主 任 委 员　莫慧平

副主任委员　魏振枢　魏明奎　夏 红　翟玮玮　赵晨霞　蔡 健
　　　　　　蔡花真　徐亚杰

委　　　员　（按姓名汉语拼音排列）

艾苏龙	蔡花真	蔡 健	陈红霞	陈月英	陈忠军	初 峰
崔俊林	符明淳	顾宗珠	郭晓昭	郭 永	胡斌杰	胡永源
黄卫萍	黄贤刚	金明琴	李春光	李翠华	李东凤	李福泉
李秀娟	李云捷	廖 威	刘红梅	刘 静	刘志丽	陆 霞
孟宏昌	莫慧平	农志荣	庞彩霞	邵伯进	宋卫江	隋继学
陶令霞	汪玉光	王立新	王丽琼	王卫红	王学民	王雪莲
魏明奎	魏振枢	吴秋波	夏 红	熊万斌	徐亚杰	严佩峰
杨国伟	杨芝萍	余奇飞	袁 仲	岳 春	翟玮玮	詹忠根
张德广	张海芳	张红润	赵晨霞	赵晓华	周晓莉	朱成庆

高职高专食品类"十一五"规划教材
建设单位

（按汉语拼音排列）

宝鸡职业技术学院
北京电子科技职业学院
北京农业职业学院
滨州市技术学院
滨州职业学院
长春职业技术学院
常熟理工学院
重庆工贸职业技术学院
重庆三峡职业技术学院
东营职业学院
福建华南女子职业学院
福建宁德职业技术学院
广东农工商职业技术学院
广东轻工职业技术学院
广西农业职业技术学院
广西职业技术学院
广州城市职业学院
海南职业技术学院
河北交通职业技术学院
河南工业贸易职业学院
河南农业职业学院
河南濮阳职业技术学院
河南商业高等专科学校
河南质量工程职业学院
黑龙江农业职业技术学院
黑龙江畜牧兽医职业学院
呼和浩特职业学院
湖北大学知行学院
湖北轻工职业技术学院
湖州职业技术学院
黄河水利职业技术学院
济宁职业技术学院
嘉兴职业技术学院
江苏财经职业技术学院
江苏农林职业技术学院
江苏食品职业技术学院

江苏畜牧兽医职业技术学院
江西工业贸易职业技术学院
焦作大学
荆楚理工学院
景德镇高等专科学校
开封大学
漯河医学高等专科学校
漯河职业技术学院
南阳理工学院
内江职业技术学院
内蒙古大学
内蒙古化工职业学院
内蒙古农业大学职业技术学院
内蒙古商贸职业学院
宁德职业技术学院
平顶山工业职业技术学院
日照职业技术学院
山东商务职业学院
商丘职业技术学院
深圳职业技术学院
沈阳师范大学
双汇实业集团有限责任公司
苏州农业职业技术学院
天津职业大学
武汉生物工程学院
襄樊职业技术学院
信阳农业高等专科学校
杨凌职业技术学院
永城职业学院
漳州职业技术学院
浙江经贸职业技术学院
郑州牧业工程高等专科学校
郑州轻工职业学院
中国神马集团
中州大学

《畜产品加工技术》编审人员名单

主　　编　李慧东　滨州职业学院

　　　　　严佩峰　信阳农业高等专科学校

副 主 编　李常站　济宁职业技术学院

编写人员　（按姓名汉语拼音排列）

　　　　　崔俊林　重庆三峡职业技术学院

　　　　　浮吟梅　漯河职业技术学院

　　　　　李常站　济宁职业技术学院

　　　　　李德海　东北林业大学林学院

　　　　　李殿鑫　广东科贸职业学院

　　　　　李福泉　内江职业技术学院

　　　　　李慧东　滨州职业学院

　　　　　马兆瑞　杨凌职业技术学院

　　　　　慕永利　平顶山工业职业技术学院

　　　　　冉　娜　海南职业技术学院

　　　　　徐恩峰　日照职业技术学院

　　　　　严佩峰　信阳农业高等专科学校

　　　　　袁玉超　郑州牧业工程高等专科学校

　　　　　张百胜　商丘职业技术学院

　　　　　张保军　内蒙古农业大学

主　　审　杨宝进　郑州牧业工程高等专科学校

序

作为高等教育发展中的一个类型,近年来我国的高职高专教育蓬勃发展,"十五"期间是其跨越式发展阶段,高职高专教育的规模空前壮大,专业建设、改革和发展思路进一步明晰,教育研究和教学实践都取得了丰硕成果。各级教育主管部门、高职高专院校以及各类出版社对高职高专教材建设给予了较大的支持和投入,出版了一些特色教材,但由于整个高职高专教育改革尚处于探索阶段,故而"十五"期间出版的一些教材难免存在一定程度的不足。课程改革和教材建设的相对滞后也导致目前的人才培养效果与市场需求之间还存在着一定的偏差。为适应高职高专教学的发展,在总结"十五"期间高职高专教学改革成果的基础上,组织编写一批突出高职高专教育特色,以培养适应行业需要的高级技能型人才为目标的高质量的教材不仅十分必要,而且十分迫切。

教育部《关于全面提高高等职业教育教学质量的若干意见》(教高〔2006〕16号)中提出将重点建设好3000种左右国家规划教材,号召教师与行业企业共同开发紧密结合生产实际的实训教材。"十一五"期间,教育部将深化教学内容和课程体系改革、全面提高高等职业教育教学质量作为工作重点,从培养目标、专业改革与建设、人才培养模式、实训基地建设、教学团队建设、教学质量保障体系、领导管理规范化等多方面对高等职业教育提出新的要求。这对于教材建设既是机遇,又是挑战,每一个与高职高专教育相关的部门和个人都有责任、有义务为高职高专教材建设做出贡献。

化学工业出版社为中央级综合科技出版社,是国家规划教材的重要出版基地,为我国高等教育的发展做出了积极贡献,被新闻出版总署领导评价为"导向正确、管理规范、特色鲜明、效益良好的模范出版社",最近荣获中国出版政府奖——先进出版单位奖。依照教育部的部署和要求,2006年以来,化学工业出版社在"教育部高等学校高职高专食品类专业教学指导委员会"的协助下,邀请开设食品类专业的60余家高职高专骨干院校和食品相关行业企业作为教材建设单位,共同研讨开发食品类高职高专"十一五"规划教材,成立了"高职高专食品类'十一五'规划教材建设委员会"和"高职高专食品类'十一五'规划教材编审委员会",拟在"十一五"期间组织相关院校的一线教师和相关企业的技术人员,在深入调研、整体规划的基础上，编写出版一套食品类相关专业基础课、专业课及专业相关外延课程教材——"高职高专'十一五'规划教材★食品类系列"。该批教材将涵盖各类高职高专院校的食品加工、食品营养与检测和食品生物技术等专业开设的课程，从而形成优化配套的高职高专教材体系。目前，该套教材的首批编写计划已顺利实施，首批60余本教材将于2008年陆续出版。

该套教材的建设贯彻了以应用性职业岗位需求为中心，以素质教育、创新教育为基础，以学生能力培养为本位的教育理念；教材编写中突出了理论知识"必需"、"够用"、"管用"的原则；体现了以职业需求为导向的原则；坚持了以职业能力培养为主线的原则；体现了以常规技术为基础、关键技术为重点、先进技术为导向的与时俱进的原则。整套教材具有较好的系统性和规划性。此套教材汇集众多食品类高职高专院校教师的教学经验和教改成果，又得到了相关行业企业专家的指导和积极参与，相信它的出版不仅能较好地满足高职高专食品类专业的教学需求，而且对促进高职高专课程建设与改革、提高教学质量也将起到积极的推动作用。

希望每一位与高职高专食品类专业教育相关的教师和行业技术人员，都能关注、参与此套教材的建设，并提出宝贵的意见和建议。毕竟，为高职高专食品类专业教育服务，共同开发、建设出一套优质教材是我们应尽的责任和义务。

贡汉坤

前　言

随着现代食品加工技术的飞速发展，尤其是畜产食品工业的迅速发展，大、中、小型企业的相继建立，畜产品加工行业高技能人才日见短缺。高等职业院校食品加工技术专业开设畜产品加工技术课程的目的就是为社会培养合格的高技能型人才。为此，在化学工业出版社协助下，编写了《畜产品加工技术》，作为高职高专食品专业通用教材。

本书在理论知识上本着"适度、必需、够用"的原则，注重突出高职高专教育以实验实训教学和技能培养为主导方向的特点，改变了以往教材中过于注重理论而忽视实践的不足，加强了实践、实训方面的内容，达到精练、实用的目的；在结合职业技能鉴定内容的基础上，突出了"工学结合"的教学思想，每章后附有实验实训内容和配套练习题。

全书共分三篇23章，第一篇为肉制品加工技术，主要讲述肉制品加工的基础知识、畜禽屠宰与分割肉技术、肉类冷藏技术、干制肉制品加工技术、腌腊肉制品加工技术、熏烤肉制品加工技术、酱卤肉制品加工技术、香肠制品加工技术、西式火腿制品加工技术；第二篇为乳制品加工技术，主要讲述乳的成分及性质、原料乳的验收及预处理、乳的加工处理、液态乳加工技术、酸牛乳加工技术、干酪加工技术、炼乳加工技术、乳粉加工技术、奶油加工技术、冰淇淋加工技术、干酪素加工技术、牛初乳加工技术；第三篇为蛋制品加工技术，主要讲述蛋的基础知识和蛋制品加工技术。

本书参加编写人员分工如下：第一章、第三章由张保军编写；第二章由李殿鑫编写；第四章由冉娜编写；第五章由慕永利编写；第六章由张百胜编写；第七章、第八章由袁玉超编写；第九章由浮吟梅编写；第十章、第十五章、第十六章由崔俊林编写；第十一章、第十二章由马兆瑞编写；第十三章由李慧东编写；第十四章、第十七章由李福泉编写；第十八章、第二十二章、第二十三章由李常站编写；第十九章由严佩峰编写；第二十章由徐恩峰编写；第二十一章由李德海编写。全书由李慧东统稿。本书邀请了郑州牧业工程高等专科学校、教育部高等学校高职高专农林牧渔类专业教学指导委员会秘书长杨宝进教授审稿，并提出了宝贵的修改建议，在此深表感谢。

本书在编写过程中，参阅了相关的文献和资料，同时得到了化学工业出版社的大力支持，在此对这些作者和单位一并表示感谢。

尽管本编写队伍在探索教材"工学结合、双证配合"特色建设方面做出了许多努力，但由于编者水平和能力有限，书中疏漏和不妥之处在所难免，敬请广大读者批评指正。

编者

2008 年 6 月

目　　录

第二篇 乳制品加工技术

第一篇 肉制品加工技术

- 肉制品加工的基础知识
- 畜禽屠宰与分割肉加工
- 肉类冷藏技术
- 干制肉制品加工技术
- 腌腊肉制品加工技术
- 熏烤肉制品加工技术
- 酱卤肉制品加工技术
- 香肠制品加工技术
- 西式火腿制品的加工

第一章　肉制品加工的基础知识

【知识目标】　从形态学上掌握肉的组织结构及熟悉不同组织的特性；掌握肉的化学组成、物理性质和营养特点；熟悉屠宰后肉的僵直、成熟、腐败的过程；掌握僵直的类型、控制僵直和促进成熟的方法；了解肉制品加工中常用的辅料的基础知识。

【能力目标】　能够对肉质进行评定及对屠宰后的肉进行简单处理。

【适合工种】　肉品采购员。

要研究肉品科学及其加工技术，需了解肉的组织、形态结构及基本的物理性质，这样才能充分利用肉中各种组织，根据其形态结构和性质的变化加工出优质的肉制品。

第一节　肉的形态学与化学组成

一、肉的形态学

广义地讲，肉与肉制品包括动物的骨骼肌、动物腺体、器官（舌、肝、心、肾和脑等）及以上对象进行加工的各类制品。从商品学观点出发，一般把肉理解为胴体，指畜禽屠宰放血致死后，除去毛、皮、尾、头、四肢下部和内脏后剩下的部分。

从营养和人类利用的角度出发，按照肉的形态结构可粗略地将动物组织划分为脂肪组织、肌肉组织、结缔组织和骨骼组织，肉的品质同以上各组织的构成比例有密切的关系。一般而言，肉中的肌肉组织越多，含蛋白质越多，营养价值越高；脂肪组织越多，热能含量越高；骨骼和结缔组织越多，质量越差，营养价值越低。肉中几种组织的组成比例因动物种类、品种、年龄、性别、营养状况、肥瘦程度等不同而异。不同年龄的猪胴体各组织的比例见表1-1。

表 1-1　不同年龄猪胴体各种组织的比例　　　　　　单位：%

年　　龄	肌肉组织	脂肪组织	结缔组织	骨骼组织
5个月	50.3	31.0	8.3	10.4
6个月	47.0	35.0	8.5	9.5
7.5个月	43.5	41.4	6.8	8.3

注：资料引自马美湖等．动物性食品加工学，2003。

肉中除以上主要组织外，还有神经组织、淋巴组织、血管等，只是它们在胴体中所占的比例极小，营养学上的价值不大，所以，在肉的形态结构中，不予讨论。

1. 肌肉组织

作为肉的主要组成成分，肌肉组织是决定肉品质量的重要组织部分，同时也是肉品加工的主要对象。肌肉组织从生理解剖学和组织学上可以明显地分为三类：一是附着在骨骼上的横纹肌（骨骼肌），二是存在于内脏中的平滑肌（内脏肌），三是构成心脏的心肌。

（1）横纹肌　骨骼肌和心肌因在显微镜下观察有明暗相间的条纹被统称为横纹肌，人们所说的肌肉组织主要是指横纹肌，其中与肉品加工有关的主要是骨骼肌。下面重点介绍骨骼肌的构造与形态。

① 宏观结构。畜体肌肉的基本构造单位是肌纤维，肌纤维由一层很薄的结缔组织膜围绕，使之隔开，此膜叫肌内膜，同时畜体肌肉中还含有少量的结缔组织、脂肪组织、腱、血管、神经、淋巴或腺体等，它们按一定的组成规律构成横纹肌。从组织学角度讲，每50～150根肌肉纤维聚集成肌束，称为初级肌束；每个肌束的表面包围着一层结缔组织的薄膜，此膜叫肌束膜或肌周膜。由数十条初级肌束集结形成次级肌束，次级肌束表面包围着一层较厚的结缔组织膜。由多个次级肌束集结形成大块肌肉，大块肌肉的表面也包围着一层很厚的结缔组织膜，此膜称为肌外膜。

　　肌纤维之间由微细纤维网状组织连接着，纤维网状组织中分布有大量的微细血管，在内肌周膜和外肌周膜中间分布着血管、淋巴管及神经组织等，还有大量的脂肪细胞沉积。由于脂肪沉积于肌肉组织中，使肌肉具有良好的嫩度和多汁性，并在肌肉横断面呈现大理石花纹，纹理的粗细与肌束的横断面有关，也同内外肌周膜的厚度及内肌周膜处脂肪的沉积有关。脂肪沉积得越多，肌束的纹理结构显得越细，如育肥良好的牛肉脂肪沉积多，切面是大理石状态的纹理。当动物营养状态良好时，脂肪先在肌肉间大血管周围蓄积，然后按外肌周膜、内肌周膜、肌束内的顺序沉积。在营养状态非常好时，肌纤维之间也会沉积脂肪。

　　② 微观结构。和其他组织一样，肌肉组织也是由细胞构成的。由上述可知，构成肌肉组织的基本单位是肌纤维，肌纤维呈多核长纺锤形（细长圆筒状），两端逐渐尖细，不分支，因此也称为肌纤维细胞（肌细胞）。肌纤维长度由数毫米到 100mm，直径 $10\sim100\mu m$。

　　肌纤维的粗细随动物种类、年龄、营养状况、肌肉的活动情况等不同而有所差异。猪肉的肌纤维比牛肉细，幼龄动物比老龄动物细，雌性比雄性细；同一种动物不同部位，由于肌肉的活动程度不同，肌纤维的粗细也不同，活动越少，肌纤维越细；营养状况不同，肌纤维差异就更显著。因此，可以根据肌纤维的粗细鉴别畜禽肉的种类及评定肉的质量。

　　横纹肌是由肌原纤维的排布所构成的。肌原纤维是肌纤维的主要组成部分，直径 $0.5\sim2\mu m$，肌肉的伸长和收缩是由于肌原纤维的伸长和收缩而造成的。在肌原纤维之间充满着胶体溶液，这种胶体溶液称为肌浆或肉浆。肌浆呈红色，含有大量肌溶性蛋白质和溶酶体等，溶酶体含有能分解蛋白质的多种酶，它们对肉的成熟具有重要意义；此外，还含有肌红蛋白质，它是肌肉呈红色的主要成分。

　　③ 肌节的结构。肌原纤维上的横纹用电子显微镜观察有一定周期的重复，横纹重复一个周期的单位即为肌节。静止状态时肌节长度为 $2.3\mu m$。

　　在显微镜下观察，肌原纤维的横纹结构是明暗相间的。肌原纤维上具有双折光性呈深暗的区

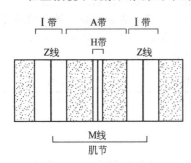

图 1-1　肌节的结构

域，称为 A 带或暗带，该区宽约 $1.5\mu m$。具有单折光性呈明亮的浅色区域，称为 I 带或明带，该区宽约 $0.8\mu m$。A 带（暗带）的中间有一宽约 $0.4\mu m$ 的宽纹区（稍明区），叫做 H 带或 H 区。H 带的中央有一褶折性发暗的深线，叫做 M 线或中膜（又称为中线）。明亮区 I 带中间有一细丝状的暗条纹，叫做 Z 线或间隔。前面所说的肌节是指两个相邻 Z 线之间的区域，实际上包括两个半段的 I 带区和一个完整的 A 带区。肌节的结构见图 1-1。

　　在电子显微镜下观察，每条肌原纤维又由许多更细微的肌微丝即超原纤维组成。超原纤维主要有两种：一种是全部由肌球蛋白分子组成的较粗的肌球蛋白微丝，简称粗丝；另一种主要是由肌动蛋白分子组成的较细的肌动蛋白微丝，简称细丝。细丝除含有肌动蛋白外，还含有肌球蛋白和肌钙蛋白。这三种蛋白质都参与骨骼肌的收缩活动，所以统称为收缩蛋白。

　　（2）平滑肌　平滑肌由成束或分层聚集的平滑肌纤维细胞构成，在肌肉中所占比例很小。平滑肌的肌纤维呈菱形，纵切面呈椭圆球形、三角形和多边形等不同的形状，其细胞核呈长卵圆形。平滑肌主要构成血管壁、胃肠以及其他内脏器官的管壁，维持各种内脏的正常形态和位置，是完成各种内脏运动功能的肌肉。在肉品加工上，部分平滑肌可以用于制作肠衣等产品，肠衣作为肉制品的包装容器，亦可加工后直接食用。

　　（3）心肌　心肌是构成心脏的肌肉组织，主要分布于心脏中，构成心房和心室壁的肌层，在靠近心脏的大血管壁上也有分布。心肌在肉类中的比例少，除直接食用外，也可从其中提取天然色素，用于改善肉制品的色泽。

　　2. 脂肪组织

　　脂肪组织可以存在于畜禽身体的各个部位，其主要是由退化的疏松结缔组织和大量脂肪细胞积聚而成。脂肪组织是胴体中仅次于肌肉组织的第二个重要组成部分，具有较高的食用价值，是决定肉品质量的重要因素，它对于改善肉质、提高风味具有重要意义。

脂肪组织的主要成分是脂肪，占87%～92%，其次为水分（6%～10%）、蛋白质（1.3%～1.8%）以及少量的酶、色素和维生素。脂肪的构成单位是脂肪细胞，单个或成群的脂肪细胞借助于疏松结缔组织连接在一起，细胞中心充满脂肪滴，细胞核被挤到周边。脂肪细胞是动物体内最大的细胞，其大小与畜禽的育肥程度及不同部位有关，脂肪细胞越大，里面的脂肪滴越多，出油率越高。

胴体中脂肪量变化范围很大，一般占活重的2%～40%，多积聚在皮下、肾脏周围和腹腔内，有些特殊种类的家畜还贮存在特殊部位，如大尾绵羊蓄积在尾内，骆驼蓄积在驼峰中等。脂肪的颜色随畜禽种类、品种及饲料中的色素而有不同，如猪和山羊的脂肪为白色，其他畜禽的脂肪多带有黄色，幼畜脂肪的颜色较老龄畜稍浅；夏季家畜因吃青草多，脂肪稍呈黄色（含有较多的B族维生素），冬季则多呈白色。脂肪的相对密度、熔点、凝固点及理化指标也随家畜品种、个体、饲料和脂肪在胴体中的位置而有不同，如肾脏周围、皮下和腹腔中的脂肪熔点高，喂青菜多的猪肉脂肪的熔点较喂谷类饲料的低。

脂肪与肉的风味有很重要的关系。脂肪若在肌肉中沉积会形成大理石纹状，这种肉较嫩而多汁，营养价值高，营养成分丰富，如猪等肉用家畜。脂肪在活体组织内起着保护组织器官和提供能量的作用，是肉制品风味的前体物质之一。现已证实，肉中的脂类物质主要是结构脂类，会改变加热处理肉的风味性质，可以产生肉香味和异味。脂类对肉品风味形成的作用已经得到了广泛的研究，如目前已经研究甘油三酸酯（TAG）和磷脂（PL）对肉品香味形成的影响，并建立了模拟系统。

3. 结缔组织

结缔组织是肉的次要成分，在动物体内分布很广，对各器官组织起到支持和连接作用，使肌肉保持一定的弹性、韧性和硬度。结缔组织的主要纤维有胶原纤维、弹性纤维和网状纤维三种，以前两种为主。

结缔组织在畜禽胴体中的含量为9.7%～12.4%，其因家畜（禽）种类、年龄状况、使役程度和存在部位不同而有很大的差异。役用家畜和老年（龄）家畜其肌肉中的结缔组织就多；同一畜体的不同部位也有差异，躯体的前半部较后半部多，下半部比上半部多。结缔组织由细胞、纤维和无定形基质组成。

结缔组织中的蛋白质为非全价蛋白，不易消化吸收，食用价值较低，结缔组织含量高还使肉的硬度增加，但可以利用其加工胶冻类食品。

4. 骨组织

骨由骨膜、骨质和骨髓构成。不同屠宰率的动物其骨组织所占比例不同，成年动物骨骼的含量比较恒定，变动幅度较小。猪骨占胴体的12%～20%，牛骨占15%～20%，羊骨占17%～35%，兔骨占12%～15%，鸡骨占8%～17%。

骨组织的食用价值较低，其化学成分中水分占40%～50%，胶原蛋白占20～30%，无机质约占20%。无机质的成分主要是钙和磷。只有骨腔内所含骨髓及烧煮后获得的骨胶原可供食用。将骨骼粉碎可以制成骨粉，作为饲料添加剂，此外用其还可熬出骨油、骨胶和骨泥。骨泥是肉制品的良好添加剂，也可用于其他食品以强化钙和磷。

二、肉的化学组成

肉类的化学组成主要包括蛋白质、脂肪、糖类、维生素、矿物质和水等，这些成分因动物的种类、品种、性别、年龄、饲养条件、营养状态及部位的不同而有变化，不同畜禽肉的主要化学组成见表1-2。

表 1-2　不同畜禽肉的化学组成

单位：%

名　　　称	水　　分	蛋　白　质	脂　　肪	灰　　分
牛肉（瘦）	65.7～71.3	16.5～21.3	7.9～13.7	0.8～1.1
牛肉（肥）	47.1～62.3	15.0～19.5	18.7～35.7	0.8～1.0
犊牛肉（瘦）	72.3～76.3	20.4～21.3	1.9～6.1	1.1～1.2
犊牛肉（肥）	69.9～73.3	18.7～20.2	6.5～19.3	0.9～1.0

名　　称	水　分	蛋 白 质	脂　肪	灰　分
羊肉(瘦)	50.2~67.4	16.0~19.8	12.4~16.3	0.7~1.1
羊肉(肥)	39.9~43.3	13.9~14.7	41.7~44.9	0.8~1.0
羔羊肉	53.1~63.9	18.3~19.1	16.5~28.3	1.0~1.1
猪肉(肥)	38.7~57.2	12.4~14.5	34.2~50.0	0.8~1.0
猪肉(瘦)	65.2~72.6	17.4~20.1	6.6~12.7	1.0~1.1
鸡肉	71.8	19.5	7.8	2.0

注：资料引自靳烨．畜禽食品工艺学．中国轻工业出版社，2004。

1. 水分

水是肉中含量最多的组成成分，且分布不均匀。肌肉含水70%~80%，骨骼含水12%~15%，皮肤含水60%~70%。肉中水分含量多少及其存在状态影响肉的加工质量及贮藏性。一般来讲，保持适宜比例水分的肉和肉制品鲜嫩可口、多汁味美、色泽鲜亮，但水分过多时容易引起细菌、霉菌等微生物繁殖，导致肉的腐败变质；当水分含量下降或脱水后肉的颜色、风味和组织状态受到严重影响，并加速脂肪氧化。

2. 蛋白质

肌肉中蛋白质的含量约占鲜重的20%左右，仅次于水，占固形物的80%。按照蛋白质在肌肉组织上分布位置的不同，可分为肌原纤维蛋白、肌浆蛋白、基质蛋白和颗粒蛋白四类。

3. 脂肪

脂肪广泛地存在于动物体中，其含量亦因育肥程度不同而异，在育肥阶段可达30%~40%。纯净的脂肪无味、无色、无臭，但含有其他物质的天然脂肪，则因畜禽种类不同而具有各种风味，如羊肉的特有气味一般认为和辛酸、壬酸等中级饱和脂肪酸有关。

4. 浸出物

浸出物是指除蛋白质、盐类、维生素以外能溶于水的浸出性物质，包括含氮浸出物和无氮浸出物。组织中浸出物成分的总含量是2%~5%，以含氮化合物为主，酸类和糖类含量比较少。浸出物的成分与肉的风味密切相关。浸出物中的还原糖与氨基酸之间的非酶促褐变反应对肉的风味具有很重要的作用，而某些浸出物本身即是呈味成分，如谷氨酸、肌苷酸是肉的鲜味成分，肌醇有甜味，以乳酸为主的有机酸有酸味等。

5. 矿物质

矿物质含量约为1.5%，这些无机物在肉中有的以离子状态存在，如镁、钙离子；有的以螯合状态存在；有的与糖蛋白和酯结合存在，如硫、磷有机结合物。肉是磷、铁和锌的良好来源。

6. 维生素

肉中维生素主要有维生素 A、维生素 B_1、维生素 B_2、维生素 C、维生素 D、烟酸、叶酸等，其中脂溶性维生素较少，而水溶性维生素相对较多。肉是 B 族维生素的良好来源。

第二节　肉的物理性质与肉质

肉的物理性质主要有密度、比热容、导热系数、冰点、色泽、风味、保水性、pH 值和嫩度等。这些性质与动物种类、年龄、性别、膘情、宰前状态、部位、宰后处理和贮藏条件等密切相关，直接影响着肉的食用品质和加工性能。

一、肉的物理性质

1. 密度

肉的密度是指单位体积肉的质量（kg/m³）。密度与动物种类、育肥程度和膘情等因素有关，脂肪含量愈多则密度愈小。去掉脂肪的牛羊猪瘦肉密度为1020~1070kg/m³。中等肥度的猪肉为940~960kg/m³，猪脂肪为850kg/m³。

2. 比热容

比热容因肉的含水量和脂肪含量的不同而不同，含水量多比热容高，当冻结或融化时比热容增高，肉中脂肪含量多则正好相反。

3. 导热系数

导热系数指在一定温度下，每小时每米传导的热流量。导热系数受肉的组织结构、部位、水分和脂肪含量及冻结状态等诸多因素的影响。肉的导热系数大小决定着肉的冷却、冻结及解冻时温度升降的快慢，导热系数随温度的下降而增大，这是因为冰的导热系数比水大 4 倍，因此冻肉比鲜肉更易导热。

4. 肉的冰点

不同种类和不同膘情畜禽肉的冰点不同，但肉的冰点主要取决于肉中盐类物质的浓度，浓度愈高冰点愈低。

二、肉的品质

1. 肉的颜色

肌肉的颜色是重要的食用品质之一，它是由肌肉和脂肪的色泽决定的。肉的颜色本身对肉的营养价值和风味并无多大影响，其重要意义在于它是肌肉的生理学、生物化学和微生物学变化的外部表现，消费者可以通过颜色对肉的新鲜程度和品质好坏做初步判断。

肉的颜色是由肉中的肌红蛋白（Mb）和血红蛋白（Hb）的含量与变化状态所决定的，肌红蛋白为肉自身的色素蛋白，它决定肉的固有颜色；血红蛋白存在于血液中，它受宰前状态和宰后放血情况影响较大，从而对肉的颜色产生影响。

肉的颜色变化还决定于肉在空气中贮存时，色素蛋白和氧结合的程度以及铁的氧化程度。当铁的状态没有改变，仍为二价的时，其颜色的变化取决于氧的存在。当还原型的肌红蛋白和氧结合形成氧合肌红蛋白时，肉呈鲜红色。当肉贮存较久时，肌红蛋白就和氧发生强烈的氧化作用，生成氧化型肌红蛋白，二价的铁成为三价的铁，肉呈褐色。但空气中的氧对肉块表面的浸透程度较浅，仅为肉表面下 2cm 左右，因此，大块肉的深部不产生氧化型肌红蛋白，肉块切断面中心仍为鲜红色。肉的氧化变色速度受氧含量、湿度、温度、空气流速等影响，温度越低、湿度越大，保持鲜红色泽时间就长。据试验，牛胴体在 7℃ 条件下放置，在良好的管理下，可促使鲜红色的形成。同样温度条件下，空气流动快，促进肉表面干燥，加快肉的氧化褐变。

冻结使肉色变暗，因冻结后肉中还原酶失去活性，加上肉汁渗出，促进氧化。加热也使肉色变褐，但受温度不同而有所区别。牛肉加热到 60℃ 时，呈鲜红色（内部）；60～70℃ 时呈粉色；70～80℃ 以上时呈淡棕色。猪肉加热后内外呈灰白色。

肉的颜色变化还受自身 pH 值的影响。动物在宰前糖原消耗过多，僵直后肉的极限 pH 值高，易出现生理异常肉。此外，肉在贮藏时受微生物污染其颜色也会发生变化，污染细菌分解蛋白质使肉色浑浊；污染霉菌则使肌红蛋白分解，使肉质变坏，肉色出现变绿、变黑、发荧光等现象。

2. 肉的风味

肉的风味又称肉的味质，是指生鲜肉的气味和加热后肉及肉制品的香气和滋味。它是肉中固有成分经过复杂的生理生化变化产生各种有机化合物所致。迄今为止已经从不同的肉品的挥发性物质中鉴定出 1000 多种化合物，但是绝大多数的挥发性化合物对肉的风味几乎没有影响，而且没有某一种化合物能代表肉品的风味。

（1）气味　气味是肉中具有挥发性的物质随气流进入鼻腔，刺激嗅觉细胞通过神经传导到大脑嗅区而产生的一种刺激感。愉快感为香味，厌恶感为异味、臭味。肉香味化合物主要是通过氨基酸与还原糖间的美拉德反应，蛋白质、游离氨基酸、糖类、核苷酸等生物物质的热降解和脂肪的氧化作用三个途径产生的。

动物种类、性别和饲料等对肉的气味也有很大影响。生鲜肉散发出一种肉腥味，羊肉有膻味，特别是晚去势或未去势的公猪、公牛及母羊的肉有特殊的气味；饲料含有的某些物质如硫丙烯、二硫丙烯等会移行在肉内，发出特殊的气味；肉在冷藏时，由于微生物在肉表面繁殖形成黏液性的菌落，而后产生明显的不良气味。肉在不良环境贮藏或与带有刺激性的挥发物质，如葱、蒜、鱼等混合贮藏，会吸收外来异味，称为串味或移臭。

（2）滋味　滋味是由溶于水的呈味物质刺激人的味蕾，通过神经传导到大脑而产生的味感。肉中具有滋味特性的最重要的成分是氨基酸、肽类、有机酸、核苷酸及其他滋味增强剂等。有试验表明，在脂肪中人为地加入一些物质如葡萄糖、肌苷酸、含有无机盐的氨基酸（谷氨酸、甘氨酸、丙氨酸、丝氨酸、异亮氨酸），在水中加热后，具有和肉一样的风味，从而证明这些物质为肉风味的前体物质。

贮藏肉品风味劣变的主要原因是脂肪自动氧化，特别是磷脂成分降解所产生大量的挥发性化合物，另外脂类的自动氧化引起颜色、质地及食品其他功能特性的变化，导致营养价值和食品安全性的降低。

3. 肉的保水性

肉的保水性即持水性或系水性，是指肉在压榨、加热、切碎搅拌时，保持水分的能力，或在向其中添加水分时的水合能力。这种特性对肉品加工的质量有很大影响，是肉质评定的重要指标之一。

保水性实质上是肌肉蛋白质形成的网状结构、单位空间及物理状态捕获水分的能力，捕获水量越多，保水性越大。肉的保水性不仅对肉的滋味有十分重要的影响，而且关系到肉制品的质地、风味、嫩度和组织状态。影响保水性的因素是多方面的，如肉的种类、畜禽个体差异、宰前生理状况、宰后的生物化学变化、pH值、腌制加工等都能影响肉的保水性。

4. 肉的嫩度

所谓嫩度，简单地讲就是指口腔咀嚼时对肉组织状态的感觉，即肉的老嫩程度，事实上它是由牙齿切断肉所需的力、肉的多汁性和咀嚼后肉在口中的残渣量构成的综合指标。肉的嫩度是消费者选择肉和肉制品的重要衡量指标，其决定着肉的烹调和加工产品的最终感官质量。对于像牛、马这样体型大、生长周期长、肌肉纤维粗和结缔组织较多的"红肉"来说，嫩度的大小尤为重要。在人为评定肉的嫩度时，由于受评定人员主观因素的影响，目前除品尝试验外，使用最多的主要是反映剪断单位体积肉品所需的机械力。

肉的嫩度受动物的种类、品种、性别、年龄、使役情况、肉的组织状态、结缔组织构成、宰后生物化学变化、热加工、水化作用、pH等诸多因素的影响。如猪肉较嫩，水牛肉较韧，宰前活动少的畜体较活动频繁的肉嫩。

第三节　屠宰后肉的变化

动物刚屠宰后，肉温还没有散失，柔软且具有较小的弹性，这种处于生鲜状态的肉称为热鲜肉。经过一定时间，依次经历肉的僵直、肉的成熟、肉的腐败三个连续变化过程。在肉品工业生产中应控制僵直、促进成熟、防止腐败。

一、肌肉的僵直

屠宰后的肉尸（胴体）经过一定时间，肉的伸展性逐渐消失，并失去弹性。肌肉由弛缓变为紧张，无光泽，关节失去活动，呈现僵硬状态，这种现象称为肌肉的僵直或尸僵。发生僵直变化的肉不适于加工和烹调。

1. 僵直的形成机制

畜禽屠宰后，有氧呼吸停止，供给肌肉的氧气也就中断了。在正常有氧条件下，每个葡萄糖单位可氧化生成39分子ATP，而缺氧情况下只能生成3分子ATP，肌肉中ATP的供应受阻；同时，CP-ADP-肌酸激酶反应系统中，高能贮存物质肌酸磷酸（CP）的供应也减少，导致肌肉中的ATP含量急剧减少。然而由于肌浆中ATP酶的作用，体内ATP的消耗仍在继续进行，因此动物死后，ATP的含量迅速下降。同时缺氧情况下产生的酸性物质使肉pH下降。ATP减少及pH下降的双重作用使肌质网功能失常，引起肌肉收缩表现为肉尸僵硬。

2. 肌肉僵直的类型

根据肌肉极限pH的变化，僵直可分为三种类型：家畜在宰前保持健康安静状态，属于正常屠宰并且屠宰处理较好的动物肌肉的僵直，称为酸性僵直；处于疲劳状态下的家畜屠宰后动物肌肉所产生的僵直，称为碱性僵直；处于饥饿状态下的家畜被屠宰后动物肌肉所产生的僵直，称为中间型僵直。

3. 肌肉的收缩形式

僵直过程中，肌肉有三种收缩形式。一般的僵直过程称为热收缩，其收缩程度和温度有较大关系。当牛、羊、火鸡肉在屠宰后 2～3h 内，pH 值下降到 5.9～6.2 之前，也就是僵直状态完成之前，在 0～1℃温度条件下冷却，引起肌肉的显著收缩现象，称为寒冷收缩；采用电刺激的方法可防止寒冷收缩带来的不良影响。肌肉在僵直未完成前进行冻结，在解冻时产生的僵直现象，称为解冻僵直，可在肌肉形成最大僵直之后再进行冷冻，以避免这种现象的发生。

二、肉的成熟

僵直持续一定时间后即开始缓解，肉的硬度降低，保水性有所恢复，使肉变得柔嫩多汁，并具有良好的风味，最适于加工食用，这个过程即为肉的成熟。

1. 肉的成熟机制

关于肉的解僵实质，很多学者进行了大量的研究，至今尚未明确，下面简单介绍一些有价值的论述。

（1）肌原纤维小片化　肌肉僵直肌原纤维产生收缩的张力，使 Z 线在持续的张力下发生断裂，张力的作用越大，小片化的程度越大，使整个肌肉变得松软，嫩度改善。这种肌原纤维断裂现象被认为是肌肉软化的直接原因。

（2）肌动蛋白和肌球蛋白纤维之间结合变弱　虽然肌动蛋白和肌球蛋白的结合强度尚不十分清楚，但是随着贮藏时间的延长，肌原纤维的分解量逐渐增加，这与肌原纤维小片化是一致的。小片化是从肌原纤维的 Z 线处崩解，正表明肌动蛋白和肌球蛋白之间的结合减弱。

（3）肌肉中结构弹性网状蛋白的变化　肉中结构弹性网状蛋白随着贮藏时间的延长和弹性的消失而减少，当弹性达到最低值时，结构弹性网状蛋白的含量也达到最低值，随着肉类在成熟软化时结构弹性网状蛋白的消失，肌肉弹性降低，逐渐导致肌肉的解僵软化。

2. 成熟肉的变化

（1）pH 的变化　刚屠宰的肉的 pH 为 6～7，约经 1h 开始下降，僵直时 pH 达到最低，为 5.4～5.6，而后随着保藏时间的延长开始慢慢地上升。

（2）保水性的变化　肉在成熟过程中保水性又会提高。保水性的提高和 pH 变化有关，随着解僵，pH 逐渐偏离了等电点，蛋白质静电荷增加，使结构疏松；此外随着成熟的进行，蛋白质分解成较小的单位，从而引起肌肉纤维渗透压增高，因而肉的保水性增高。需要说明的是，保水性只能部分恢复，不可能恢复到原来状态。

（3）嫩度的变化　随着肉成熟的发展，肉的柔软性产生显著的变化。刚屠宰完的生肉柔软性最好，僵直时达到最低的程度，随着成熟的进行嫩度又回升。

（4）风味的变化　肉在成熟过程中由于蛋白质受组织蛋白酶的作用，游离的氨基酸含量有所增加，其中最多的是谷氨酸、精氨酸、亮氨酸、缬氨酸、甘氨酸，这些氨基酸都具有增强肉的滋味和香气的作用，所以成熟后的肉类风味提高。此外，肉在成熟过程中，ATP 分解产生次黄嘌呤核苷酸（IMP），它为味质增强剂。

3. 促进肉成熟的方法

不少国家如新西兰、澳大利亚等采用一定的条件加快肉的成熟过程，提高肉的嫩度。

（1）物理方法

① 提高温度。温度高成熟得快，但这样的肉颜色、风味都不好。威尔逊（Wilson）等试验曾利用 0.46Gy γ 射线照射牛肉，获得嫩度效果相同的肌肉时间可缩短 10 多倍。

② 施行电刺激。所谓电刺激是家畜屠宰放血后，在一定的电流电压下，对胴体进行通电，从而达到改善肉质的目的。电刺激主要用于牛、羊肉中，该方法可以防止寒冷收缩。电刺激有高电压和低电压之分，目前趋向于使用低压电刺激。

③ 力学方法。肌肉僵直时带骨肌肉收缩，这时以相反的方向牵引，可使僵硬复合物形成最

少。通常成熟时，将跟腱用钩挂起，此时主要是腰大肌受牵引。如果将臀部用钩挂起，不但腰大肌短缩被抑制，同时半腱肌、半膜肌、背最长肌均受到拉伸作用，可以得到较好的嫩度。

（2）化学方法　屠宰前注射肾上腺素、胰岛素等，使动物在活体时加快糖的代谢过程，肌肉中糖原大部分被消耗或从血液中排出，使肉的 pH 处于 6.4～6.9 的水平，始终保持柔软状态。

在最大僵直期时，往肉中注入 Ca^{2+} 可以促进软化；刚屠宰后注入某些化学物质如磷酸盐、氯化镁等可以减少僵直的形成。

（3）生物学方法　基于肉内蛋白酶活性可以促进肉质软化考虑，也有从外部添加蛋白酶强制其软化的可能。目前常用的有木瓜蛋白酶，具体可采用临屠宰前静脉注射或刚宰后肌肉注射。

三、肉的腐败变质

成熟过程的加深就是肉的腐败变质。肉的腐败变质是指肉在组织酶和微生物作用下发生质的变化，最终失去食用价值的过程。肉在自溶酶作用下的蛋白质分解过程，称作肉的自体溶解。由微生物作用引起的蛋白质分解过程称为肉的腐败，肉中脂肪的分解过程称为酸败。

1. 肉的腐败因素

在正常条件下屠宰的肉类，肌肉中含有相当数量的糖原，死后由于糖原的酵解，形成乳酸，使肌肉的 pH 从最初的 7.0 左右下降到 5.4～5.6（呈酸性），腐败细菌不能在肉表面发展。但是随着贮藏时间的延长，在酸性介质中可以很好繁殖的酵母菌和霉菌，并产生蛋白质的分解产物氨类等，使肉的 pH 值升高，从而为腐败细菌的繁殖创造了良好的条件。因此，pH（6.8～6.9）较高的病畜肉类以及十分疲劳状态下屠宰的畜肉容易遭到腐败。

在屠宰、加工、流通等环节中外界微生物的感染是导致肉的腐败的主要因素。在上述肉的 pH 值变化形势下，微生物作用不仅带来了肉的感官性质、颜色、弹性、气味等品质上的变化，同时降低了肉的营养价值或由于微生物生命活动代谢产物形成有毒物质，因此这一条件下腐败的肉类，可能引起消费者的食物中毒。

2. 肌肉组织的腐败

肌肉组织的腐败就是蛋白质受微生物作用的分解过程。由微生物所引起的蛋白质的腐败作用是复杂的生物化学反应过程，所进行的变化与微生物的种类、外界条件、蛋白质的构成等因素有关。

微生物对蛋白质的腐败分解，通常是先形成蛋白质的水解初步产物——多肽，多肽与水形成黏液，附在肉的表面。多肽能溶于水，煮制时转入肉汤中，使肉汤变得黏稠浑浊，利用这点可鉴定肉的新鲜程度。

蛋白质进一步分解形成的氨基酸，在微生物分泌酶的作用下，发生复杂的生物化学变化，最终分解产生 CO_2、H_2O、NH_3、H_2S 等物质。

3. 脂肪的氧化和酸败

肉在贮藏中，最容易变化的成分之一为脂肪。此变化一方面来自脂肪组织本身所含酶和细菌产生酶的作用，另一方面由于空气中的氧而发生氧化作用。

能产生脂肪酶的细菌可使脂肪分解为脂肪酸和甘油。一般说来，有强力分解蛋白能力的需氧细菌的大多数均能分解脂肪。细菌中具有分解脂肪特性的菌种有假单胞菌属，其中分解脂肪能力最强的是荧光假单胞菌；能分解脂肪的常见霉菌有黄曲霉、黑曲霉、灰绿青霉等。

氧化反应产生的过氧化物越多，说明脂肪的酸败越严重，不宜长期贮存。因此，通常以油脂的过氧化值的大小表示油脂的变质情况。

第四节　肉制品加工中常用的辅料

一、调味品

1. 咸味剂

（1）食盐　食盐在肉制品加工中和贮藏中的作用，是以防腐和调味为目的，是影响制品口味最重要的调味品。食盐有助于防腐保鲜、提高肉品的保水性和黏着性，从而可以保持肉品的良好质地和口感。

加工过程中向肉中加入食盐后，盐溶液可以使肉中的肌动蛋白、肌球蛋白等溶出，提取更为容易。添加量上限为肉的 5%～6%，下限为肉的 1%，超过此范围效果不明显。经验证，对于瘦肉，加工腌制时，食盐的添加量为肉质量的 3% 为合适。近年来，科学饮食提出了味淡、食盐含量低的食品更有利于健康。但是，从使用食盐的根本目的考虑，食盐对肉制品的添加比例最少不应低于肉质量的 2%。

（2）酱油　酱油是营养丰富、风味独特的调味品，含有多种氨基酸、有机酸、醇类、酯类，而且具有特殊色泽。各种肉制品应按其风味需要，选择不同质量、特色的酱油。

2. 鲜味剂

（1）谷氨酸钠　俗称味精，是无色或白色的柱状结晶，具有独特的鲜味，它易溶于水，在制品中非常容易分散，加工（加热）中性质稳定，受 pH 和其他化学作用的影响不大，使用非常方便。在肉制品中一般使用量为 0.25%～0.50%。

（2）肌苷酸钠　肌苷酸钠是白色或无色的结晶或结晶性粉末。肌苷酸钠常与谷氨酸钠同用，一般向肉中添加 0.5% 左右的谷氨酸钠，相应可以加入 0.01%～0.02% 的肌苷酸钠。

3. 甜味剂

（1）蔗糖　蔗糖是白色或无色的结晶性粉末，甜味较强，易溶于水。经验证，向肉制品中加入适量蔗糖后会调和各种味道，使"百味协调"；加蔗糖后还会使肉的质地变得更为松软，使肉品的色调更为佳美。蔗糖添加量以 0.5%～1% 为宜。

（2）葡萄糖　白色晶体或粉末，常作为蔗糖的代用品，其甜度略低于蔗糖。葡萄糖除有调味作用外，还可以通过腌制中的生物化学作用，来调节肉品的 pH 和氧化-还原电位，使之有利于形成良好的风味和口感。食用葡萄糖的添加量为肉质量的 0.3%～0.5% 为妥。

（3）果糖　因其具有使光的偏振面向左旋转的特性又称为左旋糖。与葡萄糖一样，果糖是自然界中最主要的两种单糖之一，其甜味强于蔗糖。果糖很容易消化，不需胰岛素的作用，能直接被人体代谢利用，适于糖尿病患者和幼儿食用，可以在专供糖尿病患者食用的肉松或专供幼儿食用的儿童肠等肉制品加工中采用作为甜味剂。

（4）麦芽糖　在欧美，麦芽糖浆在肉制品加工中是在腌制过程中为提高风味而添加的，添加量占原料肉总量的 2.5%。

4. 其他调味品

（1）酒　用于肉制品的调味用酒有许多种类，主要有白酒和黄酒。由于酒香浓郁、味道醇和，酒在肉制品加工中可以去腥膻，并给肉品带来特有的醇香风味。但经实践发现，采用塑料肠衣的灌制品加入酒，则会产生异味。

（2）酱　各种酱大都含有丰富的氨基酸、脂肪、糖类，中国酱的种类丰富，常用的有黄豆酱、豆豉、甜面酱、虾酱等，可以给肉制品添加独特的风味。

（3）醋　醋在肉制品制作中具有增鲜、调香、解腻、去腥等作用，还具有一定的杀菌作用。

二、天然香料与香精

1. 天然香辛调味料

许多植物的种子、果肉、茎叶、根具有特殊的芳香气味、滋味，能给肉制品增添诱人食欲的各种风味、滋味，它们常常具有促进人体胃肠蠕动、加快消化吸收的作用。香辛料还可以矫正或调整原料肉的生、臭、腥、臊、膻味，是肉制品加工过程中不可缺少的重要辅料。

（1）红辣椒　红辣椒为传统肉制品加工中的常用调味剂，其有效成分是辣椒素。辣椒素是从红辣椒中提取而得，呈红色油状液体，具有辛辣味，可做着色剂和调味剂。辣椒精采用溶剂萃取法从红辣椒中精制而得，呈黏稠状深棕色液体，味道纯正，极其辛辣，广泛用于辣味食品的调味。

（2）姜　姜的辛辣味的化学成分主要是姜油酮、生姜醇以及姜油等挥发性物质。其香味化学成分主要是柠檬醛、沉香醇、冰片等。

生姜具有独特的辛辣气味，有去腥、膻及增香作用。在肉制品生产中常用于红烧、酱卤和炒制等加工。

（3）胡椒 胡椒作为调料在中国古代一般是荤素菜肴、腌卤肉制品的香辛料之一，但在现代西式肉制品加工中，是占主要地位的重要香辛料。

（4）小豆蔻 小豆蔻的呈味成分为精油，芳香味很浓，有除臭压腥作用，肝肠、猪肉肠、汉堡饼等制品中常用。

（5）肉豆蔻 肉豆蔻的果皮、干燥后的果肉，其主要香味成分为α-松油二环烯、肉豆蔻醚、丁香酚等。肉豆蔻含脂肪较多，油性大，气味芳香，在中、西肉制品中使用均很普遍。

（6）丁香 精油成分为丁香酚和丁香素等挥发性物质，具有浓烈的香气。在中国，是传统卤肉制品常用的香料。

（7）茴香 俗称小茴香，为中国传统肉制品的调料之一。风味物质挥发油的主要成分是茴香脑50%～60%，茴香酮10%～20%，并可挥发出特异的茴香气，也是用途较广的香料调味品之一。

（8）肉桂 俗称桂皮，由樟树皮干燥制成。桂皮特有的香味的化学成分中含有桂皮醛、丁香油酚等物质。桂皮有特殊的香味，是中国肉制品加工中重要的香味料。

（9）大蒜 大蒜的根、茎、叶、花薹，尤其是其短缩的鳞茎（蒜瓣）都含有挥发性的大蒜素。大蒜素可起到压腥去膻的调味功能，还可以帮助消化，增进食欲；尤其重要的是，它具有消毒杀菌的功效。所以在肉制品加工中常将大蒜捣成蒜泥后加入，在煮制中提高制品风味。

（10）芫荽 俗称香菜，其叶、梗有特殊香味，常作为肉品的芳香性调味料。芫荽不仅是制作中式传统肉制品的调料，在西式肉制品中，应用也极为普遍，如猪肉香肠、法兰克福香肠等的制作过程中，芫荽均是常用的香辛料。

2. 食用香精

肉制品加工中使用的食用香精主要是烟熏剂，多为液体制剂。烟熏香味料的香气浓郁、纯正、持久、诱人，并有增进食欲和延长肉制品货架寿命的功能。烟熏液易溶于水，可根据产品口味调配适宜浓度直接加入肉品原料中，用量一般占总物料质量的0.05%～0.3%。

三、肉类加工中的乳化剂

肉糜制品实际上是一类胶体系统的肉制品。只有肉与辅料中的蛋白质、脂肪、水以及其他成分建立起高度均一的体系，产品在熟化之后，才会性质稳定，没有油、水析出现象，因此要使用一定量的稳定剂。

（1）酪蛋白酸钠 它是一种酪蛋白的钠盐，是最有效的一种肉制品乳化剂。酪蛋白酸钠可在脂肪球的表面形成约$1\mu m$的强韧的亲水蛋白膜，起到乳化作用，而且在巴氏杀菌温度下，不具热凝固性，所以这层酪蛋白膜不会因热变性而收缩，从而稳定了肉糜的脂肪-蛋白质-水体系。用于午餐肉，添加量为1.5%～2.0%；用于灌肠肉类，添加量为0.2%～0.5%。

（2）卵磷脂 食品添加剂卵磷脂是由大豆油脂中提取出的一组磷脂物质，食品用的卵磷脂添加剂有三类，分别是粉末状的改性卵磷脂制品、复合物磷脂和液体磷脂。

四、肉类保鲜防腐剂

为了降低霉菌、酵母、细菌等对肉制品新鲜度的影响，越来越多的防腐剂在肉制品中使用。鲜肉的保鲜剂包括乙酸、柠檬酸、乳酸、乳酸钠和磷酸盐等，许多试验已经证明，这些物质单独使用或几种配合使用，对鲜肉保存期均有一定影响。

五、肉类加工着色剂

肉制品以前使用的着色剂有焦油系的合成色素，由于这些色素已被证明对人的健康有害，近年来主要使用植物性、动物性和微生物性天然色素。

1. 红曲色素（红曲米）

红曲米为整粒米或不规则形的碎米，外表呈棕紫红色或紫红色，质轻脆，断面为粉红色，无虫蛀及霉变，微有酸气，味淡。红曲色素具有对pH稳定，耐热、耐光性强，几乎不受Fe^{2+}、Cu^{2+}等金属离子的影响及对蛋白质有良好的染着性等特点。

2. 辣椒红

辣椒红主要着色成分为辣椒红素和辣椒玉红素，属于类胡萝卜素，具有乳化分散性、耐热性、耐酸性均好，耐光性稍差和不受金属离子影响的特点。加入肉制品中，可使制品呈现鲜红色。

3. 胭脂虫红

胭脂虫红是带光泽的红色碎片或深红色粉末，溶于碱液，微溶于热水，几乎不溶于冷水和稀酸，可用于香肠等肉制品。

4. 高粱红

高粱红可从天然植物中提取，与水调节使用，使产品具有优美的深红色。

5. 叶黄素

叶黄素是从万寿菊中提取的一种天然色素，属于类胡萝卜素类物质，具有色泽鲜艳、抗氧化、稳定性强、无毒害、安全性高的特点。

6. 姜黄色素

姜黄色素系采用物理方法从天然植物中提取，分油溶和水溶两种。油溶剂型先用食用油稀释后再混合于食品中，添加量为 0.01%；水溶剂型可直接用水调稀，再与食品混合，用量为 1:10000～1:150000。

【本章小结】

基于对肉品科学及其加工的目的，本章首先从营养学的角度介绍了肉的四种组织结构：肌肉组织、脂肪组织、结缔组织和骨骼组织，其中肌肉组织和脂肪组织是人类利用的主要部分。肌肉组织包括横纹肌、平滑肌和心肌，从宏观和微观的角度较为详细地阐述了该组织的结构和功能，可根据其形态特征结合肉品加工选择不同的肌肉组织；脂肪组织存在于畜禽身体的各个部位，与肉的风味有重要关系。肉的化学组成主要包括蛋白质、脂肪、碳水化合物、维生素、矿物质和水等，简单介绍了肉品中这些成分的含量、特征及对肉品品质的影响。

肉的物理性质主要有密度、比热容、导热系数、冰点、色泽、风味、保水性、pH 和嫩度等，这些性质直接影响着肉的食用品质和加工性能。其中色泽的重要意义在于消费者可通过其对肉的新鲜程度和品质好坏做初步判断；肉的风味包括气味和滋味，可通过人的高度灵敏的嗅觉和味觉器官而反映出来；保水性对肉的品质有很大影响，其数值的高低可直接影响肉的风味、颜色、嫩度等；肉的嫩度是消费者最重视的食用品质之一，它决定了肉在食用时口感的老嫩，是反映肉质地的重要指标。

宰后肉经历僵直、成熟、腐败过程，介绍了以上过程的发生机制、形式及相应措施。在肉品生产和加工过程中，要控制尸僵、促进成熟、防止腐败。肉的僵直是由于 ATP 供应受阻及其含量急速下降所致，发生僵直变化的肉不适于加工和烹调；肉的成熟使肉变得柔嫩多汁，并具有良好的风味；肉的腐败则是肉的成熟过程的深化，主要是蛋白质和脂肪的分解过程。

结合肉品各种加工辅料的特性，正确使用对提高肉及肉制品的质量、增加肉制品的花色和品种、提高其营养价值和商品价值均具有重要意义。

【复习思考题】

一、名词解释

1. 肉与肉制品　2. 肌节　3. 串味　4. 保水性　5. 嫩度　6. 僵直　7. 肉的成熟　8. 肉的腐败变质

二、判断题

1. 脂肪在活体组织内起着固定内脏、保护组织的作用。（　　）

2. 肉品中水分含量过多或过少均会导致肉的品质下降。（　　）

3. 从商品学观点出发，肉指畜禽屠宰放血致死后，除去毛、皮、头、四肢剩下部的部分。（　　）

4. 肌肉组织从生理解剖学和组织学上可以明显地分为三类：横纹肌、平滑肌和心肌。（　　）

5. 畜体肌肉的基本构造单位是肌原纤维。（　　）

6. 鲜肉比冻肉更易导热。（　　）

7. 处于僵直期的肉对于进行加工和烹调并无影响。（　　）

8. 畜类刚屠宰后注入氯化镁等可以减少僵直的形成；在最大僵直期时，往肉中注入 Mg^{2+} 可以促进软化。（　　）

9. pH 较高的畜肉及十分疲劳状况下屠宰的畜肉容易腐败。（　　）

10. 肉和肉制品中的过氧化物越高，说明脂肪的酸败越严重。（　　）

三、选择题

1. 肉中的（　　）越多，热能含量越大。

A. 骨骼组织　　　　　B. 脂肪组织　　　　　C. 肌肉组织　　　　　D. 结缔组织

2. 相比较而言，下列（　　）动物肌纤维是最细的。

A. 牛　　　　　　　　B. 猪　　　　　　　　C. 羊　　　　　　　　D. 兔

3. 肌节是指两个相邻 Z 线之间的区域，实际上包括（　　）。

A. 一个半段的 I 带区和一个完整的 A 带区　　　B. 两个半段的 I 带区和一个完整的 A 带区

C. 两个半段的 I 带区和半个 A 带区　　　　　　D. 一个半段的 I 带区和半个 A 带区

4. 肌肉组织中浸出物成分的总含量是 2%～5%，其中以（　　）为主。

A. 含氮化合物　　　　B. 酸类物质　　　　　C. 糖类物质　　　　　D. 无氮化合物

5. 肉的颜色在贮藏过程中发生褐变，主要是由于（　　）氧化所致。

A. 脂类物质　　　　　B. Fe^{2+}　　　　　　C. 糖类物质　　　　　D. 蛋白质

四、填空题

1. 按肉的形态学，动物组织可分为_____、_____、_____和_____。

2. 骨由_____、_____和_____构成。

3. 比热容因肉的含水量和脂肪含量的不同而不同，含水量多比热容_____，当冻结或融化时比热容增高，肉中脂肪含量多则_____。

4. 肌肉的颜色是重要的食用品质之一，它是由_____和_____决定的；肉的风味又称肉的味质，是指生鲜肉的气味和加热后肉及肉制品的_____和_____。

5. 贮藏肉品风味劣变的主要原因是脂肪自动氧化，特别是_____成分降解所产生大量的挥发性化合物，另外_____的自动氧化引起颜色、质地及食品其他功能特性的变化，导致营养价值和食品安全性的降低。

6. 僵直可分为三种类型，分别是_____、_____和_____。

7. 肉在僵直过程中，肌肉有三种收缩形式，分别是_____、_____和_____。

8. 肉在成熟过程中，pH 发生显著的变化。刚屠宰后的肉的 pH 为_____，约经 1h 开始下降，僵直时达到最低，而后随着保藏时间的延长开始_____。

9. 随着肉成熟的发展，肉的柔软性产生显著的变化。刚屠宰完的生肉柔软性_____，僵直时达到_____，随着成熟的进行嫩度又_____。

10. 肉在贮藏中，肌肉组织的腐败就是蛋白质受_____作用的分解过程；脂肪最容易发生变化，此变化一方面来自_____的作用，另一方面由于_____而发生氧化作用。

五、简述题

1. 简述肉的组织形态及其各部分的构造特点。

2. 简述肉中水分含量对肉的品质影响。

3. 简述形成肉色的物质及影响肉色变化的因素。

4. 简述肉品风味劣变的原因。

5. 简述肉的保水性及影响保水性的因素。

6. 简述肉的嫩度及影响嫩度的因素。

7. 简述宰后肉的变化及各过程的特征。

8. 简述促进肉成熟的方法。

9. 简述尸僵的形成机制。

10. 简述导致肉品腐败的因素及控制措施。

六、技能题

试对某屠宰场现场屠宰的畜肉进行取样分析，分别从感官、理化及微生物指标三方面分析肉质状况并说明该批肉品能否直接上市。

【实训一】　肉的品质评定

一、实训目的
通过实验要求掌握肉质评定方法和标准。

二、实训原理
通过评定或测定肉的颜色、保水性、嫩度、大理石纹，对肉的品质作出综合评定。

三、主要仪器、设备
肉色评分标准图，大理石纹评分图，定性中速滤纸，钢环允许膨胀压力计，分析天平。

四、实训方法和步骤

1. 肉色
猪宰后 2～3h 内取最后 1 个胸椎处背最长肌的新鲜切面，在室内正常光度下用目测评分法评定。评分标准见表 1。应避免在阳光直射或室内阴暗处评定。

表 1　肉色评分标准①

肉色	灰白	微红	正常鲜红	微暗红	暗红
评分	1	2	3	4	5
结果	劣质肉	不正常肉	正常肉	正常肉	正常肉

① 为美国《肉色评分标准》。因我国的猪肉较深，故评分 3～4 者为正常。

注：引自蒋爱民. 畜产食品工艺学. 中国农业出版社，2000。

2. 肉的保水性
测定保水性使用最普遍的方法是压力法，即施加一定的重量或压力，测定被压出的水量与肉重之比或按压出水所湿面积之比。我国目前现行的测定方法用 35kgf(343N) 压力法度量肉样的失水率。

(1) 取样　在第 1～2 腰椎背最长肌处切取 1.0mm 厚的薄片，平置于干净橡皮片上，再用直径 2.523cm 的圆形取样器（圆面积为 5cm²）切取中心部肉样。

(2) 测定　切取的肉样用感量为 0.001g 的天平称重后将肉样置于两层纱布间，上下各垫 18 层定性中速滤纸。滤纸外各垫一块书写用硬质塑料板，然后放置于改装钢环允许膨胀压力计上，用均速摇动把加压至 35kgf(343N)，保持 5min，撤除压力后立即称肉样质量 (g)。

(3) 计算

$$失水率＝加压后肉样质量(g)÷加压前肉样质量(g)×100\%$$

计算系水率时，需在同一部位另采肉样 50g，按常规方法测定含水量后按下列公式计算：

$$系水率＝(肌肉总质量－肉样失水量)/肌肉总水分量×100\%$$

3. 肉的嫩度
嫩度评定采用主观评定。主观评定是依靠咀嚼和舌与颊对肌肉的软、硬与咀嚼的难易程度等方面进行综合评定。感官评定可从以下三个方面进行：咬断肌纤维的难易程度、咬碎肌纤维的难易程度或达到正常吞咽程度时的咀嚼次数和剩余残渣量。

4. 大理石纹
大理石纹反映了一块肌肉内可见脂肪的分布状况。通常以最后一个胸椎处的背最长肌为代表，用目测评分法参照大理石纹评分图进行评定：脂肪只有痕迹评 1 分；微量脂肪评 2 分；少量脂肪评 3 分；适量脂肪评 4 分；过量脂肪评 5 分。如果评定鲜肉时脂肪不清楚，可将肉样置于冰箱内在 4℃下保持 24h 后再评定。

五、注意事项
以感官评定的项目需在专业人员的指导下，熟悉感官评定的具体细则，避免主观因素对实验结果带来较大差异。

第二章 畜禽屠宰与分割肉加工

【知识目标】 掌握屠宰设施、宰前管理、畜禽的屠宰过程；掌握分割肉的加工要点。

【能力目标】 能够独立完成宰前管理、畜禽屠宰过程中各工序的工作；能胜任分割肉加工中各工序的工作。

【适合工种】 猪屠宰加工工。

第一节 屠宰设施

一、屠宰厂建厂原则

1. 选址原则

肉用畜禽的屠宰不仅与肉的品质和卫生状况有密切的关系，而且对环境卫生也有很大影响。因此屠宰厂不论规模大小和设备条件如何，在厂址的选择上均应遵循国家现行规定，内部的布局设施必须合乎卫生原则的要求。屠宰厂的建造应服从下列三个原则：经济；有效的布局和分区；高度的卫生水平。其中卫生状况是最为重要的。所以在厂址选择时，要考虑建筑设备和管理问题，防止其成为危险的公共卫生场所。

被划定建造屠宰厂的地点应远离住宅区、医院、学校、水源及其他公共场所，距离至少为500m，应尽量避免位于居民区的下游和下风向或者是上游和上风向，以免污染和被污染；地下水位不得近于地面1.5m，以保证场地干燥和清洁；建筑物必须选择合理的方向，以获取良好的光线和通风条件；除此之外，有条件的企业可在厂房周围进行适当的绿化，既可挡风又可美化环境。

屠宰加工厂应建在交通便利的地方，最好靠近公路和铁路。应有完善的供水设备和排水系统，生产用水必须引自清洁卫生的水源。污水必须经过净化处理和消毒，经检验符合排放标准后方可排入公共下水道、河流或用于灌溉农田。牲畜粪便和胃肠内容物必须在专门处理场所进行无害处理，方可运出作为肥料。

2. 屠宰厂布局设置原则

屠宰厂内应设有下列车间：宰前饲养管理车间、屠宰加工车间、冷却间、肉制品加工间、冷库、病畜隔离及急宰间、副产品加工车间等。各车间的布局要合理，既要互相联系又要互相隔离，要按照原料—半成品—成品的顺序流水作业，不能互相接触或逆行操作，以免交叉污染。厂内除生产车间外，还应有制冷、供电、供水及污水处理等设施和行政区及生活区。

二、屠宰加工车间的建筑卫生要求

屠宰加工车间是屠宰厂和肉类加工厂最重要的车间，供给其他所有车间所需的原料，如果其设备不卫生或技术程序不合理，将使肉品产生卫生质量问题，所以屠宰车间的建筑卫生要求是非常严格的。加工车间不论是平房或楼房，各工序间应按流水作业的要求前后排列，互相连接，应设有相对的两个门，分别供作原料和产品的出入之用，以免原料污染产品，影响肉品卫生。

1. 布局

屠宰加工车间的布局应遵循以下要求：①要有效地利用建筑面积；②在胴体上作业的顺序，如屠宰、放血、除内脏、胴体修整等必须是连续的流水作业；③屠宰与胴体修整区需分开，分别在脏区和半净区进行；④胃肠冲洗室等较脏的作业区应远离主要胴体作业区；⑤建筑内的水、电、照明、排水设施要设置得方便简单；⑥各作业区之间的距离不宜过大；⑦容易进行彻底清洁。

2. 卫生要求

（1）地面 车间的地面要求由透水、防腐蚀的材料建成，表面要平整，并有一定斜度，易于清洁和消毒。

（2）墙壁　要用光滑、耐用、不透水的浅色材料建成，易污染墙面最好贴白瓷砖，可洗表层距地面至少2m，墙与地面相接处需呈内圆角。窗台应向内倾斜，使其不能放置任何东西。窗户与地板面积的比例为1∶4或1∶6。

（3）光照　车间内光线要充足，照明尽量采用充足的、不变色光源，光线要均匀、柔和，避免阳光直射；人工照明以日光灯为好，以免影响肉品色泽，有碍病理变化的正确判定。

（4）传送设备　屠宰加工的各个车间之间应设置架空轨道或其他传送装置，以便运送胴体和内脏，节省劳动力并能避免交叉污染；轨道下应设表面光滑的金属或水泥斜槽，供收集血液、肉屑及污水之用；一般的工厂也应配备一定数量的小车及手推车来运送屠宰产品。

3. 通风设备的要求

胴体的修整和处理车间内应有良好的通风与排除水蒸气设备，对工作人员的健康和产品质量均有好处。北方利用自然通风即可，南方则要配备通风设备，但要避免高速度的空气流动。门窗的开设要适合空气的对流，要有防蝇、防蚊装置；有条件的企业最好装有通风孔，空气的交换以每小时1～3次为宜，交换的次数决定于悬挂新鲜肉的数量和外部湿度。

4. 供水、排水的卫生要求

车间供水应充足，最好备有冷、热两用的水，水质须经当地卫生部门检验，符合饮用水的卫生标准；为了及时排除屠宰车间的污水，保持生产地面的清洁和防止产品污染，必须建造完善的下水道系统。地面斜度适中并有足够的排水孔，保证下水道的畅通无阻，既保证污水充分排出，又要防止碎肉块、脂肪屑及污物等进入排水系统，以利于污水的净化处理。

5. 其他

屠宰厂内还应具备下列设施：专门的化验室；供洗手、消毒和清洗工具的设备；屠宰车间内的中控化验室；工作人员更衣室。

生产车间内严禁吸烟及乱扔烟头、杂物、纸屑，严禁随地吐痰和吃食物；工作人员进入车间必须穿戴专用工作服、鞋、帽，工作服不准穿出车间，并做到每天更换；要保持良好的卫生习惯，做到勤洗澡、勤理发、勤换衣，严禁留长发和长指甲；要定期对厂区、车间、通道、排酸库及工作台、器械、设备进行消毒。

屠宰加工车间的上述各种卫生要求，也适用于各副产品的加工车间。

三、屠宰加工企业的污水处理

屠宰污水的处理日益受到重视。屠宰厂和肉联厂等排出的污水是典型的有机混合物，具有较高的生化需氧量，水体的污染程度即以水体中有机污染物的高低来衡量，通常以BOD值来表示。此值愈高，说明水体污染越严重。针对各种水质，我国都制定了相应的质量标准。屠宰污水经过处理达到标准后才允许排出。

第二节　屠宰畜禽的选择和宰前管理

一、屠宰畜禽的品质选择

关于畜禽的品质选择，日本及西欧一些国家要求屠畜标准化，这是符合科学原理的，也是一种趋势，目前在我国尚不能达到此要求，但是，随着改革开放步伐加快，相信这一趋势会很快出现的。

1. 品种的选择

不同的品种，有不同的出肉率，肉的品质也有很大差别。例如肉用牛的出肉率就比其他品种牛的出肉率高；不同品种猪的瘦肉率差别较大，肉的风味也各具特色，所以在实际生产中应按要求区别选择品种。

2. 品质选择

猪肉的消费在我国肉类消费中占据举足轻重的地位，现将其品质选择方法介绍如下。

猪的品质选择到目前为止，仍沿用以肥瘦为主的计算方法，这就促使了群众养大猪、养肥猪的积极性，因为计算瘦肉率的方法不易普及，也没有经验，所以不提倡养"瘦肉型"猪。

"看猪先看圈，看猪先识肋"。所谓"看圈"是指猪的出处，是哪个地区猪，睡的什么圈。山地猪、北方猪，一般是睡硬圈，体质结实，瘦肉多，肉内含水分少，因此出肉率高。睡土圈的猪，一般是南方猪，在相同的肥瘦和体重水平上，出肉率就低一些，与前者比每百千克相差4～5kg。"看猪先看肋"，即所谓单脊与双脊、膨肋与瓜肋之分。膨肋即肋骨膨起，以双脊为多，这样的猪出肉率较低；瓜肋即肋骨挂下，像扁豆角，说明有肉，以单脊为多。

另外，在品种、地区一致或相似，个体大小相同的条件下，还要看食量和毛色、皮色。肥度大小与出瘦肉率有相当的联系，肥度愈高，则出瘦肉的比例愈低，肥猪出瘦肉率只在 50％以下，肥膘小的猪出瘦肉率可达 52％～58％。

饲养时间长短以及饲养方式不同，出瘦肉率也有明显差异。饲养时间长或先拖架子后育肥的饲养方式饲养的猪，出瘦肉少。

二、屠宰前的准备与管理

屠宰的畜禽必须符合国家颁布的《家畜家禽防疫条例》、《肉品检验规程》的相关规定，经检疫人员出具检疫证明，保证健康无病，方可作为屠宰对象。动物在屠宰前，都要进行宰前检验和宰前管理。

1. 宰前检验及处理

（1）宰前检验的目的和意义 屠畜禽的宰前检验与管理是保证肉品卫生质量的重要环节之一。它在贯彻执行病、健隔离，病、健分宰，防止肉品交叉污染，提高肉品卫生质量等方面，起着极为重要的把关作用。屠宰畜禽通过宰前临床检查，可以初步确定其健康状况，尤其是能够发现许多在宰后难以发现的传染病，如破伤风、狂犬病、脑炎、胃肠炎、脑包虫病、口蹄疫以及某些中毒性疾病，因宰后一般无特殊病理变化或因解剖部位的关系，在宰后检验时常有被忽略和漏检的可能。而对于这些疾病，依据其宰前临床症状是不难做出诊断的。从而做到及早发现、及时处理、减少损失，还可以防止牲畜疫病的传播。此外，合理地宰前管理，不仅能保障畜禽健康，降低病死率，而且也是获得优质肉品的重要措施。

（2）宰前检验的步骤和程序 当屠畜由产地运到屠宰加工企业以后，在未卸下车、船之前，兽医人员应查验检疫证明书、牲畜的种类和头数，了解产地有无疫情和途中病死情况。如发现产地有严重疫病流行或途中病死的头数很多时，即将该批牲畜转入隔离圈，并作详细的临床检查和实验室诊断，待确诊后根据疾病的性质，采取适当措施（急宰或治疗）。经过初步视检和调查了解，认为基本合格的畜群允许卸下，并将其赶入预检圈休息。逐头观察其外貌、精神状况等，若发现有异常，立即剔出隔离，待验收后再进行详细检查和处理。赶入预检圈的牲畜，必须按产地、批次，分圈饲养，不可混杂。对进入预检圈的牲畜，给予充分的饮水，待休息一段时间后，再进行较详细的临床检查。经检查凡属健康的牲畜，可允许进入饲养场（圈）饲养。病畜禽或疑似病畜禽赶入隔离圈，按《肉品卫生检验试行规程》中有关规定处理。

（3）宰前检验的方法 畜禽宰前检验的方法可依靠兽医临床诊断，再结合屠宰厂（场）的实际情况灵活应用。生产实践中多采用群体检查和个体检查相结合的办法。其具体做法可归纳为动、静、食的观察三大环节和看、听、摸、检四大要领。首先从大群中挑出有病或不正常的畜禽，然后再详细地逐头检查，必要时应用病原学诊断和免疫学诊断的方法。一般对猪、羊、禽等的宰前检验都应用群体检查为主，辅以个体检查；对牛、马等大家畜的宰前检验应以个体检查为主，辅以群体检查。

① 群体检查。群体检查是将来自同一地区或同批的牲畜作为一组，或以圈作为一个单位进行检查。检查时可以下列方式进行。

a. 静态观察。在不惊扰牲畜使其保持自然安静的情况下，观察其精神状态、睡卧姿势、呼吸和反刍，有无咳嗽、气喘、战栗、呻吟、流涎、痛苦不安、嗜睡和孤立一隅等反常现象。对有上述症状的畜禽标上记号。

b. 动态观察。可将畜禽轰起，观察其活动姿势，如有无跛行、后腿麻痹、打晃踉跄和离群掉队等现象，发现异常时标上记号。

c. 饮食状态的观察。观察其采食和饮水状态，注意有无停食、不饮、少食、不反刍和想食又不能咽等异常状态，发现异常亦标上记号。

② 个体检查。个体检查是对群体检查中被剔出的病畜和可疑病畜，集中进行较详细的个体临床检查。即使已经群体检查并判为健康无病的牲畜，必要时也可抽 10%作个体检查，如果发现传染病时，可继续抽验 10%，有时甚至全部进行个体检查。

a. 眼观。就是观察病畜的表现。这是一种既简便易行又非常重要的检查方法，要求检查者要有敏锐的观察能力和系统检查的习惯。观察其精神、被毛和皮肤；观察运步姿态；观察鼻镜和呼吸动作；观察可见黏膜；观察排泄物。

b. 耳听。可以耳朵直接听取或用听诊器间接听取牲畜体内发出的各种声音。听叫声；听咳嗽；听呼吸音；听胃肠音；听心音。

c. 手摸。用手触摸畜体各部，并结合眼观、耳听，进一步了解被检组织和器官的机能状态。摸耳根、角根；摸体表皮肤；摸体表淋巴结；摸胸廓和腹部。

d. 检温。重点是检测体温。体温的升高或降低，是牲畜患病的重要标志。在正常情况下，各种动物的体温、呼吸和脉搏变化等见表 2-1。

表 2-1 各种动物正常体温、呼吸和脉搏变化

畜　　别	体温/℃	呼吸次数/(次/min)	脉搏次数/(次/min)
猪	38.0~40.0	12~20	60~80
牛	37.5~39.5	10~30	40~80
绵羊、山羊	38.0~40.0	12~20	70~90
马	37.5~38.5	8~16	26~44
骆驼	36.5~38.5	5~12	32~52
兔	38.5~39.5	50~60	120~140
鸡	40.0~42.0	15~30	140
鸭	41.0~42.0	16~28	120~200
鹅	40.0~41.0	20~25	120~200
鹿	38.0~38.5	16~24	24~48
犬	37.5~39.0	10~30	60~80

（4）宰前检验后的处理　经宰前检验健康合格、符合卫生质量和商品规格的畜禽按正常工艺屠宰；对宰前检验发现病畜禽时，根据疾病的性质、病势的轻重以及有无隔离条件等作如下处理。

① 禁宰。经检查确诊为炭疽、鼻疽、牛瘟、恶性水肿、气肿疽、狂犬病、羊快疫、羊肠毒血症、马流行性淋巴管炎、马传染性贫血等恶性传染病的牲畜，采取不放血法扑杀。肉尸不得食用，只能工业用或销毁。同群其他牲畜应立即进行测温。体温正常者在指定地点急宰，并认真检验；不正常者予以隔离观察，确诊为非恶性传染病的方可屠宰。

② 急宰。确认为无碍肉食卫生的一般病畜及患一般传染病而有死亡危险的病畜，应立即急宰。凡疑似或确诊为口蹄疫的牲畜立即急宰，其同群牲畜也应全部宰完。患布氏杆菌病、结核病、肠道传染病、乳房炎和其他传染病及普通病的病畜，必须在指定的地点或急宰间屠宰。

③ 缓宰。经检查确认为一般性传染病且有治愈希望者，或患有疑似传染病而未确诊的牲畜应予以缓宰。但应考虑有无隔离条件和消毒设备，以及病畜短期内有无治愈的希望，经济费用是否有利成本核算等问题。否则，只能送去急宰。

此外，宰前检查发现牛瘟、口蹄疫、马传染性贫血及其他当地已基本扑灭或原来没有流行过的某些传染病，应立即报告当地和产地兽医防疫机构。

2. 畜禽的宰前管理

（1）待屠宰畜禽的饲养　畜禽运到屠宰场经兽医检验后，按产地、批次及强弱等情况进行分圈、分群饲养。对肥度良好的畜禽所喂饲量，以能恢复由于运输途中蒙受的损失为原则。对瘦弱畜禽的饲养应当采取肥育饲养的方法进行饲养，以在短期内达到迅速增重、长膘、改善肉质为目的。

（2）宰前休息　由于屠宰时间不同，肌肉和肝脏中微生物含量也不同。屠畜宰前休息有利于放血和消除应激反应，目前国内部分屠宰企业所采用的当日运输当日屠宰的方法显然是不科学的。在驱赶时禁止鞭棍打、惊恐及冷热刺激。现在常用电动驱赶棒来赶牲畜，另外也可采用摇铃方式驱赶。

（3）宰前禁食、供水　屠宰畜禽在宰前 $12 \sim 24h$ 禁食，禁食时间必须适当。一般牛、羊宰前禁食 $24h$，猪 $12h$，家禽 $18 \sim 24h$。禁食时，应供给足量的 1% 的食盐水，使畜体进行正常的生理机能活动，调节体温，促进粪便排泄，以便放血完全，获得高质量的屠宰产品。为了防止屠宰畜禽倒挂放血时胃内容物从食道流出污染胴体，宰前 $2 \sim 4h$ 应停止供水。

（4）猪屠宰前的淋浴　水温 $20℃$，喷淋猪体 $2 \sim 3min$，以洗净体表污物为宜。淋浴使猪有凉爽舒适的感觉，促使外周毛细血管收缩，便于放血充分。

第三节　屠宰加工

在肉类工业生产中，有各种形式的加工，如屠宰加工、肉制品加工、油脂加工、血液、骨等副产品的加工。屠宰加工是各种加工的基础，肉类工业原料或称肉用畜禽，经过刺杀、放血、解体等一系列处理过程，最后加工成胴体（俗称白条肉）的过程称为屠宰加工。它是进一步深加工的前处理，因此也叫初步加工。屠宰加工的方法和程序虽受各种条件的影响而有不同，其基本工艺过程如下：淋浴、致昏、放血、剥皮或脱毛、开膛、劈半和胴体整理。

一、家畜屠宰工艺

各种家畜的屠宰工艺都包括有致昏、刺杀放血、煺毛或剥皮、开膛解体、屠体整修、检验盖印等工序。

1. 致昏

应用物理的（如机械、电击、枪击）或化学的（吸入 CO_2）方法，使家畜在宰杀前短时间内处于昏迷状态，谓之"致昏"（也叫击晕）。致昏能避免宰杀时因嚎叫、挣扎而消耗过多的糖原，使宰后肉尸保持较低的 pH 值，同时可减少屠畜应激反应的发生，防止产生异质肉，增强肉的贮藏性。

（1）电击晕　生产上称作"麻电"。它是使电流通过屠畜，以麻痹中枢神经而晕倒。此法还能刺激心脏活动，便于放血。

猪麻电器有手握式和自动触电式两种。手握式使用时工人穿胶鞋并带胶手套，手持麻电器，两端分别浸沾 5% 的食盐水（增加导电性），但不可将两端同时浸入盐水，防止短路。用力将电极的一端按在猪眼与耳根交界处 $1 \sim 4s$ 即可。自动麻电器为猪自动触电而晕倒的一种装置。麻电时，将猪赶至狭窄通道，打开铁门一头一头按次序由上滑下，头部触及自动开闭的夹形麻电器上，倒后滑落在运输带上。牛麻电器有两种形式：手持式和自动麻电装置。羊的麻电器与猪的手持式麻电器相似。

电击晕要依动物的大小、年龄，注意掌握电压、电流和麻电时间。电压、电流强度过大，时间过长，引起血压急剧增高，造成皮肤、肌肉和脏器出血甚至休克死亡；电压、电流强度过低，时间过短，达不到致昏的目的。我国多采用低电压，而国外多采用高电压。低电流短时间可避免应激反应。具体条件见表 2-2。

表 2-2　畜禽屠宰时的电击晕条件

畜　　种	电压/V	电流强度/A	麻电时间/s
猪	70～100	0.5～1.0	1～4
牛	75～120	1.0～1.5	5～8
羊	90	0.2	3～4
兔	75	0.75	2～4
家禽	65～85	0.1～0.2	3～4

（2）CO_2 麻醉法　丹麦、德国、美国、加拿大等国应用该法。室内气体组成：CO_2 65％～75％，空气 25％～35％。以屠宰猪为例，将猪赶入麻醉室 15s 后，意识即完全消失。CO_2 麻醉猪，使猪在安静状态下进入昏迷状态。此种方法效果好而且无副作用，但成本较高，在我国应用较少。

除了以上两种常用击晕方法外，还存在着机械击晕，就是用机械的方法将牲畜击晕。主要有锤击、棒击及枪击等方法。此法易使家畜产生应激反应，现在多不使用。

2. 刺杀放血

家畜致昏后将后腿拴在滑轮的套脚或铁链上。经滑车轨道运到放血处进行刺杀、放血。家畜致昏后应快速放血，以 9～12s 为最佳，最好不超过 30s，以免引起肌肉出血。

（1）刺颈放血　此法比较合理，普遍应用于猪的屠宰。刺杀部位，猪在第一对肋骨水平线下方 3.5～4.5cm 处，放血口不大于 5cm，切断前腔静脉和双颈动脉，不要刺破心脏和气管，这种方法放血彻底。每刺杀一头猪，刀要在 82℃ 的热水中消毒一次。牛的刺杀部位在距离胸骨 16～20cm 的颈下中线处斜向上方刺入胸腔 30～35cm，刀尖再向左偏，切断颈总动脉。羊的刺杀部位在右侧颈动脉下颌骨附近，将刀刺入，避免刺破气管。

（2）切颈放血　应用于牛、羊，为清真屠宰普遍采用的方法。用大脖刀在靠近颈前部横刀切断三管（血管、气管和食管），俗称大抹脖。此法操作简单，但血液易被胃容物污染。

（3）心脏放血　在一些小型屠宰场和广大农村屠宰猪时多用，是从颈下直接刺入心脏放血。优点是放血快、死亡快，但是放血不全，且胸腔易积血。倒悬放血时间：牛 6～8min，猪 5～7min，羊 5～6min，平卧式放血需延长 2～3min。如从牛取得其活重 5％ 的血液，猪为 3.5％，羊为 3.2％，则可计为放血效果良好。

3. 浸烫、煺毛或剥皮

家畜放血后解体前，猪需烫毛、煺毛，牛、羊需进行剥皮，猪也可以剥皮。

（1）猪的烫毛和煺毛　放血后的猪经 6min 沥血，由悬空轨道上卸入烫毛池进行浸烫，使毛根及周围毛囊的蛋白质受热变性收缩，毛根和毛囊易于分离，同时表皮也出现分离，达到脱毛的目的。猪体在烫毛池内大约 5min。池内最初水温 70℃ 为宜，随后保持在 60～66℃。如想获得猪鬃，可在烫毛前将猪鬃拔掉，生拔的鬃弹性强，质量好。

煺毛又称刮毛，分机械刮毛和手工刮毛。刮毛机国内有滚筒式刮毛机、拉式刮毛机和螺旋式刮毛机三种。我国大中型肉联厂多用滚筒式刮毛机。刮毛过程中刮毛机中的软硬刮片与猪体相互摩擦，将毛刮去。同时向猪体喷淋 35℃ 的温水。刮毛 30～60s 即可。然后再由人工将未刮净的部位如耳根、大腿内侧的毛刮去。

刮毛后进行体表检验，合格的屠体进行燎毛。国外用烤炉或用火喷射，温度达 1000℃ 以上，时间 10～15s，可起到高温灭菌的作用。我国多用喷灯燎毛，要求全身燎烤，而后用刮刀刮去焦毛，故称之为刮黑。最后进行清洗、脱毛检验，从而完成非清洁区的操作。

（2）剥皮　牛、羊屠宰后需剥皮。剥皮分手工剥皮和机械剥皮。

（3）割颈肉　割颈肉是根据 GB 99591 平头规格处理。由颈部向耳根处割一刀，然后由放血口入刀，沿下颌骨向上割到耳根。同样方法割另一侧，使颈部皮肤在第一颈椎处与肉体分开。用手抓住尾突将头提起，下颌骨不多不少全被颈肉盖住叫"平头"。下颌骨未被颈肉盖住叫"枯头"。下颌骨全部被颈肉覆盖，而多多有余叫"肥头"。"枯头"和"肥头"都不符合国标要求。

4. 开膛解体

(1) 剖腹取内脏 煺毛或剥皮后开膛最迟不超过 30min，否则对脏器和肌肉质量均有影响。

(2) 劈半 开膛后，将胴体劈成两半（猪、羊）或四分体（牛）称为劈半。劈半前，先将背部皮肤用刀从上到下割开叫"描脊"或"划背"。然后用电锯沿脊柱正中将胴体劈为两半。如为桥式劈半机劈半，则先将头去掉；用手提式电锯劈半时，可将头连在半肉尸上，以便检验咬肌。劈半时注意不要劈偏。目前常用的是往复式劈半电锯。

5. 检验、盖印、称重、出厂

屠宰后要进行宰后兽医检验。合格者，盖以"兽医验讫"的印章。然后经过自动吊称称量、入库冷藏或出厂。

二、家禽屠宰工艺

1. 电昏

电昏条件：电压 35～50V，电流 0.5A 以下。时间（禽只通过电昏槽时间）：鸡为 8s 以下，鸭为 10s 左右。电昏时间要适当，电昏后马上将禽只从挂钩上取下，以 60s 内能自动苏醒为宜。过大的电压、电流会引起锁骨断裂，心脏停止跳动，放血不良，翅膀血管充血。

2. 宰杀放血

美国农业部建议电昏与宰杀作业的间距夏天为 12～15s，冬天则需增加到 18s。宰杀可以采用人工作业或机械作业，通常有三种方式：口腔放血、切颈放血（用刀切断气管、食管、血管）及动脉放血。禽只在放血完毕进入烫毛槽之前，其呼吸作用应完全停止，以避免烫毛槽内的污水吸进禽体肺脏而污染屠体。

放血时间鸡一般约 90～120s，鸭 120～150s。但冬天的放血时间应比夏天长 5～10s。血液一般占活禽体重的 8%，放血时约有 6% 的血液流出体外。

3. 烫毛

水温和时间依禽体大小、性别、体重、生长期以及不同加工用途而改变。根据水温，主要包括下面三种方法。

(1) 高温烫毛 71～82℃，30～60s。高温热水处理便于拔毛，降低禽体表面微生物数量，屠体呈黄色，色泽较诱人便于零销。但由于表层所受到的热伤害，反而使贮藏期比低温处理短。同时，温度高易引起胸部肌肉纤维收缩使肉质变老，而且易导致皮下脂肪与水分的流失，故尽可能不采用高温处理。

(2) 中温烫毛 58～65℃，30～75s。国内烫鸡通常采用 65℃，35s；鸭 60～62℃，120～150s。中温处理羽毛较易去除，外表稍黏、潮湿、颜色均匀、光亮，适合冷冻处理。但由于角质脱落，失去保护层，在贮藏期间微生物易生长。

(3) 低温烫毛 50～54℃，90～120s。这种处理方法羽毛不易去除，必须增加人工去毛，而且部分部位如脖子、翅膀需再予较高温的热水（62～65℃）处理。此种处理禽体外表完整，适合各种包装，而且适合冷冻处理。

4. 脱毛

机械拔毛主要利用橡胶指束的拍打与摩擦作用脱除羽毛。因此必须调整好橡胶指束与屠体之间的距离。另外应掌握好处理时间。禽只禁食超过 8h，脱毛就会较困难，公禽尤为严重。若禽只宰前经过激烈的挣扎或奔跑，则羽毛根的皮层会将羽毛固定得更紧。此外，禽只宰后 30min 再浸烫或浸烫后 4h 再脱毛，都将影响到脱毛的速度。

5. 去绒毛

禽体烫拔毛后，尚残留有绒毛，其去除方法有三种。一为钳毛。二为松香拔毛：挂在钩上的屠禽浸入溶化的松香液中，然后再浸入冷水中（约 3s）使松香硬化。待松香不发黏时，打碎剥去，绒毛即被粘掉。松香拔毛剂配方：11% 的食用油加 89% 的松香，放在锅里加热至 200～230℃充分搅拌，使其溶成胶状液体，再移入保温锅内，保持温度为 120～150℃备用。松香拔毛操作不当，使松香在禽体天然孔或陷窝深处未被除掉，食用时可引起中毒。三为火焰喷射机烧毛：此法速度较快，但不能将毛根去除。

6. 清洗、去头、切脚

（1）清洗　屠体脱毛后，在去内脏之前需充分清洗。经清洗后屠体应有95％的完全清洗率。一般采用加压冷水冲洗。

（2）去头　应视消费者是否喜好带头的全禽而予增减。

（3）切脚　目前大型工厂均采用自动机械从胫部关节切下。如高过胫部关节，称之为"短胫"。这不但外观不佳和易受微生物污染，而且影响取内脏时屠体挂钩的正确位置；若是切割位置低于胫部关节，称之为"长胫"，必须再以人工切除残留的胫爪，使关节露出。

7. 取内脏

取内脏前需再挂钩。活禽从挂钩到切除爪为止称为屠宰去毛作业，必须与取内脏区完全隔开。此处原挂钩链转回活禽作业区，而将禽只重新悬挂在另一条清洁的挂钩系统上。

8. 检验、修整、包装

掏出内脏后，经检验、修整、包装后入库贮藏。库温－24℃情况下，经12～24h使肉温达到－12℃，即可贮藏。

三、宰后检验及处理

宰前检验漏检的病畜被当作健康畜屠宰解体后，可经过对肉尸、脏器所呈现的病理变化和异常现象进行综合分析、判断而检出，并做相应的处理。宰后检验肉尸是整个肉品检验工作极为重要的一环。在消灭家畜疫病、防止传染以及对于保证肉品卫生质量具有重要意义。

1. 检验方法

宰后检验的方法以感官检查和剖检为主，对胴体和脏器进行病理学诊断与处理，即主要通过"视检"、"剖检"、"触检"和"嗅检"等方法来实现。

（1）视检　即观察肉尸的皮肤、肌肉、胸腹膜、脂肪、骨骼、关节、天然孔及各种脏器的色泽、形态、大小、组织状态等是否正常。这种观察可为进一步剖检提供线索。如结膜、皮肤、脂肪发黄，表明有黄疸可疑，应仔细检查肝脏和造血器官甚至剖检关节的滑液囊及韧带等组织，注意其色泽的变化；如喉颈部肿胀，应考虑检出炭疽和巴氏杆菌病；特别是皮肤的变化，在某些疾病（如猪瘟、猪丹毒、猪肺疫、痘症等）的诊断上具有特征性。

（2）剖检　借助检验器械，剖开观察肉尸、组织、器官的隐蔽部分或深层组织的变化。这对淋巴结、肌肉、脂肪、脏器和所有病变组织的检查以及疾病的发现和诊断是非常重要的。

（3）触检　借助于检验器械触压或用手触摸，以判定组织器官的弹性和软硬度，这对于发现软组织深部的结节病灶具有重要意义。

（4）嗅检　对于不显特征变化的各种特殊气味和病理性气味，均可用嗅觉判断出来。如屠畜生前患尿毒症，肉组织必带有尿味；芳香类药物中毒或芳香类药物治疗后不久屠宰的畜肉，则带有特殊的药味。

在宰后检验中，检验人员在剖检组织脏器的病损部位时，还应采取措施防止病料污染产品、地面、设备、器具以及检验人员的手和检验刀具。检验人员应备两套检验刀具，以便遇到病料污染时，可用另一套消过毒的刀具替换，被污染的刀具在清除病变组织后，应立即置于消毒药液中进行消毒。

2. 检后处理

胴体和内脏经过卫生检验后，可按以下情况分别作出如下处理。

（1）正常肉品的处理　胴体和内脏经检验确认来自健康牲畜，且肉质良好，内脏正常的，准许食用。在肉联厂或屠宰厂加盖"兽医验讫"印后即可出厂销售。

（2）异常肉品的处理

① 气味异常肉品。是指由于某些原因而引起屠畜产生某些非正常肉味的肉或肉尸。非正常气味可分为性臭、尿臭、酸臭、氨臭、微生物原因引起的异样气味、药物臭和饲料臭等。根据气味的性质不同可分别进行处理，如对性臭不是很严重的肉可加工制成食用时不需加热的细碎肉制品（如红肠）、尿臭严重的可作工业用、氨臭的可烧煮加工等，必须保证不会对人的健康和环境

造成影响。

②　色泽异常肉品。色泽异常肉是指由于某些原因而引起屠畜产生某些非正常颜色的肉或肉尸，主要包括 PSE 肉、DFD 肉、肉色变绿等。对肉色发生轻微异常者，可食用；而对变色严重者，如肉色属于腐败性变绿，则应酌情对胴体予以全部或局部作次品处理。

图 2-1　检验后对产品处理用的印戳

（引自：周光宏．肉品学．中国农业科技出版社，1999）

注：1. 圆形直径 8cm；2. 等边三角形边长 4.5cm；3. 正方形边长各 8cm；4. 对角线各长 6cm；5. 椭圆形边长 8cm，宽 8cm；6. 菱形边长各 3.5cm，长轴长 5cm，短轴长 3cm；7. 长方形长 4.5cm，宽 2cm。印色应用食用色素

③　条件可食肉品的处理。指屠宰后的畜禽胴体和内脏，经检验认为畜禽虽患非恶性传染病、轻症寄生虫病或一般性疾病，但其肉质尚好，仅少数内脏有轻的病变，故按有关规定经无害处理后利用。主要有高温处理法、冷冻处理、盐腌处理等方法。

④　病畜附属产品的处理。凡作无害处理的病畜肉尸和内脏，其附属产品也应消毒，以保证安全。如血液可用漂白粉消毒，骨骼用高温蒸煮锅蒸煮后作饲料或肥料用，而对炭疽等恶性传染病畜的毛皮，绝对禁止消毒利用，应予销毁。

经检验后的产品，应加盖特定的印戳，见图 2-1。

第四节　畜禽的分割及分割肉的加工

肉的分割是按不同国家、不同地区的分割标准将胴体进行分割，以便进一步加工或直接供给消费者。分割肉是指宰后经兽医卫生检验合格的胴体，按分割标准及不同部位肉的组织结构分割成不同规格的肉块，经冷却、包装后的加工肉。

一、猪肉的分割及分割肉的冷加工

1. 我国猪肉分割方法

我国供内、外销的猪胴体通常分为肩颈肉、臀腿肉、背腰肉、肋腹肉、前臂和小腿肉、前颈肉等六大部分，见图 2-2。

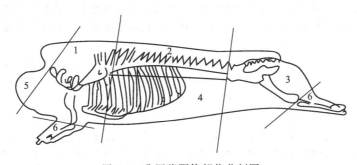

图 2-2　我国猪胴体部位分割图

1—肩颈肉；2—背腰肉；3—臀腿肉；4—肋腹肉；5—前颈肉；6—肘子肉

（引自：周光宏．畜产食品加工学．中国农业大学出版社，2002）

（1）肩颈肉（俗称前槽、夹心、前臂肩）　前端从第 1 颈椎，后端从第 4～5 胸椎或第 5～6 根肋骨间，与背线成直角切断。下端如作火腿则从腕关节截断；如作其他制品则从肘关节切断，并剔除椎骨、肩胛骨、臂骨、胸骨和肋骨。

（2）背腰肉（俗称外脊、大排、硬肋、横排）　前面去掉肩颈肉，后面去掉臀腿肉，余下的中段肉体从脊椎骨下 4～6cm 处平行切开，上部即为背腰肉。

（3）臀腿肉（俗称后腿、后丘、后臂肩）　从最后腰椎与荐椎结合部和背线成直角垂直切断，下端则根据不同用途进行分割：如作分割肉、鲜肉出售，从膝关节切断，剔除腰椎、荐椎骨、股骨，去尾；如作火腿则保留小腿后蹄。

(4) 肋腹肉（俗称软肋、五花） 与背腰肉分离，切去奶脯即是。

(5) 前颈肉 从第1~2颈椎处，或3~4颈椎处切断。

(6) 前臂和小腿肉（俗称肘子、蹄膀） 前臂上从肘关节，下从腕关节切断，小腿上从膝关节下从跗关节切断。

2. 我国猪肉分割肉的加工

在分割肉的基础上进一步进行加工。

(1) 剔骨 应根据工艺要求进行剔骨。

(2) 修整 修整时必须注意修割伤斑、出血点、碎骨、软骨、血污、淋巴结、脓疱等；如果在一块肌肉上发现囊虫，立即通知兽医检验人员，将其同号猪上的肉挑出，按规定处理，不得出厂。

二、牛、羊肉的分割

1. 牛肉的分割

我国牛胴体的分割方法（试行）是在总结了国内不同分割方法的基础上，结合国家"九五"公关课题研究成果，并考虑到与国际接轨而制定的。

将标准的牛胴体二分体首先分割成臀腿肉、腹部肉、后腰肉、胸部肉、肋部肉、颈肩肉、前腿肉、后腿肉共8个部分（图2-3）。在此基础上再进一步分割成牛柳、西冷、眼肉、上脑、嫩肩肉、胸肉、腱子肉、腰肉、臀肉、膝圆、大米龙、小米龙、腹肉等13块不同的肉块（图2-4）。

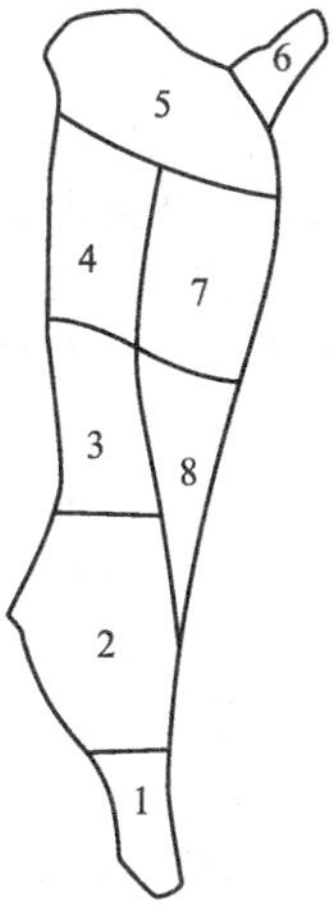

(1) 牛柳 牛柳又称里脊，即腰大肌。分割时先剥去肾脂肪，沿耻骨前下方将里脊剔出，然后由里脊头向里脊尾逐个剥离腰横突，取下完整的里脊。

(2) 西冷 西冷又称外脊，主要是背最长肌。分割时首先沿最后的腰椎切下，然后沿眼肌腹壁侧（离眼肌5~8cm）切下。再在第12~13胸肋处切断胸椎逐个剥离胸椎、腰椎。

(3) 眼肉 眼肉主要包括背阔肌、肋最长肌、肋间肌

图 2-3 我国牛胴体分割部位图
1—后腿肉；2—臀腿肉；3—后腰肉；
4—肋部肉；5—颈肩肉；6—前腿肉；
7—胸部肉；8—腹部肉
（引自：周光宏. 畜产食品加工学.
中国农业大学出版社，2002）

等。其一端与外脊相连，另一端在第5~6胸椎处，分割时先剥离胸椎，抽出筋腱，在眼肌腹侧

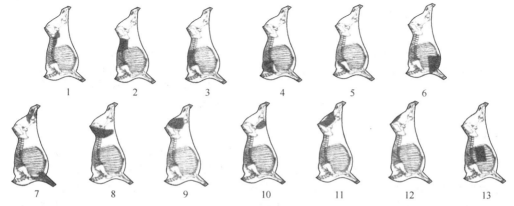

图 2-4 我国牛肉分割图
1—牛柳；2—西冷；3—眼肉；4—上脑；5—嫩肩肉；6—胸肉；7—腱子肉
8—腰肉；9—臀肉；10—膝圆；11—大米龙；12—小米龙；13—腹肉
（引自：周光宏. 畜产食品加工学. 中国农业大学出版社，2002）

距离为 8～10cm 处切下。

（4）上脑　上脑主要包括背最长肌、斜方肌等。其一端与眼肉相连，另一端在最后颈椎处。分割时剥离胸椎，去除筋腱，在眼肌腹侧距离为 6～8cm 处切下。

（5）嫩肩肉　主要为三角肌。分割时沿着眼肉横切面的前端继续向前分割，可得一圆锥形的肉块，便是嫩肩肉。

（6）胸肉　主要包括胸升肌和胸横肌等。在剑状软骨处，随胸肉的自然走向剥离，修去部分脂肪即成一块完整的胸肉。

（7）腱子肉　腱子分为前、后两部分，主要是前肢肉和后肢肉。前牛腱从尺骨端下刀，剥离骨头，后牛腱从胫骨上端下切，剥离骨头取下。

（8）腰肉　腰肉主要包括臀中肌、臀深肌、股阔筋膜张肌。在臀肉、大米龙、小米龙、膝圆取出后，剩下的一块肉便是腰肉。

（9）臀肉　臀肉主要包括半膜肌、内收肌、股薄肌等。分割时把大米龙、小米龙剥离后便可见到一块肉，沿其边缘分割即可得到臀肉。也可沿着被切的盆骨外缘，再沿本肉块边缘分割。

（10）膝圆　膝圆主要是臀股四头肌。当大米龙、小米龙、臀肉取下后，能见到一块长圆形肉块，沿此肉块周边（自然走向）分割，很容易得到一块完整的膝圆肉。

（11）大米龙　大米龙主要是臀股二头肌。与小米龙紧接相连，故剥离小米龙后大米龙就完全暴露，顺该肉块自然走向剥离，便可得到一块完整的四方形肉块即为大米龙。

（12）小米龙　小米龙主要是半腱肌，位于臀部。当牛后腱子取下后，小米龙肉块处于最明显的位置。分割时可按小米龙肉块的自然走向剥离。

（13）腹肉　腹肉主要包括肋间内肌、肋间外肌等，也即肋排，分无骨肋排和带骨肋排。一般包括 4～7 根肋骨。

2. 羊肉的分割

羊胴体不同部位的肌肉、脂肪、结缔组织及骨骼的组成是不同的，它不仅反映了可食部分的数量，而且使肉的品质和风味也有所差异。胴体切块的目的是通过测定不同部位肉所占比例来评定胴体优质肉块的比例，能进一步说明整个胴体的品质和实现销售中的优质优价。目前，羊胴体的切块分割法有 2 段切块、5 段切块、6 段切块和 8 段切块等四种，其中以 5 段切块和 8 段切块最为实用。具体分割法如图 2-5 所示。

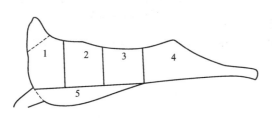

（a）羊胴体的5段切块

1—肩颈肉；2—肋肉；3—腰肉；4—后腿肉；5—胸下肉

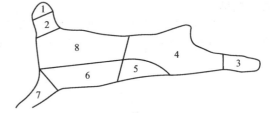

（b）羊胴体的8段切块

1—血脖；2—颈；3—后小腿；4—腰腿部；
5—下腹；6—胸；7—前小腿；8—肩背部

图 2-5　羊胴体的分割方法

三、禽肉分割

我国禽肉分割刚发展不久，目前尚无统一标准，发展较早的主要是鹅（鸭）的分割，而鸡的分割是近几年来参考鹅的分割方法发展起来的，其基本分割方法大同小异。目前分割方法有三种：平台分割法、悬挂分割法和按片分割法。前两种方法适合于鸡，后一种方法适合于鹅、鸭。禽类的分割亦是按照不同禽类提出不同要求进行的。如鹅的个体较大，可以分割成 8 件；鸭的个体较小，可以分成 6 件；鸡则可以再适当分成更少的分割件数。

1. 鹅、鸭的分割

鹅分割为头、颈、爪、胸、腿等 8 件；躯干部分成四块（1 号胸肉、2 号胸肉、3 号腿肉、4

号腿肉）。鸭躯干部分为两块（1号鸭肉、2号鸭肉）。

2. 肉鸡的分割

将鸡可分为翅、腿、爪、头、颈、胸腔架。

（1）翅　从肩关节割下，翅尖伤允许修剪，但不得超过腕关节。

（2）腿　从背部到尾部和两腿与腹部之间各划一刀，从坐骨开始切断髋关节，取下鸡腿。肉与骨和肉与皮不得脱离，剔除骨折、畸形腿。

（3）爪　从跗关节截下。

（4）头　从第一颈椎处将头割去。

（5）颈　齐肩胛骨处剪颈，颈根不得高于肩骨，截下的鸡脖不得有皮肉脱离现象。

（6）胸腔架　除去上述各部位后剩下的部分为胸腔架，包括胸肉。

四、分割肉的包装

1. 预冷

将修整好的分割肉放在平盘中，送入冷却间内进行冷却。冷却间内的温度为 $-3\sim-2℃$。在 24h 内，肉温降至 $0\sim4℃$。

现在欧洲一些国家实行二段冷却法：第一段室温 $-10\sim-5℃$，时间 $2\sim4h$，肉中心温度降到 20℃ 左右；第二段室温 $2\sim4℃$，时间 $14\sim18h$，肉中心温度冷却到 $4\sim6℃$。这种方法的优点是外观良好，肉表面干燥，肉味好，干耗比一次冷却少 $40\%\sim50\%$。

2. 包装

包装间的温度要求为 $0\sim4℃$，以保证冷却肉温度不回升。

3. 冻结与冷藏

纸箱包装后进行冻结。冻结室的温度 $-25\sim-18℃$，时间不超过 72h，肉中心温度不高于 $-15℃$。冷藏库温 $-18℃$ 以下，肉温在 $-12℃$ 或 $-15℃$ 以下；相对湿度控制在 $95\%\sim98\%$，空气为自然循环。

【本章小结】

肉的屠宰分割是肉制品加工中最先进行也是最基本的加工，只有在此加工的基础上才能进行如腌制、熏制、干制、发酵等后序加工。因此，肉的屠宰分割加工的好坏对后序加工有直接的影响。

屠宰分割过程主要包括屠畜的宰前检验和宰前管理、加工工艺流程和要点、宰后检验以及屠宰后分割肉的冷加工等几个环节。宰前检验的目的和意义是显而易见的，没有合格的原料就生产不出合格的产品。宰前检验的方法主要有群体检查和个体检查。对检验过的动物，合格的进行正常管理和屠宰，对不合格动物则根据不合格程度的轻重分别给予禁宰、急宰和缓宰的处理。家畜和家禽的屠宰工艺过程主要有致昏、刺杀放血、烫毛或剥皮、开膛解体、屠体整修、检验盖印等工序。动物屠宰后，要进行宰后检验，主要有视检、剖检、触检、嗅检等四种方法，而检验环节一般安插在加工过程中。动物屠宰和检验后，则可进行肉的分割和冷加工，分割过程要对胴体进行分割、剔骨和修整，而冷加工则要进行预冷、包装和冷藏或冻结。

【复习思考题】

一、名词解释

1. 屠宰加工　2. 致昏　3. 色泽异常肉　4. 分割肉

二、填空题

1. 家畜的屠宰工艺包括＿＿＿＿＿＿、＿＿＿＿＿＿、＿＿＿＿＿＿、＿＿＿＿＿＿和＿＿＿＿＿＿等工序。

2. 畜禽宰前检验的方法在生产实践中多采用群体检查和个体检查相结合的办法，其具体做法可归纳为＿＿＿＿＿＿、＿＿＿＿＿＿、＿＿＿＿＿＿的观察三大环节和＿＿＿＿＿＿、＿＿＿＿＿＿、＿＿＿＿＿＿、＿＿＿＿＿＿四大要领。

3. 经宰前检验发现病畜禽时，根据疾病的性质、病势的轻重以及有无隔离条件等可作_____、_____和_____等处理。

4. 家畜的致昏方法有_____、_____、_____。

5. 宰后检验的方法以感官检查和剖检为主，对胴体和脏器进行病理学诊断与处理，即主要通过_____、_____和_____等方法来实现。

三、选择题

1. 下列选项中不属于个体检查的是（　　）。
A. 动态观察　　　B. 耳听　　　C. 手摸　　　D. 检温

2. 屠宰畜禽在宰前（　　）禁食。
A. 2～8h　　　B. 12～24h　　　C. 8～12h　　　D. 24～48h

3. 下列方法中不属于刺杀放血的是（　　）。
A. 刺颈放血　　　B. 切颈放血　　　C. 心脏放血　　　D. 腿动脉放血

4. 属于条件可食肉品的处理是（　　）。
A. 高温　　　B. 冷冻　　　C. 盐腌　　　D. 销毁

5. 高温烫毛的温度是（　　）。
A. 71～82℃　　　B. 63～68℃　　　C. 66～70℃　　　D. 82～85℃

四、简述题

1. 简述宰前检验的目的和意义？
2. 动物的宰前管理方法有哪几种？
3. 畜禽宰后检验的方法有哪些？检验后的肉主要有几种处理方法？

【实训二】　机械化肉联厂的实习参观

一、实训目的

以猪的屠宰为例。通过实训要求掌握机械化肉联厂屠宰加工线及配套车间的生产状况，了解主要产品种类及相应质量检验体系。

二、主要设备

毛猪悬挂输送放血自动线；麻电输送机；活猪吊挂输送机；立式洗猪机；桥式劈半锯；空用卫检输送机；立式洗肚机。

三、实训方法和步骤

根据畜体（猪）屠宰加工顺序，按以下生产环节进行实习参观。

1. 淋浴　畜类（猪）屠宰前进行淋浴，可清洁体表和降低畜体的应激以保证取得良好的放血效果。

2. 致昏　目前在屠宰加工线中广泛采用麻电法。麻电器可分为人工控制麻电器和自动控制麻电器，通常对猪所用的电压为65～85V，电流强度0.5～1.4A，麻电时间3～5s可获得较好的麻电效果。

3. 烫毛　对毛猪进行悬挂放血后，利用输送机将毛猪放入预先准备好的烫池对毛猪进行烫毛浸烫处理，通常烫池的水温为60～68℃，浸烫3～8min使毛根软化便于脱毛。

4. 开膛　在烫毛清洗后进行倒悬钓挂，实施开膛处理。开膛处理逐一剖腹取出内脏，如大小肠、膀胱、脾、胃等内脏间处理。

5. 劈半及去头蹄　开膛之后将头沿耳根下刀切除，割蹄在关节处下刀。将除去头蹄的胴体利用桥式劈半锯进行劈半，工效较高但骨屑碎渣较多，损失较多。

6. 胴体修整　劈半后的胴体应进行干修和冲洗。干修指去掉奶头、伤痕、斑点、淤血等，修整后立即用冷水冲洗，但不可用抹布擦拭，避免增加微生物污染。

7. 内脏整理及胴体加工　经过检验后的内脏及时处理，妥善保管，分别单独存放并做好防腐措施；将经过检验后的胴体分割，根据加工需要进行处理或直接销售。通常常见的产品有前后腿肉、去皮精肉、五花肉、猪腰、猪肝、猪爪、肋排等。

8. 质量检验 根据产品要求，由专业的检疫人员对鲜销的产品进行检验检疫，由生产部门根据相关标准对深加工类产品进行质量检验。

四、注意事项

1. 通常淋浴多用于猪的屠宰，其他毛发较多的畜体不采用。

2. 毛猪浸烫的水温和时间依品种、个体大小、年龄等因素调节掌握，否则出现毛孔尚未扩大或表皮蛋白胶化而导致毛孔收缩，均不利于煺毛。

3. 割取胃时应将食道和十二指肠留有适当长度，以避免胃内容物流出而造成污染。

【实训三】 猪肉的剔骨分割

一、实训目的

通过本次实训，熟悉猪体上各骨骼的结构，掌握猪肉剔骨分割的操作要领，能够熟练、独立完成猪肉的剔骨分割工作。

二、主要设备及原料

分割用刀具；宰杀后放过血的猪体。

三、实训方法和步骤

1. 去膘 去掉肉表层的脂肪和前、后腿大块肥膘称为去膘。去膘的方法有二，一是从上到下去膘，二是由下而上去膘。所谓由上到下的含义是：操作者抓住脊膘（背脊脂肪）从上挖一个个洞，操作者一手抓脊膘，一手执刀操作。从下到上的含义是：操作者一手抓腹部软肉，撕开边口（俗称撕边），一手持刀操作，将膘剥下。不论是从上到下或者由下而上操作，都是一种习惯作业，效果是一致的。去膘时要求做到刀刃不切入肌肉层，保证肌肉的完整性，还要使肌膜不受破损，做到"肥膘不带红"。

2. 剔骨 剔骨是一项技术性较强的工序，剔骨既要求快，又要求剔好的骨头不带肉或少带肉，所谓在骨体上"白不带红"。关节部位允许带少量零星碎肉。剔骨用的刀具一般是小尖刀，也有使用方刀的。现将剔骨操作方法简介如下。

（1）剔前腿 剔前腿骨应剔除颈排、肩胛骨、肱骨与前臂骨（桡骨与尺骨）上的肉。

① 剔颈排。露骨面朝上，先将刀平插入颈椎棘，剥离肌肉，此时一手抓住背脊部分，另一手将刀刃平插刺入，形成一定角度，逐步将刀沿颈椎紧贴骨骼，向前推移，当推至第一寰椎时，该关节略粗大，易带肉，故须将椎骨与前臂所形成的角度拉大，使刀口易插入关节窝处，沿着其突出部分割开肌肉。在剔前肋时，刀口沿颈部肌肉（即Ⅰ号肉）肌膜下刀，力求减少将肌肉带入前肋排。如果肉已带入前肋排，则容易破损肌膜，影响肉品品质。当前肢开脊呈软边而无脊棘时，则先将刀口插入胸骨硬肋部分，剥离肌肉。操作者一手抓住胸硬肋部，一手持刀逐步沿颈椎与前肋推进。刀口保持15°角，沿肌膜推进，到寰椎关节时，其割开肌肉的方法同上述方法。然后，用电锯将颈椎骨、硬胸骨切开，形成A字形肋骨，即称"A排"。

② 剔肩胛骨。首先将肩胛软骨与肩胛骨平面上的薄肌用刀剥离，然后以刀刃将肩胛骨四周边缘切开切口，将肩胛关节切开。操作时，操作者一手压住前腿，一手抓住肩胛颈用力向人的怀内部位拉动。当肩胛骨与脊肌剥离时，再用力拉，即可撕开肩胛骨。请注意切不可用刀硬性切开，否则肩胛骨会带肉。

③ 剔肱骨与前臂骨。此两块骨俗称筒子骨。肱骨左右偏离，近端有肱骨头，内外侧有粗隆起和二头肌肉，远端掌侧有肘窝。窝的两侧有两个上髁，背侧有滑车状的内外髁，中间为肱骨体。前臂骨包括桡骨与尺骨，两骨紧靠桡骨在前，尺骨在后。桡骨近端与肱骨成关节，远端有腕关节面。尺骨近端有肘突，肘突前下方为半月状切迹。剔骨时，一手握住前臂骨远端，另一手持刀，沿着骨膜向前切开，遇到肘突时，刀口顺半月状关节面，用"V"型方法切开骨面肌肉。然后，将前肢转向，操作者持刀沿骨体骨膜处切开肌肉。最后，操作者一手抓住前臂骨远端，用刀

背将背侧肌肉作钝性剥开。剥开时，使骨体上不带红（即不带肌肉）。取下前臂骨后，顺势将肱骨体用刀刃顺骨膜向前推或向后切开背侧肌肉。操作者一手抓住下端关节，将其提起，用刀背或手用力拉开肌肉，即可取下肱骨。

（2）剔后腿 猪的后腿骨较多，一般分为腰椎、荐椎与尾椎为一体；髋骨（包括骨盆联合截面）、髂骨、坐骨、耻骨为一体；股骨与髌骨为一体。腿骨剔骨示意图见图1。开始剔尾骨（腰椎、荐椎）时，使后腿皮面朝下，骨露面朝上，尾椎置于外侧。操作者站立于腰椎顶侧，一手按住后腿部分，一手持刀（尖刀）向尾椎内侧刺入，剥离精（肌）肉，然后，一手抓住腰椎一端，使刀与腰椎刚拉开一定角度，一手操刀向尾端割离取下肌肉。如用方刀时，操作者可用方刀用力向尾骨内侧倾斜地斩下尾骨。

（3）剔乌叉骨（髋骨） 此骨包括髂骨、耻骨与坐骨。剔骨时，将骨面朝上，后腿呈斜横卧，首先将髂骨翼和髂骨体外侧臀薄肌，前后各砍一刀，切下贴于骨面上的臀薄肌，然后，操作者一手抓住坐骨棘，一手持刀将髋骨内侧肌肉切开。向前方用推刀，向后方用拉刀的方法操作，力求刀刃沿骨膜推进，切不可离骨体太远。当内侧肌肉拉开后，操作者一手拇指卡住闭锁孔，一手用力将髋关节切开，此时再用力将探层肌肉切开，抓住髋骨脊一端，向后用刀背作钝性剥离，直至坐骨结节，即可取出乌叉骨。剥离乌叉骨时，一定要求所使用的刀具刀刃锋利，下刀要沿着骨体，遇骨嵴、关节、结节处要注意刀刃顺势而下，不可远离，以避免上述骨面带肉太多。

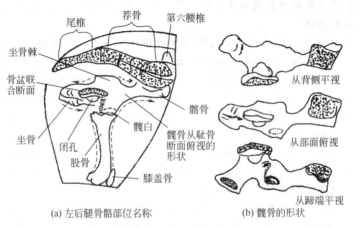

图1 腿骨剔骨示意图

（引自：陈伯祥.肉与肉制品工艺学.江苏科学技术出版社，1993）

（4）剔股骨、髌骨 此骨俗称筒子骨，骨粗大而圆滑。操作者下刀时，运用锋利刀刃沿着骨体前推后拉，剥离肌肉。遇关节时，用一手拎住股骨的下关节头，将其抬高，使与上关节呈45°倾斜，刀从关节下伸入，用刀口在骨胫处割开骨膜，并将刀的外侧面压牢骨膜与肌肉。刀口与骨平行，稍用力向下刮，骨膜连同肌肉剥离骨面。刮至股骨的上关节时，用尖刮离上关节的骨膜和肌肉，取出股骨，同时，剔出髌骨及其韧带。

（5）剔小腿骨 包括股骨膝盖骨和胫骨腓骨。剔骨时，首先将后腿跗关节上端切开，左手抓住胫骨与腓骨末端，右手持刀沿腓骨膜下刀然后转向、将刀沿胫骨粗隆骨体割离肌肉，再将膝关节提起，露出关节腔，割开关节，再用左手抓住胫骨下端，提起后腿，用刀背剥离肌肉，即可取下小腿骨。

取下小腿骨后，将后腿平放于操作台，左手握住肉块，右手持刀沿股骨下关节头端划入，刀口偏向右方紧贴骨面，一路向右划离骨面肌肉，再继续向股骨上关节划一、二刀，将股骨内侧肌肉也划离骨面，腿倒转斜放，左手抓住股骨下关节外的膝盖骨，刀沿关节背面伸入，割开骨胫上的骨膜与肌肉，左手再拎住下关节头，抬起约45°角，并移动腿肉，使蹄端在右上角，右手刀头仍在原处，刀面压住骨膜，左手用刀将下关节头向左扳去，即可使下关节头扳离骨膜，并使股骨大部分脱离，最后尚余上关节还在腿上，用刀背将其四周骨膜划开，即可将骨取下。

剔骨操作技术在于熟练掌握骨骼所处位置及其特点。操作下刀时应沿骨体骨膜下刀，遇关节与髁窝时要顺势下刀，切勿远离肌肉层。从背侧取骨时宜用钝性剥离法剥离，如果能掌握上述要诀，剔骨时就会省时、省力，而且可达到剔骨带肉少与商品质地美观的要求。

3. 整修 产品尤其是外销产品，要求整修美观而整齐，其肌膜不被破坏，各种肉块保持完整性，因此肌肉剔骨后要进行整修。在整修过程中，要全部修净精肉表层脂肪团块，露于肌肉表面的筋腱以及神经、血管和淋巴。在整修过程中要注意肌肉表层与内层的暗伤、瘀血、炎症、出血点、水肿等病灶以及白肌部分，并将其修净。

颈背肌（Ⅰ号肉）的油膜多，肌肉短小而多，肌间结缔组织也较多。操作时肌肉正面附着的条形脂肪要尽量修净。表层脂肪块整修的方法是：沿着肌层分界线的边缘，圆形划下切口。再提着脂肪块修割，这样就可以保持肌膜完整。

前腿肌肉（Ⅱ号肉）块大肉薄，去脂肪时，使用的刀具刀口要锋利，手腕要灵活，用刀要轻巧。操作时，刀口略倾斜，要顺着肌纤维方向整修。整修重点应放在肌膜表层腱膜上附着的脂肪。肌肉附着的网状结缔组织也必须细致地修割，要保持肌块的完整性。

大块肌肉（Ⅲ号肉）系一块完整的背最长肌，肌膜厚，整修时要顺着肌膜修，切忌将中间修破。

后腿肌肉（Ⅳ号肉）肉块大、结缔组织多、易修碎，尤其是肌块之间的结缔组织，既要修得平整又不得将肌块间结缔组织修得过多而修"散"。

Ⅱ号肉与Ⅳ号肉整修宜放在剔骨前带骨整修，因为此时肌块挺而坚（硬），便于修割。

四、实训结果分析

根据剔骨的程度和剔骨后肉的完整性，分析评判是否达到了实训目的。

五、注意事项

1. 首先注意安全，分割用刀具一般非常锋利，不小心则可能会伤到自己或他人。

2. 剔骨时不可使用蛮力，要讲求技巧，否则易使刀具受损，还有可能将肌肉碰破，达不到实训的目的和要求。

3. 修整时要注意保持各分割肉块的完整性，既要修掉多余的脂肪团块、肌肉表面的筋腱以及神经、血管和淋巴，又要保持肌膜完整。

第三章　肉类冷藏技术

【知识目标】　掌握肉的冷却工艺及在冷藏中的变化；掌握肉的冻结工艺及冻藏过程的变化。

【能力目标】　从理论上掌握肉的冷却、冷藏、冻结和冻藏原理，在实践上要求具备对屠宰后肉进行低温处理的能力。

【适合工种】　肉类冷藏加工操作员。

肉中含有丰富的营养成分，是微生物生长繁殖的良好培养基，若在室温下放置过久，易受外界微生物的侵袭产生多种变化导致肉品腐败变质。这不仅破坏了肉中的营养成分，甚至会产生对人体有害的毒素，食用后引起食物中毒。因此，有必要对肉品进行低温处理，抑制微生物的繁殖、降低酶类的活性和延缓肉品的氧化反应，以达到长期贮存的目的。

第一节　肉的冷却与冷藏

畜禽屠宰后即成为无生命体，不但对外界的微生物侵害失去抗御能力，同时自身也进行一系列降解等生化反应，出现死后僵直、软化成熟、腐败变质等阶段。其中腐败过程始于成熟后期，是质量开始下降阶段，其特点是蛋白质和氨基酸进一步分解，腐败微生物也大量繁殖，烹调后肉的鲜味、香味明显消失。因此，肉的贮藏应尽量推迟进入自溶阶段，即从屠宰后到成熟结束的时间越长越好。

迅速降温可以减弱酶和微生物的活性，延缓自身的生化分解过程。屠宰后的畜禽肉温度为37～40℃，水分含量为70%～80%（质量分数），这样的环境非常适合微生物的繁殖与生长，因此，常将肉体温度降至0～4℃。迅速降温可以在肉体表面形成一层干燥膜，它不但阻止微生物的侵入和生长繁殖，也减少了肉体内部水分的进一步流失。

一、肉类的冷却

1. 肉的冷却

肉的冷却即是将刚屠宰后的胴体，吊挂在冷却室内，使肉最厚处的深层温度达到0～4℃。经过冷却加工的肉称为冷却肉。

2. 畜肉类冷却工艺

畜肉通常是吊挂在有轨道的带有滚动轮的吊钩上进行冷却，吊挂数量应根据肉的种类、肥度等级而定，一般胴体吊挂密度为250kg/m² 左右。冷却方法有一段冷却法和两段冷却法。一段冷却法是指整个冷却过程均在一个冷却间内完成，冷空气温度控制在0℃左右，风速为0.5～1.5m/s，相对湿度控制在90%～98%。冷却终了，胴体后腿肌肉最厚部中心的温度应该达到4℃以下，整个冷却过程应在24h内完成。两段冷却法指采用不同冷却温度和风速，第一阶段冷空气温度在-15～-10℃，风速为1.5～3m/s，冷却2～4h，使肉体表面温度降至-2～0℃，内部温度降至16～25℃；第二阶段冷空气温度为-2～0℃，风速为0.1m/s左右，冷却约10～16h即可完成。采用两段冷却法对肉品中微生物繁殖及生化反应控制好，干耗量小，但单位耗冷量大，目前多采用两段冷却法。

3. 禽肉类冷却工艺

禽肉可以采用吊挂在空气中冷却，也可以采用冰水浸渍、喷淋或二者相结合的方法冷却。空气冷却法中温度和风速选择范围较大，冷却所需的时间差别也较大。常见的冷却工艺为空气温度2～3℃，相对湿度80%～85%，风速约1.0～1.2m/s。在这样的条件下，经过7h左右即可使鸭、鹅体的温度达到3～5℃，而冷却鸡的时间会更少。若适当降低温度，提高风速，冷却时间将在4h左右完成。冰水浸渍或喷淋冷却速度快、没有干耗但易被微生物交叉污染，目前采用冰水浸渍或喷淋冷却法较多。

二、肉类的冷藏

肉类冷却后如果不进一步冻结，应迅速放入冷藏间，进行短期贮藏或运输，也可完成肉的成熟作用。冷藏间温度一般在$-1℃\sim1℃$，相对湿度在$85\%\sim90\%$为宜。如果温度低，湿度可以增大一些以减少干耗。贮藏过程中应尽量减少冷藏间的温度波动，尤其是进出货时更应注意。表3-1是国际制冷学会第四委员会对冷却肉冷藏的推荐条件，此冷藏期是在严格执行卫生条件下的时间，在实际冷藏中，放置5d后即应每天对肉进行质量检测。

表3-1　肉类冷藏条件和贮藏期

品　名	温度/℃	相对湿度/%	冷　藏　期
牛肉	$-1.5\sim0$	90	4～5周
小牛肉	$-1.0\sim0$	90	1～3周
羊肉	$-1.0\sim1.0$	85～90	1～2周
猪肉	$-1.5\sim0$	85～90	1～2周
内脏	$-1.0\sim0$	75～80	3日
兔肉	$-1.0\sim0$	85	5日

冷却肉的冷藏保鲜通常是指在规定的低温条件下，辅以各种物理和化学方法，从而使冷却肉的新鲜度得以保持。常见的化学处理方法是对冷却肉进行化学保鲜剂或天然植物提取液浸渍或喷淋处理，物理处理方法是对冷却肉采取真空或气调等方式进行包装处理。

三、肉类食品在冷却冷藏中的变化

经冷却的肉其风味、嫩度等都比热鲜肉好，但由于冷却肉是在0℃温度条件下贮藏，嗜冷性微生物仍能继续生长，肉中酶的作用仍在继续进行，故肉的质量将发生一定变化。

1. 干耗

干耗是指在贮藏期间肉品中水分散失的现象。在冷却和冷藏中均会发生，尤其是冷却初期，水分蒸发很快，24h内的干耗量可达$1\%\sim1.5\%$。在冷藏中，冷藏前3d干耗量非常大，例如在$0\sim4℃$冷藏下，前3d较瘦的猪半胴体干耗量分别为0.4%、0.55%、0.75%，3d以后每天平均干耗量仅为0.02%左右。

2. 软化成熟

在冷藏期间，经过冷却的肉在各种酶的作用下自身组织分解，发生肉的成熟过程。肉的成熟使肉质柔软，同时增加了香气和商品价值。

3. 寒冷收缩

寒冷收缩是畜禽屠宰后在未出现僵直前快速冷却造成的。其中牛肉和羊肉较严重，冷却温度不同、肉体部位不同，所感受的冷却速度也不同，如肉体表面容易出现寒冷收缩。寒冷收缩后的肉类经过成熟阶段后也不能充分软化，肉质变硬，嫩度差。若是冻结肉，在解冻后会出现大量汁液流失。

4. 变色、变质

肉类在冷藏时会发生变色现象，与自身氧化反应、脂肪水解以及微生物作用有关。如红色肉可能逐渐变成褐色肉，白色脂肪可能变成黄色。此外，细菌、霉菌的繁殖和蛋白质分解也会使肉类表面出现绿色或黑色等变质现象。

第二节　肉的冻结与冻藏

如前所述，宰杀后的畜禽没有抵御能力，也不能控制体内酶的作用。在冻结状态下，可使酶的活性减弱，微生物的生命活动受到抑制，就可以大大延长肉品的贮藏期。目前国际上推荐$-18℃$以下为动物性食品的冻藏温度，温度越低，肉品品质保持越好，贮藏时间越长。

一、畜肉类的冻结与冻藏工艺

对于畜肉冻结，常采用冷空气经过两段冻结工艺或直接冻结工艺。两段冻结将屠宰后的肉首先在冷却间内用冷空气冷却，温度从 37～40℃降至 0～4℃，然后移送到冻结间内，用更低温度的空气将胴体最厚部位中心温度降至 -15℃左右。直接冻结将屠宰后的胴体在一个冻结间内完成全部冻结过程。

中国目前的冷库大多采用直接冻结工艺。直接冻结比两段冻结可缩短时间 40%～50%；每吨节省电量 17.6kW·h；节省劳力 50%；节省建筑面积 30%；干耗减少 40%～45%；两段冻结的肉品质好，尤其是对于易产生寒冷收缩的牛肉、羊肉更为明显，但两段冻结生产率低，干耗大。一般情况下，一次冻结为了改善肉的品质，也可以采用介于上述两种方法之间的冻结工艺。即先将屠宰后的鲜肉冷却至 10～15℃，随后再冻结至 -15℃。

畜肉的冻藏一般在库内堆叠成方形货垛，下面用方木垫起，整个方垛距冷库的围护结构约 40～50cm，距冷排管 30cm，空气温度为 -20～-18℃，相对湿度 95%～100%，风速 0.2～0.3m/s。若长期贮藏，冷空气温度更低。目前许多国家的冻藏温度向更低温度发展（-30～-28℃），而且温度波动很小，以避免产品发生干耗及冻结等现象，导致产品质量下降。

二、禽肉冻结与冻藏工艺

禽肉冻结可用冷空气或液体喷淋完成，目前采用冷空气循环冻结较多。禽肉在冻结时视有无包装、整只禽体还是分割禽体等不同，其冻结工艺略有不同。无包装的禽体多采用空气冻结，冻结之后在禽体上镀冰衣或用包装材料包装。有包装的禽体可用冷空气冻结，也可用低凝固点的液体浸渍或喷淋。由于禽肉体积较小，表面积大，对低温寒冷收缩也较轻，一般采用直接冻结工艺。从改善禽肉的嫩度出发，一般先将禽肉冷却至 10℃左右后再冻结；从保持禽肉的颜色出发，应该在 3.5h 内将禽肉的表面温度降至 -7℃避免色泽变化。

禽肉的冻藏条件与畜肉的冻藏条件相似。冷库温度为 -20～-18℃，相对湿度 95%～100%，库内空气以自然循环为宜，昼夜温度上下波动小于 1℃。一般来说，小包装的火鸡、鸭、鹅可冻藏 12～15 个月，用复合材料包装鸡的分割肉可冻藏 12 个月；对无包装的禽肉，应每隔 10～15d 向禽肉垛喷淋冷水一次，以保持禽体表面冰衣的完整，减少干耗等各种变化。

三、冻结肉在冻藏过程中的变化

1. 物理变化

经冻结的肉在低温冻藏过程中发生的物理变化主要是表皮组织、颜色和质量的变化。冻结的肉在长期的冻藏时，由于干耗的作用致使肌肉组织变薄，肌肉纤维垂直切断时彼此容易分开，脂肪呈颗粒状且易碎裂；冻结的肉在冻藏过程中，随着贮存时间的延长肉色逐渐变为暗褐色，主要是由于肌肉组织中的肌红蛋白被氧化和表面水分蒸发而使色素物质浓度增加所致；在冻藏过程中，由于库内外的热量传递、产品流通等条件导致冻藏温度发生波动，引起肉体表面冰晶升华发生干耗，使肉的质量减少。一般来说，肉的肥度越高，干耗越小；冻藏温度低，相对湿度高，则干耗越小；冻藏期限越长，干耗越大。

2. 化学变化

冻结肉在冻藏期间的化学变化主要是脂肪的氧化以及酶对蛋白质、糖原等的催化作用。冻结肉在冻藏过程中最不稳定的成分是脂肪，易受空气中的氧及微生物酶的作用而氧化酸败；冻结肉在冻藏过程由于干耗量的增加，蛋白质胶体中水分外析，蛋白质的质点逐渐聚集引起蛋白质凝固，致使肉品质量降低；冻结肉在冻藏期间随着糖原的分解、乳酸量继续增多，使肉的 pH 值偏于酸性，如冻藏 6 个月后，肉的 pH 值一般为 5.6～5.7。

3. 冰晶状态变化

当温度升高时，处于肌肉纤维中间的冰晶融化成水，当温度又降低，这部分水附着在剩余的冰晶体上，重新形成更大的冰晶体，从而使原冰晶体体积增大。这种由于温度的波动而使冰晶体体积增大的现象称为重结晶。重结晶产生的大型冰晶体对肌肉组织具有挤压作用，从而使分子的空间结构歪斜造成肌肉纤维被破坏，在解冻时会造成肉的汁液大量流失，大大降低了肉品的食用价值。为此应尽量保持冷库温度的恒定，避免波动。

4. 微生物变化

冻结的肉在 -18℃温度条件下贮藏时，微生物是不易生长繁殖的。但是若原料肉在冻结冻藏前已被细菌或霉菌污染或者在卫生条件差的情况下冻藏，冻结肉的表面就会有细菌和霉菌的菌落，尤其是在空气不流通的地方，更容易引起霉菌的生长和繁殖。

【本章小结】

为最大程度地保持宰后肉在较长时间内具有较高的食用价值和商品价值，需控制微生物生长繁殖、延缓各种生化反应及控制酶的活力，因此有必要对宰后肉进行低温处理，以达到长期贮存的目的。

低温处理包括冷却冷藏和冻结冻藏。冷却冷藏是将肉品温度降低到接近冻结温度但不冻结的一种冷加工方法，冷却方法有一段冷却法和两段冷却法，目前多采用两段冷却法。冷藏期间肉品发生的变化主要有干耗、软化成熟、变色变质等。冷冻冷藏是将肉品温度降低到冻结点以下使肉中的水分形成冰晶的一种冷加工方法，对于畜肉冻结通常采用冷空气经过两段冻结工艺或直接冻结工艺，禽肉则先冷却至10℃左右后再冻结，畜禽肉的冻藏条件大致相同，目前冻藏温度有下降趋势。冻结肉在冻藏过程的变化主要有物理变化、化学变化、冰晶状态变化和微生物变化。

【复习思考题】

一、名词解释

1. 肉的冷却　　2. 寒冷收缩　　3. 干耗　　4. 重结晶

二、判断题

1. 迅速降温可以降低酶和微生物的活性，同时延缓自身的生化分解过程。（　　）

2. 一般来说，肉的肥度越低，冻藏温度低，冻藏期限短，干耗越小。（　　）

3. 冻结肉在较长冻藏期间内，肉的 pH 值偏于碱性方面，因此更易导致肉品变质。（　　）

4. 重结晶将会造成冻结肉品在解冻时形成大量汁液流失。（　　）

5. 冻结的肉在 -18℃温度条件下贮藏时，微生物的生长繁殖活动停止。（　　）

三、选择题

1. 导致肉品腐败的主要因素为微生物和（　　）。

A. 食品本身　　B. 氧气　　　　　　C. 酶　　　　　　　　D. 水分

2. 采用真空包装冷藏剔骨牛肉可有效地阻止（　　）的生长。

A. 厌氧性嗜冷微生物　　　　　　　B. 需氧性嗜冷微生物

C. 需氧性嗜冷微生物　　　　　　　D. 厌氧性嗜冷微生物

3. 慢速冻结对于食品来说，以下影响（　　）是正确的。

A. 细胞的破坏性较小　　　　　　　B. 迅速降低酶的活性

C. 解冻时汁液流失不严重　　　　　D. 对蛋白质胶体有变性作用

4. -25℃的冻藏肉品，在（　　）情形变化会产生重结晶现象。

A. -21℃条件下冻藏　　　　　　　B. -28℃条件下冻藏

C. -21℃或-28℃条件下冻藏　　　D. -25℃条件下冻藏

5. 肉的冷藏与冷冻相比较，产品的干耗引起肉的变化（　　）。

A. 相同　　　　B. 不同仅是质量　　C. 不同且是品质　　　D. 都不是

四、填空题

1. 肉的冷却方法通常有＿＿＿＿＿＿和＿＿＿＿＿＿，目前多采用＿＿＿＿＿＿。

2. 禽肉类冷却目前采用冰水浸渍或喷淋冷却法较多，这种方法冷却速度快、没有干耗，但易被微生物＿＿＿＿＿＿。

3. 肉品在冷却和冷藏中干耗均会发生，尤其是冷却初期，干耗量＿＿＿＿，随着时间的延长干耗量将＿＿＿＿＿。

4. 目前国际上推荐＿＿＿℃以下为动物性食品的冻藏温度，许多国家的冻藏温度向更低温度＿＿＿℃发展，以避免产品发生干耗及冻结等现象。

5. 对于畜肉冻结，常采用冷空气经过＿＿＿＿＿＿＿＿或＿＿＿＿＿＿＿＿，中国目前的冷库大多采用
＿＿＿＿＿＿＿；禽肉冻结可用冷空气或液体喷淋完成，目前采用＿＿＿＿＿＿冻结较多。

五、简述题

1. 简述肉品低温冷藏的基本原理。

2. 简述肉的冷却及具体方法。

3. 简述肉在冷却、冷藏中的主要变化。

4. 简述畜禽肉的冻结方法。

5. 简述肉在冻结、冻藏中的主要变化。

【实训四】　冷却肉的保鲜

一、实训目的

通过实训要求学生掌握冷却肉的保鲜原理，掌握保鲜期间对冷却肉新鲜度的测定项目及具体
测定方法。了解冷却肉保鲜的基本方法，尤其是采用化学保鲜时常用的保鲜剂。

二、主要仪器及设备

凯氏定氮仪；酸度仪；高压灭菌锅；培养皿。

三、实训步骤

1. 保鲜剂配制　选择合适的保鲜剂（如乙酸、乳酸、抗坏血酸、葡萄糖-氯化钠液、溶菌酶
等）并配制成一定浓度的溶液待用。

2. 取样　活猪宰杀后取猪后腿瘦肉，置于$-30\sim-28℃$下急冻1.5h，再转入$0\sim4℃$下冷却
$6\sim8h$，待肉中心温度小于4℃后于冷却间内剔骨、分割为$100\sim150g$的小块。

3. 保鲜处理　将冷却肉样品放入保鲜溶液中浸泡$15\sim30s$后沥干，采用合适的包装方式对
样品进行包装（如真空、气调或托盘包装）。

4. 样品冷藏　将包装后的样品在$0\sim4℃$下冷却保藏。

5. 样品检测　在保鲜期间每隔3天进行一次感官评定、理化和微生物指标的测定，以检测
冷却肉的保鲜效果。

四、注意事项

1. 冷却肉是严格按照宰前检疫、宰后检验，采用科学的屠宰工艺，在低温环境下进行分割
加工，使胴体或分割肉深层中心温度在24h迅速降至$0\sim4℃$，并在随后的冷藏、运输、展销环
节中始终保持$0\sim4℃$环境下的一种预冷加工肉。

2. 感官评定一般包括肉品的色泽、气味、弹性、持水力、肉汤品质等项目的检测，一般在
有经验或专业人员指导下进行打分评定，避免主观因素对实验结果带来较大差异；理化指标的检
测通常有挥发性盐基氮（TVB-N）、酸度、H_2S试验，微生物指标检测包括细菌总数和大肠杆菌
的测定，检测方法参照相应国家标准。

第四章　干制肉制品加工技术

【知识目标】　了解干制肉制品加工的配方设计原则和生产工艺流程；掌握肉干、肉松、肉脯加工的基本生产工艺及质量控制关键点。

【能力目标】　掌握典型干制肉制品的配方设计及生产工艺；掌握典型干制肉制品在加工过程中常见问题的解决方法。

【适合工种】　肉制品加工工。

肉干制品或称肉脱水干制品，是肉经过预加工后再脱水干制而成的一类熟肉制品。肉品经过干制后，水分含量低，产品耐贮藏；体积小、质量轻，便于运输和携带；蛋白质含量高，富有营养。此外，传统的肉干制品风味浓郁，回味悠长，因此肉干制品是深受大众喜爱的休闲方便食品。

第一节　干制的原理和方法

一、干制的原理
通过脱去肉品中的一部分水，抑制了微生物和酶的活力，提高肉制品的保藏性。

二、干制方法及影响因素
1. 常压干燥

肉制品的常压干燥过程包括恒速干燥和降速干燥两个阶段，而后者又包括第一降速干燥阶段和第二降速干燥阶段。在干燥初期，水分含量高，可适当提高干燥温度；随着水分减少应及时降低干燥温度。在完成恒速干燥阶段后，采用回潮后再行干燥的工艺效果较好。

影响干燥速度的因素除温度外，湿度、通风量、肉块的大小、摊铺厚度等都影响干燥速度。

常压干燥时温度较高，且内部水分移动，易与组织酶作用，常导致成品品质变劣、挥发性芳香成分逸失等缺陷，但干燥肉制品特有的风味也在此过程中形成。

2. 微波干燥

用蒸汽、电热、红外线烘干肉制品时，耗能大，易造成外焦内湿现象，微波干燥能有效解决以上问题。微波是电磁波的一个频段，频率范围为 $300 \sim 3000\mathrm{MHz}$，在透过被干燥食品时，食品中的极性分子（水、糖、盐）随着微波极性变化而以极高频率震动，产生摩擦热，从而使被干燥食品内、外部同时升温，迅速放出水分，达到干燥的目的。但微波干燥存在设备投资费用较高，干肉制品的特征性风味和色泽不明显的缺点。

3. 减压干燥

（1）真空干燥　真空干燥是指肉块在未达结冰温度的真空状态（减压）下加速水分的蒸发而进行干燥。与常压干燥相比，干燥时间缩短，表面硬化现象减小。真空干燥常采用的真空度为 $533 \sim 6666\mathrm{Pa}$，干燥中品温低于 $70℃$。真空干燥虽使水分在较低温度下蒸发干燥，但因蒸发而使芳香成分的逸失及轻微的热变性在所难免。

（2）冻结干燥　冻结干燥是将肉块在 $-40 \sim -30℃$ 冻结后，在真空状态下，使肉块中的水升华而进行干燥。这种干燥方法对色、味、香、形几乎无任何不良影响，是现代最理想的干燥方法。冻结干燥后的肉块组织为多孔质，未形成水不浸透性层，能迅速吸水复原。但在保藏过程中也非常容易吸水，且其多孔质与空气接触面积增大，在贮藏期间易被氧化变质，特别是脂肪含量高时更是如此。

第二节　干制肉制品加工工艺

一、肉干的加工
肉干是以精选瘦肉为原料，经煮制、复煮、干制等工艺加工而成的肉制品。肉干按原料不同分为牛肉干、猪肉干、羊肉干、兔肉干、鱼肉干等；按风味分为五香、咖喱、麻辣、孜然等；按形状分有片、条、粒、丁状肉干等。

1. 工艺流程

原料选择 → 预处理 → 预煮与成型 → 复煮 → 脱水 → 冷却包装 → 检验 → 成品

2. 质量控制

（1）原料选择 肉干多选用健康、育肥的牛肉为原料，选择新鲜的后腿及前腿瘦肉最佳。

（2）原料预处理 将选好的原料肉剔骨、去脂肪、筋腱、淋巴、血管等不宜加工的部分，然后切成 500g 左右大小的肉块，并用清水漂洗以除去血水、污物，沥干后备用。

（3）预煮与成型 将切好的肉块投入到沸水中预煮 1h 左右，汤中亦可加入 1.5％的精盐、1％～2％的生姜及少许桂皮、大料等。水温保持在 90℃以上，除去液面的浮沫，待肉块切开呈粉红色后即可捞出冷凉（汤汁过滤待用），然后按产品的规格要求切成一定的形状。

（4）复煮 取一部分预煮汤汁（约为肉重的 40％～50％），加入配料（不溶解的辅料装袋），煮沸，将半成品倒入锅内，用小火煮制，并不时轻轻翻动，待汤汁基本收干，即可起锅沥干。配料因风味的不同而异（表 4-1）。

表 4-1 肉干加工配方

名　　　称	用量/kg		
	五香风味	麻辣风味	咖喱风味
瘦肉	100	100	100
酱油	4.75	4	3.1
黄酒	0.75	0.5	2
食盐	2.85	3.5	3
白砂糖	4.5	2	12
生姜	0.5	0.5	—
味精	—	0.1	—
混合香料(茴香、丁香、桂皮、陈皮、甘草等)	1.55	0.2	—
辣椒粉	—	1.5	—
花椒粉	0.15	0.8	—
胡椒粉	—	0.2	—
咖喱粉	—	—	0.5
菜籽油	—	5	—

（5）脱水

① 烘烤法。将沥干后的肉品平铺在不锈钢网盘上，放入烘房或烘箱，温度前期控制在 80～90℃，后期 50～60℃，烘烤 4～6h 即可。为了均匀干燥，防止烤焦，在烘烤的过程中，应及时地进行翻动。

② 油炸法。先将肉切条后，用 2/3 的辅料（其中白砂糖、味精、酒后放）与肉条拌匀，腌渍 10～20min 后，投入 135～150℃的菜籽油锅中油炸。炸到肉块呈微黄色后，捞出并滤净油，再将酒、白砂糖、味精和剩余的 1/3 辅料混入拌匀即可。

在实际生产中，亦可先烘干再上油衣。例如四川的麻辣牛肉干在烘干后再用菜籽油或芝麻油炸酥起锅。

（6）冷却及包装 肉干烘好后，先冷却至室温再进行包装。包装以复合膜为宜，尽量选用阻气、阻湿性能好的材料，如 PET/铝箔/PE 等膜，或采用真空包装。

二、重组肉脯的加工

肉脯是一种制作考究，美味可口，耐贮藏和便于运输的熟肉制品。我国加工肉脯已经有 60 多年的历史，近几年出现了重组肉脯的加工。重组肉脯原料来源广泛，营养价值高，成本低，产品入口化渣，质量优良。同时也可以应用现代连续化机械生产，它是肉脯发展的重要方向。

1. 工艺流程

原料肉 → 整理 → 配料 → 斩拌 → 腌制、成型 → 烘干 → 熟制 → 压片 → 切片 → 质量检验 → 包装 → 成品

2. 质量控制

（1）原料肉　选择经过检验、来自非疫区的新鲜畜禽后腿肉，屠宰剔骨后，要求达到一级鲜度标准。

（2）整理　剔去碎骨、皮下脂肪、筋膜、肌腱、淋巴、血污等，清洗干净，切成 $3\sim5cm^3$ 的小块备用。

（3）配料　辅料（质量分数）有：白砂糖6％、鱼露2.5％、鸡蛋3％、亚硝酸钠0.015％、味精0.2％、五香粉0.15％、胡椒粉0.2％等。亚硝酸钠等需先行溶解或处理，才能在斩拌或搅拌时加入到原料肉中去。

（4）斩拌　整理后的原料肉，应用斩拌机尽快斩拌成肉糜，在斩拌的过程中加入各种配料，并加适量的水。斩拌肉糜要细腻，原辅料混合要均匀。

（5）腌制、成型　斩拌后的肉糜需先置于10℃以下腌制1～2h，以使各种辅料渗透到肉组织中去。将腌制好的肉糜抹到已刷过油的不锈钢盘或铝盘上，用抹刀抹平整、光滑。薄层的厚度一般为2mm左右，太厚不利于水分的蒸发和烘烤，太薄则不易成型。

（6）烘干　将成型的肉糜迅速送入65～70℃的烘箱或烘房中，烘制2.5～3h。待大部分水分蒸发，能顺利揭开肉片时，即可揭片翻边，进一步进行烘烤。等烘烤至肉片的水分含量降到18％～20％时，结束烘烤，取出肉片，自然冷却。

（7）烧烤熟制　将肉片送入120～150℃的远红外高温烘烤炉或高温烘烤箱内，烘烤2～5min。烘至肉片呈棕黄色或棕红色，立即取出，不然很容易焦糊。出炉后肉片尽快用压平机压平，使肉片平整。烘烤后的肉片水分含量不得超过13％～15％。

（8）切片　根据产品规格的要求，将大块的肉片切成小片。切片尺寸根据销售及包装要求而定，如可以切成8cm×12cm或4cm×6cm的小片，每千克60～65片或120～130片。

（9）包装、成品　将切好的肉脯放在无菌的冷却室内冷却1～2h。冷凉的肉脯采用真空包装，也可以采用听装包装。

三、肉松的加工

肉松是我国著名的特产。肉松可以按原料进行分类，有猪肉松、牛肉松、鸡肉松、鱼肉松等，也可以按形状分为绒状肉松和粉状（球状）肉松。猪肉松是大众最喜爱的一类产品，以太仓肉松和福建肉松最为著名，太仓肉松属于绒状肉松，福建肉松属于粉状肉松。

1. 工艺流程

原料选择 → 预处理 → 煮制 → 炒压 → 炒松 → 擦松 → 冷却 → 包装

2. 质量控制

（1）原料肉选择　肉松加工选用健康家畜的新鲜精瘦肉为原料。

（2）原料肉预处理　符合要求的原料肉，先剔除骨、皮、脂肪、筋腱、淋巴、血管等不宜加工的部分，注意结缔组织的剔除一定要彻底，否则加热过程中胶原蛋白水解会导致成品黏结成团块而不能呈良好的蓬松状。然后顺着肌肉的纤维纹路方向（以免成品中短绒过多）切成3cm左右宽的肉条，清洗干净，沥水备用。

（3）煮制　先把肉放入锅内，加入与肉等量的水，煮沸，按配方加入香料（用纱布包好），继续煮制约2～3h。肉不能煮得过烂，否则成品绒丝短碎。在煮制的过程中，不断翻动并撇去浮油。煮制时的配料无固定的标准，肉松加工配方见表4-2。

（4）炒压　肉块煮烂后，改用中火，加入酱油、酒，一边炒一边压碎肉块。然后加入白糖、味精，减小火力，收干肉汤，用小火炒压肉丝至肌纤维松散。

（5）炒松　在炒松阶段，主要目的是为了炒干水分并炒出颜色和香气。炒松时，由于肉松中糖较多，容易塌底起焦，要注意掌握炒松时的火力，炒至颜色由灰棕色转变为金黄色，成为具有特殊香味的肉松为止。

（6）擦松　擦松的主要目的是为了使炒好的肉松更加蓬松，它是一个机械作用过程，比较容易控制，一般用机械（擦松机）来完成操作。

表 4-2　肉松加工基本配方　　　　　　　　　　　　　　　　　　　单位：kg

配　料	太仓肉松	福建肉松	江南肉松
猪瘦肉	50	50	50
食盐	1.5	—	1.1
黄酒	1	1	2
酱油	17.5	3	5.5
白糖	1	5	1.5
味精	0.1～0.2	0.075	—
生姜	0.5	0.5	0.5
八角	0.25	—	0.06
猪油	—	7.5	—
桂皮	—	0.1	—
鲜葱	—	0.5	—
红曲	—	适量	—

如果要加工福建肉松，则将上述肉松放入锅内，煮制翻炒，待 80％的绒状肉松成为酥脆的粉状时，过筛，除掉大颗粒，将筛出的粉状肉松坯置入锅内，倒入已经加热融化的猪油，然后不断翻炒成球状的团粒，即为福建肉松。

【本章小结】

本章主要讲述了什么是干肉制品，肉品干制的目的，干制的原理和方法，影响干燥速率的因素，干肉制品的分类，常见干肉制品的加工工艺及操作要点，尤其是重组肉脯的加工新工艺亦在本章作详细介绍。要求学生掌握干制品的概念及其分类、掌握肉干、肉松、肉脯等主要干肉制品的加工工艺流程、工艺参数及主要操作工序的操作要点。其中重点突出肉干、肉脯、肉松的加工技术，本章难点在于干燥工艺原理与控制、干肉制品生产过程中的质量控制。

【复习思考题】

一、名词解释

1. 干肉制品　2. 真空干燥　3. 冻结干燥

二、填空题

1. 肉制品的常压干燥过程包括＿＿＿＿＿＿和＿＿＿＿＿＿两个阶段。

2. 干肉制品主要有＿＿＿、＿＿＿、＿＿＿三大类。

3. 在恒速干燥阶段，肉块内部水分扩散的速率要＿＿＿＿＿＿表面蒸发速度，此时水分的蒸发是在＿＿＿＿进行，蒸发速度是由＿＿＿＿＿＿＿＿＿＿所控制，其干燥速度取决于＿＿＿＿＿＿＿＿＿。

三、判断题

1. 肉品进行常压干燥时，内部水分扩散的速率影响很大。（　　　）

2. 在干燥初期，水分含量高，可适当提高干燥温度；随着水分减少应及时降低干燥温度。（　　　）

3. 在完成恒速干燥阶段后，采用回潮后再行干燥的工艺效果良好。（　　　）

四、简答题

1. 肉品干制的基本原理和干制目的是什么？干肉制品有哪些优点？

2. 干制的方法有哪些？简述其优缺点。

3. 影响肉品干燥速率的因素有哪些？

4. 肉品在干制过程中的变化有哪些？

5. 肉干、肉松、肉脯在加工工艺上各有什么异同？

【实训五】　牛肉脯加工

一、实训目的

通过实训使学生掌握牛肉脯的加工技术，培养学生的动手操作能力，使学生能够对设备进行熟练操作。

二、实训原理

肉脯是一种制作考究、美味可口、耐贮藏和便于运输的熟肉制品。其原料来源广泛，营养价值高，成本低，产品入口化渣，质量优良，同时也可以应用现代连续化机械生产。可经干燥脱水、腌制、烧烤等工序制成。

三、主要设备及原料

1. 主要设备　切片机、烘箱。

2. 原辅料及腌制配方　肉5kg、白砂糖0.75kg、食盐100g、酱油100mL、味精20g、胡椒粉14g、姜粉12g、白酒50mL、$NaNO_3$ 1.5g、三聚磷酸钠10g。

四、实训步骤

1. 原料肉的选择处理　本产品需用瘦肉，故选择瘦肉率高的牛肉作为原料，牛肉要严格去脂、去筋骨后，切成0.5kg的块。

2. 切片　用切片机切成为0.2cm厚的肉片后称重。

3. 腌制　加入调味料，发色剂、发色助剂和品质改良剂等，采用干腌法腌制40～50min（后加鸡蛋2个）。

4. 铺筛　本步骤是形成制品特殊质地的主要途径，把腌制好的肉片铺于筛网上，要铺置均匀，肉片之间彼此靠溶出的蛋白质相互粘连。

5. 烘烤　在80～85℃烘箱中烘烤2～2.5h，可除去水分，使制品熟化。

6. 焙烤　升高烘箱温度至130～150℃，焙烤10min左右后，可使制品进一步熟化，外观油润，产生焙烤风味。

7. 压平、切割、包装　为保证产品外型，需用重物把焙烤好的肉脯压平，经过切割，满足一定尺寸后，即可进行包装。

五、实训结果分析

评定结果填入表1。

表1　产品评定记录表

品评项目	标准分值	实际得分	扣分原因或缺陷分析
颜色	15		
气味	10		
形状	20		
口感	25		
质地	15		
风味	15		

六、注意事项

1. 投料顺序：先加固体，再加三聚磷酸钠溶液（三聚磷酸钠10g、水50mL），最后加白酒。

2. 肉片的厚度一般为2mm左右。太厚，不利于水分的蒸发和烘烤，太薄则不易成型。

3. 注意控制烘烤温度和焙烤温度。温度过低，不仅费时耗能，且香味不足、色浅，质地松软；温度过高，肉脯表面起泡现象严重，易卷曲，边缘焦煳，质脆易碎，颜色褐变。

【实训六】　鱼 松 制 作

一、实训目的

通过实训使学生掌握鱼松的加工技术，培养学生的动手操作能力，使学生能够对设备进行熟练操作。

二、实训原理

鱼松含有人体必需的氨基酸、维生素 B_1、维生素 B_2、烟酸及 Ca、P、Fe 等无机盐，尤其是蛋白质的含量极高。鱼松易被人体消化吸收，对儿童和病人的营养摄取有很多益处。可经干燥脱水、炒制等工序制成。

三、主要设备及原料

1. 主要设备　蒸屉、烘箱。

2. 调味液配方　鱼肉 1kg、猪骨（或鸡骨）汤 1kg、水 0.5kg、酱油 400mL、白砂糖 0.2kg、葱、姜 0.2g、花椒 0.25g、桂皮 0.25g、茴香 0.2g、味精适量。

四、实训步骤

1. 原料选择与整理　选择肌纤维较长的白色肉鱼类，如青鱼（草鱼，鲢鱼、鲤鱼也可），洗净，去鳞之后由腹部剖开，去内脏、黑膜等，再去头，充分洗净，滴水沥干。

2. 蒸煮　沥水后的鱼，放入蒸笼，蒸笼底要铺上湿纱布，防止鱼皮、肉黏着和脱落到水中，锅中放清水（约容量的 1/3）然后加热，水煮沸 15min 后即可取出鱼。

3. 去皮、骨　将蒸熟的鱼趁热去皮，拣出骨、鳍、筋等，留下鱼肉。

4. 拆碎、晾干　将鱼肉放入清洁的白瓷盘内，在通风处晾干，并随时将肉撕碎。

5. 调味、炒压　调味液要预先配制。

先将原汤汁放入锅中炖热，然后按调味液配方放入酱油、桂皮、茴香、花椒、糖、葱、姜等，最好将桂皮等放入纱布袋中，以防混入鱼松的成品中去，待煮沸熬干后，加入适量味精，取出放瓷盘中待用。

洗净的锅中加入生油（最好是猪油），等油热熟，即将前述晾干并撕碎的鱼肉放入并不断搅拌，用小火边炒边将调味液喷洒在鱼松上，约 20min，直至色泽和味道均很适合为止。

6. 烘烤　将调味好的鱼松入烘箱进行烘烤，70℃烘烤 90min 或 80℃烘烤 60min。

7. 炒松　之后再用竹帚充分炒松，等鱼肉变成松状即可。

8. 晾干、包装　炒好的鱼松自锅中取出，放在白瓷盘中，冷却后包装。

五、实训结果分析

为调动学生积极性，加深学生对实训的认识，所有制品制作完成后安排学生品评，解释说明制作中的各个步骤对制品的直接影响，填入表1。并指出产品的优缺点，提出改进意见。

表 1　产品评定记录表

品评项目	标准分值	实际得分	扣分原因或缺陷分析
颜色	15		
气味	10		
形状	20		
口感	20		
质地	15		
风味	20		

六、注意事项

1. 炒松要用文火，以防鱼松炒焦发脆。

2. 注意控制烘烤温度和时间。温度过低，不仅费时耗能，且香味不足、色浅，水分含量太大导致几乎无法炒松；温度过高，易焦糊，颜色褐变。

第五章　腌腊肉制品加工技术

【知识目标】　了解腌腊肉制品的种类、特点；理解腌腊肉制品的腌制原理；掌握腌腊肉制品的工艺要点。

【能力目标】　能够制作咸肉、腊肉、板鸭及中式火腿等腌腊制品。

【适合工种】　肉制品加工工。

第一节　腌制对肉的作用机理

腌腊肉制品是我国传统的肉制品之一，凡原料肉经预处理、腌制、脱水、保藏成熟而成的肉制品都属于腌腊肉制品。我国的腌腊肉制品主要有腊肉、咸肉、板鸭、风鸡（鸭）、腊肠、香肚、中式火腿等。

腌制是肉制品生产的一种重要的加工方法，也是肉品保藏的一种传统而古老的手段。肉的腌制通常用食盐、糖、硝酸盐或亚硝酸盐及各种调味香料对原料肉进行加工处理，使其发色呈味的过程。近年来，随着食品科学的发展，在腌制时常加入食品改良剂如磷酸盐、异维生素 C、柠檬酸等以提高肉的保水性，获得较高的成品率。同时腌制的目的已从单纯的防腐保藏发展到主要为改善风味和色泽，提高肉制品的质量。因此腌制已成为许多肉制品加工过程中的一个重要环节。

一、腌制的防腐作用

1. 食盐的防腐作用

腌制的主要用料是食盐，食盐虽不能灭菌，但一定浓度的食盐能抑制许多腐败微生物的繁殖，因而对腌腊制品具有防腐作用。一般来说，盐液浓度在 1% 以下时，微生物的生长活动不会受到影响；当浓度为 1%～3% 时，大多数微生物就会受到暂时性抑制。当浓度高达 10%～15% 时，大多数微生物完全停止生长繁殖；如盐液浓度达到 20%～25% 时，几乎所有微生物都停止生长，但有些微生物仍能保持生命力，有的尚能生长。

2. 硝酸盐和亚硝酸盐的防腐作用

硝酸盐和亚硝酸盐用于腌腊肉品已有数百年的历史，它们在肉品腌制过程中既具有发色作用，又具有抑菌防腐作用，可以抑制肉毒梭状芽孢杆菌的生长，也可以抑制许多其他类型腐败菌的生长。其抑菌作用受 pH 的影响较大，pH 为 6 时，对细菌有显著的抑制作用，当 pH 为 6.5 时，抑菌作用有所下降，pH 在 7 时则起不到作用。

肉毒梭状芽孢杆菌能产生肉毒梭菌毒素，这种毒素对人体具有很强的致死性，对热稳定，大部分肉制品进行热加工的温度仍不能杀灭它，而亚硝酸盐能抑制这种微生物的生长，防止食物中毒事故的发生。但腌肉中亚硝酸盐残存超过一定量时，容易与肉中的二甲胺类化合物作用生成二甲基亚硝胺等致癌物质。因此，在肉品腌制加工过程中，必须严格控制工艺条件，掌握合理的添加量，并将肉制品中亚硝酸盐的残留量严格控制在国家食品卫生标准之内。相信随着食品科学和生物技术的发展，人类将会寻找到更好的肉品腌制剂。

3. 微生物发酵防腐

在肉品腌制过程中，由于微生物代谢活动降低了 pH 和水分活度，使肉品得以保存并同时改变了原料的质地、气味、颜色和成分，并赋予产品良好的风味。乳酸菌是肉品发酵过程中最重要的菌种，能将原料中的糖类分解为乳酸，使产品 pH 下降，抑制腐败菌和病原菌的生长。正常发酵产物中最主要的是乳酸，此外有乙醇、醋酸和二氧化碳等，酸和二氧化碳可降低产品 pH，乙醇则具有防腐作用。

研究表明，醋酸浓度为 6% 时，可以有效地抑制腐败菌的生长。乳酸也有较强的抑菌和杀菌作用，0.3% 的乳酸可杀死铜绿色假单胞菌，乳酸浓度为 0.6% 时就能杀死伤寒杆菌，浓度为 2.25% 时可杀死大肠杆菌。此外，乳酸菌在代谢中会产生抗生素，可进一步抑制腐败和有害微生物的生长繁殖。

4.调味香辛料的防腐作用

许多调味香辛料具有抑菌和杀菌作用，如胡椒、生姜、丁香、大蒜和茴香等均具有一定的防腐效力。

二、腌制的呈色作用

肌肉之所以呈红色，是因为其中含有呈红色的色素蛋白质。肌肉中的色素蛋白质主要是肌红蛋白和血红蛋白。肉在腌制时食盐会加速血红蛋白和肌红蛋白氧化，形成高铁血红蛋白和高铁肌红蛋白，使肌肉丧失天然色泽，变成紫色调的浅灰色。为避免颜色变化，在腌制时常使用发色剂——硝酸盐和亚硝酸盐，常用硝酸钠和亚硝酸钠。加入硝酸钠和亚硝酸钠后，由于肌肉色素蛋白质在亚硝酸盐的作用下生成鲜艳亚硝基肌红蛋白和亚硝基血红蛋白，这种化合物在烧煮时变成稳定粉红色，使肌肉呈玫瑰红色。

发色机理：首先硝酸盐在肉中脱氮细菌（或还原物质）的作用下，还原成亚硝酸盐；然后与肉中的酸产生复分解作用而形成亚硝酸；亚硝酸再分解产生一氧化氮，一氧化氮与肌肉纤维细胞中的肌红蛋白（或血红蛋白）结合而产生鲜红色的亚硝基肌红蛋白（或亚硝基血红蛋白），使肉具有鲜艳的玫瑰红色。

$$NaNO_3 \xrightarrow{\text{脱氮菌还原}(+2H)} NaNO_2 + H_2O$$
$$NaNO_2 + CH_3CH(OH)COOH \longrightarrow HNO_2 + CH_3CH(OH)COONa$$
$$2HNO_2 \longrightarrow NO + NO_2 + H_2O$$
$$NO + \text{肌红蛋白(血红蛋白)} \longrightarrow NO\text{肌红蛋白(血红蛋白)}$$

亚硝酸盐能使肉发色迅速，但呈色作用不稳定，适用于生产过程短而不需要长期贮藏的制品，对于那些生产周期长和需要长期保藏的制品，最好使用硝酸盐。现在许多国家广泛采用混合盐料。用于生产各种灌肠时混合腌制盐的组成是：食盐98%，硝酸盐0.83%，亚硝酸盐0.17%。

腌制呈色的速度主要取决于腌制剂的浓度、腌液扩散速度、腌制温度和发色助剂的添加等因素，一般腌肉颜色在腌制几小时内可产生。在烘烤加热和烟熏条件下上述反应会急剧加速。烟酰胺和异抗坏血酸钠并用可促进腌制呈色。

三、腌制的呈味作用

1.腌制风味物质的形成

香气和滋味是评定腌制质量的重要指标，在腌腊制品中，肉经腌制后形成了特殊的腌制风味。虽然形成香气和滋味的风味物质含量微小，但其组成和结构却十分复杂。对腌制风味的形成过程和风味物质的性质目前尚无一致结论。一般认为腌制品中的风味物质，有些是肉品原料和调料本身所具有的，而有些是在腌制过程中经过物理、化学、生物化学变化产生和由微生物发酵而形成的。腌肉的特殊风味是由蛋白质的水解产物如组氨酸、谷氨酸、丙氨酸、丝氨酸、蛋氨酸等氨基酸和亚硝基肌红蛋白共同形成的。同时，腌制肉中乳酸菌等微生物的作用也参与腌制品主体风味的形成。

腌制产生的风味物质还不止单纯的发酵产物，在发酵产物彼此之间，发酵产物与原料或调料之间还可能发生一些复杂反应，生成一系列呈香物质，特别是酯类化合物。如果在腌制过程中，主体香气物质没有形成或含量过低，就不能形成产品的特殊腌制风味。

2.咸味形成

经腌制加工的原料肉，由于食盐的渗透扩散作用，使肉内外含盐量均匀，咸淡一致，增进了风味。研究发现，所有与腌肉的风味有关的影响因素中最主要的是食盐，如果含盐量太高（>6%）或过低（<2%），其风味将不受消费者欢迎。因此，腌制时必须严格控制食盐的用量。

第二节　肉品腌制技术

肉在腌制时采用的方法主要有四种，即干腌法、湿腌法、混合腌制法和注射腌制法。不同腌腊制品对腌制方法有不同要求，有的产品采用一种腌制法即可，有的产品则需要采用两种甚至两种以上的腌制法。

一、干腌法

干腌法是将盐腌剂擦在肉表面，通过肉中水分将其溶解、渗透而进行腌制的方法。在腌制过程中由于渗透-扩散作用，肉内分离出的一部分水分和可溶性蛋白质向外转移，使盐分向肉内渗透，至浓度平衡为止。干腌产品总是失水的，失去水分的程度取决于腌制的时间和用盐量。腌制周期越长，用盐量越高，原料肉越瘦，腌制温度越高，产品失水越严重。我国传统的金华火腿、咸肉、风干肉等都采用这种方法。

这种方法的优点是操作简便，不需要太大的场地，蛋白质损失少，水分含量低，耐贮藏。缺点是盐渗透很慢且咸度不均匀，失重大，色泽较差，盐不能重复利用，工人劳动强度大。

二、湿腌法

湿腌法即盐水腌制法，是将盐及其他配料配成一定浓度的盐水卤，然后将肉浸泡在盐水中腌制的方法。盐水的浓度根据产品的种类、肉的肥度、温度、产品保藏的条件和腌制时间而定。

湿腌法的优点是渗透速度快，省时省力，质量均匀，肉质较为柔软，腌渍液可重复利用。缺点是蛋白质损失严重，腌制时间长，风味不及干腌法，产品含水量高，不易贮藏。

三、混合腌制法

采用干腌法和湿腌法相结合的一种方法。其方法有两种：一是先进行干腌，再放入盐水中腌制；二是在注射盐水后，用干的硝酸盐混合物涂擦在肉制品上，放入容器内腌制。后者较为普遍。

混合腌法可以增加制品贮藏时的稳定性，防止营养成分过多流失，咸度适中。不足之处是较为麻烦。

四、注射腌制法

为加速腌制液渗入肉内部，缩短腌制时间，先注射盐水，然后再放入盐水中腌制。盐水注射法分动脉注射腌制法和肌肉注射腌制法。

1. 动脉注射腌制法

动脉注射是用泵通过针头将盐水或腌制液经动脉系统压送入腿内各部位或分割肉内的腌制方法。但是一般分割胴体的方法并不考虑原来的动脉系统的完整性，因此此法只能用于腌制前后腿。

此法的优点在于腌制液能迅速渗透肉的深处，不破坏组织的完整性，腌制速度快；不足之处是用于腌制的肉必须是血管系统没有损伤，刺杀放血良好的前后腿，腌制过程中产品容易腐败变质，必须进行冷藏。

2. 肌肉注射腌制法

肌肉注射腌制法即直接将注射针头插入肌肉注入盐水，适用于分割肉的腌制。注射用的针头，有单针头和多针头之分，针头大多为多孔，目前一般都是多针头。多针头肌肉注射最适合用于形状整齐而不带骨的肉类，肋条肉最为适合。带骨或去骨肉均可采用此法。多针头机器，一排针头可多达 20 枚，每一针头中有小孔，插入深度可达 26cm，平均每小时注射 60000 次，由于针头数量大，两针相距很近，注射时肉内的腌制液分布较好，可获得预期的增重效果。

肌肉注射时腌制液经常会过多地聚集在注射部位的四周，短时间难以散开，因而肌肉注射时就需要较长的注射时间以便充分扩散腌制液而不至于聚集过多。

腌制剂与干腌大致相同，有食盐、糖和硝酸盐、亚硝酸盐、磷酸盐；注射盐水的浓度一般为16.5％或17％，注射量占肉重 8％～12％；为了使注射后盐分快速地扩散，常用机械的方法对肉进行滚揉或按摩，注射后经一定时间冷藏，一般 2d 左右可腌好。

盐水注射法可以缩短操作时间，提高生产效率，降低生产成本；但其成品质量不及干腌，风味稍差，煮熟后肌肉收缩的程度较大，注射腌制的肉制品水分含量高，产品需冷藏。

第三节　腌腊制品加工

一、咸肉

咸肉通常指我国的盐腌肉，以鲜肉或冻猪肉为原料，用食盐和其他调料腌制，不进行熏煮脱水工序加工而成的生肉制品。咸肉品种繁多，式样各异，其中较有名的是浙江咸肉（也叫家乡南肉）、江苏如皋咸肉（又称北肉）、四川咸肉、上海咸肉等。

咸肉根据规格和部位可分为连片、断头和咸腿三种。连片是指整个半片猪胴体，无头尾，带皮带骨带脚爪，腌成后每片质量在 13kg 以上；断头是指不带后腿及猪头的猪肉体，带皮带骨带前爪，腌成后质量在 9kg 以上；咸腿也称香腿，是猪后腿，带皮带骨带脚爪，腌成后质量不低于 2.5kg。

1. 工艺流程

原料选择 → 修整 → 开刀门 → 腌制 → 成品

2. 操作要点

（1）原料选择　选用经卫生检验部门检疫合格鲜猪肉或冻猪肉。使用新鲜肉，必须摊开凉透；若为冷冻肉，必须经解冻微软后再行分割处理。

（2）修整　除去血管、淋巴、碎肉及横膈膜等。

（3）开刀门　为了加速腌制，可在肉上割出刀口，俗称开刀门。从肉面用刀割开一定深度的若干刀口，刀口的深度、大小和多少取决于腌制时气温和肌肉的厚薄。肉体厚，气温在 20℃ 以上，刀口深而密；15℃ 以下刀口浅而小；10℃ 以下不开或少开刀口。

（4）腌制　腌制时分三次上盐，腌制 100kg 鲜肉用盐 15～18kg。第一次上盐（出水盐）：将盐均匀地擦抹于肉表面，排出肉中血水；第二次上盐：于第一次上盐的次日进行，沥去盐液，再均匀地上新盐，刀口处塞进适量盐，肉厚部位适当多撒盐；第三次上盐：于第二次上盐后 4～5d 进行，肉厚的前躯要多撒盐，颈椎、刀门、排骨上必须有盐，肉片四周也要抹上盐。每次上盐后，将肉面向上，层层压紧整齐地堆叠。

第二次上盐 7d 左右为半成品，特称嫩咸肉。以后根据气温，经常检查翻堆和再补充盐。从第一次上盐到腌制 25d 即为成品。出品率约为 90%。

3. 咸肉的贮藏

（1）堆垛法　待咸肉水分稍干后，堆放在 −5～0℃ 的冷库中，可贮藏 6 个月，损耗量约为 2%～3%。

（2）浸卤法　将咸肉浸在 24～25°Bé 的盐水中，可延长保质期，使肉色保持红润，无质量损失。

二、腊肉

腊肉是以鲜肉为原料，用食盐配以其他的风味辅料腌制后再经干燥（烘烤、日晒或熏制）等工艺加工制成的一类能耐贮藏并具有特殊风味的肉制品。腊肉的品种很多，按产地分为广东腊肉、四川腊肉、湖南腊肉等；按加工原料的种类以及原料肉的部位有腊牛肉、腊羊肉、腊鸡、腊猪杂、腊猪头等。腊肉各地生产工艺大同小异，原理基本相同。

1. 工艺流程

选料修整 → 调制配料 → 腌制 → 风干、烘烤或熏烤 → 成品 → 包装

2. 操作要点

（1）选料修整　最好选用皮薄肉厚、肥膘在 1.5cm 以上的新鲜猪肋条肉为原料，也可选用冷冻肉。根据品种不同和腌制时间长短，猪肉修割大小也不同。广式腊肉切成长约 38～50cm，每条为 182～200g 的薄肉条；四川腊肉则切成每块长 27～36cm，宽 33～50cm 的腊肉块。肉条切好后，用尖刀在肉条上端 3～4cm 处穿一小孔，便于腌制后穿绳吊挂。

（2）配制调料　不同品种所用的配料不同，同一品种在不同季节生产配料也有所不同。也可根据口味进行配料调整。

（3）腌制　一般采用干腌法、湿腌法和混合腌制法。

① 干腌法。取肉条和混合均匀的配料在案上擦抹，或将肉条放在盛配料的盆内擦揉均可，擦揉要求均匀，对肉条皮面适当多擦，擦好后按皮面向下，肉面向上的顺序，一层层放叠在腌制缸内，最上一层肉面向下，皮面向上。剩余的配料可撒在肉条的上层，腌制中期应翻缸一次，即

把缸内的肉条从上到下，依次转到另一个缸内，翻缸后再继续进行腌制。

② 湿腌法。腌制去骨腊肉常用的方法，取切好的肉条逐条放入配制好的腌制液中，湿腌时应使肉条完全浸泡在腌制液中，腌制时间为 15~18h，中间翻缸两次。

③ 混合腌制。干腌后的肉条再浸泡腌制液中进行湿腌，可缩短腌制时间，使肉条腌制更加均匀。混合腌制时食盐用量不得超过 6%，使用陈的腌制液时应先清除杂质，在 80℃ 下煮 30min，过滤后冷却备用。

腌制时间视腌制方法、肉条大小、室温等因素而有所不同，最短 3~4d，长的可达 7d 左右，以腌好腌透为标准。

有的腊肉品种，像带骨腊肉，腌制完成后还要洗肉坯。目的是使肉皮内外盐度尽量均匀，防止在制品表面产生白斑（盐霜）和一些有碍美观的色泽。洗肉坯时用铁钩把肉皮吊起，或穿上线绳后在装有清洁的冷水中摆荡漂洗。

（4）风干、烘烤或熏烤　在冬季，家庭自制的腊肉常放在通风阴凉处自然风干。工业化生产腊肉需要进行烘烤，使肉坯水分快速脱去而又不能使腊肉变质发酸。腊肉原料肥膘较多时，烘烤时温度一般控制在 45~55℃；时间因肉条大小而异，一般 24~72h。烘烤后的肉条送入干燥通风的晾挂室中冷却，肉温降到室温即可。

熏烤是腊肉加工的最后一道工序，有的品种可不进行熏烤。烘烤和熏烤可同时进行，也可以先烘干再进行熏烤，采用哪一种方法可根据生产厂家的实际情况而定。

（5）成品　熏烤后的肉坯悬挂在空气流通处，散尽热气后即为成品（成品率 70% 左右）。

（6）包装　多采用真空包装（250g、500g 较多）。真空包装产品保质期可达 6 个月以上。

三、中式火腿

中式火腿指用猪胴体后腿（带脚爪）经食盐低温腌制（0~10℃）、堆码、上挂、整形等工序，并在酶和微生物作用下经过长期成熟而制成。成品色、香、味、形俱佳，耐贮藏。

中式火腿分为三种：南腿，以金华火腿为正宗；北腿，以苏北如皋火腿为正宗；云腿，以云南宣威火腿为正宗。南腿北腿的划分以长江为界。三大火腿的加工方法基本相同，下面以金华火腿为例，说明其特点及加工工艺。

1. 金华火腿概述

金华火腿产于浙江省金华地区诸县，以东阳和义乌县历史最早。浙江金华位于长江以南，故古金华火腿也称南腿。由于名贵，当时大都作为官礼，故又有"贡腿"之称。

金华火腿的特点是脂香浓郁，皮色黄亮，肉色似火，红艳夺人，咸度适中，组织致密，鲜香扑鼻，以色、香、味、形"四绝"为消费者所称誉。

2. 工艺流程

鲜猪肉后腿 → 修整 → 腌制（上盐 6~7 次）→ 洗腿（两次）→ 晒腿 → 整形 → 发酵 → 修整 → 堆码 → 成品

3. 操作要点

（1）鲜腿选择　金华火腿所用的原料是金华"两头乌"猪的鲜后腿。要求屠宰加工良好，不破皮，不吹气，无缺陷。皮薄骨细，腿心饱满，瘦肉多，肥膘少，腿坯重 5~7.5kg 的鲜腿最为适宜。

（2）修割　金华火腿对外形要求严格，原料鲜腿粗糙不呈"竹叶形"，要先进行整形（俗称修割腿坯），再进行腌制。整形的目的是使火腿有完整的外观和加速食盐的渗透。修整时要特别注意不损伤肌肉面，仅露出肌肉为限。

先用刀刮去皮面上的残毛和污物，使皮面光滑整洁。然后用削骨刀削平耻骨，修整坐骨，除去尾椎，斩去脊骨，使肌肉外露，再把周围过多的脂肪和附在肌肉上的浮油割去，将腿边修成弧形，腿面平整。再用手挤出大动脉内的淤血，最后使猪腿成为整齐的柳叶形。

（3）腌制　腌制是加工火腿的主要工艺环节，也是决定火腿加工质量的重要过程。根据不同气温适当地控制时间、加盐的数量、翻倒的次数，是加工火腿的技术关键。金华火腿腌制系采用干腌堆叠法，用食盐和硝酸盐进行腌制，腌制时需擦盐和倒堆 6~7 次，总用盐量约占腿重的

9％～10％，约需30d。腌制的最佳温度是0～10℃。

① 第一次上盐（俗称上小盐）。目的是使肉中的水分、淤血排出。5kg左右的鲜腿用100g左右的盐撒在鲜腿坯露出的全部肉面上，敷盐要均匀，敷盐后堆叠时必须层层平整，上下对齐。堆码高度应视气候而定。在正常气温下，以12～14层为宜。经过24h左右，鲜腿表面变得湿润而松软，肌肉颜色较鲜肉发暗。

② 第二次上盐（又称上大盐）。在第一次上盐24h后进行，上盐以前先压出血管中的淤血，并在三签处略放一些硝酸盐。把盐从腿头擦至腿心，在腿的下部凹陷处用手指沾盐轻抹（脚、皮部不上盐），用盐量约为250g，再按顺序堆叠。这次上盐后肌肉变化比较明显，暗红色肌肉组织在压力挤压和盐的渗透下，使肌肉造成脱水收缩逐渐变得坚实，腿呈扁平状，中间肌肉处凹陷，四周脂肪凸起而显得丰满。

③ 第三次上盐（复三盐）。第二次上盐3d后进行第三次上盐，根据火腿大小及三签处的余盐情况控制用盐量。若火腿较大，脂肪层较厚，三签处余盐少者适当增加盐量；火腿较小者稍加补盐。用盐量约为95g，上盐后重新倒堆，上下层互相调换。

④ 第四次上盐（复四盐）。第三次上盐堆叠后5～6d进行复四盐，用盐量更少，约75g。目的是经上下翻堆后调整腿质、温度并检查三签处上盐融化程度，如大部分已融化需再补盐，并抹去腿皮上的粘盐，以防止腿的皮色发白无亮光。

这时火腿有的部位已腌好，仅三签区域尚未腌透，将食盐适当收拢到三签处继续腌制。

鉴别火腿是否腌好或不同部位是否腌透，以手指按压肉面，若按压时有充实坚硬的感觉，说明已腌透，否则表面发硬而内部空虚发软，表明尚未腌透，肉面应保存盐层。第四次上盐后堆叠的层数视气温不同可适当增加，加大压力以增加食盐的渗透。

⑤ 第五、六次上盐。这两次上盐间隔时间为7d左右，这次敷盐主要视火腿的大小或厚薄而不同，肉面敷盐的面积更为明显地集中在三签处，露出更大的肉面。此时火腿大部分已腌透，主要在脊椎下部的骨肉尚未完全腌透，应上少许盐。火腿肌肉颜色由暗红色变成鲜艳的红色，小腿部变得坚硬呈橘黄色。第五、六次上盐后，堆叠时腿与腿间的距离应当更大，切忌小腿部分与食盐或盐水部分接触。

经过六次上盐后，腌制时间已接近30d，小型腿可挂出洗晒，大型腿则进行第七次上盐。

鉴于以上的上盐方法，可以总结口诀为"头盐上滚盐，二盐雪花盐，三盐靠骨头，四盐守签头，五盐六盐保签头"

腌好的火腿要经过浸泡、洗刷、挂晒、印商标、校形等过程。

（4）洗腿 鲜腿经腌制后，通过清洗可除去腿面上的污物，便于整形和打皮印，也能使肉中盐分散失一部分，使咸淡适宜，同时有利于酶在正常情况下发生作用。

洗腿前先用冷水浸泡，浸泡时间应根据腿的大小和咸淡来决定，一般需10h，浸泡时肉面向下，全部浸没。

浸泡后即可洗刷，洗刷时按一定顺序进行，先脚爪，后皮面、肉面。将盐污和油污洗净，使肌肉表面露出红色。肉面的肌纤维由于洗刷而成绒毛状，可防止晾晒时水分蒸发和内部盐分向外部的扩散，不致使火腿表面出现盐霜。

经过初次洗刷的火腿，可在水中浸泡4h，再进行第二次洗刷。

（5）晒腿 浸泡洗刷完毕，每两只火腿用绳拴在一起，挂在晾架上晾晒，约经4h，待肉面无水微干后，进行打印商标，再经3～4h腿皮微干肉面尚软时开始整形。

（6）整形 所谓整形就是在晾晒过程中将火腿校成一定形状。整形要求做到小腿骨伸直，脚爪弯曲，皮面压平，腿心丰满，使火腿外形美观，而且肌肉经排压后更加紧缩，有利于贮藏发酵。整形晾晒适宜的火腿，腿形固定，腿皮呈黄色或淡黄色，皮下脂肪洁白，肉面紫红，腿面平整，肌肉坚实，表面油润时可停止曝晒。

（7）发酵 火腿经上述处理尚没有达到应有的要求，特别是没有产生火腿特有的风味，需进行发酵。发酵过程中一方面使水分继续蒸发，另一方面使肌肉中蛋白质、脂肪等发酵分解，使制品色、香、味更佳。

将腌制好的鲜腿晾挂于宽敞通风、干燥库房的木架上，彼此相距 5～7cm，高度离地 2m。经 2～3个月发酵，肉面上逐渐长出绿、白、黑、黄色菌丝时即完成发酵。发酵过程中微生物分泌的酶，水解腿中蛋白质、脂肪，从而使火腿逐渐产生香味和鲜味。发酵好坏与火腿质量有密切关系。

（8）修整 火腿发酵后，水分蒸发，腿身逐渐干燥，腿骨外露，为使腿形美观，需再次修整。修整时割去露出的耻骨、股关节，整平坐骨，并从腿脚向上割去腿皮，除去腿面高低不平的肉和表皮，达到腿正直，两旁对称均匀，腿身呈柳叶形。

（9）堆码、成品 经发酵修整的火腿，根据干燥程度，分批落架。再按腿的大小分别堆叠，堆高不超过 15 层，采用腿面向上，皮面向下逐层堆放，并根据气温不同每隔 10d 左右翻倒一次。在每次翻倒的同时将流出的油脂涂抹在肉面上，这不仅可以防止火腿过分干燥，而且可保持肉面油润有光泽。包装后即为成品。

【本章小结】

腌腊肉制品是我国传统的肉制品之一，凡原料肉经预处理、腌制、脱水、保藏成熟而成的肉制品都属于腌腊肉制品。腌腊制品由于经过一个较长时间的成熟发酵，蛋白质、脂肪、浸出物分解产生风味物质，从而形成了独特的腌腊风味和红白分明的色泽，并能达到长时间保藏的目的。

腌腊制品的腌制方法有四种，即干腌法、湿腌法、混合腌制法和注射腌制法。不同腌腊制品对腌制方法有不同要求，其用盐量和腌制方法取决于原料肉的状况、温度及产品特性。

常见的腌腊制品主要有咸肉、腊肉、板鸭和中式火腿等，食用前均需熟加工。其中咸肉指我国的盐腌肉，选用新鲜或冷冻猪肉为原料，用食盐和其他调料腌制，不加熏煮脱水工序加工而成的生肉制品，其特点是用盐量多。腊肉是以鲜肉为原料，用食盐配以其他的风味辅料腌制，再经干燥（烘烤或日晒、熏制）等工艺加工制成的一类耐贮藏并具有特殊风味的肉制品。中式火腿指用猪后腿（带脚爪）经食盐低温腌制（0～10℃）、堆码、上挂、整形等工序，并在自体酶和微生物作用下，经过长期成熟而成，色、香、味、形俱佳并耐贮藏的肉类制品。我国比较有名的火腿有金华火腿、如皋火腿和云南宣威火腿。

【复习思考题】

一、名词解释

1.腌腊肉制品 2.中式火腿 3.腊肉 4.咸肉 5.干腌法 6.湿腌法 7.注射腌制法

二、填空题

1.肉毒梭状芽孢杆菌能产生_____，这种毒素具有很强的致死性，对热稳定。肉品中加入_____能抑制这种毒素的生长。

2.肉在腌制时采用的方法主要有四种，即_____、_____、_____和_____。

3.肉品腌制常用原料有_____、_____、_____和_____等。

4.我国著名的咸肉制品有_____、_____、_____、_____等。

三、简答题

1.试述腌制的基本原理。

2.简述腌制的方法及其优缺点。

3.腌制品呈色作用的机理是什么？

四、综述题

试述金华火腿的加工工艺流程及操作要点。

【实训七】 南京板鸭的加工

一、实训目的

通过实训，了解和掌握板鸭加工的一般加工方法和质量控制。

二、实训材料和用具

1. 实训材料 活鸭、食盐、生姜、八角、葱。

2. 实训用具 电击设备、禽类刺杀刀、盆、缸。

三、实训步骤

1. 工艺流程

2. 操作要点

(1) 选鸭与催肥 选用体长、身宽、胸腿肉发达，两翅下有核桃肉，体重在 1.75kg 以上的活鸭。活鸭在宰杀前用稻谷 (或糠) 饲养 15～20d 催肥，使膘肥肉嫩、皮肤洁白。

(2) 宰杀

① 宰前禁食。对育肥好的鸭子进行检查，剔除病鸭，然后圈进待宰车间，宰前 12～24h 停止喂食，充分喂水。

② 宰杀放血。采用口腔或颈部宰杀法。颈部宰杀时在鸭颌下横割一个开口，以便摘取内脏时拉出食道，要三管 (气管、血管、食管) 齐断，血易流尽，否则影响皮色。用电击昏 (60～70V) 后宰杀利于放血。

(3) 浸烫煺毛 浸烫水温 62～65℃、时间 120～150s。煺毛时按翅毛、背毛、腹毛、颈毛等不同部位先后进行。

(4) 开膛取内脏 鸭毛煺光后立即去翅、去脚、去内脏。在翅和腿的中间关节处把两翅两腿切除，然后在右翅下开一长约 4cm 的直形口子，取出全部内脏并进行检验。

(5) 清膛浸水 用清水清洗体腔内残留的破碎内脏和血液，从肛门内把肠子断头、输精管或输卵管拉出剔除。然后将鸭体浸入冷水中浸泡 3h 左右，以浸除体内余血，使肌肉洁白。

(6) 腌制

① 干腌。沥干水分，将鸭体人字骨压扁，使鸭体呈扁长方形。擦盐要遍及体内外，一般一只 2kg 的光鸭用食盐 125g 左右。

② 制备盐卤。盐卤由食盐水和调料配制而成。

③ 抠卤。擦盐后的鸭体逐只叠入缸中，经过 12h 后，把体腔内盐水排出，这一工序叫抠卤。抠卤后再叠入缸内，经过 8h 后，进行第二次抠卤，目的是使鸭子腌透并浸出血水，使皮肤肌肉洁白美观。

④ 复卤。抠卤后进行湿腌，从开口处灌入老卤，再浸没老卤缸内，使鸭全部腌入老卤中即为复卤，经过 24h 即可全腌透，复卤完的鸭子即可出缸。

(7) 滴卤叠坯 出缸时仍要抠卤，然后悬挂在架上滴卤水，将滴尽卤水的鸭子再次压扁，叠入缸中 2～4d，这一工序称"叠坯"，存放时必须头向缸中心，再把四肢排开盘入缸中，以免刀口渗出血水污染鸭体。

(8) 排坯晾挂 将鸭取出，用清水净体，挂在木架上，用手将颈拉开，胸部排平，挑起腹肌，以使外形美观。将鸭置于通风处风干，至鸭皮干水净后，再收起复排，在胸部加盖印章，移到仓库晾挂通风保存，两周后即成板鸭。

四、注意事项

1. 浸烫煺毛必须在宰杀后 5min 内进行。这时鸭子刚死，周身柔软容易烫透。否则，尸体硬化，毛孔收缩，不利于煺毛，又容易使皮肤破裂，影响外观。未死透的鸭子不能浸烫，因为周身血液尚未排净，会使皮肤发红，造成次品。

2. 盐卤因使用次数多少和时间长短的不同而有新卤和老卤之分。新卤的制法：采用浸泡鸭体的血水，加盐配制，每 100kg 血水加食盐 75kg，放入锅内煮成饱和溶液，撇去血污和泥污，滤去杂质，再加辅料，每 200kg 卤水放入大片生姜 100～150kg，八角 50kg，葱 150kg，使卤具有香味，冷却后成新卤。

老卤：新卤经过腌鸭后多次使用成老卤，盐卤越陈旧腌制出的板鸭风味更佳。

盐卤必须保持清洁，但腌一次后，一部分血液渗入卤内，使盐卤逐渐变为淡红色，所以要澄清盐卤，在腌鸭5～6次后，须煮沸一次。盐卤咸度需保持在22～25°Bé为宜。

五、结果与讨论

1. 鸭经过催肥后脂肪熔点高，在温度高的情况下也不容易滴油和变哈喇味。

2. 成品特点是体肥、皮白、肉红、骨绿（板鸭的骨并不是绿色，只是一种形容的习惯语），食之香、酥、板（板的意义是指鸭肉细嫩紧密，南京俗称发板）、嫩、余味回甜。

六、作业

1. 总结南京板鸭的操作工艺与要点。

2. 简述新盐卤的制作过程？

【实训八】　腊肉的加工

一、实训目的

通过实训，使学生熟悉腌腊肉制品的加工原理与方法，掌握腊肉的加工操作要点。

二、实训材料用具

1. 原料　去骨五花肉。

2. 用具　切肉刀、线绳、案板、盆、烘烤和熏烟设备、真空包装机、台秤等。

三、实训步骤

1. 选料、切坯　精选肥瘦层次分明的去骨五花肉或其他部位的肉，一般用通脊和切去奶脯的肋部肉，肥瘦比例一般在5∶5或4∶6，剔除硬骨和软骨，切成长方形肉条，长38～42cm，宽2～5cm，厚1.3～1.8cm，重约0.2～0.25kg的肉坯条。

2. 洗涤、腌制　将肉坯用温水漂洗干净，除去油污和表面浮油，将带皮肥膘的一端用尖刀穿一小孔系上麻绳以便于吊挂。腌制采用湿腌法，按表1中的配方用10％清水溶解配料，倒入容器中，然后放入肉条，搅拌均匀，每隔30min搅动一次，于20℃下腌制4～6h。腌制温度越低，腌制时间越长，使肉条充分吸收配料，然后取出肉条，滤干水分。

表1　配料表　　　　　　　　　　　　　　　　　　　　单位：kg

名称	肉品	精盐	白砂糖	曲酒	酱油	亚硝酸钠	麻油
用量	100	3	4	2.5	3	0.01	1.5

3. 烘烤　将腌制好的肉条置于温度为45～55℃的烤箱内，烘烤时间为1～3d，以皮干，瘦肉呈玫瑰红色，肥肉透明或呈乳白色即可。

4. 包装　采用真空包装，包装材料选用不透氧、不透水汽、耐油的塑料复合薄膜袋。腊肉烘烤后，应在通风处冷凉，热气散尽再包装，以免影响包装效果和质量。

四、注意事项

腊肉因肥膘肉较多，烘烤温度不能太高，以免脂肪熔化。

五、实训思考及作业

1. 与市场销售产品对比，比较腊肉成品质量。

2. 写出实训报告。

第六章 熏烤肉制品加工技术

【知识目标】 掌握熏制和烤制对肉品的作用及熏烤肉制品加工原理。
【能力目标】 熟练掌握肉品熏烤技术，熟悉主要熏烤肉制品的加工工艺。
【适合工种】 肉制品加工工。

第一节 熏制和烤制对肉品的作用

熏烤肉制品是肉经腌、煮后，再以烟气、高温空气、明火或高温固体为介质的干热加工制成的熟肉类制品。有烟熏肉类、烧烤肉类。熏、烤、烧三种作用往往互为关联，极难分开。以烟雾为主者属熏烤；以红外线辐射、火苗烤制或以盐、泥等固体为加热介质煨制者属烧烤。

熏烤肉类是指肉经煮制（或腌制）并经决定产品基本风味的烟熏工艺而制成的熟（或生）肉类制品。熏烤类有培根、熏猪舌和熏鸡等。

烧烤肉类是指肉经配料、腌制，再经热气烘烤，或明火直接烧烤，或以盐、泥等固体为加热介质煨烤而制成的熟肉类制品。烧烤肉类有北京烤鸭、广州脆皮乳猪、扒鸡、常熟叫花鸡、江东盐焗鸡和叉烧肉等。

一、熏制对肉品的作用

烟熏作为保藏食品的方法，有着悠久的历史。畜禽肉经火焰熏制后不但能获得诱人的风味，而且能够较长时间地保存。随着腌制、干制、罐藏等食品保藏技术的发展，熏制作为食品保藏手段的作用越来越弱。但人们依然对烟熏肉制品情有独钟，因此烟熏由原来的保存作用逐渐变为增加产品风味、改善外观和提高嗜好性等作用。

1. 熏烟的主要成分

熏烟是木材、木屑、红糖等材料在不完全燃烧时形成的，由水蒸气、气体、液体和微粒固体组成，现已在木材熏烟中分离出 200 多种不同的化合物。熏烟中化学成分因熏烟材料的种类和燃烧条件的不同而不同，并随熏烟的进行而不断发生变化；不同的熏烟成分对食品起到不同的作用，个别成分还对食品安全性有影响，所以，了解熏烟中的主要成分非常重要。在熏烟中含量较大或作用较大的成分主要有酚类、有机酸类、醇类、羟基或羰基化合物以及一些气体物质。

（1）酚类 酚类是熏烟中种类较多的成分，在烟熏肉制品中起着重要作用。

① 抗氧化作用。熏烟中许多酚类具有较强的抗氧化作用，能防止烟熏肉制品的酸败，是对烟熏肉制品抗氧化作用最为重要的一类物质，尤以邻苯二酚、邻苯三酚及其衍生物作用最为明显。

② 呈色呈味作用。熏制肉制品风味主要与汽相中的酚类有关，但烟熏风味还和其他物质有关，它是许多化合物综合作用的结果。

③ 抑菌防腐作用。酚类具有较强的防腐能力，但由于在肉制品中渗入深度有限，因而主要对制品表面的细菌起到抑制作用。

（2）醇类 熏烟中醇类物质种类繁多，主要是甲醇和木醇。伯醇、仲醇、叔醇等常被氧化成相应的酸类。醇类对烟熏制品的色、香、味作用较小，它的杀菌作用也较弱。

（3）有机酸类 有机酸对熏烟制品的风味影响较小，积聚在制品表面起到一定防腐作用。

（4）羰基化合物 熏烟中含有大量羰基化合物，分子量较小的存在于蒸汽组分中，分子量较大的则存在于固体微粒上。对于烟熏制品的色泽和风味，短链羰基化合物起着重要作用。

（5）烃类 熏烟成分中含有许多多环烃类，其中至少有苯并芘和二苯并蒽两种化合物具有致癌性，经动物实验证明能致癌。多环烃对烟熏制品防腐作用较弱，也不能产生特有风味，它们附着在熏烟的固体微粒上，可以过滤除去。

（6）气体成分 熏烟中大量的气体成分对熏制作用不大。

2. 熏烟在烟熏制品加工中的作用

（1）呈味作用　熏烟中的许多有机化合物附着在制品上，赋予制品特有的烟熏风味，如酚类、芳香醛、有机酸、醇类、脂类等，其中愈创木酚和 4-甲基愈创木酚是烟熏风味的最主要来源。另外，随着烟熏的加热作用，肉中蛋白质和脂肪通过分解生成的氨基酸、低分子肽、脂肪酸等使肉制品产生独特风味。

（2）发色作用　良好的色泽是食品质量的重要标志之一，烟熏时赋予肉制品良好的色泽，表面呈亮褐色，脂肪呈金黄色，肌肉组织呈暗红色。熏烟成分中的羰基化合物可与肉中的蛋白质和其他含氮物发生羰氨反应；熏烟加热促进硝酸盐还原菌增殖及蛋白质热变性，游离出半胱氨酸，促进硝酸盐还原，产生良好发色效果；脂肪因加热熔化外渗起到润色作用。

（3）抑菌作用　熏烟中含有有机酸、醛类、酚类等具有抑菌作用的物质。这些成分对烟熏制品的渗透，使其对肉制品具有一定的防腐特性。

由于熏烟成分的抑菌主要在表面，所以对烟熏肉制品的杀菌防腐效果是非常有限的。因此，在烟熏制品生产中还要利用腌制和干燥等手段提高其贮藏性能。

（4）抗氧化作用　熏烟中有许多成分具有抗氧化功能，可以阻止脂肪酸败。熏烟中抗氧化性能最强的是酚类。试验证明，熏制品在 15℃下保存 30d，过氧化值无变化，而未经烟熏的制品过氧化值增加 8 倍。

（5）脱水干燥作用　肉制品在一般烟熏过程中伴随着干燥。烟熏和干燥都是加温过程，二者会促进水分蒸发和蛋白质凝固，使制品组织结构致密，质地良好，同时由于水分活度的降低而提高制品的保藏性能。

二、烤制对肉品的作用

烤制是利用热空气对原料肉进行的热加工。原料肉经高温烤制，表面产生一层焦化物，使制品表面增强酥脆性，产生诱人的色泽和香味。

1. 熟制和杀菌作用

通过烤制，肉品中的蛋白质变性，碳水化合物和脂肪分解，提高消化吸收率；同时肉品的大部分微生物在高温烘烤下变性死亡，提高了肉制品的食用安全性。

2. 呈味作用

肉类经烘烤产生香味，是由于肉中的蛋白质、糖、脂肪等物质在加热过程中，经一系列生化变化，生成醛、酮、醚、酯、硫化物、低级脂肪酸等化合物，尤其是糖和氨基酸发生的羰氨反应、脂肪在高温下的分解反应，赋予肉制品特有的香味。

3. 呈色作用

烘烤过程中，肉中的氨基酸与表面的糖发生美拉德反应；表面的糖在高温下发生焦糖化反应，使制品表面产生诱人的色泽。

第二节　肉品熏烤技术

一、肉品熏制技术

1. 烟熏材料的选择

烟熏材料宜选用树脂含量少、熏烟风味好、防腐物质含量多的材料，一般多选用硬木，如柞木、桦木、栎木、杨木等。不同的木材做燃料，肉制品的颜色也不同，如用山毛榉做燃料，肉呈金黄色；用赤杨、栎树做燃料，肉呈深黄或棕色。有些木材虽是硬木也不宜选用，如松木、榆木、桃杏木因树脂含量高，燃烧时产生大量浓烟致使制品表面发黑而不宜选用；柿子树、桑树因会产生异味而不宜选用。根据日本斋藤的试验结果，稻壳和玉米秸秆却是很好的烟熏材料。

2. 烟熏条件的选择

木材在燃烧的不同阶段所产的熏烟成分不同，在不同的环境中燃烧所产熏烟的成分也不相同。

当木材中心部位尚有水分，而表面温度超过 100℃时，表面酸化和分解而产生一氧化碳、二氧化碳、甲醇、蚁酸等物质。当中心温度升至 300～400℃时，发生热分解并产生熏烟。实际大多数木材在 200～260℃时开始产生熏烟，260～310℃时产生焦油等产物，达到 310℃以上，则木材开始分解产生酚类及其衍生物。

在燃烧过程中，采用不同的供氧量，熏烟的成分差异也较大。若限制供氧，则熏烟中羧酸类物质含量较多；若供氧量充足，则熏烟中酚类物质含量较多。

燃烧温度在400℃时，熏烟中酚类物质含量较多，这有利于烟熏制品的生产，但此温度也是苯并芘等致癌物的最大生成温度带，从食品安全性和风味质量等方面综合考虑，现在一般选用340℃。

熏烟的沉积和渗透也是影响烟熏制品质量的重要因素。影响熏烟沉积的因素有：食品表面含水量、熏烟的密度、熏烟室内空气流速和相对湿度。食品表面水分越多，熏烟的密度越大则食品表面沉积越多；而烟熏室内空气流速越大，相对湿度越低则越不易沉积。影响熏烟成分渗透的因素主要有：熏烟的成分、浓度、温度、产品的组织结构、脂肪和肌肉的比例、水分的含量、熏制的方法和时间等。

3. 烟熏方法

烟熏方法可分为常规法和特殊法两大类。常规法也叫烟气熏制法，包括直接烟熏法和间接烟熏法；特殊法也叫速熏法，包括液熏法和电熏法。

(1) 烟气熏制法

① 直接烟熏法。直接烟熏法是在烟熏室内，对制品直接燃烧木材进行熏制。根据熏烟温度不同可分为冷熏、温熏、热熏和焙熏。

a. 冷熏法。在15～30℃的低温下，进行4～7d较长时间的熏制。此法熏制前一般进行较长时间的腌制，宜在冬季进行，夏季因气温较高易发生酸败现象。熏后产品含水量在40％左右，可进行较长时间保存，适宜于培根和干燥香肠等的熏制，但熏制风味不如温熏法。

b. 温熏法。熏制温度在30～50℃，熏制时间在5～6h，最长不超过2～3d。因此温度超过脂肪的熔点和蛋白质的凝固点，易发生脂肪流出和蛋白凝固，耐贮藏性差，但熏制品风味好、重量损失少，适于通脊火腿、培根等。

c. 热熏法。温度在50～80℃，熏制时间最长5～6h。可用此法进行急剧干燥和附着烟味，但达到一定限度后难以进一步干燥和附着烟味。短时间内可形成良好色泽，但难以形成良好烟熏风味，并且不能升温过快，否则会出现发色不匀的现象。

d. 焙熏法（熏烤法）。温度为90～120℃，包含有蒸煮和烤熟的过程，应用于烤制品生产。由于熏制的同时起到熟制作用，制品不必进行热加工可直接食用，且熏制时间较短。

② 间接烟熏法。间接烟熏法是指不在烟熏室内而是在单独的烟雾发生器内发烟，将一定温度和湿度的熏烟送入烟熏室，对肉制品在烟熏室内进行熏烤的方法。此法可有效控制燃烧温度或对熏烟进行过滤，去除或减少有害物质的产生，同时可以克服直接烟熏法烟气密度和温度不均的现象。

间接烟熏法根据熏烟温度可分为冷熏法和热熏法，冷熏法的烟温是15～25℃，热熏法为55～60℃。通常间接法直接使用冷熏，热熏则需对熏烟加热后进行。

根据产烟方式的不同，间接烟熏法可分为燃烧法、摩擦发烟法、湿热分解法、炭化法、流动加热法等。

a. 燃烧法。使木屑在电热燃烧器上，通过减少空气量和调节木屑湿度控制烟的生成温度，然后用风机将熏烟和空气送入烟熏室。烟熏室内的温度主要由熏烟温度和混入空气温度决定。

b. 摩擦发烟法。摩擦发烟是应用钻木取火的原理进行发烟。即用带有锐利摩擦刀刃的高速旋转轮摩擦硬木棒，通过剧烈摩擦产生的热量使木片分解产烟，用燃渣容器内水的多少调节烟的温度。

c. 湿热分解法。此法将水蒸气和空气混合，加热到300～400℃后，使热量通过木屑产生热分解，变成潮湿的高温烟，冷却至80℃左右后输入熏烟室。

d. 炭化法。将木屑装入管子，用300～400℃的电热炭化装置使其炭化，在低氧环境中得到干燥浓密的熏烟。

(2) 速熏法

① 电熏法。在烟熏室内安装电线，将产品悬挂与正负电极的电线上，在送烟同时通上15～20kV的高压直流电或交流电，使产品作为电极进行电晕放电，烟粒子因带电荷而吸附并渗入产品。该法优点是烟熏时间短，产品保存时间长且不易生霉；缺点是烟附着不均匀，主要分布与制

品两端，且处理成本较高，目前尚未普及。

② 液熏法。液熏法是不用烟熏，将木材干馏后去除有害成分，将收集后浓缩的熏烟成分制成水溶性液体或冻结成干燥粉末，作为烟熏剂进行使用。其用法是：液体制剂可加热蒸发后附着于制品上，或浸泡、喷洒在制品上；粉末制剂可直接添加于制品中。

4. 烟熏制品有害成分的控制

烟熏制品具有风味独特、色香俱佳的特点，在肉、禽及水产品加工中得到广泛采用。但熏烟过程如果处理不当，熏烟中的有害成分也会污染食品，危害人体健康。主要问题是熏烟中的 3,4-苯并芘和二苯并蒽是强致癌物；熏烟可通过直接或间接作用促进亚硝胺的形成，所以在肉制品加工中应减少有害成分污染，确保食品安全。

（1）控制发烟温度 3,4-苯并芘在发烟温度 300～400℃ 以下时产生量较少，在发烟温度 400～1000℃ 时则大量产生，所以一般将发烟温度控制在 340～350℃。

（2）湿烟法 用机械方法把高热的水蒸气与混合物强行通过木屑，使木屑产生烟雾，并将烟雾引入熏烟室，在达到烟熏效果的同时而不污染食品。

（3）室外发烟净化法 采用室外发烟，将烟气通过过滤、冷气淋洗、静电沉淀处理后通入烟熏室可大大降低 3,4-苯并芘的含量。

（4）液熏法 用经过净化处理的烟熏剂直接处理食品，既简化生产工艺，又可防止有害成分对制品的污染，是目前烟熏制品加工的发展趋势。

（5）隔离保护法 3,4-苯并芘分子量较大，易吸附与制品的表层，加工制品时在外层用肠衣阻隔，可起到良好的阻隔效果。

二、肉品烤制技术

1. 明炉烧烤法

明炉烧烤是用长方形敞口烤炉，在炉内烧红木炭，把腌制好的原料肉用铁叉或竹签叉住，放在烤炉上进行烤制，烧烤过程中，专门有人将原料肉不断转动，使其受热均匀，成熟一致。此法优点是设备简单、操作灵活、火候均匀、成品质量好，缺点是花费人力多。现在市场上出现电加热的明炉烤炉，可以自动控温，操作更加方便。

2. 挂炉烧烤法

挂炉烧烤也称暗炉烧烤，即用一种特制的可以关闭的烧烤炉，如远红外烤炉、缸炉等。远红外烤炉以电作为能源，有立式和卧式两种；缸炉则以木炭作为能源。在炉内通电或烧红木炭后，将腌制好的原料肉挂在炉内，关上炉门进行烤制。此法优点是花费人工少、环境污染少、一次烧烤量较大，缺点是火候不是太均匀，产品质量不如明炉烧烤好。

第三节 熏烤制品加工工艺

一、烟熏肉制品加工工艺

以烟熏风味肠加工为例。

1. 配料

配方（kg）：鸡肉 100，玉米淀粉 10，食盐 2.6，三聚磷酸盐 0.2，异抗坏血酸钠 0.16，冰水 62，大豆蛋白 5，砂糖 1.4，亚硝酸盐 0.015，风味料 2.4。

2. 拌馅

将鸡肉用绞肉机的 8mm 筛板绞碎，把冰水和全部调料一并放入搅拌机搅拌均匀，直至肉馅浓稠发黏为止。

3. 灌制

用 40℃ 温水浸泡天然羊肠衣，再用清水冲洗并检查有无漏洞。采取定量灌制，如肠体内有气泡应用针孔放气，肠体结扎长度为 25cm。

4. 预烘与蒸煮

肠的预烘与蒸煮是在蒸煮炉中进行的。预烘温度为 65～70℃，时间 50min，预烘可以使肠衣表面干燥坚韧，增强肠衣的坚固性，提高鸡肉的黏着力。蒸煮温度为 82～83℃，至肠心温度达到 78℃ 即可。工厂一般蒸煮 40min 左右。

5. 烟熏

煮好的肠体出炉，晾干至肠体表面温度 60℃ 左右时，开始烟熏。烟熏温度控制在 50～80℃，发烟采用热铁板加热烟熏料。烟熏料按木屑：糖＝1：3 的比例混拌均匀，再加水至湿透，然后放在铁板上。烟熏 10min 左右即可。

二、烧烤肉制品加工工艺

以烤鸡的加工为例。

1. 原料

烤鸡用的原料鸡一般选用 40～60 日龄，体重在 1.5～1.75kg 的肉用仔鸡。这种原料鸡肉质香、嫩，净肉率高，烤烤成烤鸡成品率高、风味好。

2. 配方及调制（单位：kg）

（1）腌制料（按 50kg 腌制液汁） 生姜 0.1，花椒 0.1，葱 0.15，食盐 8.5，八角 0.15。将各种香辛料用纱布包好，放入水中熬煮，沸腾后将料水倒入腌制缸内，加盐溶解，冷却后备用。

（2）腹腔涂料 香油或精炼鸡油 0.15，味精 0.015，鲜辣粉 0.05。

（3）腹腔填料（按每只鸡计） 生姜 0.01，香菇（湿）0.01，葱 0.015。

3. 制坯

（1）宰杀 将符合要求的鸡经放血、浸烫、脱毛，腹下开膛取出全部内脏，用清水冲洗干净。

（2）整形 将全净膛的光鸡先从跗关节处去除脚爪，再从放血处的颈部表皮横切断，向下推脱颈皮，切去颈骨，去掉头颈，最后将两翅膀反转成 8 字形。

（3）腌制 将整形后的光鸡逐只放入腌制缸中腌制。腌制时间根据鸡的大小、气温高低而定，一般腌制时间为 40～60min。腌制好后捞出，挂鸡晾干。

（4）加料 把腌好的鸡放于台上，先在鸡腹腔内均匀涂上腹腔涂料，每只鸡约放 5g。再向每只鸡腹腔内填入生姜 10g、葱 15g、香菇 10g。然后用钢针绞缝腹下开口。

（5）烫皮上糖 将缝好口的光鸡逐只放入加热到 100℃ 的浓度为 10% 的饴糖水溶液中浸烫 0.5min 左右，取出，晾干待烤。

4. 烤制

一般用远红外烤炉烤制，先将炉温升至 100℃ 后，将鸡挂入炉内。当炉温升至 180℃ 时，恒温烤制 15～20min，使鸡的外表皮上色、发香。当鸡体全身上色达均匀的橘红色或枣红色时即可出炉。出炉后趁热在鸡的表皮上擦上一层香油，使皮更加红艳发亮，即为成品。

【本章小结】

本章主要讲述熏烤肉制品的加工原理、加工技术及加工实例。

熏烤肉制品加工原理主要介绍了烟熏和烧烤对肉制品的作用。在熏烟中含有多种化合物，对熏烤肉制品起着不同的作用。其中酚类对呈色呈味、抑菌防腐、抗氧化具有明显作用；苯并芘等部分多环烃具有明显的致癌作用。通过烟熏，可对肉制品起到呈色呈味、抑菌防腐、抗氧化等作用。通过烧烤，可对肉制品起到熟化杀菌、呈色呈味等作用。

烟熏技术方面首先是合理选用烟熏材料，宜选用树脂含量少、熏烟风味好、防腐物质含量多的硬木作为熏烟材料；其次是合理选择烟熏条件，一般烟熏温度选在 340℃ 左右，并恰当地充入氧和控制湿度；最后是选用合适的烟熏方法，如可选用直接烟熏、间接烟熏、速熏等不同方法。烧烤技术方面主要是选择恰当的烧烤方法，如选用明炉烧烤或挂炉烧烤。

熏烤肉制品加工实例方面主要讲述了熏肠、烧鸡等制品的加工过程。在现代肉制品加工中，熏烤一般不是一种独立的加工手段，而是渗透到灌肠、火腿等制品的加工过程中，通过以上产品加工技术的讲述，可增进学生对熏烤加工技术的理解。

【复习思考题】

一、名词解释

1. 冷熏法　2. 温熏法　3. 间接烟熏法　4. 电熏法　5. 液熏法

二、选择题

1. 熏烟中具有明显抗氧化作用的组分是:(　　)。

A. 酚类　　　　　　B. 有机酸类　　　　　C. 醇类　　　　　D. 羟类

2. 熏烟中的致癌成分是:(　　)。

A. 酚类　　　　　　B. 有机酸类　　　　　C. 醇类　　　　　D. 3,4-苯并芘

3. 加工培根常用烟熏方法是:(　　)。

A. 冷熏法　　　　　B. 温熏法　　　　　　C. 热熏法　　　　D. 焙熏法

4. 以下方法中属于速熏的是:(　　)。

A. 燃烧法　　　　　B. 摩擦发烟法　　　　C. 湿热分解法　　D. 液熏法

5. 以下方法中不能起到减少致癌危害的是:(　　)。

A. 控制发烟温度为 400～1000℃　　　　　B. 湿烟法

C. 液熏法　　　　　　　　　　　　　　　D. 隔离保护法

三、填空题

1. 熏烟成分中酚类的作用主要有_____、_____、_____。

2. 熏烟在烟熏制品加工中的作用主要有_____、_____、_____等。

3. 从食品安全性和风味质量等方面综合考虑,现在熏烟温度一般选用_____。

4. 烟熏方法中特殊法也叫速熏法,包括_____、_____。

四、简述题

1. 烟熏对肉制品有哪些作用?

2. 烧烤对肉制品有哪些作用?

3. 烟熏的方法有哪些?

4. 简述烤鸭是如何加工而成的?

5. 简述熏肠是如何加工而成的?

五、综述题

综合论述如何有效控制烟熏制品中的有害成分?

【实训九】　熏鸡的制作

一、实训目的

通过熏鸡制品的加工实训,掌握熏制肉制品的加工过程。

二、实训原理

鸡体经过屠宰、烫皮、煮制后,进行烟熏处理,获得良好的烟熏风味。

三、主要设备及原料

蒸煮锅、油炸炉、烟熏炉、白条鸡、烹调油、香辛料等。

四、实训方法和步骤

1. 原料处理　先用骨剪将胸骨部的软骨剪断,然后将右翅从宰杀刀口处插入口腔,从嘴里穿出,将翅转压翅膀下,同时将左翅转回。最后将两腿打断并把两爪交叉插入腹腔中。

2. 烫皮　将处理好的鸡体投入沸水中,浸烫 2～4min,使鸡皮紧缩,固定鸡形,捞出晾干。

3. 油炸　先用毛刷将 1:8 的蜂蜜水均匀刷在鸡体上,晾干。然后在 150～200℃ 油中进行油炸,将鸡炸至浅黄色立即捞出,控油,晾凉。

4. 配料　配方(按 100 只鸡为原料计,kg):水 100,白酒 0.5,鲜姜 0.25,草果 0.15,花椒 0.25,桂皮 0.15,山柰 0.15,味精 0.1,白糖 0.5,精盐 7,白芷 0.1,陈皮 0.1,大葱 0.15,

砂仁0.05，豆蔻0.05，八角0.25，丁香0.15，桂皮0.1。

5. 煮制 先将调料全部放入锅内，然后将鸡排放在锅内，加水75～100kg，点火将水煮沸，然后将水温控制在90～95℃，视鸡体大小和鸡的日龄煮制2～4h，煮好后捞出，晾干。

6. 烟熏 先在平锅上（或烟熏炉）放上铁箅子，再将鸡胸部向下排放在铁箅上，待铁锅底微红时将糖按不同点撒入锅内，迅速将锅盖盖上，2～3min（依铁锅红的情况决定时间的长短，否则将出现鸡体烧煳或烟熏过轻），出锅后晾凉；也可在烟熏炉内采取温熏2h左右。

7. 涂油 将熏好的鸡用毛刷均匀涂刷上等香油（一般涂刷3次）即为成品。

五、结果分析

根据熏鸡的感官要求进行质量评定，结果填入表1。

表1 产品评定记录表

品 评 项 目	标准分值	实际得分	扣分原因或缺陷分析
颜色	20		
气味	20		
形状	10		
口感	15		
质地	15		
风味	20		

六、注意事项

1. 烫皮时要掌握好时间和温度，防止破皮。
2. 合理掌握烟熏时间。

【实训十】 北京烤鸭的制作

一、实训目的

通过北京烤鸭的加工实训，掌握烧烤肉制品的加工过程。

二、实训原理

鸭体经过屠宰、烫皮、灌汤、打色等处理后，进行烤制，获得良好的色泽和风味。

三、主要设备及原料

刀具、打气筒、鸭钩、煮锅、烤鸭炉、活鸭、麦芽糖等。

四、实训方法和步骤

1. 原料选择 制作北京烤鸭的原料应选用经过填肥的活体在2.5～3kg以上的，饲养期约40～50日龄的北京填鸭或樱桃谷鸭，或重约2kg以上的光鸭。

2. 制坯

（1）宰杀 将活鸭倒挂宰杀放血，再用62～63℃的热水浸烫、脱毛。

（2）整理 剥离食道周围的结缔组织，把脖子伸直，将打气筒的嘴从刀口插入皮肤与肌肉之间，向鸭体充气，让气体充满在皮下脂肪和结缔组织之间，使鸭子保持膨大的外形。然后在右翼下开膛（刀口呈月牙形状），取出内脏，并用7cm长的秸秆从刀口送入膛内支持胸膛，使鸭体造型美观。

（3）清洗胸腹腔 将4～8℃的清水，从右翼下灌进胸腹腔，然后把鸭体倒立起来倒出胸腹腔内的水，如此反复数次直至洗净为止。

（4）烫皮 用鸭钩在鸭脯上端4～5cm的椎骨右侧下钩，钩尖从颈椎骨左侧突出，使鸭钩穿颈上，将鸭坯稳固挂住。然后用100℃沸水烫皮，先烫刀口处及其四周皮肤，使皮肤紧缩，防止从刀口处跑气，接着再浇淋其他部位，一般情况下，用三勺水即可把鸭坯烫好。烫皮的目的在于使毛皮孔紧缩，烤制时减少从毛孔中流失脂肪；另外是使皮肤层蛋白质凝固，烤制后表皮酥脆。

（5）浇挂糖色 烫皮后便浇淋10％的麦芽糖水溶液。先淋两肩，后淋两侧，通常三勺糖水即可淋遍全身。上糖色的目的是使烤制后的鸭体呈枣红色，同时增加表皮的酥脆性，适口不腻。

（6）晾皮 将烫皮挂糖色后的鸭坯放在阴凉通风处晾皮。目的是蒸发肌肉和皮层中的一部分水分，使鸭坯干燥，烤制后增加表皮的酥脆性，保持胸脯不跑气下陷。

（7）灌汤和打色 制好的鸭坯在进入烤炉之前，先向鸭体腔内灌入100℃的汤水约70～100mL，称为"灌汤"。目的是强烈地蒸煮腔内的肌肉脂肪，促进快熟，即所谓"外烤里蒸"，使烤鸭达到外脆里嫩的特色。灌好汤后，再向鸭坯表皮浇淋2～3勺糖液，称"打色"。目的是弥补挂糖色不均匀的部位。

3. 挂炉烤制 正常的炉温应为230～250℃。烤制的方法如下：鸭坯进炉后，先挂在炉膛的前梁上，先烤右侧刀口的一边，使高温较快进入体腔内，促进腔膛内汤水汽化，达到快熟；当鸭坯右侧呈橘黄色时，再转烤左侧，直到两侧颜色相同为止。然后用烤鸭杆挑起，并转动鸭体，烧烤胸部和下肢等部位。这样左右转动，反复烤几次，使鸭坯全身呈橘红色，便可送到烤炉的后梁，鸭背向火，继续烘烤10～15min，一般重1.5～2.0kg的鸭坯在炉内烤30～40min即可出炉。

五、实训结果分析

根据北京烤鸭的感官要求进行质量评定，结果填入表1。

表1 产品评定记录表

品评项目	标准分值	实际得分	扣分原因或缺陷分析
颜色	20		
气味	20		
形状	10		
口感	15		
质地	15		
风味	20		

六、注意事项

1. 烫皮时防止跑气。

2. 浇灌糖色时要均匀。

第七章　酱卤肉制品加工技术

【知识目标】　了解酱卤制品的种类和加工过程；掌握几种主要酱卤制品的加工技术。

【能力目标】　通过本章学习，使学生具有酱卤肉制品配方设计、工艺控制和新产品开发的能力。

【适合工种】　肉制品加工工。

第一节　酱卤制品加工基本技术

酱卤制品是畜禽肉及可食副产品加调味料和香辛料，以水为加热介质煮制而成的一大类熟肉制品。

一、酱卤制品的种类

酱卤制品包括白煮肉类、酱卤肉类、糟肉类三大类。

1. 白煮肉类

白煮肉类可以认为是酱卤肉类未经酱制或卤制的一个特例，是肉经（或不经）腌制，在水（盐水）中煮制而成的熟肉类制品，也叫白烧、白切。一般在食用时再调味，产品最大限度的保持原料肉固有的色泽和风味。

2. 酱卤肉类

酱卤肉类是酱卤制品中品种最多的一类熟肉制品，是在水中加食盐或酱油等调味料和香辛料一起煮制而成的一类熟肉类制品，可划分为以下五种：酱制类、酱汁制品、蜜汁制品、糖醋制品、卤制品。

3. 糟肉类

糟肉类是用酒糟或陈年香糟代替酱汁或卤汁制作的一类产品。它是肉经白煮后，再用"香糟"糟制的冷食熟肉类制品。制品胶冻白净，清凉鲜嫩，保持固有的色泽和曲酒香味，风味独特。

二、酱卤制品的加工过程

酱卤制品的加工方法主要是两个过程：一是调味，二是煮制（酱制）。煮制保证酱卤制品都是熟食，可以直接食用；调味是酱卤制品形成不同风味的关键。

调味的方法根据加入调料的时间，大致可分为基本调味、定性调味和辅助调味。煮制时按是否加入调味料、香料分为清煮和红烧；按汤与肉的比例和煮制中汤量的变化，分为宽汤和紧汤；按煮制火力分为大火、中火、小火三种。

第二节　酱卤制品加工工艺

一、软包装五香猪蹄

1. 原辅料（猪蹄 50kg）

（1）卤制配方　八角 130g，桂皮 70g，砂仁 30g，姜粉 100g，花椒 100g，玉果 100g，白芷 30g，味精 70g，食盐 2.4kg，曲酒 0.5kg。

（2）上色配方　红曲红 10g，烟熏香味料 26g，曲酒 250g，五香汁 50g，焦糖 8g。

2. 操作要点

（1）原料解冻　将猪蹄浸泡在自来水中 4h，进行水解冻。

（2）清洗整理　将解冻后的猪蹄，用清水清洗，除去表面的污物、杂质，并用刷子除掉表面的浮皮。

（3）预煮　将整理好的猪蹄放入开水中，预煮 5min，以便除掉异味，猪蹄表面收缩，残毛直立。

（4）去毛、劈半　预煮好的猪蹄用自来水冷却后，用镊子拔掉残毛，或用酒精喷灯燎去残毛。然后用砍刀或斧子将猪蹄劈成两半。

（5）卤制　将卤制用的辅料包成料包，连同其他辅料一同在清水中烧开，将猪蹄放入，水的量以能淹没猪蹄为准，先用大火煮开，然后用文火（即中火），保证 90～95℃焖煮 20min。

（6）上色　将预煮后的猪蹄捞出，趁热放入上色锅中。上色锅中提前放入约 10kg 的卤制老汤，并将上色用的辅料溶化、搅拌均匀，经上色锅烧开，并不断翻拌猪蹄，慢慢收汁。待汁液快收干时，出锅。

（7）真空包装　待猪蹄自然冷却后，每 450g 一袋装入真空包装袋。装袋时，要将劈半时的刀切面对在一起。然后根据不同的包装袋，调整好真空包装机的真空度、热合温度、热合时间，进行真空热封。

（8）高温杀菌　将包装好的猪蹄在高温杀菌锅中进行杀菌，115℃恒温 50min，反压冷却。

（9）装箱　将冷却好的五香猪蹄贴标、装箱。

二、酱牛肉

传统的酱牛肉是将牛肉修整后，用黄酱和五香大料进行卤制，煮制时间长、耗能多、出品率低。目前根据西式火腿的加工原理，采用盐水注射、滚揉和低温焖煮等方法制作的酱牛肉肉质鲜嫩、出品率高、口感好。

1. 原料肉处理

选用牛前肩或后臀肉，修整后，将其切成 0.5～1kg 的小块。

2. 配制注射液（以牛肉 100kg 计）

将适量香辛料熬制，过滤，料汁冷至 30℃左右，加入 20kg 冰水中，再加入食盐 2kg，品质改良剂 2kg，搅拌使其溶化，过滤后备用。

3. 注射滚揉

将注射后的牛肉块放入滚揉机中，以 8～10r/min 的转速滚揉。滚揉时的温度应控制在 10℃以下，滚揉时间为 10h。

4. 煮制

将滚揉后的牛肉块放入 82～85℃的水中焖煮 2.5～3.0h 出锅，即为成品。

三、南京盐水鸭

光鸭 10 只（约重 20kg），食盐 300g，八角 30g，姜片 50g，葱段 0.5kg。

1. 原料的选择与宰杀

选用肥嫩的活鸭，宰杀放血后，用热水浸烫并煺净毛，在右翅下开约 10cm 长的口子，取出全部内脏。

2. 整理、清洗

斩去翅尖、脚爪。用清水洗净鸭体内外，放入冷水中浸泡 30～60min，以除净鸭体中血水，然后吊钩沥干水分。

3. 腌制

先干腌后湿腌。

（1）干腌　又称抠卤，每只光鸭约用食盐 100～150g，先取 3/4 的食盐，从右翅下刀口放入体腔、抹匀，将其余的 1/4 食盐擦于鸭体表及颈部刀口处。把鸭胚逐只叠入缸内腌制，干腌时间 2～4h，夏季时间短些。

（2）湿腌　又称复卤，湿腌须先配制卤液。配制方法：取食盐 5kg、水 30kg、姜、葱、八角、黄酒、味精各适量，将上述配料放在一起煮沸，冷却后即成卤液，卤液可循环使用。复卤时，将鸭体腔内灌满卤液，并把鸭腌浸在液面下，时间夏季为 2h，冬季为 6h，腌后取出沥干水分。

4. 烘干

把腌好的鸭吊挂起来，送入烘炉房，温度控制在 45℃左右，时间约需 0.5h，待鸭坯周身干燥起皱即可。经烘干的鸭在煮熟后皮脆而不韧。

5. 煮制

取一根竹管插入肛门，将辅料（其中食盐 150g）混合后平均分成 10 份，每只鸭 1 份，从右翅下刀口放入鸭体腔内。锅内加入清水，烧沸后，将鸭放入沸水中，用小火焖煮 20min，然后提起鸭腿，把鸭腹腔的汤水控回锅里，再把鸭放入锅内，使鸭腹腔灌满汤汁，反复 2～3 次，再焖煮 10～20min，锅中水温控制在 85～90℃，待鸭熟后即可出锅。出锅时拔出竹管，沥去汤汁，即为成品。

【本章小结】

酱卤制品是畜禽肉及可食副产品加调味料和香辛料，以水为加热介质煮制而成的一大类熟肉制品，包括白煮肉类、酱卤肉类、糟肉类三大类。

酱卤制品的加工方法主要是两个过程：一是调味，二是煮制（酱制）。煮制的方法分为清煮和红烧；宽汤和紧汤；大火、中火、小火等。

软包装高温五香猪蹄是用猪蹄做原料，经过解冻、预煮、清理、劈半、卤制、真空包装、高温杀菌而成的酱卤肉制品。

根据西式火腿的加工原理生产的酱牛肉肉质鲜嫩、出品率高、口感好。

南京盐水鸭的工艺流程：原料选择 → 宰杀 → 整理、清洗 → 腌制 → 烘干 → 煮制 → 成品

【复习思考题】

一、名词解释

1. 酱卤制品　2. 抠卤　3. 复卤

二、填空题

1. 酱卤制品包括_____、_____、_____三大类。

2. 酱卤制品的加工方法主要是两个过程：一是_____，二是_____。

3. 煮制的方法分为_____和_____；_____和_____；_____、_____、_____等。

4. 调味的方法根据加入调料的时间，大致可分为_____、_____和_____。

三、选择题

1. 高温杀菌五香猪蹄时，应采用（　　）冷却。

A. 等压　　　B. 负压　　　C. 常压　　　D. 反压

2. 用盐水注射法生产酱牛肉的煮制温度为（　　）。

A. 65℃　　　B. 82℃　　　C. 90℃　　　D. 100℃

3. 肉制品高温杀菌时，采取的冷却方法是（　　）。

A. 自然冷却　B. 常压冷却　C. 高压冷却　D. 反压冷却

四、判断题

1. 传统酱牛肉煮制时要加入黄豆酱。（　　）

2. 五香猪蹄生产时可用热沥青粘去残毛。（　　）

3. 南京盐水鸭烘干时常用 65℃左右，时间约需 2h。（　　）

五、简述题

对猪蹄进行真空包装时，应注意哪些事项？

六、技能题

1. 怎样生产南京盐水鸭？

2. 查阅资料，论述软包装高温五香猪蹄的生产过程。

【实训十一】 道口烧鸡的制作

一、实训目的

学习酱卤制品的生产方法，掌握生产道口烧鸡的操作技能。

二、实训原理

道口烧鸡是用白条鸡作原料，经过造型、油炸上色、煮制而成的中国传统酱卤肉制品。

三、主要设备及原料

1. 主要设备 煮锅，油炸锅。

2. 原辅料 100只鸡（每只重1.00～1.25kg），食盐2～3kg，硝酸钠18g，桂皮90g，砂仁15g，草果30g，良姜90g，肉豆蔻15g，白芷90g，丁香5g，陈皮30g，蜂蜜或麦芽糖适量。

四、实训方法和步骤

1. 原料选择 选择重约1～1.25kg的当年健康土鸡。

2. 宰杀开剖 采用切断三管法放净血，刀口要小，放入65℃左右的热水中浸烫2～3min，取出后迅速将毛煺净，从后腹部横开7～8cm的切口，掏出内脏，洗净体腔和口腔。或直接使用外购的白条鸡。

3. 撑鸡造型 把洗净的鸡置于工作台上，腹部朝上，左手按住鸡体，右手持刀切开肋骨，根据鸡的大小，用一束高粱秆放入腹腔内把鸡撑开。再将两腿插入刀口内，两翅交叉插入鸡的口腔，形成两头尖的半圆形造型，再用清水漂洗干净，挂起晾去水分。

4. 油炸 在鸡体表面均匀涂上蜂蜜水或麦芽糖水（水和糖的比例是2∶1），稍沥干后放入170℃左右的植物油中炸制3～5min，待鸡体呈金黄透红后捞出，沥干油。

5. 煮制 把炸好的鸡平整放入锅内，用纱布包好香料放入鸡的中层（也可加入老汤）。加水浸没鸡体，先用大火烧开，加入辅料。然后改用小火焖煮2～3h即可出锅。

6. 出锅 待汤锅稍冷后，小心捞出鸡只，保持鸡身不破不散，即为成品。

五、实训结果分析

成品色泽鲜艳，黄里带红，造型美观，鸡体完整，味香独特，肉质酥润，有浓郁的鸡香味。品评结果填入表1。

表1 产品评定记录表

品评项目	标准分值	实际得分	扣分原因或缺陷分析
颜色	20		
气味	10		
形状	10		
口感	20		
质地	20		
风味	20		

六、注意事项

1. 上色时，要控制好火力，并不断翻拌，防止焦糊。

2. 高温杀菌的温度不能太高，时间不能太长，否则，产品软烂，没有猪蹄应有的嚼劲。

【实训十二】 软包装高温五香牛肉的生产

一、实训目的

学习酱卤制品的生产方法，掌握生产软包装高温五香牛肉的操作技能。

二、实训原理

软包装高温五香牛肉是利用精牛肉为原料，经过盐水注射、滚揉腌制、酱卤、高温杀菌而成的软包装罐头。

三、主要设备及原料

1. 主要设备　盐水注射机，滚揉机、酱煮锅、真空包装机、高温杀菌锅。

2. 原辅料　精牛肉100kg，盐6.0kg，糖0.5kg，卡拉胶0.2kg，三聚磷酸盐0.8kg，焦磷酸盐0.5kg，六偏磷酸盐0.4kg，味精0.08kg，异抗坏血酸钠0.2kg，亚硝酸钠0.075kg，冰水62kg，咖喱粉60g，五香汁60g，丁香粉4g，大茴粉10g，白胡椒粉20g，洋葱粉120g，白芷粉30g。

四、实训方法和步骤

1. 原料解冻与修整　采取空气加热解冻或流动水解冻，使原料中心温度达到−2～−1℃，修去大块脂肪、筋腱、骨膜等，并切成0.3～0.5kg拳头大小的肉块，别除异物。

2. 盐水配制　将卡拉胶和腌制剂用冰水在制浆机中制成0℃左右的腌制用盐水。

3. 盐水注射　用盐水注射机对原料肉注射，使注射率达到25％。将各种香辛料用少量水分散均匀后，一并倒入滚揉桶。

4. 滚揉腌制　在0～4℃的腌制间间歇滚揉，滚揉30min停30min，共10h。滚揉后料温6～8℃。

5. 煮制　将清水烧开后，加入腌制好的原料肉，保持周边沸腾10～15min，预煮时间以切开肉块后中心呈硬币大小的肉红色为准。

6. 冷却　将预煮好的肉块捞出，放在操作台上自然冷却，按0.5％的比例（指预煮后的质量）撒上卡拉胶，用手拌匀。

7. 真空包装　按200g一袋装入真空包装袋。装袋时，应尽量减少配称块数。根据不同的包装袋，调整好真空包装机的真空度、热合温度、热合时间，进行真空热封。

8. 高温杀菌　将包装好的牛肉在高温杀菌锅中进行杀菌，121℃恒温15min，反压冷却至40℃。

9. 装箱入库　贴标、装箱，并在常温下贮存，可保存6个月。

五、实训结果分析

成品色泽鲜艳，成玫瑰红色，切片良好，组织结构紧密，有五香牛肉特有的风味。评定结果填入表1。

表1　产品评定结果表

品评项目	标准分值	实际得分	扣分原因或缺陷分析
颜色	15		
口感	15		
切片性	25		
组织结构	25		
风味	20		

六、注意事项

1. 盐水配置时，不可同时溶解异抗坏血酸钠和亚硝，前者先溶解，后者可在最后阶段单独用温水溶解。

2. 预煮时间不能太长，否则影响出品率；高温杀菌的温度不能太高，时间不能太长，否则，产品软烂，影响切片性和口感。

第八章 香肠制品加工技术

【知识目标】 了解香肠制品的种类；掌握香肠加工的一般技术；熟练掌握几种主要灌肠的加工技术。

【能力目标】 通过本章学习，使学生具备灌肠制品配方设计、工艺控制和新产品开发的能力。

【适合工种】 肉制品加工工。

第一节 分 类

灌肠制品（sausage products）是我国肉类制品中品种最多的一大类制品，是以畜禽肉为原料，经腌制（或不腌制）、斩拌或绞碎而使肉成为块状、丁状或肉糜状态，再配上其他辅料，经搅拌或滚揉后灌入天然肠衣或人造肠衣内，经烘烤、熟制和熏烟等工艺而制成的熟制灌肠制品，或不经腌制和熟制而加工成的需冷藏的生鲜肠。习惯上把我国原有的加工方法生产的产品称之为香肠或腊肠，或中式香肠；把按照国外传入的方法加工的产品称之为灌肠或西式灌肠。

一、灌肠制品的种类及特征

灌肠制品的种类及特征见表 8-1。

表 8-1 灌肠制品种类及特征

名 称	主 要 特 征
生鲜肠	用新鲜肉,不腌制,原料肉切碎后加入调味料,搅拌均匀后灌入肠衣内,冷冻贮藏,食用时熟制
烟熏生肠	用腌制或不腌制的原料肉,切碎,加入调味料后搅拌均匀灌入肠衣,经烟熏,而不熟制,食用前熟制即可
熟肠	用腌制或不腌制的肉类,绞碎或斩拌,加入调味料后搅拌均匀灌入肠衣,熟制而成
烟熏熟肠	经腌制、绞碎或斩拌,加入调味料后灌入肠衣内烘烤,熟制后熏烟而成
发酵肠	肉经腌制、绞碎,加入调料后灌入肠衣内,可烟熏或不烟熏,然后干燥,发酵,除去大部分的水分
特殊制品	是用一些特殊原料(肉皮,麦片,肝,淀粉等),经搅拌,加入调料后制成的产品
混合制品	以畜肉为主要原料,再加上鱼肉、禽肉或其他动物肉等制成的产品

二、中式香肠与西式灌肠加工的主要区别

中式香肠与西式灌肠加工的主要区别见表 8-2。

表 8-2 国内外灌肠制品加工的主要区别

项 目	中式香肠	西式灌肠
原料肉	以猪肉为主	除了猪肉以外,可用猪肉与其他肉混合(牛肉)
原料肉的处理	肥肉切成丁	瘦肉成馅,肥肉成丁或瘦肥肉都要成肉馅
调味料	加酱油不加淀粉	加淀粉不加酱油,加玉果、胡椒、洋葱及大蒜
日晒熏烟	长时间日晒挂晾	烘烤烟熏
包装容器	以猪、羊的小肠进行灌制,体积小	以牛盲肠或猪、牛的大肠进行灌制,体积大
保藏性	水分含量不大于20％时可长期保存	保藏性差

第二节 加 工 工 艺

一、中式香肠的加工工艺

中式灌制品的工艺流程大体如下。

原料选择 → 原料处理 → 配料 → 拌馅 → 腌制 → 灌制 → 晾晒(或烘烤) → 质量检查 → 成品

1. 原料的选择

猪肉主要利用其肌肉和皮下脂肪，必须来自于健康牲畜，需经卫生人员检验证明合格。

2. 原料处理

对于冻藏分割肉，要先进行解冻，用绞肉机绞成 $1cm^3$ 左右肉粒，肥膘可绞制或切成 $0.6\sim 0.8cm^3$ 的肥丁。

3. 肠衣选择

香肠加工中多使用猪、羊的小肠肠衣。这些天然肠衣因加工方法不同，有干制和盐渍两类，前者使用前需温水泡软，后者需在清水中反复漂洗，以去掉盐分和污物。

4. 拌馅

将瘦肉、肥丁倒入拌馅机中，同时加入其他配料和冰水，迅速搅拌，使肥瘦肉丁均匀。

5. 腌制

一般静止腌制，也有个别产品采用滚揉腌制技术。

6. 灌制

灌肠时要注意松紧程度，结扎要牢固，分节要长短均匀，尽量采用真空灌肠机灌装。

7. 晾晒（或烘烤）

传统方法为搭在木杆上在日光下暴晒，在透风处晾晒 $10\sim 15d$。现代生产是在干燥室内进行，室温控制在 $40\sim 45℃$，干燥 $2\sim 3d$。

8. 成品保藏

香肠在 $10℃$ 以下的温度，可以保藏 $1\sim 3$ 个月。

二、西式灌肠的加工工艺

西式灌制品的工艺流程大体如下。

原料 → 解冻 → 绞制 → 腌制 → 斩拌 → 灌肠 → 烘烤 → 蒸煮 → 烟熏 → 冷却 →
包装(二次杀菌→包装) → 入库

1. 原料

要采用来自非疫区并经兽医宰前宰后检验合格的冻藏猪肉，也有添加牛肉、鸡肉的产品。

2. 解冻、绞制、腌制

同中式香肠。

3. 斩拌

斩拌的目的有两点：一是乳化，二是混合。目前很多厂家使用真空斩拌机，它的优点是避免空气打入肉糜中，防止脂肪氧化，保证产品风味；可减少产品中的细菌数，延长产品贮藏期；稳定肌红蛋白颜色，保护产品的最佳色泽。

在操作时，将瘦肉在低速下放入，然后添加腌制剂，启动中速斩拌，添加配方设定的 $1/3$ 的冰水后高速斩拌 $1\sim 3min$，在换为中速后加入除淀粉外的所有辅料、脂肪，再加 $1/3$ 的冰水，重新启动高速斩拌 $3min$，再中速把淀粉和剩余水倒入斩拌机，高速斩拌 $1\sim 3min$，最后加入色素和香精，斩至成品料黏稠有光泽即可出料。出料温度不能超过 $12℃$，所以，要添加冰水并控制好斩拌时间和速度的关系。

4. 灌肠

不论采用天然肠衣或人工肠衣，都要预先浸泡或者漂洗。灌肠方法同中式香肠。

5. 烘烤、蒸煮、烟熏

天然肠衣、胶原蛋白肠衣等具有一定的透气性和透水性，都要在全自动烟熏炉中进行烘烤，然后进行蒸煮、烟熏，或者在土炉中先进行烘烤、烟熏。

肠衣干燥后，增加了强度，以免破裂，同时在灌肠的外围形成了很薄的一层蛋白圈，更增强了肠衣强度，也保护内部水分不容易蒸发。干燥通常采用 $60\sim 70℃$，$30min$ 左右。

蒸煮能够达到杀菌、熟制和发香的目的，同时蛋白质形成网络结构，能够保水保油，也使产品组织结构紧密。蒸煮一般 82℃，最高 85℃；国外以中心温度达到 68℃为准，国内以达到 72℃为准，并保持一定时间，这就是所谓的低温肉制品。根据肠衣的粗细，蒸煮时间一般为 40～60min。

烟熏能够达到赋予香味、增加色泽和延长保质期的作用，一般 60～70℃，30min 左右。

6. 冷却

对于烟熏产品，一种冷却方法是在 0～4℃冷库中冷却至中心温度 10℃以下，但往往使外表有水珠冷凝，产生花斑；另一种是车间自然冷却，容易造成微生物的生长繁殖。

7. 包装

目前多采用真空包装技术。

8. 二次杀菌

85～90℃的热水池中，10～15min 即可。

9. 贮存

0～4℃可贮存 3 个月。

第三节　几种香肠的加工

一、哈尔滨红肠

1. 原料辅料

猪瘦肉 76kg，肥肉丁 24kg，淀粉 6kg，精盐 5～6kg，味精 0.09kg，大蒜末 0.3kg，胡椒粉 0.09kg，硝酸钠 0.05kg。肠衣用直径 3～4cm 的猪肠衣，长 20cm。

2. 工艺流程

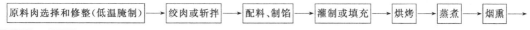

原料肉选择和修整(低温腌制) → 绞肉或斩拌 → 配料、制馅 → 灌制或填充 → 烘烤 → 蒸煮 → 烟熏 → 质量检查 → 贮藏

3. 工艺要点

(1) 原料肉的选择与修整　选择兽医卫生检验合格的可食动物瘦肉作原料，肥肉只能用猪的脂肪。瘦肉要除去骨、筋腱、肌膜、淋巴、血管、病变及损伤部位。

(2) 腌制　将选好的肉切成一定大小的肉块，按比例添加配好的混合盐进行腌制。混合盐中通常盐占原料肉重的 2%～3%，亚硝酸钠占 0.025%～0.05%，抗坏血酸约占 0.03%～0.05%。腌制温度一般在 10℃以下，最好是 4℃左右，腌制 1～3d。

(3) 绞肉或斩拌　腌制好的肉可用绞肉机绞碎或用斩拌机斩拌。斩拌时肉吸水膨润，形成富有弹性的肉糜，因此斩拌时需加冰水。加入量为原料肉的 30%～40%。斩拌时投料的顺序是：猪肉（先瘦后肥）→冰水→辅料等。斩拌时间不宜过长，一般以 10～20min 为宜。斩拌温度不宜超过 10℃。

(4) 配料、制馅　在斩拌后，通常把所有辅料加入斩拌机内进行搅拌，直至均匀。

(5) 灌制与填充　将斩拌好的肉馅，移入灌肠机内进行灌制和填充。灌制时必须掌握松紧均匀。过松易使空气渗入而变质；过紧则在煮制时可能发生破损。如不是真空连续灌肠机灌制，应及时针刺放气。

灌好的湿肠按要求打结后，悬挂在烘烤架上，用清水冲去表面的油污，然后送入烘烤房进行烘烤。

(6) 烘烤　烘烤温度 65～80℃，维持 1h 左右，使肠的中心温度达 55～65℃。烘好的灌肠表面干燥光滑，无流油，肠衣半透明，肉色红润。

(7) 蒸煮　水煮优于汽蒸。水煮时，先将水加热到 90～95℃，把烘烤后的肠下锅，保持水温 78～80℃。当肉馅中心温度达到 70～72℃时为止。感官鉴定方法是用手轻捏肠体，挺直有弹性，肉馅切面平滑光泽者表示煮熟。反之则未熟。汽蒸煮时，肠中心温度达到 72～75℃时即可。

例如肠直径 70mm 时，则需要蒸煮 70min。

（8）烟熏 烟熏可促进肠表面干燥有光泽；形成特殊的烟熏色泽（茶褐色）；增强肠的韧性；使产品具有特殊的烟熏芳香味；提高防腐能力和耐贮藏性。过去常用土炉烟熏，温度控制在 50～70℃，时间 2～6h。目前很多采用全自动烟熏炉进行烘烤、蒸煮和烟熏，只是蒸煮时用蒸汽而不用热水。

（9）贮藏 未包装的灌肠吊挂存放，贮存时间依种类和条件而定。湿肠含水量高，如在 8℃条件下，相对湿度 75%～78% 时可悬挂 3d；在 20℃条件下、相对湿度 75%～78% 时，只能悬挂 1d。水分含量不超过 30% 的灌肠，当温度在 12℃，相对湿度为 72% 时，可悬挂存放 25～30d。

二、台湾烤肠

台湾烤肠是指以猪肉为主要原料，原料肉经过腌制、灌肠、干燥、蒸煮、急速冻结（-25℃以下）、真空包装，冷冻状态下（-18℃以下）贮藏，食用前需要煎烤熟制的香肠制品。该产品在保存和流通过程中保持在 -18℃ 以下，因而货架期长、易保存，保存期可达 6 个月，安全卫生易于控制。

1. 配方

1 号肉 100kg（或猪肥膘 15kg，2 号肉 85kg），食盐 2.5kg，复合磷酸盐 750g，亚硝酸钠 10g，白砂糖 10kg，味精 650g，异抗坏血酸钠 80g，卡拉胶 600g，分离大豆蛋白 0.5kg，猪肉香精（油质）120g，香肠香料 500g，马铃薯淀粉 10kg，玉米变性淀粉 6kg，红曲红（色价 100）适量，冰水 50kg。

2. 工艺流程

3. 工艺要点

（1）原料肉的选择 选择来自非疫区的经兽医卫检合格的新鲜（冻）猪精肉和适量的猪肥膘作为原料肉。由于猪精肉的含脂率低，加入适量含脂率较高的猪肥膘可提高产品口感、香味和嫩度。

（2）切肉或绞肉 原料肉若为冷冻肉，应先将其解冻，再采用切丁机将原料肉切成肉丁，肉丁大小 6～10mm³。也可采用绞肉机绞制。绞肉机网板以直径 8mm 为宜。在进行绞肉操作前，先要检查金属筛板和刀刃是否吻合。原料的解冻后温度 -3～0℃，可分别对猪肉和肥膘进行绞制。

（3）腌制 将猪肉和肥膘按比例添加食盐、亚硝酸钠、复合磷酸盐和 20kg 冰水，混合均匀，容器表面覆盖一层塑料薄膜防止冷凝水下落污染肉馅，放置在 0～4℃ 低温库中存放腌制 12h 以上。

（4）搅拌 准确按配方称量所需辅料，先将腌制好的肉料倒入搅拌机里，搅拌 5～10min，充分提取肉中的盐溶蛋白，然后按先后顺序添加食盐、白糖、味精、香肠香料、白酒等辅料和适量的冰水，充分搅拌成黏稠的肉馅，最后加入玉米淀粉、马铃薯淀粉和剩余的冰水，充分搅拌均匀，搅拌至发黏、发亮。在整个搅拌过程中，肉馅的温度要始终控制在 10℃ 以下。

（5）灌肠 香肠采用直径 26～28mm 天然猪羊肠衣或者折径（指筒状包装材料在没有充填物时的宽度）在 20～24mm 胶原蛋白肠衣。一般单根质量 40g 用折径 20mm 的蛋白肠衣为宜，灌装长度 11cm 左右；单根质量 60g 用折径 24mm 的蛋白肠衣为宜，灌装长度 13cm 左右。同样质量的肠体大小与灌装质量有关。灌肠机以采用自动扭结真空灌肠机为好。

（6）扎节、吊挂 扎节要均匀，牢固，肠体吊挂时要摆放均匀，肠体之间不要挤靠，保持一定的距离，确保干燥、通风顺畅，香肠不发生变白现象。

（7）干燥、蒸煮 将灌装好的香肠放入烟熏炉干燥、蒸煮，干燥温度 70℃，干燥时间

20min；干燥完毕即可蒸煮，蒸煮温度80～82℃，蒸煮时间25min。蒸煮结束后，排出蒸汽，出炉后在通风处冷却到室温。

（8）预冷（冷却） 产品温度接近室温时立即进入预冷室预冷，预冷温度要求0～4℃，冷却至香肠中心温度10℃以下。预冷室空气需用清洁的空气机强制冷却。

（9）真空包装 采用冷冻真空包装袋，分两层放入真空袋，每层25根，每袋50根，真空度0.08MPa以下，真空时间20s以上，封口平整结实。

（10）速冻 将真空包装后的台湾烤肠转入速冻库冷冻，速冻间库温－25℃以下，时间24h，使台湾烤香肠中心温度迅速降至－18℃以下出速冻库。

（11）品检和包装 对台湾烤香肠的数量、重量、形状、色泽、味道等指标进行检验，检验合格后装箱。

（12）卫检冷藏 卫生指标要求：细菌总数小于20000个/g；大肠杆菌群，阴性；无致病菌。合格产品在－18℃以下的冷藏库中冷藏，产品温度－18℃以下，贮存期为6个月左右。

三、高温火腿肠

高温火腿肠是以猪肉为主要原料，经解冻、绞制、腌制、斩拌，加入香料、大豆蛋白、卡拉胶、淀粉等，采用日本KAP自动充填机，灌入PVDC肠衣膜，经高压、高温杀菌制成的高温肉制品。它的本质是一种软包装的午餐肉罐头，但由于携带、食用方便，曾经给我国肉制品工业带来了一次革命。

1. 工艺流程

选料 → 解冻 → 绞制 → 腌制 → 斩拌 → 充填 → 杀菌 → 冷却 → 包装 → 入库

2. 配方

瘦肉80kg，肥肉20kg，乳化腌制剂2kg，亚硝酸钠10g，食盐2.5kg，白糖2kg，味精0.25kg，花椒0.3kg，桂皮0.15kg，白胡椒0.2kg，姜粉0.2kg，肉蔻0.15kg，大豆蛋白2kg，玉米淀粉12kg，卡拉胶0.3kg，冰水40kg，色素适量。

3. 工艺要点

（1）选料、解冻、绞制、腌制、斩拌 工艺要点同台湾烤肠，但生产规模较大的，也可不经过腌制。

（2）充填 采用日本吴羽KAP自动灌肠机进行灌装，该机具有自动定量、自动热合、自动分节、自动结扎、自动打印等功能。灌装时，要根据不同的产品要求和PVDC薄膜的宽度，控制好产品重量和长度，还要保证肠体无油污、肉馅，字迹清晰，热合牢固，卡扣紧固，饱满坚挺，摆放整齐。

（3）杀菌 一般多采用卧式杀菌锅高温杀菌，并根据产品直径的不同而采用不同的杀菌时间，比如薄膜宽度为80mm的，杀菌时间为25min；宽度70mm的，杀菌时间为15min。利用2.2～2.5atm（1atm＝1.01×10⁵Pa）反压冷却到40℃即可。

（4）冷却、包装 杀菌后在包装间用冷风吹干表面水分，并擦干水垢，贴上标签，装箱。

（5）贮藏 常温下可保存半年。

四、其他熟制灌肠

1. 大红肠

大红肠又名茶肠，是欧洲人喝茶时食用的肉食品。

（1）配方 牛肉45kg，玉果粉125g，猪肥膘5kg，猪精肉40kg，白胡椒粉200g，硝石50g，鸡蛋10kg，大蒜头200g，淀粉5kg，精盐3.5kg，牛肠衣直径60～70mm，每根长45cm。

（2）工艺

原料修整 → 腌制 → 绞碎 → 斩拌 → 搅拌 → 灌制 → 烘烤 → 蒸煮 → 成品

烘烤温度70～80℃，时间45min左右。水煮温度90℃，时间1.5h。不熏烟。

（3）成品 成品外表呈红色，肉馅呈均匀一致的粉红色，肠衣无破损，无异斑，鲜嫩可口，得率为120%。

2. 小红肠

又名维也纳香肠，味道鲜美，风行全球。将小红肠夹在面包中就是著名的快餐食品，因其形状像夏天时狗吐出来的舌头，故得名热狗。

（1）配方 牛肉 55kg，精盐 3.50kg，淀粉 5kg，猪精肉 20kg，胡椒粉 0.19kg，硝石 50g，猪奶脯肥肉 25kg，玉果粉 0.13kg。肠衣用 18～20mm 的羊小肠衣，每根长 12～14cm。

（2）工艺

原料肉修整 → 绞碎斩拌 → 配料 → 灌制 → 烘烤 → 蒸煮 → 熏烟或不熏烟 → 冷却 → 成品

烘烤温度 70～80℃，时间 45min；蒸煮温度 90℃，时间 10min。

（3）成品 外观色红有光泽，肉质呈粉红色，肉质细嫩有弹性，成品率为 115%～120%。

第四节 发酵香肠

发酵香肠是指将绞碎的肉（通常是猪肉或牛肉）和脂肪同盐、糖、香辛料等（有时还要加微生物发酵剂）混合后灌进肠衣，经过微生物发酵和成熟干燥（或不经过成熟干燥）而制成的具有稳定的微生物特性的肉制品。它是西方国家的一种传统肉制品，经过微生物发酵，蛋白质分解为氨基酸，大大提高了其消化吸收性，同时增加了人体必需的氨基酸、维生素等，营养性和保健性得到进一步增强，加上发酵香肠具有独特的风味，近 20 年来得到了迅速的发展。

发酵香肠的最终产品通常在常温条件下贮存、运输，并且不经过熟制处理直接食用。

一、发酵香肠生产中使用的原辅料

1. 原料肉

一般常用的是猪肉、牛肉和羊肉。原料肉亦应当含有最低数量的初始细菌数。

2. 脂肪

牛脂和羊脂由于气味强烈而不适于作原料，色白坚实的猪背脂是生产发酵肠的最好原料。

3. 碳水化合物

在发酵香肠的生产中经常添加碳水化合物，其主要目的是提供足够的微生物发酵物质，有利于乳酸菌的生长和乳酸的产生，其添加量一般为 0.4%～0.8%。

4. 发酵剂

用来生产发酵香肠的发酵剂主要包括乳酸菌、酵母菌和霉菌等。

二、工艺流程

发酵香肠的一般加工工艺如下。

绞肉 → 制馅 → 灌肠 → 接种 → 发酵 → 干燥和成熟 → 包装

三、质量控制

1. 制馅

首先将精肉和脂肪倒入斩拌机中，稍加混匀，然后将食盐、腌制剂、发酵剂和其他的辅料均匀地倒入斩拌机中斩拌混匀。生产上应用的乳酸菌发酵剂多为冻干菌，使用前将发酵剂放在室温下复活 18～24h，接种量一般为 10^6～10^7 cfu/g。

2. 灌肠

利用天然肠衣灌制的发酵香肠具有较大的菌落并有助于酵母菌的生长，成熟得更为均匀且风味较好。但在生产非霉菌发酵香肠时，利用天然肠衣则会易于发生由于霉菌和酵母菌所致的产品腐败。

3. 接种霉菌或酵母菌

生产中常用的霉菌是纳地青霉和产黄青霉，常用的酵母是汉逊氏德巴利酵母和法马塔假丝酵母。使用前，将酵母和霉菌的冻干菌用水制成发酵剂菌液，然后将香肠浸入菌液。

4. 发酵

一般干发酵香肠的发酵温度为 15～27℃，24～72h；涂抹型香肠的发酵温度为 22～30℃，48h；半干香肠的发酵温度为 30～37℃，14～72h。高温短时发酵时，相对湿度应控制在 98%；较低温度发酵时，相对湿度应低于香肠内部湿度 5%～10%。

5. 干燥和成熟

干燥温度为 37～66℃。干香肠的干燥温度较低，一般为 12～15℃，干燥时间主要取决于香肠的直径。许多类型的半干香肠和干香肠在干燥的同时进行烟熏。

【本章小结】

灌肠制品是以畜禽肉为原料，经腌制（或不腌制）、斩拌或绞碎而使肉成为块状、丁状或肉糜状态，再配上其他辅料，经搅拌或滚揉后灌入天然肠衣或人造肠衣内经烘烤、熟制和熏烟等工艺而制成的熟制灌肠制品或不经腌制和熟制而加工成的需冷藏的生鲜肠。

中式灌制品的工艺流程大体如下：原料选择 → 原料处理 → 配料 → 拌馅 → 腌制 → 灌制 → 晾晒（或烘烤）→ 质量检查 → 成品

西式灌制品的工艺流程大体如下：原料 → 解冻 → 绞制 → 腌制 → 斩拌 → 灌肠 → 烘烤 → 蒸煮 → 烟熏 → 冷却 → 包装（二次杀菌 → 包装）→ 入库

哈尔滨红肠的工艺流程是：原料肉选择和修整（低温腌制）→ 绞肉或斩拌 → 配料、制馅 → 灌制或填充 → 烘烤 → 蒸煮 → 烟熏 → 质量检查 → 贮藏

台湾烤肠是可以速冻的肉制品，工艺流程是：原料肉的选择 → 绞切 → 腌制 → 搅拌 → 灌肠 → 扎节 → 吊挂 → 干燥 → 蒸煮 → 冷却 → 速冻 → 真空包装 → 品检和包装 → 卫检冷藏

高温火腿肠的是以猪肉为主要原料，经解冻、绞制、腌制、斩拌，加入香料、大豆蛋白、卡拉胶、淀粉等，采用日本 KAP 自动充填机，灌入 PVDC 肠衣膜，经高压、高温杀菌制成的高温肉制品。它的本质是一种软包装的午餐肉罐头，携带、食用方便，产量很大。工艺流程是：选料 → 解冻 → 绞制 → 腌制 → 斩拌 → 充填 → 杀菌 → 冷却 → 包装 → 入库

发酵香肠是指将绞碎的肉（通常是猪肉或牛肉）和动物脂肪同盐、糖、香辛料等（有时还要加微生物发酵剂）混合后灌进肠衣，经过微生物发酵和成熟干燥（或不经过成熟干燥）而制成的具有稳定的微生物特性和典型发酵香味的肉制品。一般加工工艺是：绞肉 → 制馅 → 灌肠 → 接种 → 发酵 → 干燥和成熟 → 包装

【复习思考题】

一、名词解释

1. 灌肠制品　　2. 发酵香肠　　3. 高温火腿肠

二、填空题

1. 烤肠要经过_____、_____、_____、_____、_____、_____、_____、_____、_____、_____等步骤。

2. 斩拌的目的有两点：一是_____，二是_____。

3. 用来生产发酵香肠的发酵剂主要包括_____、_____和_____等。

三、选择题

1. 灌肠制品二次杀菌的温度应为（　　）。

A. 68℃　　　　　B. 72℃　　　　C. 82℃　　　　D. 90℃

2. 西式灌肠一般烟熏温度为（　　）。

A. 65℃　　　　　B. 72℃　　　　C. 82℃　　　　D. 90℃

3. 西式灌肠的贮藏一般温度为（　　）。

A. −18℃　　　　B. 0～4℃　　　C. 25℃　　　　D. 以上均可

4. 高温火腿肠的贮藏一般温度为（　　）。

A. −18℃　　　　B. 0～4℃　　　C. 25℃　　　　D. 以上均可

四、判断题

1. 台湾香肠要经过烟熏这一工序。（　　）

2. 原料肉斩拌时，出料温度一般不超过12℃。（　　）

3. 灌肠二次杀菌的目的主要是充分杀灭蒸煮时未杀死的微生物。（　　）

五、简述题

1. 简述中式香肠与西式灌肠加工的主要区别。

2. 生产乳化肉馅时，如何进行斩拌操作？

六、技能题

1. 设计出品率为180%的哈尔滨红肠配方，并论述其生产过程。

2. 设计台湾烤肠、高温火腿肠的配方，论述其工艺流程。

【实训十三】　南味香肠的生产

一、实训目的

学习中式香肠的生产方法，掌握生产南味香肠的操作技能。

二、实训原理

南味香肠是用猪肉为原料，经切丁或绞成肉粒，经过腌制，再配以辅料，灌入动物肠衣再晾晒或烘烤而制成的肉制品。

三、主要设备及原料

1. 主要设备　绞肉机，搅拌机，灌肠机，烟熏炉等。

2. 原辅料　瘦肉80kg，肥肉20kg，猪小肠衣300m，精盐1.8kg，白糖7.5kg，白酒（50°）2.0kg，白酱油5kg，亚硝酸钠0.01kg，抗坏血酸0.01kg。

四、实训方法和步骤

1. 原料选择　原料以猪肉为主，要求新鲜。瘦肉以前腿肉为最好，肥膘用背部硬膘为好。瘦肉用装有筛孔为0.4～1.0cm的筛板的绞肉机绞碎，肥肉切成0.6～1.0cm³ 大小的肉丁。肥肉丁用温水清洗一次，以除去浮油及杂质，捞起沥干水分待用，肥瘦肉要分别存放。

2. 拌馅与腌制　按选择的配料标准，原料肉和辅料在搅拌机中混合均匀。在0～4℃腌制间内腌制24h左右。

3. 灌制　用灌肠机把肉馅均匀地灌入肠衣中。要掌握松紧程度，不能过紧或过松。

4. 排气　用排气针扎刺湿肠，排出肠内部空气。

5. 结扎　按品种、规格要求每隔10～20cm用细线结扎一道。要求长短一致。

6. 漂洗　将湿肠依次分别挂在竹竿上，用清水冲洗一次除去表面污物。

7. 晾晒和烘烤　将悬挂好的香肠放在日光下暴晒2～3d。晚间送入烟熏炉内烘烤，温度保持在40～60℃。一般经过3昼夜的烘晒即完成。或直接在烟熏炉中40～60℃烘干24h即可。

五、实训结果与产品分析

瘦肉呈红色、枣红色，脂肪呈乳白色，色泽分明，外表有光泽；腊香味纯正浓郁，具有中式香肠（腊肠）固有的风味；滋味鲜美，咸甜适中；外型完整，长短、粗细均匀，表面干爽，呈现收缩后的自然皱纹；含水量 25% 以下。将评定结果填入表 1 中。

表 1　产品评定记录表

评定项目	标准分值	实际得分	扣分原因或缺陷分析
外观	20		
口感	20		
组织结构	20		
切片性	20		
风味	20		

六、注意事项

1. 烘干时温度不能太高，否则大量出油，颜色发黑。
2. 脂肪丁的大小要均匀一致。

【实训十四】　烤肠的生产

一、实训目的

学习西式香肠的生产方法，掌握烤肠生产的操作技能。

二、实训原理

烤肠是把绞制后的原料肉、香辛料、辅料等搅拌、灌肠、低温烘烤的西式肉制品。

三、主要设备及原料

1. **主要设备**　绞肉机，搅拌机，灌肠机，烟熏炉等。
2. **原辅料**　猪精肉 80kg，肥膘 20kg，冰水 70kg，精盐 3.2kg，白糖 1.5kg，味精 0.6kg，腌制剂 1.7kg，亚硝酸钠 0.01kg，高粱红 0.015kg，猪肉香精 0.4kg，胡椒粉 0.1kg，姜粉 0.12kg，大豆分离蛋白 3kg，改性淀粉 25kg。

四、实训方法和步骤

1. **原料肉的选择**　选择经检验合格的冻鲜 2 号或 4 号去骨猪分割肉为原料。
2. **原料肉处理**　原料肉经自然解冻或水浸解冻至中心 −1～1℃，用直径 7mm 孔板绞一遍，肥膘用 3 孔板绞一遍，在搅拌机内加入盐、亚硝酸盐、腌制剂，混合均匀。
3. **腌制**　0～4℃ 下腌制 18h。
4. **滚揉**　腌好的肉及其他辅料一起加入滚揉机内连续真空滚揉 4h，真空度为 0.08MPa，出料温度控制在 6～8℃。
5. **灌制**　8 路猪肠衣灌制，重量依具体要求而定，一般在 315g 左右（成品 280g），然后挂杆，并用自来水冲洗烤肠表面油污和肉馅。
6. **干燥**　干燥温度为 60℃，时间 45min。
7. **蒸煮**　蒸煮温度 82～84℃，蒸煮 50min。肠体饱满有弹性，中心温度达到 72℃ 即可。
8. **烟熏**　烟熏炉 70℃ 熏制 20min，肠表面呈褐色，有光泽。
9. **冷却**　自然冷却一夜。
10. **真空包装**　将重量、长度合格的产品装入真空袋，注意袋口内侧不能沾有异物，用真空包装机进行真空封口，要控制好真空度、热合时间、热合温度，以降低破袋率。
11. **二次杀菌**　温度为 90℃，时间 10min。
12. **冷却吹干**　经二次杀菌的产品要尽快将温度降至室温或更低，吹干袋表面水分。
13. **打印日期装箱入库**　0～4℃ 可贮存 3 个月。

五、实训结果分析

外表呈核桃纹状皱纹，表面棕黄色，有烟熏香味，内部结构紧密，具有烤肠应有的香气和滋味。将评定结果填入表1中。

表1 产品评定记录表

品 评 项 目	标 准 分 值	实 际 得 分	扣 分 原 因
外观	20		
口感	20		
组织结构	20		
切片性	20		
风味	20		

六、注意事项

1. 灌肠不能太紧，蒸煮温度不能太高，否则爆肠。

2. 二次杀菌温度不能太高，时间不能太长，否则出油。

第九章　西式火腿制品的加工

【知识目标】　了解西式火腿制品的种类特点；熟悉常见西式火腿制品的机械设备、一般加工原理和加工工艺。

【能力目标】　掌握常见西式火腿制品加工的基本操作要点和质量控制。

【适合工种】　肉制品加工工。

西式火腿（western pork ham）一般由猪肉加工而成，但在加工过程中因对原料肉的选择、处理、腌制及成品包装形式不同，西式火腿的种类很多。Ham原是指猪的后腿，但在现代肉制品加工业中通常称为火腿。因这种火腿与我国传统火腿（如金华火腿）的形状、加工工艺、风味有很大不同，习惯上称其为西式火腿。西式火腿包括带骨火腿、去骨火腿、里脊火腿、成型火腿及目前在我国市场上畅销的可在常温下保藏的肉糜火腿肠等。

西式火腿中除带骨火腿为半成品，在食用前需熟制外，其他种类的火腿均为可直接食用的熟制品。其产品色泽鲜艳、肉质细嫩、口味鲜美、出品率高且适于大规模机械化生产，成品能完全标准化。因此，近几年西式火腿成了肉品加工业中深受欢迎的产品。例如，在日本的熟肉制品中，西式火腿占60%以上。西式火腿生产中，一般猪前后腿可用于生产带骨火腿和去骨火腿，背腰肉可用于生产高档的里脊火腿，而肩部及其他部位肌肉因结缔组织及脂肪组织较多、色泽不均，不宜制作高档火腿，但可用于生产成型火腿和肉糜火腿肠。

第一节　带骨火腿的加工技术

带骨火腿一般是用整只的带骨猪后腿加工制成的，其加工方法比较复杂，加工时间长。一般是先把整只后腿肉用盐、胡椒粉、硝酸盐等干擦表面，然后浸入加有香料的盐水卤中腌渍数日，取出风干、烟熏，再悬挂一段时间，使其自熟，就可形成良好的风味。

世界上著名的火腿品种有法国烟熏火腿，苏格兰整只火腿、德国陈制火腿、黑森林火腿、意大利火腿等。火腿在烹调中即可作主料又可作辅料，也可制作冷盘。

带骨火腿从形状上分有长型火腿和短型火腿两种。带骨火腿由于生产周期较长，成品较大，且为生肉制品，生产不易机械化，因此生产量及需求量较少。

一、工艺流程

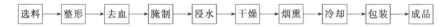

选料 → 整形 → 去血 → 腌制 → 浸水 → 干燥 → 烟熏 → 冷却 → 包装 → 成品

二、工艺要点

1. 原料选择

长型火腿是自腰椎留1~2节将后大腿切下，并自小腿处切断。短型火腿则自耻骨中间并包括荐骨的一部分切开，并自小腿上端切断。

2. 整形

带骨火腿整形时要除去多余脂肪，修平切口使其整齐丰满。

3. 去血

动物宰杀后，在肌肉中残留的血液及淤血等非常容易引起肉制品的腐败，放血不良时尤为如此，故必须在腌制前进行去血。去血是指在盐腌之前先加适量食盐、硝酸盐，利用其渗透作用进行脱水以除去肌肉中的血水，改善色泽和风味，增加防腐性和肌肉的结着力。

取肉量3%~5%的食盐与0.2%~0.3%的硝酸盐，混合均匀后涂布在肉的表面，堆叠在略倾斜的操作台上，上部加压，在2~4℃下放置1~3d，使其排除血水。

4. 腌制

腌制使食盐渗入肌肉，进一步提高肉的保藏性和保水性，并使香料等也渗入肉中，改善其风味和色泽。腌制有干腌、湿腌和盐水注射法三种。

（1）干腌法　按原料肉重量，一般用食盐 3%～6%，硝酸钾 0.2%～0.25%，亚硝酸钠 0.03%，砂糖为 1%～3%，调味料为 0.3%～1.0%。调味料常用的有月桂叶、胡椒等。盐糖之间的比例不仅影响成品风味，而且对质地、嫩度等都有显著影响。

腌制时将腌制混合料分 1～3 次涂擦于肉上，堆于 5℃ 左右的腌制室内尽量压紧，但高度不应超过 1m。应每 3～5d 倒垛一次。腌制时间随肉块大小和腌制温度及配料比例不同而异。小型火腿 5～7d；5kg 以上较大火腿需 20d 左右；10kg 以上需 40d 左右。大块肉最好分 3 次上盐，每 5～7d 涂一次盐，第一次所涂盐量可略多。腌制温度较低、用盐量较少时可适当延长腌制时间。

（2）湿腌法　湿腌法是先将混合料配制成腌制液，然后进行腌制。

① 腌制液的配制。腌制液的配比对风味、质地等影响很大，特别是食盐和砂糖比应随消费者嗜好不同而异。腌制液的配比举例见表 9-1。

表 9-1　腌制液的配比（以水为 100 份计）

辅　　料	湿　　腌		注　　射
	甜味式	咸味式	
水	100	100	100
食盐	15～20	21～25	24
硝石	0.1～0.5	0.1～0.5	0.1
亚硝酸盐	0.05～0.08	0.05～0.08	0.1
砂糖	2～7	0.5～1.0	2.5
香料	0.3～1.0	0.3～1.0	0.3～1.0
化学调味品	—	—	0.2～0.5

配制腌制液时先将香辛料装袋后和亚硝酸盐以外的辅料溶于水中煮沸过滤。待配制液冷却到常温后再加入亚硝酸盐以免分解。另外为了提高肉的保水性，可加入 3%～4% 的多聚磷酸盐，还可加入约 0.3% 的抗坏血酸钠以改善成品色泽。有时为制作上等制品，在腌制时可适量加入葡萄酒、白兰地、威士忌等。

② 腌制方法。将洗干净的去血肉块堆叠于腌制槽中，将预冷至 2～3℃ 的腌制液，约按肉重的 1/2 加入，使肉全部浸泡在腌制液中，盖上格子形木框，上压重物以防上浮。然后在腌制库中（2～3℃）腌制，每千克肉腌制 5d 左右。如腌制时间较长，需 5～7d 翻检一次。

③ 腌制液的再生。使用过的腌制液中除含有 13%～15% 的食盐，以及砂糖、硝石外，还有良好的风味。但因其中已溶有肉中营养成分，且盐度较低，微生物易繁殖，再使用前须加热至 90℃ 杀菌 1h，冷却后除去上浮的蛋白质、脂肪等，滤去杂质，补足盐度。

（3）注射法　无论是干腌法还是湿腌法，所需腌制时间较长，且盐水渗入大块肉的中心较为困难，常导致肉块中心与骨关节周围可能有细菌繁殖，使腌肉中心酸败。湿腌时还会导致肉中盐溶性蛋白等的损失。注射法是用专用的盐水注射机把已配好的腌制液，通过针头注射到肉中而进行腌制的方法。有滚揉机时，腌制时间可缩短至 12～24h。这种腌制方法不仅能大大缩短腌制时间，且可通过注射前后称重严格控制盐水注射量，保证产品质量的稳定性。

5. 浸水

用干腌法或湿腌法腌制的肉块，其表面与内部食盐浓度不一致，需浸入 10 倍的 5～10℃ 的清水中浸泡以调整盐度。浸泡时间随水温、盐度及肉块大小而异。一般每千克肉浸泡 1～2h。若是流水则数十分钟即可。浸泡时间过短，咸味重且成品有盐结晶析出。浸泡时间过长，则成品质量下降，且易腐败变质。而采用注射法腌制的肉无需经浸水处理，因盐水的注射量完全可以控制，且肉块内外的含盐量基本一致，无需进行调整盐度，因此，现在大生产中多用盐水注射法腌肉。

6. 干燥

干燥的目的是使肉块表面形成多孔以利于烟熏。经浸水去盐后的原料肉，悬吊于烟熏室中，在 30℃温度下保持 2～4h 至表面呈红褐色，且略有收缩时为宜。

7. 烟熏

烟熏能改善色泽和风味，使制品带有特殊的烟熏味，色泽呈美好的茶褐色。在木材燃烧不完全时所生成的烟中的醛、酮、酚、甲酸、乙酸等成分能阻止肉品微生物增殖，故能延长保藏期。据研究，烟熏可使肉制品表面的细菌数减少到 1/5，且能防止脂肪氧化，促进肉中自溶酶的作用，促进肉品自身的消化与软化，降低肉中亚硝酸盐的含量，加快亚硝基肌红蛋白的形成，促进发色。烟熏所用木材以香味好、材质硬的阔叶树（青刚）为多。带骨火腿一般用冷熏法，烟熏时温度保持在 30～33℃，1～2d 至表面呈淡褐色时则芳香味最好。烟熏过度则色泽变暗，品质变差。

8. 冷却、包装

烟熏结束后，自烟熏室取出，冷却至室温后，转入冷库中冷却至中心温度 5℃左右，擦净表面后，用塑料薄膜或玻璃纸等包装后即可入库。

上等成品要求外观匀称、厚薄适度、表面光滑、断面色泽均匀、肉质纹路较细，具有特殊的芳香味。

第二节　去骨火腿的加工技术

去骨火腿是用猪后大腿整形、腌制、去骨、包扎成型后，再经烟熏、水煮而成。因此去骨火腿是熟肉制品，具有方便、鲜嫩的特点，但保藏期较短。在加工时，去骨一般是在浸水后进行。去骨后，以前常连皮制成圆筒形，而现在多除去皮及较厚的脂肪，卷成圆柱状，故又称为去骨成卷火腿，亦有置于方形容器中整形者。因一般都经水煮，故又称之为去骨熟火腿。

一、工艺流程

选料 → 整形 → 去血 → 腌制 → 浸水 → 去骨、整形 → 卷紧 → 干燥 → 烟熏 → 水煮 → 冷却

二、工艺要点

1. 选料整形

与带骨火腿相同。

2. 去血、腌制

与带骨火腿比较，食盐用量稍减，砂糖用量稍增为宜。

3. 浸水

与带骨火腿相同。

4. 去骨、整形

去除两个腰椎，拨出骨盘骨，将刀插入大腿骨上下两侧，割成隧道状去除大腿骨及膝盖骨后，卷成圆筒形，修去多余瘦肉及脂肪。去骨时应尽量减少对肉组织的损伤。有时去骨在去血前进行，可缩短腌制时间，但肉的结着力较差。

5. 卷紧

用棉布将整形后的肉块卷紧，包裹成圆筒状后用绳扎紧。有时也用模型进行整形压紧。

6. 干燥、烟熏

30～35℃下干燥 12～24h。因水分蒸发，肉块收缩变硬，需再度卷紧后烟熏。烟熏温度为30～50℃，时间因火腿大小而异，约为 10～24h。

7. 水煮

水煮的目的是杀菌和熟化，赋予产品适宜的硬度和弹性，同时减缓浓烈的烟熏臭味。水煮以火腿中心温度达到 62～65℃保持 30min 为宜。若温度超过 75℃，则肉中脂肪大量熔化，常导致成品质量下降。一般大火腿煮 5～6h，小火腿煮 2～3h。

8. 冷却、包装、贮藏

水煮后略为整形，尽快冷却后除去包裹棉布，用塑料膜包装后在 0～1℃ 的低温下贮藏。

第三节 盐水火腿的加工技术

盐水火腿属于成型火腿中的一种。猪的前后腿肉及肩部、腰部的肉除用于加工高档的带骨、去骨及背肌和 Lachs 火腿外，还可添加其他部位的肉或其他畜禽肉（如牛肉、马肉、兔肉、鸡肉）甚至鱼肉，经腌制后加入辅料，装入包装袋或容器中成型、水煮后则可制成成型火腿（又称压缩火腿）。其中盐水火腿指用大块肉经整形修割、盐水注射腌制、嫩化、滚揉、充填，再经熟制、烟熏（或不烟熏）、冷却等工艺制成的熟肉制品。其选料精良、对生产工艺要求高，采用低温杀菌，产品保持了原料肉的鲜香味、产品组织细嫩、色泽均匀鲜艳、口感良好，深受消费者喜爱，已成为肉制品的主要产品之一。

一、加工原理及工艺流程

1. 加工原理

盐水火腿是以精瘦肉为主要原料，经腌制提取盐溶性蛋白，经机械嫩化和滚揉破坏肌肉组织结构，装模成型后蒸煮而成。盐水火腿的最大特点是良好的成形性、切片性，适宜的弹性，鲜嫩的口感和很高的出品率。使肉块、肉粒或肉糜加工后粘结为一体的黏结力来源于两个方面：一方面是经过腌制尽可能促使肌肉组织中的盐溶性蛋白溶出；另一方面在加工过程中加入适量的添加剂，如卡拉胶、植物蛋白、淀粉及改性淀粉。经滚揉后肉中的盐溶性蛋白及其他辅料均匀地包裹在肉块、肉粒表面并填充于其空间，经加热变性后则将肉块、肉粒紧紧粘在一起，并使产品富有弹性和良好的切片性。盐水火腿经机械切割嫩化处理及滚揉过程中的摔打撕拉，使肌纤维彼此之间变得疏松，再加之选料的精良和良好的保水性，保证了盐水火腿的鲜嫩特点。盐水火腿的盐水注射量可达 20％～60％。肌肉中盐溶性蛋白的提取、复合磷酸盐的加入、pH 的改变以及肌纤维间的疏松状都有利于提高盐水火腿的保水性，因而提高了出品率。因此，经过腌制、嫩化、滚揉等工艺处理，再加上适宜的添加剂，则保证了盐水火腿的独特风格和高品质。

2. 工艺流程

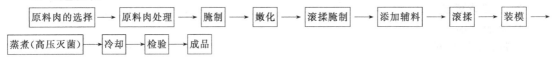

原料肉的选择 → 原料肉处理 → 腌制 → 嫩化 → 滚揉腌制 → 添加辅料 → 滚揉 → 装模 →
蒸煮(高压灭菌) → 冷却 → 检验 → 成品

二、工艺分析与质量控制

1. 原料肉的选择

盐水火腿最好选用结缔组织和脂肪组织少而结着力强的背肌、腿肉。但在实际生产中也常用生产带骨和去骨火腿时剔下的碎肉以及其他畜禽肉、鱼肉（如牛肉、马肉、兔肉、鸡肉、鱼肉）。适量的牛肉可使成品色泽鲜艳。和兔肉一样，牛肉蛋白的结着力强，特别适于作盐水火腿中的肉糜黏着肉使用。但兔肉色泽较淡，用量应适宜。必须注意，所有的原料肉必须新鲜，否则结着力下降，影响成品质量。

2. 原料肉处理

宰后胴体处理是保证原料肉品质的主要环节。胴体应用加压冷水冲洗掉淤血和骨屑，尽量减少胴体二次污染。刀具及操作台在使用前后必须彻底清洗。原料处理过程中环境温度不应超过 10℃。原料肉经剔骨、剥皮、去脂肪后，还要去除筋腱、肌膜等结缔组织。采用湿腌法腌制时，需将肉块切成边长为 2～3cm（约 20～50g）的方块。根据肉块色泽及组织软硬分开，以便腌制时料液渗透均匀和保证色泽一致。为了增加制品的香味，可根据原料肉结着力的强弱，酌情加入 10％～30％ 的猪脂肪。将脂肪切成边长为 1～2cm 的方块。为改善肉制品的色泽，可将切块后的瘦肉放在搅肉器中，用冷水以 20～40r/min 搅洗 5～10min 以除去肉中血液，并离心机脱水。脂肪切块后用 50～60℃ 的热水浸泡后用冷水冲洗干净，沥水备腌。

3. 腌制

（1）盐水注射量的计算 腌制液中的主要成分为水、食盐、硝酸盐、亚硝酸盐、磷酸盐、抗坏血酸、羰基血红蛋白、大豆分离蛋白、淀粉等。其中盐与糖在腌制液中的含量取决于消费者的口味，而硝酸盐及亚硝酸盐、磷酸盐、抗坏血酸等添加剂的量取决于食品法的规定。要确定腌制液中各种成分的含量，则必须首先确定出最终产品中各种成分的含量及腌制液的注射量。在西欧，各种成分在最终产品中的含量一般在下列范围内变化：盐 2.0%～2.5%；糖 1.0%～2.0%；磷酸盐（以 P_2O_5 计）≤0.5%。

盐水注射量一般用百分比表示。例如：30%的注射量则表示每 100kg 原料肉需注射盐水 30kg。当各种成分在最终产品中的含量和腌制液注射量被确定后，各种成分在腌制液中的含量可由以下经验公式计算：

$$X = \frac{P+1}{P} \times Y$$

式中　　X——该成分在腌制液中的含量，%；

　　　　P——腌制液注射量，%；

　　　　Y——该成分在最终产品中的含量，%。

例如：某产品中各种成分的含量为盐 2.5%，糖 2.0%，磷酸盐 0.4%，硝 0.015%，维生素 C 0.015%。注射量为 30%，则腌制液中各成分的含量分别按如下计算。

盐：$X = \dfrac{30\% + 1}{30\%} \times 2.5\% = 10.8\%$

糖：$X = \dfrac{30\% + 1}{30\%} \times 2.0\% = 8.6\%$

硝：$X = \dfrac{30\% + 1}{30\%} \times 0.015\% = 0.065\%$

维生素 C：$X = \dfrac{30\% + 1}{30\%} \times 0.015\% = 0.065\%$

磷酸盐：$X = \dfrac{30\% + 1}{30\%} \times 0.4\% = 1.7\%$

各种成分在腌制液中的总量约为 21%，则水量为 79%。也就是说，若需 100kg 腌制液，则需水 79kg，盐 10.8kg，糖 8.6kg，磷酸盐 1.7kg，硝和维生素 C 各 0.065kg。

在注射量较低时（≤25%），一般无需加可溶性蛋白质。否则，使用不当可能会造成产品质量下降和机器故障如注射针头阻塞等。

（2）盐水的配制　盐水要求在注射前 24h 时配制以便于充分溶解。配制好的盐水应保存在 7℃ 以下的冷却间内，以防温度上升。

盐水配制时各成分的加入顺序非常重要。首先将混合粉完全溶解后再加入盐、硝，搅溶后再加香料、糖、维生素 C 等。若要加蛋白，应在注射前 1h 加入，搅匀后泵入盐水注射机贮液罐中。在配制盐水时，之所以先溶解混合粉或磷酸盐是因为混合粉的主要成分是磷酸盐，而磷酸盐与食盐、硝等成分混合，其溶解性降低，溶解后易形成沉淀。

（3）盐水注射　肉块较小时，一般采用湿腌的方法，定量称取过滤冷却后的腌制液与预处理后的原料肉混匀即可。肉块较大时可采用盐水注射法，盐水注射采用盐水注射机（图 9-1）进行。通过调节每分钟注射的次数和腌制液的压力准确控制注射量。一般通过称量肉在注射前后质量的变化控制注射量。注射时流失在盘中的腌制液，必须经过滤后方能再用。

4. 嫩化

所谓嫩化是利用嫩化机在肉的表面切开许多 15mm 左右深的刀痕。肉内部的筋腱组织被切开，可减少蒸煮时的损失，使因加热而造成的筋腱组织收缩不致影响产品的结着性；同时肉的表面积增加，使肌肉纤维组织中的蛋白质在滚揉时释放出来，增加肉的结着性。盐水机注射过程亦能作用于肌肉组织，从而起到机械嫩化作用。有些注射机本身带有嫩化装置。只有用注射法注射过的大块肉才需嫩化，而湿腌的小块肉则可无需嫩化。肉的嫩化在嫩化机（图 9-2）中进行。

5. 滚揉

图 9-1 YZ90 型全自动盐水注射机

图 9-2 HR-2000 型活化嫩化机

为了加速腌制、改善肉制品的质量，原料肉与腌制液混合后或经盐水注射后，就进入滚揉机。滚揉的目的是通过翻动碰撞使肌肉纤维变得疏松，加速盐水的扩散和均匀分布，缩短腌制时

图 9-3 GR-1000(1600) 节能型全自动呼吸式真空滚揉机

间。同时，通过滚揉促使肉中的盐溶性蛋白的提取，改进成品的黏着性和组织状况。另外，滚揉能使肉块表面破裂，增强肉的吸水能力，因而提高了产品的嫩度和多汁性。滚揉在滚揉机（图 9-3）中进行。

滚揉机装入量约为容器的 60%。滚揉程序包括滚揉和间歇两个过程。间歇可减少机械对肉组织的损伤，使产品保持良好的外观和口感。一般盐水注射量在 25% 的情况下，需要一个 16h 的滚揉程序。在每小时中，滚揉 20min，间歇 40min。也就是说在 16h 内，滚揉时间为 5h 左右。在实际生产中，滚揉程序随盐水注射量的增加而适当调整。

在滚揉时应将环境温度控制在 6～8℃。温度过高微生物易生长繁殖，温度过低则生化反应速度减缓，达不到预期的腌制和滚揉的目的。

为了增加风味，需加入适量调味料及香辛料。在实际生产中，有时将调味料加入腌制液中，有时在腌制滚揉过程中加入。现在也有将调味料有效成分抽提出来，吸附于可溶性淀粉中，经喷雾干燥后制成固体香料粉，使用方便卫生。各国所加调味料各有所异，举两例见表 9-2。香料的添加方法，现在国内大多数厂是熬煮、过滤后加入腌制液。有些厂将香辛料磨碎后在滚揉混料时加入。这种方法常导致分布不匀和影响成品色泽的缺陷。最近有人报道将香辛料进行超微粉碎，使其粒度达到 1～3μm 后，在混料滚揉时加入，或加入腌制液中效果很好。

表 9-2 盐水火腿中香辛料及调味料　　　　　　　　　　　　单位：%

名　　称	例　一	例　二	名　　称	例　一	例　二
白胡椒	0.3	0.3	肉豆蔻花	0.1	—
小豆蔻	0.1	0.1	洋葱	0.1	0.2
肉豆蔻	0.1	—	味精	0.3～0.5	0.3

在滚揉过程中可以添加适量淀粉。一般加 3%～5% 玉米淀粉。因马铃薯淀粉易发酵，一般不宜使用。

腌制、滚揉结束后原料肉要色泽鲜艳，肉块发黏。如生产肉粒或肉糜火腿，腌制、滚揉结束后需进行绞碎或斩拌。

6. 装模

盐水火腿的生产方式随着制品种类和工艺流程的改进、灌模机械的发展而日新月异。新包装材料的开发利用使盐水火腿的种类、色泽、外形和灌装方法都有了很大变化。目前装模的方式有手工装模和机械装模两种。机械装模又分为真空装模和非真空装模两种。手工装模不易排除空气和压紧，成品中易出现空洞、缺角等缺陷，切片性及外观较差。真空装模是在真空状态下将原料装填入模，肉块彼此粘贴紧密，且排除了空气，减少了肉块间的气泡，因此可减少蒸煮损失，延长保存期。

将腌制好的原料肉通过填充机压入动物肠衣，或不同规格的胶质及塑料肠衣中，用铁丝和线绳结扎后即成圆火腿。有时将灌装后的圆火腿2个或4个一组装入不锈钢模或铝盒内挤压成方火腿。有时将原料肉直接装入有垫膜的金属模中挤压成简装方火腿，或是直接用装听机将已称重并搭配好的肉块装入听内，再经压模机压紧，真空封口机封口制成听装火腿。

7. 烟熏

只有用动物肠衣灌装的火腿才经烟熏。在烟熏室或三用炉内以50℃熏30～60min。其他包装形式的盐水火腿若需烟熏味时，可在混入香辛料时加烟熏液。

8. 蒸煮

蒸煮有汽蒸和水煮两种蒸煮方式，水煮时可用高压蒸汽釜或水浴槽，而汽蒸现多用三用炉。使用高压蒸汽釜蒸煮火腿，温度121～127℃，时间30～60min。工艺参数的选择取决于火腿的大小。用这种方法蒸煮的火腿时间短、色泽好且可以在常温下保藏。常压蒸煮时一般用水浴槽低温杀菌，将水温控制在75～80℃，使火腿中心温度达到65℃并保持30min即可。一般需要2～5h。一般1kg火腿约水煮1.5～2h。大火腿约煮5～6h。盐水火腿为低温制品，要采用常压低温煮制。三用炉是目前国内外多用的集烤、熏、煮为一体的先进设备，其烤、熏、煮工艺参数均可程控，在中心控制器上可随时显示出炉温和火腿中心温度。

蒸煮的温度并不是一成不变的，且各国要求有所不同。如荷兰要求水温72℃，中心温度68～69℃；美国要求水温77℃，中心温度72℃。我国目前火腿蒸煮温度普遍较高。一般5kg模具用STOCK PROTECON蒸煮槽时，约需5h使中心温度达68～69℃，在此温度下保持2h，完成巴氏杀菌。在模具及蒸煮设备不同时，需进行试验以确定蒸煮时间。试验和生产实践证明，若温度过高，常导致肌纤维严重收缩，保水性下降，肉制品变硬，易形成硫化氢物质而影响风味，且蒸煮时破损率增加。

9. 冷却

盐水火腿蒸煮后应先在流水中冷却，这是因为水的比热较大，可以使火腿成品快速冷却，但是流水的温度应较好掌握，温度高于22℃则产品冷却速度过慢产品会有渗水现象；温度过低则产品内外温差过大引起冷却收缩作用不均，使产品结构及切片性受到不良影响。具体的水温调节时间可由下式作为参考：当火腿中心温度从68℃降到45℃时，流水冷却时间为1/2×蒸煮时间，能基本上满足这个等式的流水温度是最适合的，65℃是低温火腿蒸煮要求达到的最低中心温度。

蒸煮结束后要迅速使中心温度降至45℃，再放入2℃冷库中冷却12h左右，使火腿中心温度降至5℃左右。

第四节　常见成型火腿的加工

成型火腿是目前国内外肉制品中发展最为迅速的肉制品，其种类本身很多，再加上不同国家、不同地区、不同厂家生产的同一种成型火腿也有不同的名称，这更使成型火腿的种类及名目繁多。但无论选用什么原料肉，怎样命名，采用什么包装材料和杀菌方式，其加工原理是相同的，加工工艺也基本一致。在同一工艺条件下，各种成型火腿之间的质量差异主要表现在所用原料的种类、部位、等级及肥瘦肉比例等方面。

成型火腿根据所用的原料可分为猪肉火腿、牛肉火腿、兔肉火腿、鸡肉火腿、混合肉火腿等；根据对肉切碎程度的不同，成型火腿可分为肉块火腿、肉粒火腿、肉糜火腿等；根据杀菌熟化的方式，成型火腿可分为低温长时杀菌和高温短时杀菌火腿；根据成型形状，成型火腿可分为方火腿、圆火腿、长火腿、短火腿等；根据包装材料的不同，成型火腿可分为马口铁罐装的听装火腿，耐高温的复合膜包装的常温下可作长期保藏的火腿肠及普通塑料膜包装的在低温下作短期保藏的各类成型火腿。

一、牛肉盐水火腿

1. 工艺流程

原料肉解冻 → 修整 → 盐水注射、嫩化 → 腌制、滚揉 → 充填 → 蒸煮 → 冷却 → 包装

2. 工艺要点

（1）原料肉解冻　冻牛肉采用自然解冻法，解冻温度 12～16℃，时间为 8～12h。解冻结束后，牛肉内部温度应控制在 0～4℃。

（2）修整　将解冻好的牛肉修去筋腱、脂肪、肌膜、碎骨等，切成 1kg 左右的肉块。

（3）盐水注射

① 盐水配制。水 100kg，白糖 5kg，三聚磷酸钠 0.5kg，焦磷酸钠 0.5kg，异抗坏血酸钠 45g，精盐 13kg，香辛料 0.3kg，亚硝酸钠 15g，烟酰胺 45g，嫩肉粉 100g。

② 盐水注射。盐水注射机上配装嫩化切筋装置，盐水注射量达不到 25% 时，需重复注射。注射时室温控制在 10℃ 以下，盐水温度控制在 3℃ 以下。

（4）腌制、滚揉　在 4～6℃ 条件下，腌制滚揉 24～36h。在腌制结束前加肉重 3%～5% 的大豆分离蛋白和 5% 的淀粉，再滚揉 1h 后充填。

（5）充填　充填时应尽量将肉压紧，如成品中出现空隙，可在滚揉时添加 10%～15% 的肉糜。

（6）蒸煮　温度 80～82℃，时间约 3h。当火腿中心温度达到 78℃ 时，保持 25min。

二、鸡皮肉糜火腿

鸡皮肉糜火腿是充分利用加工分割鸡所剩余副产品——鸡皮替代肥肉，经脱脂处理，制成鸡皮肉糜火腿。鸡皮富含胶原蛋白、成本低廉，经脱脂处理后，脂肪含量降低、乳化率提高，制作的肉糜火腿组织结构致密、无脂肪析出、蛋白质含量高。

1. 工艺流程

鸡皮 → 脱脂

瘦猪肉 → 腌制 → 斩拌 → 搅拌 → 充填 → 煮制 → 冷却 → 真空包装 → 成品

2. 工艺要点

（1）选料　将肉去淤血、筋膜、淋巴结等。鸡皮经过皂化使油脂发生乳化，从而减少成品油脂析出，提高肉糜火腿的质量。

（2）腌制　腌制时把瘦肉切成小块的坯料，加 2.5% 混合盐（主要由食盐、亚硝酸钠、异抗坏血酸钠、磷酸盐等组成），在 0～4℃ 下腌制 24h，腌制后肉块鲜红、气味正常、肉质坚实且有柔滑的感觉。

（3）斩拌　将脱脂后的鸡皮先在斩拌机中斩拌 2～3min，再加入腌制后的瘦肉、冰屑，再继续斩拌 1min。

（4）搅拌　将斩拌好的肉糜倒入搅拌机，然后再加入预先用水溶解好的淀粉、白糖、味精、大豆蛋白，搅拌均匀。搅拌好的肉馅及各种调料分布均匀，肉的黏度和弹性良好。

（5）充填　搅拌好的肉馅用灌肠机装入蒸煮袋，再装入不锈钢模具内，压平压实。

（6）煮制、冷却、真空包装　把装有半成品的不锈钢模具装入蒸煮锅内，常温下沸水煮制 2.5h，流水冷却至中心温度 30℃，再常温冷却 12h，即进行真空包装。

产品呈粉红色、色泽均匀一致，组织致密、有弹性，咸淡适中，香味浓郁，20℃ 下可保质 30d。

三、高温杀菌火腿肠

高温杀菌火腿肠的生产技术由日本传入我国后很快在市场上占有一席之地，其主要原因是这类火腿肠既有一般西式火腿鲜嫩可口、食用方便的特点，又有在常温下能保藏、携带方便的特点。

1. 工艺流程

原料肉处理 → 腌制 → 斩拌 → 充填 → 杀菌 → 冷却

2. 工艺要点

（1）原料肉的预处理与腌制　同其他成型火腿。

（2）真空斩拌　腌制好的原料肉在真空斩拌机中进行斩拌、乳化。同时加入香辛料、淀粉等其他辅料，并加入一定量的冰屑。冰屑加入量需精确计算。加冰过多，成品发软，缺乏弹性及硬度；加冰过少，肉馅黏度过高，空气排除不彻底，成品中易形成空洞。

（3）灌装结扎　灌装结扎是通过灌装结扎机把斩拌好的肉馅充填于 PVDC 薄膜袋内。目前国内多用日本吴羽株式会社和大洋渔业公司旭化成株式会社的自动充填结扎机。现在国内也制造类似设备，该设备自动化程度较高，可以灌装 25g、50g、75g、100g、150g、200g 等规格的产品。如日本产低速灌装结扎机每小时可灌装 6000 支 50g 的火腿肠。在生产时要特别注意焊缝是否偏移、焊接强度是否牢靠、结扎是否严密。另外，还需注意灌装生产量与杀菌锅容量的配套问题，防止产品堆放过久，影响成品质量。

（4）高温杀菌　目前大多采用高压蒸汽灭菌法。采用国产杀菌锅，加热罐温度控制在 80～90℃，灭菌锅内温度 120℃，杀菌时间 20～30min；采用日本进口杀菌锅，加热罐温度控制在 115℃，灭菌锅温度 120℃，时间 20～30min。无论采用进口或国产杀菌锅，要根据产品的种类及大小确定杀菌工艺。在反压冷却时要特别注意温度及压力变化，以防包装袋破裂。

（5）干燥、贮藏　高压灭菌后移入周转箱，在干燥间用鼓风机尽快使肠体表面水分干燥，以防两端结扎处因残存水分而引起杂菌污染，出现霉变。同时检出弯曲、变形或破裂的不合格产品。干燥后要及时粘贴商标，装入成品箱，贮藏在 15～20℃ 的成品库中。

【本章小结】

西式火腿在现代肉制品生产中占有非常重要的位置，尤其是其中的低温产品深受消费者的喜爱，已成为肉制品发展的一个趋势。西式火腿一般由猪肉加工而成。但在加工过程中因对原料肉的选择、处理、腌制及成品包装形式不同，西式火腿的种类很多，包括带骨火腿、去骨火腿、里脊火腿、成型火腿及目前在我国市场上畅销的可在常温下保藏的肉糜火腿肠等。

带骨火腿一般是用整只的带骨猪后腿加工制成的，其加工方法比较复杂，工艺流程为 选料 → 整形 → 去血 → 腌制 → 浸水 → 干燥 → 烟熏 → 冷却 → 包装 → 成品。其中腌制是其加中的关键环节。加工时间长，一般是自熟，可形成良好的风味。

去骨火腿是用猪后大腿生产而成，其工艺流程是 选料 → 整形 → 去血 → 腌制 → 浸水 → 去骨、整形 → 卷紧 → 干燥 → 烟熏 → 水煮 → 冷却。因此去骨火腿是熟肉制品，具有方便、鲜嫩的特点，但保藏期较短。

盐水火腿是火腿中最具体表性的品种，其工艺流程为 原料肉的选择 → 原料肉处理 → 腌制 → 嫩化 → 滚揉腌制 → 添加辅料 → 滚揉 → 装模 → 蒸煮（高压灭菌）→ 冷却 → 检验 → 成品。由于其选料精良、对生产工艺要求高，采用低温杀菌，产品保持了原料肉的鲜香味、产品组织细嫩、色泽均匀鲜艳、口感良好，深受消费者喜爱，已成为肉制品的主要产品之一。

成型火腿是目前国内外肉制品中发展最为迅速的肉制品，其种类本身很多，各种成型火腿之间的质量差异主要表现在所用原料的种类、部位、等级及肥瘦肉比例等方面。各种成型的加工方法也因原料及品种的不同而有差异。

【复习思考题】

一、名词解释

1. 滚揉　　2. 嫩化　　3. 西式火腿

二、填空题

1. 西式火腿包括带_____、_____、_____、_____及目前在我国市场上畅销的可在常温下保藏的_____等。

2. 腌制的方法主要有_____、_____和_____三种。

3. 腌制液中的主要成分为_____、_____、_____、_____、_____、_____、_____、_____等。

4. 盐水注射使用的机械是_____，滚揉使用的机械是_____。

5. 盐水注射时磷酸盐的使用量一般为肉重的_____。

6. 一般腌制滚揉时间为_____。

三、简答题

1. 西式火腿具有哪些特点？

2. 带骨火腿与去骨火腿在加工上有什么异同？

3. 简述盐水火腿的工艺流程。

4. 怎样使腌制液再生使用？

5. 嫩化与滚揉对盐水火腿的生产有什么作用？

6. 盐水配制时各成分的加入顺序是什么？

7. 滚揉过程中有哪些注意事项？

8. 蒸煮的条件如何设定？

四、计算题

已知某火腿产品中各种成分的含量为：盐 2.0%，糖 2.0%，磷酸盐 0.5%，硝 0.015%，维生素 C 0.015%，注射量为 20%，则腌制液中各成分的含量分别为多少？

【实训十五】　西式火腿厂参观

一、参观目的

了解西式火腿厂的工厂布局，了解火腿中常用的机械设备及生产设施；通过西式火腿厂的参观，了解西式火腿的工业化生产过程；熟悉各工序的操作要点和操作规程及关键的质量控制。

二、参观流程

工厂整体布局参观 → 原料预处理车间 → 盐水注射车间 → 嫩化及滚揉车间 → 装模或充填车间 →

蒸煮熟制车间 → 冷却车间 → 包装车间

三、各工序的参观要点

1. **工厂整体布局参观**　对整体布局主要观察盐水火腿厂从原料到成品各个工序车间是如何安排，是否最有利于生产的进行，卫生消毒及污水排放如何进行。

2. **原料预处理车间**　主要观察工人如何对原料肉进行处理，怎样对原料肉上的筋腱、肌膜进行剔除；原料的摆放、卫生消毒如何执行等。

3. **盐水注射车间**　主要观察盐水注射机的结构、工作原理、操作方法等；盐水注射时肉发生的变化情况；操作间的温度控制、卫生消毒制度等。

4. **嫩化及滚揉车间**　主要观察嫩化机、滚揉机的结构、工作原理、操作方法等；嫩化及滚揉时肉发生的变化情况；操作间的温度控制、卫生消毒制度等。

5. **装模或充填车间**　主要观察充填机的结构、工作原理、操作方法等；产品充填用的材料、包装的规格等；操作间的温度控制、卫生消毒制度。

6. 蒸煮熟制车间　观察蒸煮熟制所用的设备的结构、工作原理、操作方法等；熟制的方法、条件、温度的控制等。

7. 冷却车间　观察冷却用的设备的结构、工作原理、操作方法等；冷却的方法、条件及操作间卫生消毒制度等。

四、参观要求

1. 听从参观带队老师的安排，遵守参观纪律。

2. 听从厂方的安排，遵守厂方的生产纪律和卫生制度。

3. 要仔细观察，认真听工作人员的讲解，勤动脑。

4. 参观结束后每人写出不少于1000字的参观报告。

【实训十六】　盐水火腿的制作

一、实训目的

通过本实训，使学生掌握其工艺特点、要领和工艺过程。

二、主要设备及原料

1. 主要设备　刀具，嫩化机，盐水注射器，滚揉机，盐水火腿模，蒸煮设备等。

2. 原料　猪肉，配制腌制液的各种辅料（见配方）。

三、实训方法与步骤

1. 原料肉的选择　选择新鲜、脂肪少、瘦肉多的肉，将肉里的筋膜、腱切除掉，切成块状，洗净冷却待腌。

2. 盐水注射　腌制的目的是提高产品的保存性、风味和颜色。盐水注射法可加快肉制品的腌制速度，盐水注射量为20%～45%，腌制时间16～24h，腌制温度在6～8℃。

腌制液的配制（原料猪肉100kg）：精盐500g，水40kg，硝石10g，味精400g，砂糖1000g，白胡椒粉100g，复合磷酸盐300g，生姜粉50g，苏打30g，肉豆蔻粉50g。经搅拌、溶解、过滤、冷却至2～3℃温度下备用。

3. 滚揉　滚揉过程就是腌制过程，滚揉转速为6～12r/min，腌制滚揉时间为24～48h。滚揉期间温度以7℃为好。真空滚揉可改善火腿的黏合强度和内聚力，防止氧化并消除成品中气泡，提高产品质量。

4. 充填、压盖、结扎　火腿包装主要有模具包装和人造肠衣包装。将腌制好的原料肉通过充填机压入动物肠衣，或不同规格的胶质及塑料肠衣中，用铁丝和线绳结扎后即成圆火腿。有时将灌装后的圆火腿2个或4个一组装入不锈钢模或铝盒内挤压成方火腿。注意包装时一定要将空气排除干净，否则会对产品形成孔洞。

5. 蒸煮冷却　火腿的熟加工视其充填式而定，充填在金属模中的火腿熟加工是在热水槽中煮制，将水温控制在75～80℃，使火腿中心温度达到65℃并保持30min即可。一般需要2～5h。一般1kg火腿约水煮1.5～2.0h。大火腿约煮5～6h。煮后冷却分两段，先冷水冷却，当模子温度达到38～40℃时就送入0℃库内冷却，保持12～15h待彻底冷却后，就可开模包装。

四、实训结果分析

按火腿卫生标准（GB 13101—91）执行。

1. 感官指标

外观：外表光洁，无黏液、无污垢，不破损；

色泽：呈粉红色或玫瑰红色，色泽均匀一致；

组织状态：组织致密，有弹性，无汁液流出，无异物；

滋味和气味：咸淡适中，无异臭、无酸败味。

2. 理化指标与微生物指标见表1、表2

表 1 西式火腿理化指标

项　　目		指　　标
亚硝酸盐(以 NaNO$_2$ 计)/(mg/kg)	≤	70
复合磷酸盐(以磷酸盐计)/(g/kg)	≤	8.0
铅(以 Pb 计)/(mg/kg)	≤	1
苯并[a]芘/(g/kg)	≤	5

注：复合磷酸盐残留量包括肉类本身所含磷及加入的磷酸盐。

表 2 西式火腿微生物指标

项　　目		指　　标	
		出　厂	零　售
菌落总数/(个/g)	≤	10000	30000
大肠菌群/(个/100g)	≤	40	90
致病菌		不得检出	不得检出

注：致病菌系指肠道致病菌及致病性球菌。

五、注意事项

1. 盐水火腿在加工过程中的环境温度一定要控制在 10℃ 以下，尤其是滚揉工序，最好在 7℃，否则，由于肉在滚揉时发生碰撞、摔打使肉温升高，微生物繁殖，使肉腐败。

2. 按操作规程进行，注意安全。

第二篇 乳制品加工技术

- 乳的成分及性质
- 原料乳的验收及预处理
- 乳的加工处理
- 液态乳加工技术
- 酸牛乳加工技术
- 干酪加工技术
- 炼乳生产技术
- 乳粉加工技术
- 奶油加工技术
- 冰淇淋加工技术
- 干酪素加工技术
- 牛初乳加工技术

第十章　乳的成分及性质

【知识目标】　掌握乳的概念、化学成分、理化特性及其与乳制品质量的关系，为乳品加工奠定理论基础。

【能力目标】　掌握原料乳的验收检测方法，主要理化性质的测定。

【适合工种】　牛乳检验工。

第一节　乳的概念及化学组成

一、乳的概念及组成

乳是哺乳动物分娩后由乳腺分泌的一种白色或微黄色的不透明液体。其含有哺乳动物幼体生长发育所需要的全部营养成分，是哺乳动物出生后最适于消化吸收的营养物质。鲜乳经消毒后可以直接饮用，也是乳品工业的主要原料。乳制品的原料乳主要是牛乳，其次有羊乳和马乳。本篇各章节所讲乳如无特殊说明均指牛乳。

乳的成分十分复杂，含有上百种化学成分，主要包括水分、脂肪、蛋白质、乳糖、盐类、维生素、酶类及气体等。牛乳的基本组成如表 10-1 所示。

表 10-1　牛乳主要化学成分及含量　　　　　　　　　单位：%

成　分	水　分	总乳固体	脂　肪	蛋白质	乳　糖	无机盐
变化范围	85.5~89.5	10.5~14.5	2.5~6.0	2.9~5.0	3.6~5.5	0.6~0.9
平均值	87.5	13.0	4.0	3.4	4.8	0.8

正常牛乳中各种成分的组成大体上是稳定的，但也受乳牛的品种、个体、地区、泌乳期、畜龄、挤乳方法、饲料、季节、环境、温度及健康状态等因素的影响而有差异，其中变化最大的是乳脂肪，其次是蛋白质，乳糖及灰分则比较稳定。不同品种的乳牛其乳汁组成也不尽相同。

二、乳中化学成分的性质

1. 水分

水是乳中的主要成分，是乳中其他成分的分散介质，在乳中的含量为 85%~89%。水在乳中主要以游离水和结合水形式存在。游离水占牛乳中水分含量的绝大部分，许多理化过程和生物学过程均与游离水有关。结合水是和乳中蛋白质、乳糖以及某些盐类结合存在，不具溶解其他物质的作用，当达到水冰点时乳中的结合水并不发生冻结。由于牛乳中存在着结合水，所以乳粉生产中是无法得到绝干产品的。水分在乳中起着便于饮用、溶解可溶性物质、分散不溶性物质、易于消化和吸收的作用。

2. 乳脂肪

乳脂肪不溶于水，呈微细球状分散于乳浆中，形成乳浊液。其在乳中的含量一般为 2.5%~6.0%。乳脂肪主要是由甘油三酯（98%~99%）、少量的磷脂（0.2%~1.0%）和固醇（0.4%）等组成，乳中脂类物质的平均含量见表 10-2。

表 10-2　乳中脂类物质的平均含量

脂　类	质量分数/%	脂　类	质量分数/%
甘油三酯	97~98	游离固醇	0.2~0.4
甘油二酯	0.3~0.6	固醇脂	微量
甘油单酯	0.02~0.04	磷脂	0.2~1.0
游离脂肪酸	0.1~0.4	碳水化合物	微量

乳脂肪球的大小与乳牛的品种、个体、健康状况、泌乳期、饲料及挤乳情况等相关，脂肪球直径为 $0.1 \sim 10 \mu m$，其中以 $0.3 \mu m$ 左右者居多。每毫升的牛乳中约有 20 亿～40 亿个脂肪球。脂肪球的大小对乳制品加工的意义很大。脂肪球的直径越大，上浮的速度就越快，大脂肪球含量多的牛乳，稀奶油容易分离出来。当脂肪球的直径接近 $1 \mu m$ 时，脂肪球基本不上浮，在生产中将牛乳进行均质处理，可以得到长时间不分层的稳定产品。

乳脂肪球为圆球形或椭圆球形，表面覆盖一层 $5 \sim 10 nm$ 厚的脂肪球膜。脂肪球膜主要由蛋白质、磷脂、甘油三酯、胆固醇、维生素 A、金属及一些酶类构成，同时还有盐类和少量结合水。其具有保持乳浊液稳定的作用，在机械搅拌或化学物质作用下，脂肪球膜遭到破坏，乳脂肪球会互相聚结在一起。在生产中利用这一原理进行奶油生产和测定乳中的含脂率。乳脂肪的理化常数见表 10-3。

表 10-3 乳脂肪的理化常数

项 目	指 标	项 目	指 标
相对密度 d_{15}^{15}	$0.935 \sim 0.943$	赖克特-迈斯尔值[①]	$21 \sim 36$
熔点/℃	$28 \sim 38$	波伦斯克值[②]	$1.3 \sim 3.5$
凝固点/℃	$15 \sim 25$	酸值	$0.4 \sim 3.5$
折射率 n_D^{25}	$1.4590 \sim 1.4620$	丁酸值	$16 \sim 24$
皂化率	$218 \sim 235$	不皂化物	$0.31 \sim 0.42$
碘值/(mg/100g)	$26 \sim 36$(30 左右)		

① 水溶性挥发性脂肪酸值。
② 非水溶性挥发性脂肪酸值。

乳脂肪是由 1 分子甘油和 3 分子脂肪酸组成的甘油三酯的混合物。乳中的脂肪酸可分为：水溶性挥发性脂肪酸，如丁酸、乙酸、辛酸和癸酸等，主要赋予乳脂肪特有的香味和柔润的质体；非水溶性挥发性脂肪酸，如十二烷酸等；非水溶性不挥发性脂肪酸，如十四烷酸、二十烷酸、十八碳烯酸和十八碳二烯酸等。组成乳脂肪的脂肪酸受饲料、营养、环境、季节等因素的影响而变化。生产中，夏季放牧期间不饱和脂肪酸含量升高，而冬季舍饲期则饱和脂肪酸含量增多，所以夏季加工的奶油其熔点比较低。由于挥发性脂肪酸和不饱和脂肪酸的存在，使得乳及其制品易于吸收各种异味，容易受温度、空气、光线等因素的影响而氧化。因此，在加工与贮藏乳与乳制品时，要尽量避免和减少不利因素的影响。乳脂肪的脂肪酸组成中与一般脂肪相比，水溶性挥发性脂肪酸的含量比例比较高，故乳脂肪风味良好且易于消化。

3. 乳蛋白质

牛乳中的蛋白质含量为 $2.9\% \sim 5.0\%$，由 20 多种氨基酸组成，含有人体所需的必需氨基酸，是一种全价蛋白。牛乳的含氮化合物中 95% 为乳蛋白质，5% 为非蛋白含氮化合物。牛乳中的蛋白质可分为酪蛋白和乳清蛋白两大类，另外还有少量脂肪球膜蛋白质。除了乳蛋白质外，尚有少量非蛋白氮，如氨、游离氨基酸、尿素、尿酸、肌酸、嘌呤碱及少量维生素态氮等。

乳酪蛋白是指占乳蛋白总量的 $80\% \sim 82\%$，在温度 20℃ 时调节脱脂乳的 pH 值至 4.6 时沉淀的一类蛋白质，亦称为酪朊、干酪素。酪蛋白不是单一的蛋白质，根据含磷量的多少分为 αs-酪蛋白、κ-酪蛋白、β-酪蛋白和 γ-酪蛋白，是典型的磷蛋白。含磷量对皱胃酶的凝乳作用影响很大。在制造干酪时，如蛋白质中含磷量过少，易发生软凝块或不凝固现象。酪蛋白胶粒对 pH 值的变化很敏感。当 pH 值达到酪蛋白的等电点 4.6 时，就会形成酪蛋白沉淀。为使酪蛋白沉淀，工业上一般使用盐酸。乳中的微生物作用使乳中的乳糖转化分解为乳酸，当 pH 值降至酪蛋白的等电点时，同样会发生酪蛋白的酸沉淀，这就是牛乳的自然酸败现象。乳中的酪蛋白酸钙-磷酸钙胶粒在氯化钠或硫酸铵等盐类饱和溶液或半饱和溶液中也易形成沉淀。牛乳中的酪蛋白在凝乳酶的作用下会产生凝固，在钙离子存在下形成不溶性的副酪蛋白钙凝块，干酪生产中就是利用此原理。酪蛋白可与具有还原性羰基的糖作用（美拉德反应）变成氨基糖而产生芳香味及其色素。

乳品（如乳粉、乳蛋白粉和其他乳制品）在长期贮存中，由于乳糖与酪蛋白发生反应而产生颜色、风味及营养价值的改变。

脱脂乳除去酪蛋白剩下的液体称为乳清，溶解分散在乳清中的蛋白，称为乳清蛋白，约占乳蛋白质的18%～20%，分为热稳定的乳清蛋白和热不稳定的乳清蛋白。在pH4.6～4.7时，煮沸20min，发生沉淀的一类蛋白质，为热不稳定乳清蛋白质，约占乳清蛋白质的81%。热不稳定乳清蛋白质包括乳白蛋白和乳球蛋白两类。乳球蛋白是指中性乳清中，加饱和硫酸铵或饱和硫酸镁盐析时，能析出的乳清蛋白质，约占乳清蛋白的13%。乳球蛋白又可分为真球蛋白和假球蛋白，这两种蛋白质与乳免疫性有关，即具有抗原作用，故又称为免疫球蛋白。初乳中的免疫球蛋白含量比常乳高。

4. 乳糖

乳糖是哺乳动物乳汁中特有的糖类。乳糖在乳中全部呈溶解状态，牛乳中约含有乳糖4.6%～4.7%，乳的甜味主要由乳糖引起，其甜度约为蔗糖的1/6。

乳糖为D-葡萄糖与D-半乳糖以β-1,4键结合的双糖，又称为1,4-半乳糖苷葡萄糖。其分子中有醛基，属还原糖。乳糖有三种形态：α-乳糖、β-乳糖及α-乳糖与1分子结晶水结合的α-乳糖水合物。甜炼乳中的乳糖大部分呈结晶状态，结晶的大小直接影响炼乳的口感，而结晶的大小可根据乳糖的溶解度与温度的关系加以控制。

乳糖远较一般糖难溶于水，可被酸和乳糖酶所水解。普通的酶不能使乳糖水解，但乳糖酶能使乳糖水解成单糖（在婴儿的肠液中及兔、羊、犊牛等的肠黏膜中也含有乳糖酶），然后再经各种微生物等的作用水解成各种酸和其他成分，这种作用在乳品工业上有很大意义。如牛乳酒、马乳酒生产中乳糖水解成单糖后再由酵母的作用生成酒精。牛乳中乳酸达0.25%～0.30%时则可感到酸味；当酸度达到0.8%～1.0%时，乳酸菌的繁殖停止。通常乳酸发酵时，牛乳中有10%～30%以上的乳糖不能分解，如果添加中和剂则可以全部发酵成乳酸，所以在生产乳酸时中和具有很大的意义。

乳糖水解后产生的半乳糖是形成脑及脑神经组织中的糖脂质的一种成分，对于初生婴儿，有利于脑及神经组织发育。同时由于乳糖水解比较困难，消化时一部分被送至大肠中，在肠内由于乳酸菌的作用形成乳酸而抑制其他有害细菌的繁殖，可防止婴儿下痢。但一部分人随着年龄增长，消化道内缺乏乳糖酶，不能分解和吸收乳糖，饮用牛乳后会出现呕吐、腹胀、腹泻等不适应症，称其为乳糖不耐症。在乳品加工中利用乳糖酶，将乳中的乳糖分解为葡萄糖和半乳糖；或利用乳酸菌将乳糖转化成乳酸，不仅可预防乳糖不耐症，而且可提高乳糖的消化吸收率，改善制品口味。目前市场产品"舒化奶"即利用此原理。乳糖与钙的代谢关系密切，在钙中加入乳糖，可使钙的吸收率增加。此外，乳糖对于防止肝脏脂肪的沉积也有重要的作用。

乳中除了乳糖外还含有少量其他的碳水化合物，例如在常乳中含有极少量的葡萄糖、半乳糖。另外，还含有微量的果糖、低聚糖、己糖胺。

5. 乳中的矿物质

牛乳中的矿物质是指除碳、氢、氧、氮以外的各种无机元素，含量为0.7%～0.75%，主要有磷、钙、镁、氯、钠、硫、钾等。此外还有一些微量元素，如铁、锌、硼等。每100mL牛乳中的主要无机成分的含量见表10-4。

表10-4　每100mL牛乳中主要无机成分的含量　　　　　单位：mg

成　分	钾	钙	钠	镁	磷	硫	氯
含量	158	109	54	14	91	5	99

乳中的矿物质大部分以无机盐或有机盐形式存在，其中以磷酸盐、酪酸盐和柠檬酸盐存在的数量最多。钠中的大部分是以氯化物、磷酸盐和柠檬酸盐的离子溶解状态存在，而钙、镁与酪蛋白、磷酸和柠檬酸结合，一部分呈胶态，另一部分呈溶解状态。磷是乳中磷蛋白、磷脂及有机酸酯的成分。乳中微量元素具有很重大的意义，尤其对于幼小机体的发育更为重要。如钙比人乳高

3~4 倍，可用于补充钙，但对于婴儿在胃中形成的蛋白凝块比人乳硬，不易消化；每 100mL 牛乳中铁的含量为 10~90μg，牛乳中铁的含量较人乳中少，故人工哺育幼儿时，应强化铁。

牛乳中的盐类含量虽然很少，但对乳品加工，尤其是对热稳定性起着重要作用。当受季节、饲料、生理或病理等影响，牛乳发生不正常凝固时，往往是由于钙、镁离子过剩，盐类的平衡被打破的缘故。此时，可向乳中添加磷酸及柠檬酸的钠盐，以维持盐类平衡，保持蛋白质的热稳定性。生产炼乳时常常利用这种特性。

6. 乳中的维生素

牛乳中含有几乎所有已知的维生素。牛乳中的维生素包括水溶性维生素（维生素 B_1、维生素 B_2、维生素 B_6、维生素 B_{12}、维生素 C）和脂溶性维生素（维生素 A、维生素 D、维生素 E、维生素 K 等）两大类。牛乳中维生素的热稳定性各有不同，有的对热很稳定，如维生素 A、维生素 D、维生素 B_2 等；有的热敏感性很强，如维生素 C 等，但在无氧条件下加热，其损失会减小，所以乳与乳制品包装要用避光容器，以减少光照造成的损失。

7. 乳中的酶类

牛乳中酶类的来源有三个：①乳腺分泌；②挤乳后由于微生物代谢生成；③由于白细胞崩坏而生成。牛乳中的酶种类很多，与乳品加工有关的酶主要有以下几种。

(1) 脂酶　牛乳中的脂酶主要有两种。一种是附在脂肪球膜间的膜脂酶，它在常乳中不常见，而在末乳、乳房炎乳及其他一些生理异常乳中出现。另一种是存在于脱脂乳中与酪蛋白相结合的乳浆脂酶，它通过均质、搅拌、加温等处理被激活，而促使脂肪分解。脂酶的耐热性强，钝化温度至少为 80~85℃。乳制品特别是奶油生产上，乳脂肪在脂酶的作用下水解产生游离脂肪酸，从而使牛乳产生酸败和苦味。为了抑制脂酶的活性，采用不低于 80~85℃ 的高温或超高温处理。另外，加工工艺如均质处理使脂肪球膜被破坏也能使脂酶活性增加或增加其作用的机会，使乳脂肪更易水解，故均质后应及时进行杀菌处理；其次，牛乳多次通过乳泵或在牛乳中通入空气剧烈搅拌，同样也会使脂酶的活力增加，导致牛乳风味变劣。

(2) 磷酸酶　牛乳中的磷酸酶主要有碱性磷酸酶和少量的酸性磷酸酶。碱性磷酸酶在牛乳中较重要，其含量因乳牛的个体、泌乳期以及乳牛疾病等状况不同而异。碱性磷酸酶的最适 pH 值为 7.6~7.8，经 63℃、30min 或 71~75℃、15~30s 加热后可钝化，利用这种性质可检验低温巴氏杀菌法处理的消毒牛乳的杀菌程度是否完全。

(3) 蛋白酶　牛乳中的蛋白酶存在于 α-酪蛋白中，最适 pH 值为 9.2，80℃、10min 加热后可使其钝化，但灭菌乳在贮藏过程中蛋白酶有恢复活性的可能。蛋白酶能分解蛋白质生成氨基酸。细菌性的蛋白酶使蛋白质水解后形成蛋白胨、多肽及氨基酸，是干酪成熟的主要因素。

(4) 过氧化氢酶　牛乳中的过氧化氢酶主要来自白细胞的细胞成分，在初乳和乳房炎乳中含量较多。通过对过氧化氢酶的测定可判定牛乳是否为异常乳或乳房炎乳。

(5) 过氧化物酶　过氧化物酶能促使过氧化氢分解产生活泼的新生态氧，从而使乳中的多元酚、芳香胺及某些化合物氧化。过氧化物酶主要来自于白细胞的细胞成分，其数量与细菌无关，是乳中原有的酶，其含量与乳牛的品种、饲料、季节、泌乳期等因素有关。

(6) 还原酶　上述几种酶是牛乳中原有酶，而还原酶是挤乳后进入乳中的微生物的代谢产物。还原酶能使甲基蓝还原为无色。乳中的还原酶的量与微生物的污染程度成正比，可通过测定还原酶的活力来判断牛乳的新鲜程度。

8. 乳中的其他成分

除上述成分外，乳中尚有少量的有机酸、气体、色素、免疫体、细胞成分、风味成分及激素等。

(1) 有机酸　乳中的有机酸主要是柠檬酸，此外还有微量的乳酸、丙酮酸及马尿酸等。柠檬酸对乳的盐类平衡及乳在加热、冷冻过程中的稳定性均起重要作用。同时，柠檬酸还是乳制品的芳香成分丁二酮的前体。

(2) 气体　主要为二氧化碳、氧气和氮气等，约占鲜牛乳的 5%~7%（以体积分数计），其中二氧化碳最多，氧最少。在挤乳及贮存过程中，二氧化碳由于逸出而减少，而氧、氮则因与大气接触而增多。牛乳中氧的存在会导致维生素的氧化和脂肪的变质，所以牛乳在输送、贮存处理过程中应尽量在密闭的容器内进行。

(3) 细胞成分 乳中所含的细胞成分主要是白细胞和一些乳房分泌组织的上皮细胞，也有少量红细胞。牛乳中的细胞含量多少是衡量乳房健康状况及牛乳卫生质量的标志之一。一般正常乳中细胞数不超过 5.0×10^5 个/mL，平均为 2.6×10^5 个/mL。

第二节　乳的主要物理性质

乳的物理性质对鉴定乳的品质、选择正确的工艺条件具有重要的意义。现将牛乳的主要物理性质介绍如下。

一、乳的比重和相对密度

乳的比重是乳在 15℃ 时的质量与同容积同温度水的质量之比。正常乳在 15℃ 时，比重平均为 1.032。乳的相对密度是乳在 20℃ 时的质量与同容积 4℃ 的水质量之比，在 20℃ 时乳的相对密度平均为 1.030。在同温度下乳的相对密度较比重小 0.0019，乳品生产中常以 0.002 的差数进行换算；相对密度受温度影响，温度每升高或降低 1℃ 实测值就减少或增加 0.0002。牛乳如掺水则相对密度会下降，如低于 1.028 就有掺水之疑。

乳的比重在挤乳后 1h 内最低，其后逐渐上升，最后可大约升高 0.001 左右，这是由于气体的逸散、蛋白质的水合作用及脂肪的凝固使容积发生变化的结果。故不宜在挤乳后立即测试比重。

二、乳的色泽及光学性质

新鲜正常的牛乳呈不透明的乳白色或淡乳黄色。乳白色是由于乳中的酪蛋白胶粒及脂肪球等微粒对光的不规则反射所产生。牛乳中的脂溶性胡萝卜素和叶黄素使乳略带淡黄色，而水溶性的核黄素使乳清呈荧光性黄绿色。

牛乳的折射率由于有溶质的存在而比水的折射率大，而全乳在脂肪球的不规则反射影响下，不易正确测定，一般测定脱脂乳，折射率为 1.344～1.348，牛乳掺水后折射率下降，可由此判定牛乳是否掺水。

三、乳的酸度

乳的酸度是指以标准碱液用滴定法测定的滴定酸度。刚挤出的新鲜乳的酸度称为自然酸度（固有酸度），若以乳酸计，酸度为 0.15%～0.18%（16～18°T）。乳的自然酸度主要由乳中的蛋白质、柠檬酸盐、磷酸盐及二氧化碳等酸性物质所造成。挤出后的牛乳在微生物的作用下发生乳酸发酵，导致乳的酸度逐渐升高。由于发酵产酸而升高的这部分酸度称为发酵酸度。自然酸度和发酵酸度之和称为总酸度。一般条件下，乳品加工中所测定的酸度为总酸度。乳的酸度是乳的重要指标，乳酸度越高，乳对热的稳定性就越低。生产中广泛地利用测定滴定酸度来间接掌握乳的新鲜度。

滴定酸度有多种测定方法和表示形式。我国滴定酸度用吉尔涅尔度（°T）或乳酸度（%）表示。

1. 吉尔涅尔度（°T）

指中和 100mL 牛乳所需 0.1mol/L 氢氧化钠体积（mL），消耗 1mL 为 1°T。测定时取 10mL 牛乳，用 20mL 蒸馏水稀释，加入 0.5% 的酚酞指示剂 0.5mL（大约 5 滴），以 0.1mol/L 氢氧化钠溶液滴定，所消耗的 NaOH 体积（mL）乘以 10，即为乳样的吉尔涅尔度值（°T）。

2. 乳酸度（%）

用乳酸量表示酸度时，按上述方法测定后用下列公式计算。

$$乳酸度(\%) = \frac{0.1mol/L\ NaOH\ 体积(mL) \times 0.009}{供试牛乳质量(g)} \times 100\%$$

3. pH

酸度可用氢离子浓度负对数（pH 值）表示，正常新鲜牛乳的 pH 为 6.5～6.7，一般酸败乳或初乳的 pH 在 6.4 以下，乳房炎乳或低酸度乳 pH 在 6.8 以上。

四、乳的滋味与气味

乳中含有挥发性脂肪酸及其他挥发性物质，是牛乳滋味和气味的主要构成成分。香味与温度有关，乳经加热后香味强烈，冷却后减弱。牛乳除了原有的香味之外很容易吸收外界的各种气味，因此挤出的牛乳如在牛舍中放置时间太久会带有牛粪味或饲料味，贮存器不良时则产生金属味，消毒温度太高则产生焦糖味。所以，乳品加工中要严格注意周围环境的清洁以及各种因素的影响。

新鲜纯净的乳含有乳糖、氯离子，所以稍带甜味和咸味。常乳中的咸味因受乳糖、脂肪、蛋白质等所调和而不易觉察，但异常乳如乳房炎乳中氯的含量较高，有浓厚的咸味。乳中的苦味来自 Mg^{2+}、Ca^{2+}，而酸味是由柠檬酸及磷酸所产生。

五、乳的电学性质

乳中含有电解质而能传导电流。牛乳的电导率与其成分特别是氯离子和乳糖的含量有关。

正常牛乳在 25℃ 时，电导率为 $0.004\sim0.005S/m$。乳房炎乳中 Na^+、CL^- 等离子增多，电导率上升。一般电导率超过 $0.06S/m$ 即可认为是患病牛乳。故可应用电导率的测定进行乳房炎乳的快速鉴定。

六、乳的冰点和沸点

1. 乳的冰点

牛乳的冰点一般为 $-0.565\sim-0.525℃$，平均为 $-0.540℃$。牛乳中的乳糖和盐类是导致冰点下降的主要因素。正常的牛乳因乳糖及盐类的含量变化很小，冰点较稳定。如牛乳中掺水，则可使牛乳冰点上升，牛乳中加入 1% 的水时，冰点约上升 0.0054℃，掺水量可根据下列公式来推算。

$$X=\frac{T-T_1}{T}\times100\%$$

式中　X——掺水量，%；

T——正常乳的冰点；

T_1——被检乳的冰点。

酸败的牛乳其冰点会降低，所以测定冰点时必须要求牛乳的酸度在 20°T 以内。

2. 沸点

牛乳的沸点在 101.33kPa（1atm）下为 100.55℃，乳的沸点受其固形物含量影响，当浓缩到原体积一半时，沸点上升到 101.05℃。

七、乳的黏度与表面张力

牛乳大致可认为属于牛顿流体。正常乳的黏度为 $0.0015\sim0.002Pa\cdot s$，牛乳的黏度随温度升高而降低。在乳的成分中，脂肪及蛋白质对黏度的影响最显著，随着含脂率、乳固体的含量增高，黏度也增高。初乳、末乳的黏度都比正常乳高。在加工中，黏度受脱脂、杀菌、均质等操作的影响。

牛乳的表面张力在 20℃ 时为 $0.04\sim0.06N/cm$，其与牛乳的起泡性、乳浊状态、微生物的生长发育、热处理、均质作用及风味等有密切关系。测定表面张力可以鉴别乳中是否混有其他添加物。牛乳的表面张力随温度上升而降低，表面张力与乳的起泡性有关，如制作冰淇淋或搅打发泡稀奶油时希望有浓厚而稳定的泡沫形成，而运送乳、净化乳以及稀奶油分离、杀菌时则要控制泡沫的形成。

第三节　牛乳中的主要微生物

一、乳中微生物的来源

1. 来源于乳房内的污染

乳房中微生物多少取决于乳房的清洁程度，许多细菌通过乳头管栖生于乳池下部，这些细菌从乳头端部侵入乳房，由于细菌本身的繁殖和乳房的物理蠕动而进入乳房内部。因此，第一股乳流中微生物的数量最多。

正常情况下，随着挤乳的进行乳中细菌含量逐渐减少。所以在挤乳时最初挤出的乳应单独存放，另行处理。

2. 来源于牛体的污染

挤乳时因为牛舍空气、垫草、尘土以及本身的排泄物中的细菌大量附着在乳房的周围，当挤乳时会侵入牛乳中。这些污染菌中，多数属于带芽孢的杆菌和大肠杆菌等。所以在挤乳时，应用温水严格清洗乳房和腹部，并用清洁的毛巾擦干。

3. 来源于挤乳用具和乳桶等的污染

挤乳时所用的桶、挤乳机、过滤布、洗乳房用布等，如果不事先进行清洗杀菌，可使鲜乳受到污染。乳桶的清洗杀菌对防止微生物的污染有重要意义。各种挤乳用具和容器中所存在的细菌，多数为耐热的球菌属；其次为八叠球菌和杆菌。所以这类用具和容器如果不严格清洗杀菌，会使鲜乳污染，即使用高温瞬间杀菌也不能消灭这些耐热性的细菌，结果使鲜乳变质甚至腐败。

4. 其他污染来源

操作工人的手不清洁，或者混入苍蝇及其他昆虫等，都是污染的原因。还需注意勿使污水溅入桶内，并防止其他直接或间接的原因从桶口侵入微生物。

二、微生物的种类及其性质

牛乳在健康的乳房中，本身存在某些细菌，加上在挤乳和处理过程中外界微生物不断侵入，因此乳中微生物的种类很多，主要有以下几种。

1. 细菌

牛乳中的细菌在室温或室温以上温度大量增殖，根据其对牛乳所产生的变化可分为以下几种。

（1）产酸菌　主要分解乳糖产生乳酸的细菌。分解糖类只产生乳酸的菌叫正型乳酸菌。分解糖类除产乳酸外，还产生了酒精、醋酸、二氧化碳、氢等产物的菌叫异型乳酸菌。乳酸菌的种类繁多，自然界分布很广，在乳和乳制品中主要有乳球菌科和乳杆菌科，包括链球菌属，明串珠菌属，乳杆菌属。

（2）产气菌　这类菌在牛乳中生长时能生成酸和气体。如大肠杆菌和产气杆菌是常出现于牛乳中的产气菌。产气杆菌能在低温下增殖，是牛乳低温贮藏时使牛乳酸败的一种重要菌种。此外，丙酸菌是革兰氏阳性短杆菌，其能分解碳水化合物和乳糖而形成丙酸、醋酸、二氧化碳。可从牛乳和干酪中分离得到费氏丙酸杆菌和谢氏丙酸杆菌。用丙酸菌生产干酪时，可使产品具有气孔和特有的风味。

（3）肠道杆菌　指一群寄生在肠道的革兰氏阴性短杆菌，在乳品生产中是评定乳制品污染程度的指标之一，其中主要的有大肠菌群和沙门氏菌。

（4）芽孢杆菌　该菌因能形成耐热性芽孢，故杀菌处理后，仍残存在乳中。可分为好氧性杆菌属和厌氧性梭状菌属两种。

（5）球菌类　一般为好氧性，能产生色素。牛乳中常出现的有微球菌属和葡萄球菌属。

（6）低温菌　凡在0～20℃下能够生长的细菌统称低温菌，而7℃以下能生长繁殖的细菌称为低温菌；在20℃以下能繁殖的称为嗜冷菌。乳品中常见的低温菌属有假单胞菌属和醋酸杆菌属。这些菌在低温下生长良好，能使乳中蛋白质分解引起牛乳胨化，分解脂肪使牛乳产生哈喇味，导致乳制品腐败变质。

（7）高温菌和耐热性细菌　高温菌或嗜热性细菌是指在40℃以上能正常发育的菌群。如乳酸菌中的嗜热链球菌、保加利亚乳杆菌、好氧性芽孢菌（如嗜热脂肪芽孢杆菌）、厌氧性芽孢杆菌（如嗜热纤维梭状芽孢杆菌）和放线菌（如干酪链霉菌）等。特别是嗜热脂肪芽孢杆菌，其最适发育温度为60～70℃。

耐热性细菌在生产上是指低温杀菌条件下还能生存的细菌，如一部分乳酸菌、耐热性大肠菌、微杆菌及一部分的放线菌和球菌类等。此外，芽孢杆菌在加热条件下都能生存。但用超高温杀菌时（135℃，数秒），上述细菌及其芽孢都能被杀死。

（8）蛋白分解菌和脂肪分解菌

① 蛋白分解菌。蛋白分解菌是指能产生蛋白酶而将蛋白质分解的菌群。生产发酵乳制品时的大部分乳酸菌能使乳中蛋白质分解，属于有益菌。有些能使蛋白质分解出氨和胺类，可使牛乳产生黏性、碱性、胨化，如假单胞菌属、芽孢杆菌属、放线菌中的一部分等，还有的能使蛋白质分解成肽，致使干酪带有苦味。

② 脂肪分解菌。脂肪分解菌是指能使甘油三酯分解生成甘油和脂肪酸的菌群。脂肪分解菌中，除一部分在干酪生产方面有用外，一般都是使牛乳和乳制品变质的细菌，尤其对稀奶油和奶油危害更大。

主要的脂肪分解菌（包括酵母、霉菌）有：荧光极毛杆菌、无色解脂菌、解脂小球菌、干酪乳杆菌、白地霉、黑曲霉、大毛霉等。大多数的解脂酶有耐热性，并且在0℃以下也具活力。因此，牛乳中如有脂肪分解菌存在，即使进行冷却或加热杀菌，也往往带有意想不到的脂肪分解味。

（9）放线菌 与乳品方面有关的有以下几种。①分枝杆菌属，多数具有病原性，如结核分枝杆菌形成的毒素，有耐热性，对人体有害；牛型结核菌对人体和牛体都有害。②放线菌属，与乳品有关的主要有牛型放线菌，此菌生长在牛的口腔和乳房，随后转入牛乳中。③链霉菌属，与乳品有关的主要是干酪链霉菌等，都属胨化菌，能使蛋白质分解导致腐败变质。

2. 真菌

新鲜牛乳中的酵母主要为酵母属、毕赤氏酵母属、球拟酵母属、假丝酵母属等菌属，常见的有脆壁酵母菌、洪氏球拟酵母、高加索乳酒球拟酵母、球拟酵母等。其中，脆壁酵母与假丝酵母可使乳糖发酵而且用以制造发酵乳制品。但使用酵母制成的乳制品往往带有酵母臭，有风味上的缺陷。

牛乳中常见的霉菌有乳粉胞霉、乳酪粉胞霉、黑念珠霉、变异念珠霉、蜡叶芽枝霉、乳酪青霉、灰绿青霉、灰绿曲霉和黑曲霉，其中的乳酪青霉可制干酪，其余的大部分霉菌会使干酪、乳酪等污染腐败。

3. 噬菌体

侵害细菌的滤过性病毒统称为噬菌体，亦称为细菌病毒。目前已发现大肠杆菌、乳酸菌、赤痢菌、沙门氏杆菌、霍乱菌、葡萄球菌、结核菌、放线菌等多数细菌的噬菌体。噬菌体长度多为50～80nm，可分为头部和尾部。噬菌体先附着宿主细菌，然后再侵入该菌体内增殖，当其成熟生成多数新噬菌体后，即将新噬菌体放出，并产生溶菌作用。对牛乳、乳制品的微生物而言，最重要的噬菌体为乳酸菌噬菌体。作为干酪或酸乳菌种的乳酸菌可被其噬菌体侵袭，以致造成乳品加工中的损失。

第四节 异 常 乳

一、异常乳的概念

当乳牛受到饲养管理、疾病、气温以及其他各种因素的影响时，乳的成分和性质往往发生变化，这种乳称作异常乳，不适于加工优质的产品。

二、异常乳的种类

1. 生理异常乳

（1）营养不良乳 因饲料不足、营养不良的乳牛所产的乳对皱胃酶几乎不凝固，所以这种乳不能制造干酪。当喂以充足的饲料，加强营养之后，牛乳即可恢复正常，对皱胃酶即可凝固。

（2）初乳 母牛分娩后7d所分泌的乳叫初乳，呈黄褐色，有异臭、苦味、咸味，黏度大，特别是3d之内，初乳特征更为显著。其过氧化氢酶和过氧化物酶的含量高，灰分含量高，脂肪和蛋白质含量极高，而乳糖含量低。一个很明显特点是其白蛋白和球蛋白含量很高，因而初乳加热时易凝固。初乳中也含抗体，即免疫球蛋白。它可以保护幼畜免受感染，直至幼畜的免疫系统建立。初乳中含铁量约为常乳的3～5倍，铜含量约为常乳的6倍。

（3）末乳 乳牛一个泌乳分泌期结束前1周所分泌的乳称为末乳。一般指产犊8个月以后，泌乳量显著减少，1d的泌乳量在0.5kg以下的乳牛所分泌的乳。末乳的化学成分与常乳有显著异常。在泌乳末期，当每天的泌乳量在 2.5～3.0kg 以下时，乳中细菌数及过氧化氢酶含量增加，酸度降低，乳 pH 达 7.0，细菌数达 $0.25×10^7$ cfu/mL，氯离子浓度约为 0.16%左右。末乳不适于作为乳制品加工的原料乳。

2. 化学异常乳

（1）酒精阳性乳 指用 68%或 72%的酒精与牛乳等体积混合，凡产生絮状凝块的乳称为酒精阳性乳。

① 高酸度酒精阳性乳。乳一般酸度在 24°T 以上时的酒精试验均为阳性，因酸度高称为高酸度酒精阳性乳。其原因主要是鲜乳中微生物繁殖使酸度升高。因此要注意挤乳时的卫生并将挤出鲜乳保存在适当的温度条件下，以免微生物污染繁殖。

② 低酸度酒精阳性乳。有的鲜乳虽然酸度低（16°T 以下）但酒精试验也呈阳性，所以称作低酸度酒精阳性乳。其原因主要与饲养管理导致 Ca^{2+}、Mg^{2+} 离子不平衡有关。

③ 冷冻乳。冬季因受气候和运输的影响，鲜乳产生冻结现象，导致乳中一部分酪蛋白变性。同时，在处理时因温度和时间的影响，酸度相应升高，而产生酒精阳性乳。因冷冻而产生的酒精阳性乳其耐热性要比因其他原因而产生的酒精阳性乳高。

（2）低成分乳 乳的成分明显低于常乳，主要受遗传和饲养管理影响。

（3）混入异物乳 混入异物乳是指在乳中混入原来不存在的物质的乳。其中，有人为混入异常乳和因预防治疗、促进发育以及食品保藏过程中使用抗生素和激素等而进入乳中的异常乳，还有因饲料和饮水等使农药进入乳中而造成的异常乳。乳中含有防腐剂、抗生素时，不宜用做加工的原料乳。

（4）风味异常乳 造成牛乳风味异常的因素很多，主要有通过机体转移或从空气中吸收而来的饲料味、由酶作用而产生的脂肪分解味、挤乳后从外界污染或吸收的牛体味或金属味等。

3. 微生物污染乳

一般在挤乳卫生情况良好时，刚刚挤出的鲜乳每毫升中约有细菌 300～1000 个。如果清洁、消毒和冷却不妥当，则可达到每毫升乳中数百万个细菌。每日对所有挤乳设备进行清洗消毒是决定乳的微生物学质量的最重要的因素。

4. 病理异常乳

（1）乳房炎乳 由于外伤或者细菌感染，使乳房发生炎症，这时乳房所分泌的乳被称为乳房炎乳，其成分和性质都发生变化，乳糖含量降低，氯含量增加及球蛋白含量升高，酪蛋白含量下降，并且细胞上皮细胞数量多，以致无脂干物质含量较常乳少。

（2）其他病牛乳 主要由患口蹄疫、布氏杆菌病等的乳牛所产的乳，乳的质量变化大致与乳房炎乳相类似。乳牛患酮体过剩、肝机能障碍、繁殖障碍等疾病时，也易分泌酒精阳性乳。

【本章小结】

本章介绍了乳的概念及化学组成、乳的主要物理性质、牛乳中的主要微生物、异常乳分类与产生原因。

乳是哺乳动物分娩后由乳腺分泌的一种白色或微黄色的不透明液体。鲜乳经消毒后不仅可以直接饮用，而且还是乳品工业的主要原料。乳制品的原料乳主要是牛乳，其次有羊乳和马乳。乳的成分十分复杂，含有上百种化学成分，主要包括水分、脂肪、蛋白质、乳糖、盐类、维生素、酶类及气体等。重点介绍乳脂肪的结构、类型、加工特性；乳蛋白的种类、营养特性、加工特性；乳糖的性质、重要生理功能、在乳制品加工中运用；乳中维生素、无机盐、酶的种类及其作用。

乳中含有较多的酶类，与乳品加工有密切关系的主要有脂酶、磷酸酶、还原酶、蛋白酶、过氧化氢酶、过氧化物酶等。

乳品的物理性质包括乳的比重、相对密度、酸度、冰点、乳的滋味与气味、乳的黏度与表面张力、乳的电学性质等，是原料乳验收和检测的重要指标。乳中微生物的种类、作用、来源关系到原料乳的质量。生产中会出现不同类型的异常乳，了解其产生的原因及控制方法是保障优良原料乳的重要措施。

【复习思考题】

一、名词解释

1. 乳 2. 乳糖不耐症 3. 乳相对密度 4. 总酸度 5. 高酸度酒精阳性乳 6. 异常乳

二、填空题

1. 乳脂肪球膜的厚度为_____，乳脂肪球膜具有保持_____稳定的作用。

2. 牛乳中蛋白质含量为_____，这些蛋白质可以分为_____和_____两大类。

3. 乳的白色是源于乳中的酪蛋白酸钙-磷酸钙胶粒和_____等微粒对光的反射和折射。

4. 牛乳的感官滋味略甜是由于乳中含有_____，略带咸味是由于乳中含有_____。

5. 对 pH 值酸度可用氢离子浓度负对数（pH）表示，正常新鲜牛乳的 pH 为_____，一般酸败乳或初乳的 pH 在_____以下，乳房炎乳或低酸度乳 pH 在_____以上。

6. 15℃时，正常乳的比重平均为_____以上；在 20℃时正常乳的相对密度平均为_____以上。

三、判断题

1. 乳脂肪以乳脂肪球微粒的形式分散在液体的牛乳中。（ ）

2. 在牛乳中含有大量的钙，所以经常饮用牛乳可以起到补钙的作用。（ ）

3. 葡萄糖是存在于牛乳中特有的糖类。（ ）

4. 牛乳比重比相对密度要大 0.002 个单位，因此在比重换算成相对密度时要加上 0.002。（ ）

5. 市场销售的发酵酸乳是微生物污染后，使牛乳变酸的结果。（ ）

6. 在超市里选购液态乳制品时，鉴别是纯牛乳还是乳饮料，可根据乳蛋白质含量多少，判定这种液态乳制品是否为乳饮料。（ ）

四、简述题

1. 牛乳的主要化学成分包括哪些？影响牛乳成分的因素有哪些？

2. 简述乳蛋白的种类与加工的关系。

3. 乳糖的营养功能有哪些？加工中如何利用？

4. 简述乳的物理性质。

5. 异常乳的种类有哪些？其形成的原因及控制措施有哪些？

五、技能题

1. 如何测定牛乳的酸度？

2. 如何测定牛乳的相对密度？

【实训十七】 乳的感官评定

一、实训目的

通过对乳的感官评定，判断乳的质量好坏；掌握乳感官评定方法。

二、实训方法

正常乳应为乳白色或略带黄色；具有特殊的乳香味；稍有甜味；组织状态均匀一致，无凝块、沉淀，不黏滑。

1. 色泽检定 将少量乳倒于白磁皿中观察其颜色。

2. 气味检定 将乳加热后，闻其气味。

3. 滋味检定 取少量乳用口尝之。

4. 组织状态检定 将乳倒于小烧杯内静置 1h 左右后，再小心将其倒入另一小烧杯内，仔细观察第一个小烧杯内底部有无沉淀和絮状物。再滴 1 滴乳于大拇指上，检查是否黏滑。

三、实训结果分析

根据各项感官鉴定，判断乳样是正常乳或异常乳。

四、实训思考题

乳感官鉴定的方法有哪些？

第十一章　原料乳的验收及预处理

【知识目标】　掌握鲜乳的质量标准、验收方法及原料乳的预处理方法。
【能力目标】　能验收原料乳；能对原料乳进行过滤与净化、冷却等预处理操作。
【适合工种】　牛乳预处理工。

第一节　原料乳的质量标准及验收

一、质量标准

原料乳送到工厂必须根据指标规定，及时进行质量检验，按质论价分别处理。我国规定生鲜牛乳收购的质量标准（GB 6914—86）包括感官指标、理化指标及微生物指标。

1. 感官指标

正常牛乳白色或微带黄色，不得含有肉眼可见的异物，不得有红色、绿色或其他异色。不能有苦味、咸味、涩味和饲料味、青贮味、霉味和异常味。无沉淀，无凝块，无肉眼可见杂质。

2. 理化指标

理化指标只有合格指标，不再分级。我国部颁标准规定原料乳验收时的理化指标见表11-1。

表 11-1　鲜乳理化指标

项　目		指　标	项　目		指　标
相对密度(20℃/4℃)	≥	1.028(1.028～1.032)	杂质度/(mg/kg)	≤	4
脂肪/%	≥	3.10(2.8～5.0)	汞/(mg/kg)	≤	0.01
蛋白质/%	≥	2.95	滴滴涕/(mg/kg)	≤	0.1
酸度(以乳酸表示)/%	≤	0.162	抗生素/(IU/L)	<	0.03

3. 细菌指标

细菌指标有下列两种，均可采用。采用平皿培养法计算细菌总数，或采用美蓝还原褪色法，按美蓝褪色时间分级指标进行评级，两者只允许用一个不能重复。细菌指标分为四个级别（表11-2）。

表 11-2　原料乳的细菌指标

分级	平皿细菌总数分级指标法/(10^4 cfu/mL)	美蓝褪色时间分级指标法
Ⅰ	50	4h
Ⅱ	100	2.5h
Ⅲ	200	1.5h
Ⅳ	400	40min

此外，许多乳品收购单位还规定下述情况之一者不得收购：
① 产犊后 7d 内的初乳和干奶期前 15d 内的末乳；
② 用抗生素或其他对牛乳有影响的药物治疗期间，母牛所产的乳和停药后 3d 内的乳；
③ 添加有防腐剂、抗生素和其他任何有碍食品卫生物质的乳。

二、验收

1. 感官检验

鲜乳的感官检验主要是进行嗅觉、味觉、外观、尘埃等的鉴定。正常鲜乳为乳白色或微带黄色，不得含有肉眼可见的异物，不得有红、绿等异色，不能有苦、涩、咸的滋味和饲料味、青贮味、霉味等异味。

2. 酒精检验

酒精检验是为观察鲜乳的抗热性而广泛使用的一种方法。通过酒精的脱水作用，确定酪蛋白的稳定性。新鲜牛乳对酒精的作用表现出相对稳定；而不新鲜的牛乳，其中蛋白质胶粒已呈不稳定状态，当受到酒精的脱水作用时，则加速其聚沉。此法可验出鲜乳的酸度，以及盐类平衡不良乳、初乳、末乳及细菌作用产生凝乳酶的乳和乳房炎乳等。

酒精试验与酒精浓度有关，一般以一定容量浓度中性酒精与原料乳等量相混合摇匀，无凝块出现为合格，正常牛乳的滴定酸度不高于 $18°T$，不会出现凝块。但影响乳中蛋白质稳定性的因素较多，如乳中钙盐增高时，在酒精试验中会由于酪蛋白胶粒脱水失去溶剂化层，使钙盐容易和酪蛋白结合，形成酪蛋白酸钙沉淀。

新鲜牛乳的滴定酸度为 $16 \sim 18°T$。为了合理利用原料乳和保证乳制品质量，用于制造淡炼乳和超高温灭菌乳的原料乳，用 75% 酒精试验；用于制造乳粉的原料乳，用 68% 酒精试验（酸度不得超过 $20°T$）。酸度不超过 $22°T$ 的原料乳尚可用于制造奶油，但其风味较差。酸度超过 $22°T$ 的原料乳只能供制造工业用的干酪素、乳糖等。

3. 滴定酸度

滴定酸度就是用相应的碱中和鲜乳中的酸性物质，根据碱的用量确定鲜乳的酸度和热稳定性。一般用 $0.1 \mathrm{mol/L}$ 的 $NaOH$ 滴定，计算乳的酸度。该法测定酸度虽然准确，但在现场收购时受到实验室条件限制。

4. 相对密度

相对密度是常作为评定鲜乳成分是否正常的一个指标，但不能只凭这一项来判断，必须再通过脂肪、风味的检验，判断鲜乳是否经过脱脂或加水。

5. 细菌数、体细胞数、抗生素检验

一般现场收购鲜乳不做细菌检验，但在加工以前，必须检查细菌总数、体细胞数，以确定原料乳的质量和等级。如果是加工发酵制品的原料乳，必须做抗生素检查。

(1) 细菌检查 细菌检查方法很多，有美蓝还原试验、细菌总数测定、直接镜检等方法。

① 美蓝还原试验。美蓝还原试验是用来判断原料乳的新鲜程度的一种色素还原试验。新鲜乳加入亚甲基蓝后染成蓝色，如污染大量微生物产生还原酶则使颜色逐渐变淡，直至无色，通过测定颜色变化速度，可间接地推断出鲜乳中的细菌数。

该法除可间接迅速地查明细菌数外，对白细胞及其他细胞的还原作用也敏感。因此，还可检验异常乳（乳房炎乳及初乳或末乳）。

② 稀释倾注平板法。该法是指取样稀释后，接种于琼脂培养基上，培养 24h 后计数，测定样品的细菌总数。该法测定样品中的活菌数，测定需要时间较长。

③ 直接镜检法（费里德氏法）。指利用显微镜直接观察确定鲜乳中微生物数量的一种方法。取一定量的乳样，在载玻片涂抹一定的面积，经过干燥、染色、镜检观察细菌数，根据显微镜视野面积，推断出鲜乳中的细菌总数，而非活菌数。

直接镜检法比平板培养法更能迅速判断结果，通过观察细菌的形态，推断细菌数增多的原因。

(2) 细胞数检验 正常乳中的体细胞多数来源于上皮组织的单核细胞，如有明显的多核细胞（白细胞）出现，可判断为异常乳。常用的方法有直接镜检法（同细菌检验）或加利福尼亚细胞数测定法（GMT 法）。GMT 法是根据细胞表面活性剂的表面张力，细胞在遇到表面活性剂时会收缩凝固。细胞越多，凝集状态越强，出现的凝集片越多。

(3) 抗生素残留量检验 抗生素残留检验是验收发酵乳制品原料乳的必检指标。常用的方法有以下两种。

① TTC 试验。如果鲜乳中有抗生素的残留，在被检乳样中，接种细菌进行培养，细菌不能增殖，则此时加入的指示剂 TTC 保持原有的无色状态（未经过还原）。反之，如果无抗生素残留，试验菌就会增殖，使 TTC 还原，被检样变成红色。可见，被检样保持鲜乳的颜色，即为阳

性；如果变成红色，即为阴性。

② 纸片法。将指示菌接种到琼脂培养基上，然后将浸过被检乳样的纸片放在培养基上，进行培养。如果被检乳样中有抗生素残留，会向纸片的四周扩散，阻止指示菌的生长，在纸片的周围形成透明的阻止带，根据阻止带的直径，判断抗生素的残留量。

6. 乳成分的测定

近年来随着分析仪器的发展，乳品检测方法出现了很多高效率的检验仪器。如采用光学法来测定乳脂肪、乳蛋白、乳糖及总干物质，并已开发使用各种微波仪器。

① 微波干燥法测定总干物质（TMS 检验）。通过 2450MHz 的微波干燥牛乳，并自动称量、记录乳总干物质的质量，测定速度快，测定准确，便于指导生产。

② 红外线牛乳全成分测定。通过红外线分光光度计，自动测出牛乳中的脂肪、蛋白质、乳糖三种成分。红外线通过牛乳后，牛乳中的脂肪、蛋白质、乳糖的不同浓度，减弱了红外线的波长，通过红外线波长的减弱率可反映出三种成分的含量。该法测定速度快，但设备造价较高。

三、取样规则

生鲜牛乳的取样一般由乳品厂检验中心指定人员进行，乳槽车押运人员监督。取样前应在乳槽内上下连续打耙 20 次以上，均匀后取样，并记录乳槽车押运员、罐号、时间，同时检查乳槽车的卫生。

检验卫生指标取样时，工具和容器必须是清洁、干燥、无菌的。可采用以下方法灭菌：在 170℃ 干热灭菌 2h；120℃ 高压蒸汽灭菌 20min；100℃ 沸水浸泡 1min；用 75% 酒精擦拭，再在火焰上加热去酒精。

第二节　原料乳的收集、净化和贮存

一、乳的收集与运输

牛乳是从奶牛场或收奶站用乳桶或乳槽车送到乳品厂进行加工的。目前，我国乳源分散的地方多采用乳桶运输，乳源集中的地方或运输距离较远的地方，多采用乳槽车运输。

乳桶一般采用不锈钢或铝合金制造，容量 40~50L。要求桶身具有足够的强度，耐酸碱；内壁光滑，便于清洗；桶盖与桶身结合紧密，保证运输途中无泄漏现象。

乳槽车是由汽车、乳槽、乳泵室、站立平台、人孔、盖、自动气阀等构成，如图 11-1 所示。乳槽是不锈钢制成的，其容量为 5~10t，内外壁之间有保温材料，以避免运输途中乳温上升（夏季运输牛乳，每小时升温 1℃ 以内）。乳泵室内有离心泵、流量计、输乳管等。在收乳时，乳槽车可开到贮乳间附近。将输乳管与牛乳冷却罐

图 11-1　大型养牛户的牛乳靠有制冷措施的乳槽车收取

的出口阀相连。流量计和乳泵可自动记录收乳的数量（也可根据乳槽的液位来计算收乳量）。冷却罐一经抽空，应立即停止乳泵，以避免空气混入牛乳。乳槽车的乳槽分成若干个间隔，每个间隔需依次充满，以防牛乳在运输时晃动。当乳槽车按收乳路线收完乳之后，应立即送往乳品厂。

无论采用哪种方式收集和运输牛乳，都应注意以下几点。

① 病牛的乳不能和健康牛的乳混合；含抗生素的牛乳必须与其他乳分开。如果少量含抗生素牛乳与大量正常牛乳混合，会导致所有乳都不能使用。

② 运输容器需保持清洁卫生，并加以严格清洗和消毒。

③ 牛乳必须保持良好的冷却状态，而且不能混入空气。运输过程中尽量减少震动，乳桶和

乳槽车要尽量装满，防止牛乳在容器中晃动。但是，冬季不得装得太满，以避免冻结而使容器破裂。

④ 防止乳在途中升温，特别是夏季。因此，夏季最好在夜间或早晨运输；若在白天运输，要采用隔热材料遮盖乳桶。

⑤ 运输途中应尽量缩短停留时间，以避免牛乳变质；长距离运输乳时，最好采用乳槽车。

二、净化

原料乳净化的目的是去除乳中的机械杂质并减少微生物数量。净化乳的方法有过滤法和离心净乳法两种。

1. 过滤

过滤的方法有很多种。可在收乳槽上装一个过滤网并铺上多层纱布，也可在乳的输送管道中连接一个过滤套筒，或者在管路的出口端装一个过滤布袋。进一步过滤还可以使用双筒过滤器或双联过滤器，但必须注意滤布的清洗和灭菌，不清洁的滤布往往是细菌和杂质的污染源。滤布或滤筒通常在连续过滤5000～10000L牛乳后，就应进行更换、清洗和灭菌。一般连续生产都设有两个过滤器交替使用。

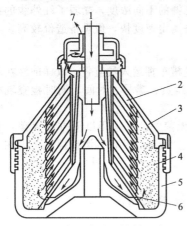

图 11-2　离心净乳机转鼓示意图
1—牛乳入口；2—分离碟片组；3—转鼓盖；4—污泥室；5—转鼓底座；6—分布器；7—牛乳出口

2. 净化

原料乳经过数次过滤后，虽然除去了大部分的杂质，但是，由于乳中污染了很多极为微小的机械杂质和细菌细胞，难以用一般的过滤方法除去。为了达到最高的纯净度，一般采用离心净乳机（图 11-2）净化。离心净乳机由一组装在转鼓内的圆锥形碟片组成，靠电机驱动，碟片高速旋转。牛乳在离心作用下达到圆盘的边缘，不溶性物质因为密度较大，被甩到机壳周围的污泥室，从而达到净乳的目的。离心净乳一般设在粗滤之后，冷却之前。净乳时乳温以 30～40℃为宜，在净乳过程中要防止泡沫的产生。现代的离心净乳机既能处理冷乳（低于 8℃）及热乳（50～60℃），而且还能自动定时排污。

净化后的乳最好直接加工，如果短期贮藏时，必须及时进行冷却，以保持乳的新鲜度。

三、冷却

1. 冷却的作用

刚挤下的乳温度约 36℃左右，是微生物繁殖最适宜的温度，如不及时冷却，混入乳中的微生物就会迅速繁殖。故新挤出的乳，经净化后需冷却到 4℃左右。冷却对乳中微生物的抑制作用见表 11-3。

表 11-3　乳的冷却与乳中细菌数的关系　　　　　　　　　单位：cfu/mL

贮存时间	刚挤出的乳	3h	6h	12h	24h
冷却乳菌落数	11500	11500	8000	7800	62000
未冷却乳菌落数	11500	18500	102000	114000	1300000

由表 11-3 看出，未冷却的乳其微生物增加迅速，而冷却乳则增加缓慢。6～12h 微生物还有减少的趋势，这是因为低温和乳中自身抗菌物质——乳烃素（lactenin）使细菌的繁殖受到抑制。

新挤出的乳迅速冷却到低温可以使抗菌特性保持较长的时间。另外，原料乳污染越严重，抗菌作用时间越短。例如，乳温 10℃时，挤乳时严格执行卫生制度的乳样，其抗菌期是未严格执行卫生制度乳样的 2 倍。因此，刚挤出的乳迅速冷却，是保证鲜乳较长时间保持新鲜度的必要条件。通常可以根据贮存时间的长短选择适宜的温度（表 11-4）。

表 11-4　牛乳的贮存时间与冷却温度的关系

乳的贮存时间/h	6～12	12～18	18～24	24～36
应冷却的温度/℃	10～8	8～6	6～5	5～4

2．冷却的方法

（1）水池冷却　将装乳桶放在水池中，用冷水或冰水进行冷却，可使乳温度冷却到比冷却水温度高约 3～4℃。水池冷却的缺点是冷却缓慢、消耗水量较多、劳动强度大、不易管理。

（2）浸没式冷却器冷却　这种冷却器可以插入贮乳槽或乳桶中以冷却牛乳。浸没式冷却器中带有离心式搅拌器，可以调节搅拌速度，并带有自动控制开关，可以定时自动进行搅拌，故可使牛乳均匀冷却，并防止稀奶油上浮。适合于奶站和较大规模的牧场。

（3）板式热交换器冷却　乳流过板式热交换器与制冷剂进行热交换后流入贮乳罐中。这种冷却器克服了浸没式冷却器因乳液暴露于空气而容易污染的缺点。用冷盐水作冷媒，构造简单，冷却效率高，目前许多乳品厂及奶站都用板式热交换器对乳进行冷却。

四、贮存

为了保证工厂连续生产的需要，必须有一定的原料乳贮存量，一般应不少于工厂 1d 的处理量。冷却后的乳应尽可能保持低温，以防止温度升高导致保存性降低。因此，贮存原料乳的设备要有良好的绝热保温措施，并配有适当的搅拌机构，定时搅拌乳液防止乳脂肪上浮而造成分布不均匀。

贮乳设备一般采用不锈钢材料制成，应配有不同容量的贮乳缸，保证贮乳时每一缸能尽量装满。贮乳罐外边有绝缘层（保温层）或冷却夹层，以防止罐内温度上升。见图 11-3。贮罐要求保温性能良好，一般乳经过 24h 贮存后，乳温上升不得超过 2～3℃。

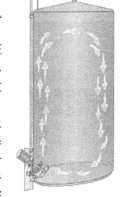

贮乳罐的容量应根据各厂每天牛乳总收纳量、收乳时间、运输时间及能力等因素决定。一般贮乳罐的总容量应为日收纳总量的 2/3～1。而且每只贮乳罐的容量应与每班生产能力相适应。每班的处理量一般相当于两个贮乳罐的乳容量，否则用多个贮乳罐会增加调罐、清洗的工作量和增加牛乳的损耗。贮乳罐使用前应彻底清洗、杀菌，待冷却后贮入牛乳。每罐需放满，并加盖密封，如果装半罐，会加快乳温上升，不利于原料乳的贮存。贮存期间要开动搅拌机，24h 内搅拌 20min，乳脂率的变化在 0.1% 以下。

图 11-3　带保温、搅拌条件的贮乳罐

【本章小结】

本章主要阐述原料乳的质量标准、验收方法及原料乳的预处理方法。

我国规定生鲜牛乳收购的质量标准包括感官指标、理化指标及微生物指标，执行 GB 6914—86。原料乳进行验收时，通常要进行以下项目的检验：感官（色泽、滋气味、组织状态）检验、酸度检验（煮前酸度、煮后酸度）及 pH、煮沸试验、酒精试验、杂质度、各种成分（可利用红外线牛乳全成分测定仪检验）、掺假检验、细菌总数、新鲜度、抗生素。

目前，我国乳源分散的地方多采用乳桶运输，乳源集中的地方或运输距离较远的地方，多采用乳槽车运输。

原料乳净化的目的是去除乳中的机械杂质并减少微生物数量。净化乳的方法有过滤法和离心净乳法两种。过滤的方法有很多种，如纱布过滤法、套筒过滤法、双筒过滤法等。净化一般采用离心净乳机进行。

乳的冷却方法有多种，主要包括水池冷却法、浸没式冷却器冷却法、板式热交换器冷却法。

乳的贮存设备一般采用不锈钢材料制成，贮乳罐外边有绝缘层（保温层）或冷却夹层，以防止罐内温度上升。贮罐要求保温性能良好，一般乳经过 24h 贮存后，乳温上升不得超过 2～3℃。

【复习思考题】

一、名词解释

1. 乳槽车　2. 离心净乳机　3. 贮乳罐　4. 酒精试验　5. 乳的净化

二、填空题

1. 目前，我国乳源分散的地方多采用_____运输，乳源集中的地方或运输距离较远的地方，多采用_____运输。

2. 原料乳净化的目的是去除乳中的机械杂质并减少_____。

3. 净化乳的方法有_____和_____两种。

4. 乳的冷却方法有多种，主要包括_____、_____、_____。

5. 乳贮乳罐要求保温性能良好，一般乳经过 24h 贮存后，乳温上升不得超过_____。

三、简述题

1. 原料乳的质量标准有哪些？

2. 原料乳在收集和运输过程应注意哪些事项？

3. 原料乳在贮藏中应注意哪些事项？

四、技能题

原料乳的取样规则、验收项目及各验收项目操作步骤要求。

【实训十八】 原料乳滴定酸度的测定

一、实训原理

乳的酸度分自然酸度和发酵酸度。自然酸度来源于乳中的蛋白质、柠檬酸盐、磷酸盐及二氧化碳等酸性物质，发酵酸度来源于牛乳中微生物繁殖分解乳糖产生的酸度，这两种酸度之和为总酸度。如果牛乳存放时间过长，细菌繁殖可致使牛乳的酸度明显增高。如果乳牛健康状况不佳，患急、慢性乳房炎等，则可使牛乳的酸度降低。因此，牛乳的酸度是反映牛乳质量的一项重要指标。一般以酚酞作指示剂，用中和 100mL 牛乳所需要 0.1mol/L 氢氧化钠溶液的体积来表示总酸度，也称滴定酸度，单位为°T。一般牛乳的酸度在 16～18°T。

二、主要材料、试剂及仪器

1. 材料　牛乳。

2. 试剂　1g/100mL 酒精酚酞指示剂，0.1mol/L 氢氧化钠标准溶液。

3. 仪器　碱式滴定管，吸耳球，250mL 三角瓶，50mL 烧杯，10mL 移液管，漏斗。

三、实训方法和步骤

取 10mL 牛乳，用 20mL 蒸馏水稀释，加入酚酞指示剂 0.5mL，以 0.1mol/L 氢氧化钠溶液滴定，以所消耗的氢氧化钠溶液的体积（mL）乘以 10，即中和 100mL 牛乳所需 0.1mol/L 氢氧化钠溶液体积（mL），消耗 1mL 氢氧化钠溶液为 1°T（吉尔涅尔度）。

四、说明

0.1mol/L 氢氧化钠标准溶液的配制和标定方法如下。称 100g 氢氧化钠，溶于 100mL 水中，摇匀，倒入聚乙烯容器中，密闭放置至溶液清亮。用塑料管虹吸下列规定体积的上层清液，注入 1000mL 无 CO_2 的水中摇匀。称取 0.6g、于 105～110℃烘至质量恒定的基准邻苯二甲酸氢钾，称准至 0.0001g，溶于 50mL 的无 CO_2 的水中，加 2 滴酚酞指示剂，用配制好的氢氧化钠溶液滴定至溶液呈微红色，同时作空白试验。按下式计算。

$$c(NaOH) = \frac{m}{(V-V_0) \times 0.2042}$$

式中　$c(NaOH)$——氢氧化钠标准溶液的浓度，mol/L；

V——氢氧化钠溶液的用量，mL；

V_0——空白试验氢氧化钠溶液的用量，mL；

m——邻苯二甲酸氢钾的质量，g；

0.2042——邻苯二甲酸氢钾的摩尔质量，kg/mol。

【实训十九】　牛乳相对密度的测定

一、实训原理

相对密度是物质重要的物理常数之一。液体食品的相对密度可以反映食品的浓度和纯度。在正常情况下各种液体食品都有一定的相对密度范围。全脂牛乳相对密度为1.028～1.032，脱脂牛乳为1.033～1.037。

当这些液体食品中出现掺杂、脱脂、浓度改变时，均可出现相对密度的变化。因此，测定相对密度可初步判断液体食品质量是否正常及其纯净程度。

图1　乳稠计

二、主要材料及仪器

牛乳，乳稠计（20℃/4℃）（图1），玻璃圆筒或200～250mL量筒，温度计，恒温水浴锅。

三、实训方法和步骤

1. 操作步骤　将乳样在40℃水浴锅中加热5min，冷至室温（20℃）。沿筒壁小心将乳样注入250mL量筒中至容积的3/4处，如有泡沫形成，可用滤纸条吸去。小心将乳稠计插入乳样中，使沉入到相当于乳稠计计算尺上30刻度处，让其自由浮动，但要使其不与量筒内壁接触。待乳稠计静止1～2min后，眼睛对准筒内乳样表面层与乳稠计计算尺接触处，即在凹液面的下缘读取刻度数。所读出的读数即为该牛乳的相对密度。量取牛乳温度进行温度校正，温度应在17～24℃，越接近20℃越好，并用表1中校正因子进行校正。

表1　乳稠计温度校正表

温度/℃	16	17	18	19	20	22	23	24
校正因子	−0.7	−0.5	−0.3	0	+0.3	+0.5	+0.8	+1.1

2. 结果计算

① 如果乳稠计读数为30.5，温度为23℃，则校正后为30.5＋0.8＝31.3。

② 相对密度 d 与乳稠计刻度关系式如下：

$$X_1 = (d - 1.000) \times 1000$$

式中　X_1——乳稠计读数；

　　　　d——样品的相对密度。

【实训二十】　乳掺假的检验

一切人为地改变乳的成分和性质，均称为掺假。掺假即有碍乳的卫生，降低乳的营养价值，有时还会影响乳的加工及乳制品的质量，所以，生产单位和卫生检验部门对原料乳的质量应严格把关。在收乳时或进行乳品加工前，对乳应酌情进行掺假检验。

一、掺碱（碳酸钠）的检验

1. 实训原理　鲜乳保藏不好时酸度往往升高，加热煮沸时会发生凝固。为了避免被检出高酸度乳，有时向乳中加碱。感官检查时对色泽发黄，有碱味，口尝有涩味的乳应进行掺碱检验。常用的有玫瑰红酸定性法。玫瑰红酸的pH测定范围为6.9～8.0，遇到加碱而呈碱性的乳，其颜色由肉桂黄色（或棕黄色）变为玫瑰红色。

2. 主要材料及仪器　试管2只，0.05％玫瑰红酸酒精溶液（0.05g玫瑰红酸溶解于100mL

95％的酒精中）。

3. 操作步骤　取 5mL 乳样，向其中加入 5mL 玫瑰红酸酒精溶液，摇匀，乳呈肉桂黄色为正常，呈玫瑰红色为加碱。加碱越多，玫瑰红色越鲜艳。

二、掺淀粉的检验

1. 实训原理　掺水的牛乳，乳汁变得稀薄，相对密度降低。向乳中掺淀粉可使乳变稠，相对密度接近正常。对有沉淀的乳，应进行掺淀粉检验。

2. 主要材料及仪器　碘溶液（取碘化钾 4g 溶于少量蒸馏水中，然后用此液溶解结晶碘 2g，移入 100mL 容量瓶，加水至刻度即可），试管 2 只，5mL 移液管 1 只。

3. 操作步骤　取乳样 5mL 注入试管中，加入碘溶液 2～3 滴，乳中如有淀粉，即出现蓝色、紫色或暗红色及其沉淀物。

三、掺盐的检验

1. 实训原理　向乳中掺盐，可以提高乳的相对密度和冰点，口尝有咸味的乳有掺盐的可能，需进行掺盐检验。

2. 主要材料及仪器　0.01mol/L 硝酸银溶液，10％铬酸钾水溶液，试管 2 只，1mL 移液管 1 只。

3. 操作步骤　取乳样 1mL 于试管中，滴入 10％铬酸钾 2～3 滴后，再加入 0.01mol/L 硝酸银 5mL（如果检测羊乳，则加入硝酸银 7mL）摇匀，观察溶液颜色。溶液呈黄色表明掺有食盐，呈棕红色表明未掺食盐。

四、观察与思考

原料乳常见的掺假掺杂现象有哪些？如何检验？

第十二章 乳的加工处理

【知识目标】 熟悉乳制品生产常规处理单元操作（离心分离、均质、清洗）的目的、设备结构、工作原理、处理方法、处理效果及应用。

【能力目标】 能进行乳制品生产常规处理单元操作（离心分离、均质、清洗）。

【适合工种】 乳品加工工。

第一节 乳的离心分离和标准化

一、离心的目的

在乳制品生产中离心分离的目的主要是得到稀奶油和脱脂乳，将乳或乳制品进行标准化以得到要求的脂肪含量。另一个目的是清除乳中杂质和体细胞等，离心分离也用于除去细菌及其芽孢。

二、离心机结构及使用

离心机的结构如图 12-1 所示，使用注意事项如下。

① 分离机是高速转动设备，必须有稳定坚实的地基。转动主轴要垂直于水平面，各部件要精确的安装，必要时在地脚处配置橡皮圈，能起缓冲作用。同时，对转动部分，必须定期更换新油，清除污油，防止杂质混入。

② 开车前必须检查传动机械与紧固件，观察电动机和水平轴的离心离合器是否同心、转动是否灵活，必要时进行空车试转，听其是否有不正常杂音。

③ 封闭式分离机启动和停车时，都要用水代替牛乳连续进料。在启动后 2~3min 内就应分析鉴定分离性能。如发现分离后的物料不符合规定指标，经调解后仍不见效，则应立即停车检查。

④ 连续作业时间应视物料的物理性质、杂质含量而定，一般为 2~4h。最好是配备两台设备，可交替运行，提高效率。

⑤ 操作结束后，应立即拆洗干净，以备下次再用。

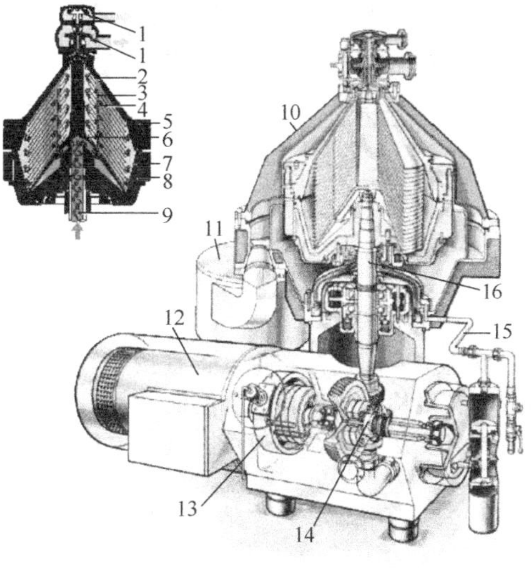

图 12-1 离心机的结构示意图

1—输出泵；2—分离碟片罩；3—分配孔；4—分离碟片垛；5—锁扣；6—分配器；7—分离碟片底座；8—分离钵；9，16—空心轴；10—机架上罩；11—沉淀物旋风分离器；12—电动机；13—制动器；14—齿轮；15—操作用水系统

三、乳的标准化

牛乳中的脂肪和蛋白质含量随着季节等因素会发生变化。为此，针对不同产品要求，原料乳必须进行成分（脂肪和蛋白质）标准化。脂肪含量的标准化包括牛乳的脂肪含量或乳制品的脂肪含量的调整，通过添加稀奶油、全脂乳粉或脱脂乳（粉），使其达到要求的脂肪含量。

1. 脂肪标准化的原理

乳脂肪标准化有两种操作方式：一种是根据计算，将全脂乳和脱脂乳（或稀奶油）按一定比例混合；一种是利用标准化设备直接在管线上进行。无论是人工控制还是计算机控制，标准化的原理是一致的。

乳脂肪标准化通常采用方格法计算。例如：需要一定量含脂率为 $A\%$ 的稀奶油与含脂率为 $B\%$ 的脱脂乳混合，就可获得含脂率为 $C\%$ 的混合物，可以通过方格法计算得到。如图 12-2 所

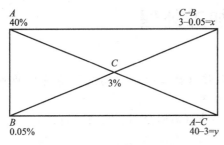

图 12-2　方格法标准化实例

示，在图中，A 稀奶油的脂肪含量为 40%，B 脱脂乳的脂肪含量为 0.05%，C 最终产品的脂肪含量为 3%；斜对角上脂肪含量相减得出 $x = C - B = 2.95$ 及 $y = A - C = 37$。那么，就是将 2.95kg 40% 的稀奶油和 37kg 0.05% 的脱脂乳（两者的混合比为 1:12.5）混合，可以得到 39.95kg 3% 的标准化产品。

如图 12-3 所示，以处理 100kg 含脂为 4% 的全脂乳的图例说明，要求生产出脂肪含量为 3% 的标准化乳。100kg 的全脂乳分离出含脂率 0.05% 的脱脂乳 90.1kg，含脂率为 40% 的稀奶油 9.9kg。在脱脂乳中必须加入含脂率为 40% 的稀奶油 7.2kg，才能获得含脂率为 3% 的乳 97.3kg，剩下含脂率为 40% 的稀奶油 2.7kg。

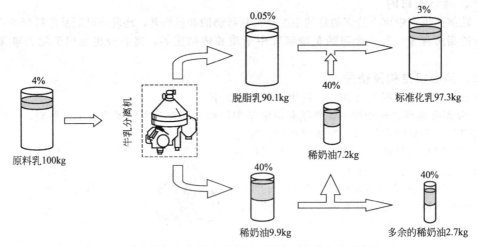

图 12-3　乳脂肪标准化原理示意图（图中百分数表示脂肪含量）

2. 标准化设备

目前主要通过标准化设备直接在管线上完成脂肪的标准化。脂肪在线标准化是基于脂肪含量的连续在线检测技术，控制脂肪含量的关键手段是控制流量。脂肪含量的在线检测可通过密度传感器或光度法实现，一般可在 30s 内检测一次。如图 12-4 所示，稀奶油含脂率通过密度传感器

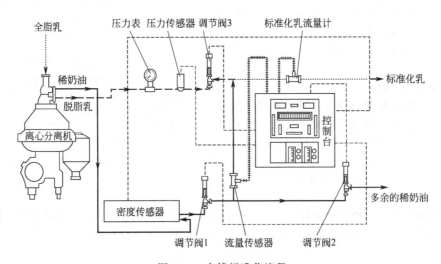

图 12-4　在线标准化流程

········ 全脂乳/标准化乳；— — 脱脂乳；—— 稀奶油；⊹⊹⊹⊹ 数据传输线；---- 气动控制线

测定；密度数值经过信号转换，传输到控制台。控制台会启动离心分离机出口处的调节阀1来调整稀奶油的含脂率，而且通过流量传感器确定了稀奶油回加到脱脂乳中的流量，再通过控制调节阀2可以转移多余的稀奶油。脱脂乳压力和流速由压力传感器和调节阀3控制。最后，标准化乳的流速由标准化乳流量计控制。

第二节　乳 的 均 质

一、均质的目的

乳的均质是指在机械处理条件下，将脂肪球破碎成较小的脂肪球，并均匀分散于乳中。经过均质后脂肪球直径可由原来的 $3\sim5\mu m$ 控制到 $1\mu m$。均质的目的是防止脂肪上浮分层、减少酪蛋白微粒沉淀、改善原料或产品的流变学特性和使添加成分均匀分布。

二、均质机结构及其工作原理

均质机由高压泵和均质阀组成。它主要结构包括：产生高压推动力的活塞泵、一个或多个均质阀以及底座等辅助装置。活塞泵一般有3个、5个或7个活塞，多个活塞连续运行以确保产生平稳的推动压。

均质机工作时，低压下将加热到 $55\sim80℃$ 的乳吸入均质机中，由入管口进入到多个泵室，在入口处有一个过滤塞以防止异物进入。然后在一个较高的均质压力（通常在 $10\sim25MPa$）下，料液以很高的速度通过窄小的均质阀狭缝而使脂肪球破碎。

均质作用是由三个因素协调作用而产生的：①当脂肪球以高速冲击均质阀芯时会受到很大的撞击力，导致部分脂肪球破碎；②乳液以高速度通过均质阀中的狭缝，对脂肪球产生了巨大的剪切力，导致部分脂肪球破碎；③当乳以 $200\sim300m/s$ 高速离开均质阀时，压力突然降低，会使溶解在料液中的气体分离并形成气泡，这就产生气穴现象，从而使脂肪球受到非常强的自我爆破力，大部分破碎。均质阀的工作原理见图12-5。

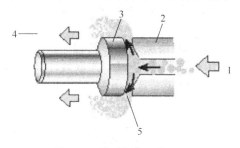

图12-5　均质阀的工作原理
1—未均质产品；2—阀座；3—阀芯；4—均质后产品；5—狭缝（0.1mm）

在实际生产中，一般有一级均质和二级均质两种方式。一级均质后被破碎成的小脂肪球，具有聚集的倾向，而经过二级均质后小脂肪球已被打开，分散得较均匀。由于一级均质效果较差，所以一般常用的为二级均质。在二级均质中，物料连续地通过两个均质头，二级均质对一级均质的乳提供了有效的反压力，使一级均质后重新聚集在一起的小脂肪球重新分开，所以二级均质大大提高了均质效果。通常一级均质用于低脂产品和高黏度产品的生产中，而二级均质可用于高脂、高干物质和低黏度产品的生产。

三、均质化乳的特点

1. 均一性

乳经过均质工艺后，将大的脂肪颗粒破碎成均匀一致的小脂肪球并稳定地分散于乳中。均质后的脂肪形成细小的球体，新形成的表面膜主要由胶体酪蛋白和乳清蛋白组成，其中一些酪蛋白胶束存在于膜的内层，而大多数或多或少延伸出来形成外膜。由于此时乳脂肪球的数量和表面积都急剧增加，原来的成膜物质不足以包裹现有的脂肪球，所以存在脂肪球聚集的现象，因此，在生产上通常需加入一定量的乳化剂来弥补膜蛋白的不足，以确保乳产品的稳定。

2. 乳的风味和营养性质变化

均质后由于脂肪球内部的脂肪成分充分地释放出来，更利于乳中某些具有芳香气味的脂类成分的逸出，因此，均质乳的风味会有所改善。均质后使乳脂肪球变小，更利于人体消化，而且乳中的脂溶性维生素A、维生素D也呈均匀分布，促进了其在人体内的吸收和利用。

3. 乳的流变性质变化

均质后乳脂肪球数目增加，并且酪蛋白附着在脂肪球表面，使乳中颗粒物质的总体积增加，所以均质乳的黏度比均质前有所增加，可改善牛乳的稀薄口感。

4. 其他

含有解脂酶的均质乳大大增加了脂肪分解的可能性。因此应避免均质生牛乳，或者把均质后的乳迅速巴氏杀菌以使解脂酶失活。要避免均质后的乳与原料乳的混合，以防脂肪被分解。另外，均质乳还表现出如下特性：颜色变白、易于形成泡沫、脂肪易于自动氧化、脂肪球失去冷却条件下凝固起来的能力等。

第三节 加工设备的清洗消毒

一、清洗消毒的目的

通常，当牛乳被加热到60℃以上时，在乳品设备表面容易出现乳石，其成分主要是磷酸钙（和磷酸盐）、蛋白质、脂肪等的沉积物。另外，牛乳输送后，一层乳膜会黏附在所经过的管、泵、缸的内壁上。在系统排空后，如果不尽快进行清洗作业，这层乳膜就会逐渐脱水形成"干垢"，最终难以除去。无论是乳石还是干垢，其组成成分都是乳中的组分，对于微生物来讲，是一种良好的培养基，因此要及时地清洗去除。

目前，应用最广泛的是就地清洗（CIP）系统。CIP循环系统通常是通过阀门或转换板来连接入生产线中。在进行清洗时，要确保所有要清洗的设备管路都在CIP系统内。该系统要求所有要清洗的管路和设备都应该内壁光滑、排水畅通、不带死角，管径应尽量保持一致，否则会影响洗涤流速。

二、CIP清洗系统的类型

CIP清洗系统从产生、发展到目前，出现了两种不同的类型：一种是集中式清洗（图12-6），另一种是分散式清洗（图12-7）。

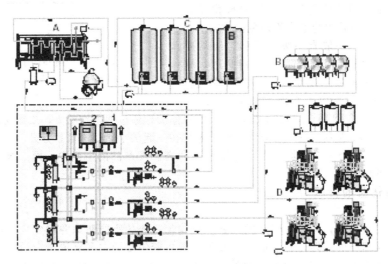

图 12-6 集中式 CIP 系统

清洗单元（虚线之内的）：1—碱性洗涤剂罐；2—酸性洗涤剂罐；
清洗对象：A—牛乳处理；B—罐组；C—乳仓；D—灌装机

在20世纪60年代和70年代间，集中式就地清洗首先发展起来。许多乳品厂中建立了集中的就地清洗站，通过管道网向厂内所有就地清洗线路供应冲洗水、加热的洗涤剂溶液和热水，用过的液体再由管道送回中心站，并按规定的线路流入各自的收集罐。按这种方法收集的洗涤剂可以浓缩到正确的浓度，并一直用到太脏不能再用为止，最后排掉。

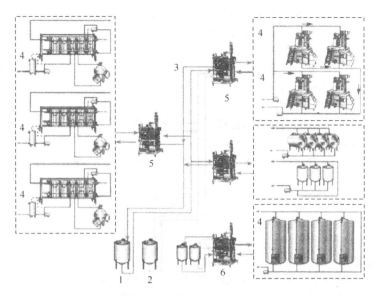

图 12-7　分散式 CIP 系统

1—碱性洗涤剂贮罐；2—酸性洗涤剂贮罐；3—洗涤剂的环线；4—被清洗对象；

5—分散式 CIP 单元；6—自带有洗涤剂贮罐的分散式就地清洗

集中式就地清洗适合于用在中小型乳品厂，在大型乳品厂中，由于就地清洗站和周围的就地清洗线路之间的连接过长，造成就地清洗管道系统中会有大量的液体存留，排放量很大，预洗后留在管道内的水还会极大地稀释洗涤液，需补充添加大量的浓洗涤剂，以保持需要的浓度，最终导致了清洗费用的增加。因此，从 20 世纪 70 年代末开始，大型的乳品厂开始发展了分散的就地清洗站，即每一部分由各自的就地清洗站进行清洗的办法，很好地解决了清洗成本增加的问题。

三、清洗与消毒

1. 常用的表示清洁程度的几个术语

（1）物理清洁度　指除去表面上所有可见的污物。

（2）化学清洁度　不仅除去表面上全部可见的污物，而且还要除去肉眼不可见的、但通过味觉或嗅觉能检测出的残留物。

（3）细菌清洁度　通过消毒达到的清洁程度。

（4）无菌清洁度　需要杀灭所有微生物。

2. 典型的 CIP 清洗流程

（1）残留产品的回收　生产结束时，首先应该从生产线中回收所有的残留产品，其重要意义是：①尽量减少产品损失，提高生产得率；②有利于清洗，并减轻污水处理系统的负担。目前，常用的从生产线中回收残留产品的方法是在正式清洗之前，先用水将生产线中残留的乳冲出（俗称"水顶乳"）。如果有条件，也可将管线中的乳用气吹出（俗称"气顶乳"），然后将乳收集到贮罐中。

（2）温水预冲洗　55℃以下温水预冲洗 3～5min。

（3）用清洗剂清洗　用 75～80℃热碱液洗涤剂循环 15～20min，（若选择氢氧化钠，建议浓度为 0.8％～1.2％）。

（4）清水漂洗　用水冲洗 5～8min。

（5）酸液循环　用 65～70℃热酸液洗涤剂循环 15～20min，如浓度为 0.8％～1.0％的硝酸或 2.0％的磷酸。

（6）清水漂洗　用水冲洗 5min。

3. 消毒方法

清洗后的管道和设备、容器等在使用前必须进行消毒处理。消毒方法常用的有以下三种。

（1）沸水消毒法 这是最简便的方法，牧场中也容易做到，这种方法可使设备达到细菌清洁度。用沸水消毒时，必须使消毒物体达到90℃以上，并保持2～3min。

（2）蒸汽消毒法 此法是指直接用蒸汽喷射在消毒物体上，可使设备达到无菌清洁度。消毒管道和罐体等设备时，通入蒸汽后，应使冷凝水出口温度达82℃以上，然后把冷凝水彻底放尽。

（3）次氯酸盐消毒法 这是乳品工业常用的消毒方法。消毒时需将消毒物件充分清洗，以除去有机质。因次氯酸盐容易腐蚀金属（包括不锈钢），特别是使用软水而pH很低时，更易腐蚀，故必须注意浓度和pH。通常杀菌剂中有效氯的含量为200～300mg/kg，如使用软水时，应在水中添加0.01％的碳酸钠。用这种方法消毒时必须冲洗干净，直到无氯味为止。

【本章小结】

本章对乳制品生产常规处理单元操作（离心分离、均质、清洗）的目的、工作原理、设备结构、处理方法、处理效果及应用作了较为详尽的描述。

乳的离心分离就是根据乳脂肪与乳中其他成分之间密度的不同，利用离心分离时离心力的作用，使密度不同的两部分分离开。应了解离心机的结构及离心机的使用要求。

乳的标准化就是根据不同产品的要求，对原料乳的成分（脂肪和蛋白质）进行调整，以达到产品的标准要求。乳脂肪标准化有两种操作方式：一种是根据计算，将全脂乳和脱脂乳（或稀奶油）按一定比例混合；一种是利用标准化设备直接在管线上进行。

乳的均质是指在机械处理条件下，将脂肪球破碎成较小的脂肪球，并均匀分散于乳中。常用均质设备是均质机，其由高压泵和均质阀组成。均质乳能防止乳脂肪上浮分层、减少酪蛋白微粒沉淀、改善产品的流变学特性。

加工设备的清洗消毒，目前应用最广泛的是就地清洗（CIP）系统。CIP循环系统通常是通过阀门或转换板来连接入生产线中。在进行清洗时，要确保所有要清洗的设备管路都在CIP系统内。该系统要求所有要清洗的管路和设备都应该内壁光滑、排水畅通、不带死角，管径应尽量保持一致，否则会影响洗涤流速。CIP清洗系统有两种不同的类型：一种是集中式清洗，另一种是分散式清洗。

【复习思考题】

一、名词解释

1.标准化　2.均质　3.CIP清洗　4.物理清洁度　5.化学清洁度　6.细菌清洁度

二、填空题

1.乳脂肪标准化有两种操作方式：一种是根据计算，将_____按一定比例混合；一种是利用标准化设备直接在_____上进行。

2.常用均质设备是_____，其由高压泵和_____组成。

3.均质的目的是防止_____、减少_____、改善_____和使添加成分均匀分布。

4.清洗后的管道和设备、容器等在使用前必须进行消毒处理。常用的消毒方法有三种：_____、_____、_____。

5.CIP清洗系统有两种不同的类型：一种是_____，另一种是_____。

三、简述题

1.乳离心分离的目的是什么？请举例说明如何进行乳的标准化。

2.简述牛乳均质的目的及其作用。

3.乳品加工厂一般的CIP清洗流程是什么？

四、计算题

有1000kg含脂率为3.7％的原料乳，因含脂率过高，拟用含脂率为0.2％的脱脂乳调整，使标准化后的混合乳脂肪为3.3％，需加脱脂乳多少千克？又有1000kg含脂率为2.9％的原料乳，欲使其含量为3.2％，应加多少千克含脂率为36％的稀奶油？

【实训二十一】 乳均质效率测定

一、实训原理

均质可以防止脂肪球的上浮，而均质的效果可以通过显微镜观察法、均质指数法、均质度法和紫外分光光度法进行评价。

二、主要材料及仪器

牛乳，蒸馏水，香柏油，5mol/L 氢氧化氨溶液；显微镜（1000 倍），紫外分光光度计，均质度法专用移液管，盖勃氏离心机。

三、操作步骤

1. **显微镜观察法**　将充分混合的乳样用放大 1000 倍的显微镜观察，用目镜测数计计算超过一定直径的脂肪球数目，至少计算 10 个视野。允许的最大直径取决于工艺要求，一般约 85％的脂肪球直径应小于 $2\mu m$。

2. **均质指数法**　把乳样置于 250mL 量筒中，在 4～6℃静置 48h，然后分别测定上层（容器上部 1/10）和下层（容器下部 9/10）中的含脂肪率，以下式计算均质指数：

$$均质指数 = \frac{上层含脂率（\%）-下层含脂率（\%）}{上层含脂率（\%）} \times 100$$

均质乳的均质指数应在 1～10 范围内。

3. **均质度法**　用均质度法专用移液管吸取经充分混合的乳样至上部刻度，用橡皮塞塞住底部，用盖勃氏离心机在室温下离心半小时，用手指封住移液管顶部，取出橡皮塞，将乳样小心地放出至移液管下部刻度，测定放出乳样的含脂率，利用该乳样均质前测得的含脂率数据，以下式计算均质度：

$$均质度 = \frac{离心样品的含脂率（\%）}{乳样原来的含脂率（\%）} \times 100\%$$

均质良好的超高温灭菌牛乳的均质度在 96％左右，一般牛乳的均质度在 92％～96％。

4. **紫外分光光度法**　吸 1mL 乳样至 1L 的容器中，加 5mol/L 氢氧化氨溶液 5mL 混合，用 250mL 49～54℃的水稀释，放置 30min，冷却至 25℃。用蒸馏水作参比，用 1020nm 光源的紫外分光光度计测定上述样品。一般市售的均质乳的透光率大约为 70％，质量好的乳可超过 70％。这个方法优点是速度快，一个化验员在 2～3h 内可测大约 30 个样品。

第十三章　液态乳加工技术

【知识目标】 要求学生掌握巴氏杀菌乳、超高温灭菌乳、再制乳的加工工艺和质量控制及牛乳杀菌技术。

【能力目标】 能够指导巴氏杀菌乳、超高温灭菌乳、再制乳的生产；能够熟练应用各种杀菌设备。

【适合工种】 牛乳杀菌工。

液态乳是以生鲜牛乳、乳粉等为原料，经过适当的加工处理，制成可供消费者直接饮用的液体状的商品乳。液态乳的种类很多，通常采用以下方法分类。

① 根据杀菌方法分类。可将液态乳分为：巴氏杀菌乳、保鲜乳、超高温灭菌乳及保持式灭菌乳。

② 根据脂肪含量分类。我国将液态乳分为：全脂乳、部分脱脂乳、脱脂乳和稀奶油。

③ 根据营养成分或特性分类。可将液态乳分为：纯牛乳、再制乳、调味乳、营养强化乳及含乳饮料。

第一节　巴氏杀菌乳加工

一、巴氏杀菌乳概述

巴氏杀菌乳又称市售乳，是以鲜牛乳为原料，经过离心净化、标准化、均质、杀菌和冷却，以液体状态灌装，供消费者直接食用的商品乳。在农业部发布的《巴氏消毒乳与 UHT 超高温灭菌乳中复原乳的鉴定》标准中将巴氏消毒乳定义为：巴氏消毒乳是指经低温长时间（62~65℃，保持 30min）或经高温短时间（72~76℃，保持 15s；或 80~85℃，保持 10~15s）处理方式生产的牛乳。巴氏杀菌乳因脂肪不同，可分为全脂乳、低脂乳、脱脂乳；按风味不同分为可可乳、巧克力乳、草莓乳、果汁乳等；按营养成分不同分为普通消毒乳、强化牛乳、调制乳等。

二、巴氏杀菌乳的质量标准

1. 感官指标

巴氏杀菌乳的感官指标如表 13-1 所示。

表 13-1　巴氏杀菌乳的感官指标

项　　目	巴氏杀菌乳
色泽	呈均匀一致的乳白色或微黄色
滋味和气味	具有乳固有的滋味和气味,无异味
组织状态	均匀的液体,无沉淀,无凝块,无黏稠现象

2. 理化指标

巴氏杀菌乳的理化指标如表 13-2 所示。

表 13-2　巴氏杀菌乳的理化指标

项　　目		巴氏杀菌乳	
脂肪/%	全脂巴氏杀菌乳≥3.1	部分脱脂巴氏杀菌乳 1.0~2.0	脱脂巴氏杀菌乳≤0.5
蛋白质/% ≥	2.9		
非脂乳固体/% ≥	8.1		
酸度/°T ≤	18.0(羊乳 16.0)		
杂质度/(mg/kg) ≤	2		

3. 卫生指标

巴氏杀菌乳的卫生指标如表 13-3 所示。

表 13-3　巴氏杀菌乳的卫生指标

项　　目		巴氏杀菌乳
硝酸盐(以 $NaNO_3$ 计)/mg//kg	$\leqslant$	11.0
亚硝酸盐(以 $NaNO_2$ 计)/μg//kg	$\leqslant$	0.2
黄曲霉毒素 M_1/(μg//kg)	$\leqslant$	0.5
菌落总数/(cfu/mL)	$\leqslant$	30000
大肠菌群/(MPN/100mL)	$\leqslant$	90
致病菌(指肠道致病菌和致病性球菌)		不得检出

三、巴氏杀菌乳的工艺要点

1. 巴氏杀菌乳的工艺流程

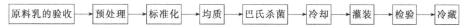

原料乳的验收 → 预处理 → 标准化 → 均质 → 巴氏杀菌 → 冷却 → 灌装 → 检验 → 冷藏

2. 操作要点

(1) 原料乳的验收和分级　消毒乳的质量取决于原料乳的质量。因此，对原料乳的质量必须严格管理，认真检验。验收时，通常对原料乳进行嗅觉、味觉、外观、尘埃、温度、酒精、酸度、相对密度、脂肪率和细菌数等严格检验后进行分级。具体方法和要求见第十一章相关部分。只有符合标准的原料乳才能生产消毒乳。

(2) 预处理

① 脱气。牛乳刚刚被挤出后含 5.5%～7.0% 的气体，经过贮存、运输和收购后，一般其气体含量在 10% 以上，而且绝大部分为非结合的分散气体。这些气体对乳品的加工和产品质量具有一定的影响，因此，在牛乳处理的不同阶段进行脱气是非常必要的。

② 过滤和净化。过滤和净化的目的是去除混入到原料乳中的机械杂质，并可以少量去除牛乳中的部分微生物，具体方法和要求见第十一章相关部分。

(3) 标准化　巴氏杀菌乳标准化的目的是保证牛乳中含有规定的最低限度的脂肪。各国牛乳标准化的要求有所不同。一般说来低脂乳含脂率为 0.5%，普通乳为 3.0%。我国规定消毒乳的含脂率为 3.0%，凡不合乎标准的乳都必须进行标准化。具体方法和要求见第十二章相关部分。

(4) 均质　均质乳具有下列优点：①风味良好，口感细腻；②在瓶内不产生脂肪上浮现象；③表面张力降低，牛乳脂肪球直径减小，易于消化吸收，适于喂养婴幼儿。均质后的牛乳脂肪球大部分在 1.0μm 以下。

在巴氏杀菌乳的生产中，一般均质机的位置处于杀菌机的第一热回收段；在间接加热的超高温灭菌乳生产中，均质机位于灭菌之前；在直接加热的超高温灭菌乳生产中，均质机位于灭菌之后，因此应使用无菌均质机。牛乳在均质前需进行预热到 65℃，在此温度下乳脂肪处于溶融状态，脂肪球膜软化，有利于均质效果。一般均质压力为 16.7～20.6MPa。使用二段均质机时，第一段均质压力为 16.7～20.6MPa，第二段均质压力为 3.4～4.9MPa。

(5) 巴氏杀菌　巴氏杀菌的目的是首先杀死致病微生物，其次是尽可能多的破坏能影响产品风味和保质期的其他微生物和酶类系统，以保证产品质量在保质期内的稳定。通常采用的加热杀菌形式很多，一般牛乳低温长时巴氏杀菌为 63℃，保持 30min，目前，这种方法已很少使用；牛乳高温短时杀菌为 72～75℃，保持 15～20s；牛乳超巴氏杀菌为 125～138℃，时间 2～4s。

均质破坏了脂肪膜并暴露出脂肪，与未加热的脱脂乳（含有活性的脂肪酶）重新混合后，因缺少防止脂肪酶侵袭的保护膜而易被氧化，因此混合物必须立即进行巴氏杀菌。

(6) 冷却　经过杀菌的牛乳，必须迅速冷却到 7℃ 以下，抑制残留微生物的生长和繁殖，同时低温贮藏对产品品质的保持也是十分有利的。

冷却方法是将杀菌后的高温牛乳经换热器冷却，使杀菌乳冷却到 4～5℃。

(7) 灌装　冷却后的乳应迅速在卫生条件下灌装到要求的容器中。包装的目的主要是便于零售、防止外界杂质混入成品中、防止微生物再污染、保存风味和防止吸收外界气味而产生异味，以及防止维生素等成分受损失等。过去中国各乳品厂多采用玻璃瓶包装，现在大多采用带有聚乙烯的复合塑料纸、塑料瓶和塑料袋包装等。

① 塑料袋包装。目前我国巴氏杀菌乳产品的包装中，销量最大的为塑料袋包装，其特点是卫生、方便、价廉。

② 涂塑复合纸袋包装。这种容器的优点为：容器轻，容积小；减少洗瓶费用；不透光线，不易造成营养成分损失；不回收容器，减少污染。缺点是一次性消耗，成本较高。

③ 塑料瓶包装。塑料奶瓶多用聚乙烯或聚丙烯塑料制成，其优点为：质量轻，可降低运输成本；破损率低，循环使用可达 400～500 次；聚丙烯具有刚性，能耐酸碱，还能耐 150℃ 高温。其缺点是表面易磨损，污染程度大，不易清洗和消毒。

(8) 冷藏、运输 巴氏杀菌乳在贮存、运输和销售过程中，必须保持冷链的连续性，具体要求包括：产品必须冷却到 10℃ 以下，并在 6℃ 以下尽量在避光条件下贮藏和运输，分销时产品保持密闭。且产品在装车、运输、卸车最后运到商店的过程中，时间不应超过 3h。

四、巴氏杀菌乳的生产线

1. 巴氏杀菌乳的加工生产线

如图 13-1 所示。

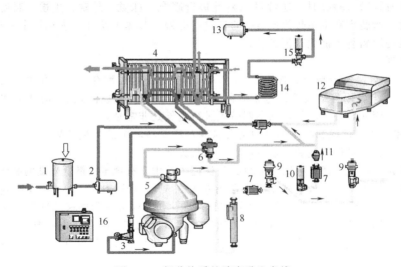

图 13-1 部分均质的消毒乳生产线

1—平衡槽；2—物料泵；3—流量控制器；4—板式热交换器；5—离心机；6—恒压阀；7—流量传感器；
8—密度传感器；9—调节阀；10—逆止阀；11—检测阀；12—均质机；
13—升压泵；14—保温管；15—回流阀；16—过程控制器

2. 巴氏杀菌乳的工作过程

经验收合格的原料乳先通过平衡槽（1），然后经泵（2）送至板式热交换器（4）。预热后，通过流量控制器（3）至分离机（5），以生产脱脂乳和稀奶油。其中稀奶油的脂肪含量可通过流量传感器（7）、密度传感器（8）和调节阀（9）确定和保持稳定，为了保证均质效果以及节省投资和能源的情况下，仅使稀奶油通过一个较小的均质机。实际上该流程线上稀奶油的去向有两个分支，一是通过阀（10）、（11）与均质机（12）相连，以确保巴氏杀菌乳脂肪含量；二是多余的稀奶油进入稀奶油处理线。此外，进入均质的稀奶油的脂肪含量不能高于 10%，所以一方面要精确地计算均质机的能力；另一方面应使脱脂乳混入稀奶油进入均质机，并保证其流速稳定。随后均质的稀奶油与多余的脱脂乳混合，使物料的脂肪含量稳定在产品要求含量范围，并送至板式热交换器（4）和保温管（14）进行杀菌。然后通过回流阀（15）和升压泵（13）保证杀菌后的巴氏杀菌乳在杀菌机内为正压。这样就避免了由于杀菌机的渗漏，导致冷却介质或未杀菌的物料污染杀菌后的巴氏杀菌乳。当杀菌温度低于设定值时，温度传感器将指示回流阀（15），使物料回到平衡槽。巴氏杀菌后，杀菌乳继续通过板式热交换器交换段与流入的未经处理的乳进行热交换，而本身被降温，然后继续到冷却段，用冷水和冰水冷却，冷却后先通过缓冲罐，再进行灌装。

第二节　超高温灭菌乳加工

超高温（UHT）灭菌乳是指牛乳在密闭系统连续流动中，通过换热器加热至135～150℃的高温且不少于1s的灭菌处理，然后在无菌状态下灌装于无菌包装容器中的乳制品。在此过程中可完全破坏生长的微生物和芽孢，产品能在常温下长期贮藏和销售。

一、超高温灭菌方法

根据加热方式的不同，超高温灭菌处理主要有直接蒸汽加热法和间接加热法两种。

1. 直接蒸汽加热法

直接蒸汽加热法是指牛乳先经预热至75℃后，通过蒸汽直接喷入牛乳中或牛乳直接喷入蒸汽中两种方式，使乳瞬时被加热到140℃，然后进入真空缸中闪蒸冷却，最后通过间接冷却系统冷却至包装温度。

2. 间接加热法

间接加热系统根据换热器传热面的不同可分为板式换热系统和管式换热系统，某些黏度较大或流动性较慢的产品使用旋转刮板式加热系统。即原料乳在换热器（板式或管式）内与前阶段的高温灭菌乳换热并预热至66℃（同时高温灭菌乳被新进乳冷却），然后经过均质机，在15～25MPa的压力下进行均质。之后进入换热器（板式或管式）的加热段，被热水系统加热至137℃，进入保温管保温4s，然后进入无菌冷却，由137℃降为76℃，最后进入回收阶段，与5℃左右的新进原料乳换热冷却至20℃，进入无菌贮罐，进行无菌包装。

二、超高温灭菌乳的工艺要点

1. 生产线流程图

（1）直接蒸汽喷射加热 UHT 灭菌乳生产线流程图　如图 13-2 所示。

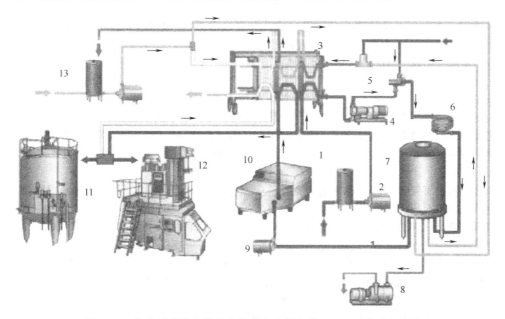

图 13-2　带有板式换热器的直接蒸汽喷射加热 UHT 灭菌乳生产线
1—牛乳平衡槽；2—物料泵；3—板式热交换器；4—泵；5—蒸汽喷射头 6—保温管；7—蒸汽室；
8—真空泵；9—离心泵；10—均质机；11—无菌罐；12—无菌罐装机；13—水平衡槽

（2）管式间接 UHT 灭菌乳生产线流程图　如图 13-3 所示。

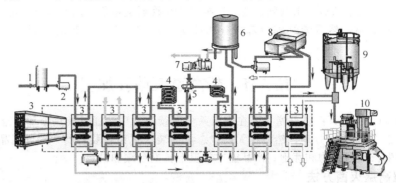

图 13-3　管式间接 UHT 灭菌乳生产线
1—平衡槽；2—物料泵；3—管式热交换器；4—保温管；5—间接蒸汽加热；
6—缓冲罐；7—真空泵；8—均质机；9—无菌罐；10—无菌灌装机

2. 工艺要点

无论是直接还是间接 UHT 方法，生产工艺是相近的。UHT 工艺与巴氏杀菌工艺相近，主要的区别：原料乳质量要求更高；UHT 处理前一定要对所有设备进行预灭菌；UHT 热处理要求更严、强度更大；UHT 工艺中必须使用无菌罐，进行无菌灌装。

（1）原料乳质量要求　生产 UHT 灭菌乳，对原料乳质量要求较高，除具备生产巴氏杀菌乳的原料乳质量要求外，还在蛋白质的稳定性、微生物指标等方面有特殊要求，具体包括以下几点。

① 蛋白质的稳定性。在生产 UHT 产品时，尤其重要的是牛乳中的蛋白质能经得起剧烈的热处理而不变性。蛋白质的热稳定性可以通过酒精实验来进行快速鉴定。为了适应超高温处理，牛乳必须至少在 75% 的酒精浓度中保持稳定。

② 微生物指标。生产 UHT 灭菌乳，原料乳必须具有很高的细菌学质量，通常要求原料乳细菌总数应小于 2.0×10^5 cfu/mL，耐热芽孢数小于 100cfu/mL。

③ 体细胞。体细胞数应小于 3.0×10^5 个/mL。

④ 其他。如盐类平衡不适当的牛乳、含有过多乳清蛋白（白蛋白、球蛋白等）的牛乳即初乳、酸度偏高的牛乳等都不适合 UHT 产品的生产。

（2）超高温杀菌（UHT）、均质及冷却

① 直接蒸汽喷射超高温灭菌。

a. 杀菌。在预加热阶段后，牛乳流动线中的压力通过一台排液泵升压到 400kPa。提高压力的目的是为了防止当牛乳在加热到 140℃ 灭菌温度时，在管子中产生沸腾。加热是在一蒸汽喷射头中完成，蒸汽在喷射头中被吹进牛乳流。压力是通过紧靠膨胀管前部的节流盘来维持的。温度传感器安装在保温管中以监视和记录杀菌温度。保温管的尺寸则根据在特定的稳定流速下保持 3～4s 来确定。

牛乳从保温管穿过偏流阀进入到膨胀管。后者与一台真空泵连接，真空泵保持着相当于在约 76℃ 时沸腾的绝对压力。当牛乳进入到膨胀管后从 140℃ 降到 76℃ 的瞬间膨胀引起瞬时蒸发。对系统进行调节，使沸腾蒸发的水量相当于用于杀菌的喷射蒸汽量；因此牛乳中总固形物含量在杀菌前后是一样的。在膨胀管中的闪蒸可排除溶解在牛乳中的气体。

b. 回流。如果牛乳在进入保温管之前未达到正确的杀菌温度，在生产线上的传感器便把这个信号传给控制盘。然后回流阀开动，把产品回流到冷却器，在这里牛乳冷却到 75℃ 再返回平衡槽或流入一单独的收集罐。一旦回流阀移动到回流位置杀菌设备便停下来。

c. 设备的操作过程。在超高温灭菌开始之前，设备必须灭菌。灭菌用蒸汽，通过蒸汽喷射头将蒸汽吹进生产系统。当杀菌温度达到 140℃，控制盘上的一个时间继电器便跳闸，计数 30min，作为预杀菌时间。如果在此期间温度下降到低于 140℃，继电器可自动重新开始。当温度再次达到 140℃，时间继电器又开始了一次新的 30min 计数。这就保证了该设备在生产开始之前总是进行适宜的灭菌。在灭菌以后，设备用水运转一段时间把它提高到稳定的运转温度，然后用物料代替无菌水而开始生产。

几个小时以后，在保温管里通常聚集起一定数量的沉淀物。这时，可以进行一次无菌中间清洗处理，在完全无菌条件下约清洗 30 min。当中间清洗一结束，就可以继续生产。如果使用无菌罐，中间清洗可以规定在生产中进行而不用停下包装线。

设备清洗完全是自动的，根据预先编成的程序进行，以保证每次清洗都能达到同样良好的结果。

d. 均质。牛乳从膨胀管用一台无菌泵送到均质机，均质机通常在 $16\sim25MPa$ 压力下运行。均质机是按无菌设计的，即通过将蒸汽稳定地送到活塞密封垫保持产品的无菌。这就消灭了任何可能以其他的方式感染产品的微生物。

e. 无菌冷却。经过均质后，牛乳用泵送向无菌板式热交换器，冷却到包装温度。

② 管式间接超高温灭菌。在一些国家直接用蒸汽喷射牛乳杀菌是不合法的，因为任何外界物质进入到乳制品中都是禁止的。另外，直接加热法对用于这种用途的蒸汽的质量要求严格：蒸汽必须具有食品级纯度。因此，许多乳品厂宁愿使用间接加热设备，其生产线见图 13-3。

a. 预热和均质。牛乳从料罐泵送到超高温灭菌设备的平衡槽，由此进入到管式热交换器的预热段与高温乳热交换，使其加热到约 66℃，同时无菌乳冷却，经预热的乳在 $15\sim25MPa$ 的压力下均质。在杀菌前均质意味着可以使用普通的均质机，它要比无菌均质便宜得多。

b. 杀菌。经预热和均质的牛乳进入管式热交换器的加热段，在此被加热到 137℃。加热用热水温度由蒸汽喷射予以调节。加热后，牛乳在保温管中流动 4s。

c. 回流。同直接蒸汽喷射超高温灭菌乳。

d. 设备的操作。控制盘包括用于工作过程控制的设备用热水在 137℃ 的温度下预灭菌。如同直接加热设备一样，继电器保证在正确的温度下至少预杀菌 30min。在预杀菌期间，通向无菌罐或包装线的生产线也应灭菌。然后产品可以开始流动。

关于用无菌水运转和设备清洗，包括延长运转时间的中间清洗，与直接加热方法中的情况是一致的。

e. 无菌冷却。离开保温管后，牛乳进入无菌预冷却段，用水从 137℃ 冷却到 76℃。进一步冷却是在冷却段靠与原料乳热交换完成，最后冷却温度要达到约 20℃。

(3) 无菌贮罐　灭菌乳在无菌条件下被连续地从管道内送往包装机。为了平衡 UHT 灭菌机和包装机生产能力的差异，并保证在 UHT 灭菌机或包装机中间停车时不致产生影响，可在 UHT 灭菌机和包装机中间装一个或多个无菌贮罐，因为 UHT 灭菌机的生产能力有一定的伸缩性，可调节少量灭菌乳从包装机返回 UHT 灭菌机。比如牛乳的灭菌温度低于设定值，则牛乳就返回平衡槽，重新灭菌。一般无菌贮罐的容量为 $3.5\sim20m^3$。

(4) 无菌包装　无菌包装是生产 UHT 乳的一个重要过程，该过程包括包装材料或容器的灭菌，在无菌环境下灌入无菌容器中并密封。UHT 产品在常温下具有较长的货架期，所以包装材料必须具备较高要求。无菌灌装系统也有多种形式。

以 L-TBA/8 无菌包装机为例，介绍无菌包装过程。全过程大致分为以下几步。

a. 机器的灭菌。无菌包装开始之前，所有直接或间接与无菌物料相接触的机器部位都要进行灭菌。在 L-TBA/8 中，采用先喷入 35% H_2O_2 溶液，然后用无菌热空气使之干燥的方法。首先是空气加热器预热和纵向纸带加热器预热，在达到 360℃ 的工作温度后，将预定的 35% H_2O_2 溶液通过喷嘴分布到无菌腔及机器其他待灭菌的部位。H_2O_2 溶液的喷雾量及喷雾时间是自动控制的，以确保最佳的杀菌效果。喷雾之后，用无菌热空气使之自动干燥。整个机器灭菌时间约 45min。

b. 包装材料的灭菌。包装材料引入后即通过一充满 35% H_2O_2 溶液（温度约 75℃）的深槽，其经过时间根据灭菌要求可预先在设备上设定。包装材料经由灭菌槽灭菌之后，再经挤压拮水辊和空气刮水刀，除去残留的 H_2O_2，然后进入无菌腔。

c.包装的成型、充填、封口和割离。包装材料经转向辊进入无菌腔。依靠三件成型元件形成纸筒，纸筒在纵向加热元件上密封。密封塑带是朝向食品封在内侧包装材料两边搭接部位上的。无菌的牛乳通过进料管进入纸筒，纸筒中牛乳的液位由浮筒来控制。每个包装产品的产生及封口均在物料液位以下进行，从而获得内容物完全充满包装。产品移行靠夹持装置。纸盒的横封利用高频感应加热原理，即利用周期约200ms的短暂高频脉冲以加热包装复材内的铝箔层，以熔化内部的PE层，在封口压力下被粘到一起。

d.单个包装的折叠。割离出来的单个包装被送到两台最后的折叠机上，用电热法加热空气，进行包装物顶部和底部的折叠并将其封到包装上，然后其被送到下道工序进行大包装。

第三节　再制乳加工

所谓再制乳就是把几种乳制品，主要是脱脂乳粉和无水黄油，经加工处理制成的液态乳。其成分与鲜乳相似，也可以强化各种营养成分。

再制乳的生产克服了自然乳业生产的季节性，保证了淡季乳与乳制品的供应，并可调剂缺乳地区对鲜乳的供应。目前世界乳粉总产量的1/3用于再制乳制品的加工。

一、再制乳的原料要求

1.乳粉

乳粉是再制乳的主要原料，其质量好坏对成品质量有很大影响，因此，必须严格控制其质量，贮存期通常不超过12个月。再制乳生产中所用的脱脂乳粉和乳粉的标准如表13-4和表13-5所示。

表13-4　再制乳生产所用的脱脂乳粉的标准

指　标	标　准	指　标	标　准
水分	<4.0%	细菌数	$<1.0\times10^4$cfu/g
脂肪	<1.25%	大肠杆菌	阴性
滴定酸度(以乳酸计)	0.1%～0.15%	滋味和气味	无异味
溶解度指数	>1.25%		

表13-5　再制乳生产所用的乳粉的标准

指　标	标　准	指　标	标　准
乳清蛋白氮	<3.5(低温或中温干燥)	微生物	优质
溶解度指数	<0.25mL	丙酮酸盐试验	<90mg
风味	纯正乳香味		

2.无水黄油

再制乳所用的无水黄油是由原料乳中分离的新鲜稀奶油加工而成。将稀奶油经95～100℃直接法真空杀菌脱臭后，降温至4℃，存放12～18h进行物理成熟，采用连续式奶油制作法制成一般奶油。然后又将其加热至40～45℃，使奶油熔化成液体，再经过分离机3次分离后制成奶油。其脂肪含量达95%以上，再进入真空内蒸室。在其中脱去水分，最后仅残留0.1%的水分，脂肪含量达99.9%以上，即为无水黄油。

再制乳的风味主要来自于脂肪中的挥发性脂肪酸，因此必须严格控制脂肪的质量标准。无水黄油的质量标准如表13-6所示。

表13-6　无水黄油的质量标准

指　标	标　准	指　标	标　准
脂肪含量	>99.8%	铁	<0.02mg/kg
水分含量	<0.1%	过氧化物	<0.5mol/kg
游离脂肪酸	<0.3%	大肠杆菌	阴性
铜	<0.05mg/kg	滋味和气味	无异味,具有奶油固有的香气

3. 水

水是再制乳的溶剂，水质的好坏直接影响再制乳的质量。一般要求水的总硬度（相当于碳酸钙）不应超过 100mg/kg，总不溶物低于 500mg/kg，最好在 350mg/kg 以下，并需要定期检测水中的芽孢。金属离子（如 Ca^{2+}、Mg^{2+}）高时，影响蛋白质胶体的稳定性，故应使用软化水。

4. 添加剂

再制乳常用的添加剂有以下几种。

（1）乳化剂　稳定脂肪的作用，常用的有磷脂，添加量为 0.1%。

（2）水溶性胶类　可以改进产品外观、质地和风味，形成黏性溶液，兼备黏结剂、增稠剂、稳定剂、填充剂和防止结晶脱水的作用。其中主要的有阿拉伯树胶、果胶、琼脂、CMC、海藻酸盐及半人工合成的水解胶体等。乳品工业常用的是海藻酸盐，用量为0.3%～0.5%。

（3）盐类　如氯化钙和柠檬酸钠等，起稳定蛋白质作用。

（4）风味料　天然和人工合成的香精，增加再制乳的乳香味。

（5）着色剂　常用的有胡萝卜素、安那妥等，赋予制品以良好颜色。

二、再制乳的加工

1. 加工方法

（1）全部均质法　将脱脂乳粉与水按比例混合成脱脂乳，再添加无水黄油、乳化剂和芳香物等，充分混合。然后全部通过均质，再消毒冷却而制成。

（2）部分均质法　将脱脂乳粉与水按比例混合成脱脂乳，然后取部分脱脂乳，在其中加入所需的全部无水黄油，制成高脂乳（含脂率为 8%～15%）。将高脂乳进行均质后，再与其余的脱脂乳混合，经消毒、冷却而制成。

（3）稀释法　先用脱脂乳粉、无水黄油等混合制成炼乳，然后用杀菌水稀释而成。

再制乳所用的原料（脱脂乳粉、无水黄油）都是经过热处理的，其成分中的蛋白质及各种芳香物质受到一定的影响。因此，各国常把加工成的再制乳与鲜乳按比例混合后，再供应市场（通常比例为 1∶1），鲜乳必须先经杀菌，否则要求在混合后再杀菌。

2. 工艺流程

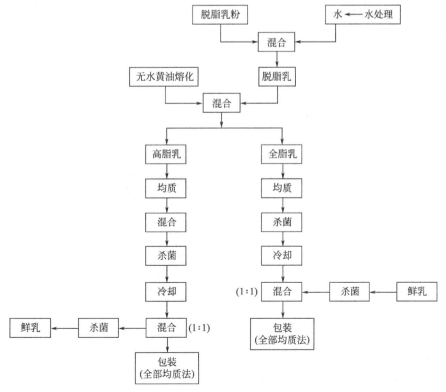

3. 具体操作条件

(1) 脱脂乳粉的溶解 乳粉溶解时首先掌握好水的温度，通常为 40℃，在该温度下脱脂乳粉的溶解度最佳。每批所需要的水和脱脂乳粉的量要计算准确，要考虑到乳粉的损耗率，一般为 3%。对于小厂来说，可用人工计量；对于大厂，宜采用机械化操作，既方便，又卫生。在倒粉过程中，必须注意卫生，一般脱脂乳粉分为内外两层包装，内外两层要分两次拆开。

当乳粉刚与水混合时，乳粉颗粒在水中呈悬浊颗粒，只有当乳粉不断分散溶解，吸水膨润之后，乳粉才能成为胶体状态分布于水中。这个过程需要一定的时间，也就是常说的水合过程。这个过程不仅能改进成品乳的外观、口感、风味，还能减少杀菌中产生的结垢。这个时间的长短，可根据生产设备配置情况而定，一般要求 30min 以上。

(2) 添加无水黄油 无水黄油熔化后与脱脂乳混合有两种方法：即罐式混合法和管道式混合法。

① 罐式混合法。将已熔化好的无水黄油加入贮罐中，然后泵加到混合罐中，重新开动搅拌器，使无水黄油在脱脂乳中均匀分散。

② 管道式混合法。经熔化后的无水黄油，通过一台精确的计量泵，连续地按比例与另一管中流过的脱脂乳相混合，再经管道混合器进行充分混合。

(3) 均质处理 鲜乳中的脂肪呈球状，外面包有脂肪球膜，因此，能使脂肪球呈稳定状态存在。在再制乳加工过程中，所采用的无水黄油由于失去了球膜的保护，因此还原为再制乳后，如不进行均质，脂肪颗粒容易再凝聚。为使脂肪能稳定地分散在再制乳中，必须进行均质处理。均质条件为：一般均质压力为 5～20MPa、温度 65℃，且均质后的脂肪颗粒直径要求在 1～2μm。均质不仅把脂肪分散成了微细颗粒，而且也促进了其他成分的溶解水合过程，从而对产品的外观、口感、质地都有很大改善。

(4) 杀菌、冷却 再制乳的杀菌可采用高温短时杀菌、UHT 杀菌和保持式杀菌等方法。冷却方法常采用水池冷却、机械冷却等方法。

(5) 添加鲜乳 鲜乳经检验合格后，经巴氏杀菌再与上述处理乳按 1:1 的比例混合。

(6) 包装 巴氏杀菌产品通常采用卫生灌装；经 UHT 杀菌处理的产品需采用无菌灌装。

三、再制乳的生产线

1. 再制乳的生产线流程图

如图 13-4 所示。

2. 生产过程

水加热到 40℃，然后经计量器泵入混合罐（7）中，当达到罐容积的 30% 时，开启循环泵

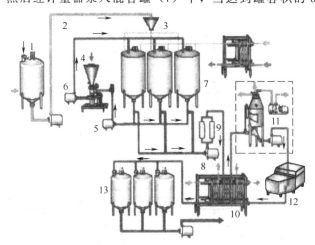

图 13-4 带有脂肪供入混料罐的再制乳生产线

1—脂肪罐；2—脂肪保温管；3—脂肪称重漏斗；4—水粉混合器；5—循环泵；6—增压泵；7—混合罐；
8—排料罐；9—过滤器；10—板式热交换器；11—真空脱气罐；12—均质机；13—贮罐

（5），水由旁路管道从混合罐到水粉混合器料斗形成真空，把斗内乳粉吸下，使水与粉混合。混合罐中的搅拌器与循环泵同时启动，促使水粉混合，同时水连续流进罐中。当所有的乳粉加入后，停止搅拌器和循环泵，根据规定要求，静置一段时间，促进乳粉成分的水合。此时将熔化好的无水黄油加入脂肪罐（1）中，然后用泵经脂肪称重漏斗（3）加入混合罐中，重新开动搅拌器，使乳脂在脱脂乳中分散开来。用泵把混合后的乳从罐中吸出，经过双联过滤器，除去机械杂质，在热交换器（10）中加热到 60～65℃，泵入均质机（12），经均质后的再制乳经热交换器进行巴氏杀菌，并进行冷却，泵入贮罐（13）或直接灌装，或与巴氏杀菌鲜乳混合再灌装。

第四节　牛乳杀菌技术

一、乳品生产上常用的杀菌方法

1. 低温长时巴氏杀菌法

低温长时巴氏杀菌（LTLT）法也称为间歇式杀菌法，方法是将牛乳放入杀菌缸中加热到 61.5～65℃，并在此温度下保持 30min，即达到杀菌目的。由于杀菌速度慢，目前大多数乳品厂已很少采用此方法。该法常用设备有保温消毒缸和冷热缸两种。

2. 高温短时巴氏杀菌法

高温短时巴氏杀菌（HTST）法是最常用的杀菌法，所采用的确切时间和温度的组合随所生产的产品类型不同而有所区别。用于液态乳和干酪乳的高温短时杀菌工艺为：把牛乳加热到 72～75℃，持续 15～20s，再冷却。用于稀奶油和发酵乳制品的高温短时杀菌工艺为：把牛乳加热到 87～95℃，持续 15～30s。该法常用设备有片式热交换器和列管式热交换器两种。

3. 超巴氏杀菌法

超巴氏杀菌的温度为 125～138℃，时间 2～4s，然后将产品冷却到 7℃以下贮存和销售，即可使保质期延长至 40d 甚至更长。但超巴氏杀菌温度再高、时间再长，它仍然与超高温灭菌有根本的区别：①超巴氏杀菌产品并非无菌灌装；②超巴氏杀菌产品不能在常温下贮存和销售；③超巴氏杀菌产品也不是商业无菌产品。

4. 超高温瞬时灭菌法

超高温（UHT）灭菌是指牛乳在密闭系统连续流动中，通过换热器加热至 135～150℃ 的高温且不少于 1s 的灭菌处理，然后冷却到一定温度后再进行无菌灌装的一种方法。该方法具有卫生、安全、快捷等特点。UHT 处理是一个连续的加工过程，设备通常具有四个单元：设备预杀菌、生产、无菌中间清洗和就地清洗。

5. 普通灭菌法

这种方法可将乳中全部微生物杀死。处理条件为 115～120℃，15～20min。

二、乳品生产上常用的杀菌设备及其操作要求

1. 间歇式杀菌（冷却）设备及操作要点

间歇式杀菌设备有保温消毒缸和冷热缸两种，均由内胆、外壳、保温层、减速装置、搅拌器、出料阀等组成。内胆（即和物料接触的部分）由不锈钢制成，外壳采用优质钢板制成，内覆保温层及加热（冷却）夹套。内胆与外壳间为传热夹层，当夹层内通入载热（冷）体，可对物料进行升温、降温或保温。底部排水口与冷凝水出水口衔接，以排出冷凝液。如用作冷却时，载冷体（冰水或冷水）则由底部进口管进入，经热交换后由上部溢流管排出。传热夹层口管道与压力表及安全阀连接，便于观察调节，并保证安全。缸内装有搅拌器（如锚式搅拌桨、螺旋桨式搅拌器等）及挡板，以搅拌物料，提高物料与传热壁的热交换作用，达到均匀加热或冷却的目的。缸内应配有插入式温度计，以观察物料温度。减速装置一般安置在中间盖板上，输出轴与搅拌轴的连接一般采用快卸式结构，便于拆卸清洗。中间盖板的左右两边，分别装有进料管及温度计插座。缸上的前后盖连接于中间盖板上，便于开启及拆卸。出料阀安在缸底的最低部位，并紧靠缸体。四只脚能调节高度，以调整水平，保证缸内物料能卸尽。保温消毒缸和冷热缸在结构上的差别在于冷热缸在内胆和外壳之间的加强措施要优于保温消毒缸，在选用时应注意其承压能力。

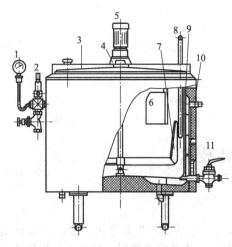

图 13-5 冷热缸

1—压力表；2—弹簧安全阀；3—缸盖；4—电动
机底座；5—电动机和行星减速器；6—挡板；
7—锚式搅拌桨；8—温度计；9—内胆；
10—夹套；11—放料旋塞

（1）间歇式杀菌（冷却）设备的操作要点

① 进料时应使进料管有一角度，以能紧靠缸边为宜，防止因物料冲击而引起大量泡沫，影响杀菌效果。

② 物料在缸内的高度最少要高出搅拌桨 10cm。

③ 当升温时，升温速度控制在每分钟 2～3℃为宜。用作降温时以尽快为宜。

④ 每批物料处理完毕后应立即进行清洗，使用前应进行消毒。

⑤ 使用就地清洗方法进行清洗消毒时，缸体的结构必须按要求改进。

（2）间歇式杀菌设备（冷热缸）的结构　如图 13-5 所示。

2. 高温短时间杀菌设备及其操作要求

高温短时间杀菌法所使用的设备有片式热交换器（又称板式热交换器）和列管式热交换器两种，分述如下。

（1）片式热交换器　片式热交换器的操作必须严格地按照工艺操作规程的规定执行。在设备运行过程中，牛乳的杀菌温度随生乳温度、蒸汽压力、板片表面结垢与否等因素而变化，要使牛乳达到工艺规定的杀菌温度，必须对牛乳的杀菌温度进行测量、控制和调节。这一功能通过牛乳温度调节仪测温元件（热电偶）实现，一般热电偶安装在杀菌段的出口处，热水温度的测量元件一般在热水进口处。使用前应将牛乳温度调节仪和热水温度调节仪的给定值调节到规定值，一般热水温度应高于牛乳杀菌温度 2～5℃，但影响这一数值的因素很多，需按实际情况加以调整。片式热交换器操作顺序如下。

① 板片应事先压紧至规定尺寸，并接通各段之间的连接管道。

② 开启蒸汽总阀，使蒸汽压力在 0.35MPa 以上。向热水系统（包括片式热交换器的杀菌段）注入清水。待热水器的溢流管中有水排出为止。

③ 接通仪表箱的总电源，并将仪表箱上的控制按钮置于自动控制位置上。

④ 开启进料泵及热水泵，使系统内的水升温。开始时由于水温低于规定的杀菌温度，电磁换向阀处于回流状态下，清水回流至平衡缸。当水温达到杀菌温度时，电磁换向阀开启，达到消毒温度的热水经出料管送出。为保证在片式热交换器的整个设备系统中符合杀菌要求，在出料口设置一个三通旋塞，使热水仍流入平衡缸。待整个系统达到杀菌温度后再将热水排出，并对管路系统进行消毒。

在完成设备杀菌，平衡缸内的热水将近流完时即送入牛乳，并将管道内、板片间的热水用乳顶出，前 1～3min 流出的牛乳不能应用。开启冰水阀，将牛乳冷却至规定温度后，送往贮罐。贮罐及物料管道系统在事先进行杀菌，经冷却后使用。

⑤ 在生产完成前，待平衡缸里的牛乳将要流完时，立即注入清水，继续冲洗 5min 至无乳浊液为止。

⑥ 在用清水冲洗后，依次用碱液（2％的 NaOH 溶液）、清水、硝酸（0.5％～1％）、清水进行清洗。

⑦ 最后关闭水泵、物料泵，切断电源，拧松压紧螺杆，同时卸下所有活接头。松开板片进行检查，如发现尚未达到清洗要求时，应立即以手工刷洗干净。另外，对一些死角（如热电偶连接管、回流阀以及板片角孔上方）应经常检查清洗效果。

（2）列管式杀菌器

① 列管式杀菌器的结构。列管式杀菌器有立式和卧式两种，以卧式最常用。就结构而言，有带真空装置及不带真空装置两种方式。一般的列管式杀菌器系由一定直径及长度的圆形钢管做

外壳，在管内设置很多平行的管子所组成的管束，呈单程式或多程式。加热管束采用不锈钢管，并用胀管法或焊接法固定于套筒两端的不锈钢板上，或用一定形状的橡皮垫圈置于不锈钢压置板与钢制固定花板之间，由压紧板的作用使其密封，从而使加热介质与牛乳相互隔绝。另外，还有物料泵、冷凝水排出管道、加热蒸汽进口管道等。抽真空的列管式杀菌器还具有直径为 7～8mm 喷嘴的循环水泵、循环水箱、真空桶等部件组成的抽真空装置，其结构如图 13-6 所示。

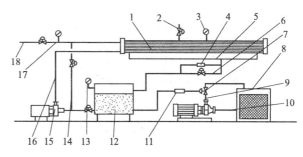

图 13-6 具有抽真空装置的列管式杀菌器结构

1—杀菌器的列管；2—加热蒸汽的进口管道；3—真空压力表；4—汽水分离器；5—冷凝水排出管道；6—旁通管；7—安装喷嘴的三通；8—循环水箱；9—出水管；10—离心水泵；11—止逆阀；12—暂存缸；13—真空压力表；14—牛乳回流管；15—送料泵；16—进料管；17—温度计；18—出料管

② 具有抽真空装置的列管式杀菌器的操作顺序。

a. 在牛乳暂存缸及水箱内灌满水，开车后水箱内需补充一定数量的水，以维持一定的水温，确保真空度。

b. 开动循环水泵电动机，使牛乳暂存缸夹层内或真空桶内的真空度达到 0.04～0.053MPa，同时使蒸汽夹层内的真空度也达到相应的数值。

c. 调节牛乳出口管道上的出料阀门以及回流阀的开启程度，使出料量满足下一工序的需要量（或达到设备所应达到的能力），但出料量和回流量之和应等于进料量的流量，这样既可使牛乳充满加热管，又可在管内维持一定的速度，以免管内的牛乳结焦。在生产过程中杀菌乳的需用量若有变化，应按上述原则予以调节。

d. 开动进料泵，将暂存缸内的水送入杀菌器的列管中加热。

e. 开启加热蒸汽的阀门，使水逐渐升温至牛乳的杀菌温度甚至更高，达到杀菌温度的水排出时间至少在 5min 以上，以使出料管路系统达到杀菌要求。

f. 待暂存缸内的水将要送完时，将牛乳泵入暂存缸中，通过牛乳的进料泵送入杀菌器，在保持杀菌温度的条件下，把加热管及出料管内的水顶出，直至顶完为止。然后将杀菌乳注入已消毒的保温缸内。在生产过程中，应根据杀菌乳的出口量，随时调整加热蒸汽的用量，使牛乳的杀菌温度稳定。杀菌温度必须以出口管道上的温度计为准。

g. 使用结束时，待暂存缸内的牛乳用完时注入清水，在保持杀菌温度的条件下，将设备及管道内的牛乳顶出。

h. 关闭循环水泵。

i. 以 1.5%～2% 的氢氧化钠溶液泵入设备内，正压加热 70～80℃，在此温度下循环 20min。

j. 再用清水将碱液顶清。继之泵入 0.5%～1.0% 的硝酸溶液，也在 70～80℃ 的温度下循环加热 20min 后用清水将酸液顶清，至流出清水不呈微酸性为止。

k. 关闭蒸汽阀、进料泵，卸下管道，打开端板，检查清洗情况，必要时用手工刷洗以弥补。

3. 超高温灭菌设备

（1）直接加热式 UHT 杀菌设备 如图 13-7 所示。直接加热法杀菌设备主要由物料泵、蒸汽喷嘴（或物料喷嘴）、真空罐及各种控制仪表构成。其中关键的是加热介质与物料相混合的装置。

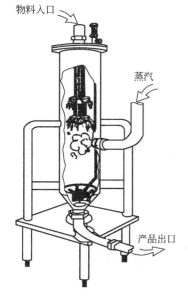

图 13-7 直接加热式 UHT 杀菌设备

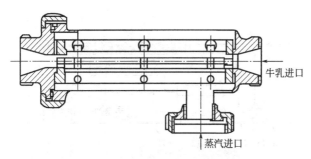

图 13-8　直接加热式 UHT 蒸汽喷射器

① 物料注入式直接蒸汽喷射热交换器。物料从上端由泵打入，蒸汽从中间喷入，杀菌后的产品即从底部排出。

② 蒸汽喷射式热交换器。蒸汽喷射器的外形是一不对称的 T 形三通，内管管壁四周加工了许多直径小于 1mm 的细孔。蒸汽就是通过这些细孔并与物料流动方向成直角的方位，强制喷射到物料中去的。喷射过程中，物料和蒸汽均处于一定压力之下。为了防止物料在喷射器内沸腾，必须使物料保持一定压力。蒸汽喷射头如图 13-8 所示。

（2）间接加热式 UHT 杀菌设备

① 环形套管式换热器。UHT 杀菌用环形套管式换热设备的主要结构为盘式螺旋状的同心套管。

斯托克-阿姆斯特丹公司生产的小型无菌处理装置中即采用该种换热设备。在 80 年代，国内也生产制造出套管式高温瞬时灭菌机，并广泛用于乳品、饮料工业。

图 13-9 为一小型无菌处理装置流程图。该装置用于奶油或稀奶油的杀菌。首先用离心泵 B 将物料从平衡槽 A 抽出送至高压泵 C，再由高压泵送往装置的其余部分。该装置用蒸汽把物料预热到 70℃以利于均质。在第一均质机 E（若需要可再在第二均质机 H）中均质。然后，物料进入 UHT 加热器 F，在环形套管中由饱和蒸汽加热到杀菌温度。杀菌好的物料可直接在套管水冷却器 G 中冷却到 70℃。如果需要，可在第二均质机 H 中再次均质。然后经第二冷却器 I 进一步冷却至灌装温度（通常为 20℃左右）。

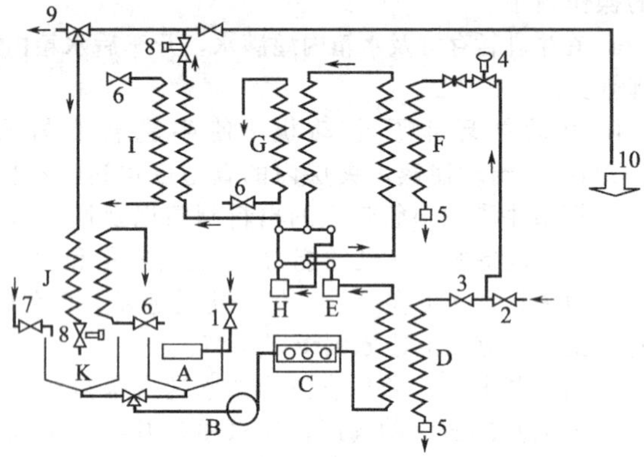

图 13-9　小型无菌处理装置流程图

1—牛乳阀；2—供汽阀；3—预热器阀；4—温度自动调节阀；5—阻汽排水阀；6—冷却器阀；7—供水阀；8—节流阀；9—溢流阀；10—牛乳排除；A—平衡槽；B—离心泵；C—高压泵；D—预热器；E—第一均质机；F—超高温加热器；G—第一冷却器；H—第二均质机；I—第二冷却器；J—回流冷却器；K—循环贮槽

② 旋转刮板式 UHT 加热杀菌设备。如果待杀菌物料的黏度太大或流动太慢，或者物料在加热器表面易形成焦化膜，则采用旋转刮板式 UHT 加热杀菌设备是较合适的。

这种杀菌设备主要由旋转刮板式换热器组成，其他辅助设备包括泵、预热器、保温器、控制仪表、阀门、贮槽等。

旋转刮板式换热器的结构如图 13-10 所示。这是美国切米特隆（Chemetron）公司制造的沃

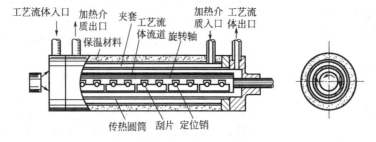

图 13-10　旋转刮板式换热器结构示意图

塔托型热交换器。加热介质在传热筒外侧的夹套中流动，被处理的物料在圆筒内流动，传热圆筒内有旋转轴，流体的流动通道为筒径的 $10\%\sim15\%$，刮板自由地固定在旋转轴上，由于旋转的离心力和流体的阻力使其与传热面紧密接触，连续地刮掉与传热面接触的流体覆盖膜，露出清洁的传热面，刮掉的部分沿刮片卷向旋转轴附近，而轴附近的液体被吸入到叶片后已经露出的传热面。

第五节　液态乳的质量控制

液态乳的质量除应严格遵守工艺的要求以外，还应注意工艺外的要求，现分述如下。

一、企业要建立良好操作规范

良好操作规范（good manufacturing practice，GMP）是国际上普遍采用的先进食品管理方法，要求生产企业具备合理的生产过程、良好的生产设备、正确的生产知识和严格的操作规范以及完善的质量控制和管理体系。它是在食品生产全过程中保证食品具有高度安全性的良好生产管理系统。

二、工厂设计要合理规范，符合 GMP 和 SSOP❶ 的标准要求

工厂设计通常包括厂址的选择、厂区的总平面布置、厂区的公共卫生和车间卫生等方面，其设计的合理与否直接影响产品的质量优劣。

从区域分布和风向关系上来说，办公区、宿舍区和其他生活区域在与生产区域分开的下风口；原乳接收间是在生产区域内通风系统的最大风处的一个尽量独立的车间；预处理车间特别是称料工序应同样处在生产区的下风处，并与 UHT 处理段隔离开来；无菌灌装间是生产区域的一个关键部分，它应使用一个独立的通风系统或在厂内通风系统的最前段，无菌灌装间除操作人员出入口和无菌包装称料备货区的入口外必须与其他区域分开；产品分装车间因可能产生纸屑尘埃和其他有外包装材料带来的污染源，应该和原乳接收车间处于同样的下风口位置，但应紧邻无菌灌装间；原料仓库应设在预处理车间附近的下风处；包装材料仓库设在无菌灌装间附近；而成品仓库在产品分装车间的后部。

从区域内的压力分布上来说，无菌灌装间处于压力的最高处。以利乐公司的无菌灌装机为例，灌装间内的压力在 $20\sim39$Pa。对于其他区域而言，UHT 处理段处于次高的压力状态，其次是预处理车间，而原乳接收间和产品分装间处于较低的压力下，但所有这些区域同周围外界环境相比都应处于正压状态。

卫生间应建在生产区的绝对下风处，出入口不能直接通向或连接生产区域。

更衣室、卫生间、餐厅等的门口，生产区域的入口及每个生产区域内都必须设有功能良好的、非手动开关式的洗手设备。

三、个人卫生与健康

为了有效地避免由于人体携带和辅助传播的微生物造成原料和产品的污染，必须强调良好的个人卫生和健康。

工厂内的每个员工都必须首先通过当地卫生防疫部门的健康检查，取得合格证后才能上岗。以后，每年至少要进行一次同样的检查，并将检查结果在场内记录在案。感染或接触过痢疾、伤寒、病毒性肝炎、活动性肺结核、化脓性或渗出性皮肤病等传染性疾病不得从事原料收购和乳品生产工作。若乳品加工人员手部受刀伤或患有其他外伤时，应用牢固、不易脱落、颜色明显、不退色的防护套将伤口保护好，方能继续工作。

进入车间前，必须穿戴整齐干净的工作服、帽、靴，头发不得露于工作帽外，接触干性物料时要佩戴干净的手套。工作服应每天更换，清洗消毒，工作鞋、靴底部必须经过消毒池内消毒液的浸泡。工作服、帽、靴只允许在车间内使用，员工必须按规定换下工作服后方可到厕所、餐厅

---

❶ 卫生标准操作程序。

或车间以外的区域。直接与原料、中间产品或产品接触的人员不要戴手表、戒指、手镯、项链、耳环等装饰品，因为这些物体本身和与皮肤接触的地方会存在无法充分清洗的卫生死角；进入车间的人员也不要浓妆艳抹、喷洒香水，以避免影响产品的感官气味和化妆品造成粉尘污染；所有与生产无关的个人用品不应带入车间。

要求员工在生产过程中随时保持双手的卫生清洁。平时要注意勤剪指甲，在生产区域内不涂指甲油、不戴假指甲。要求员工由非正常工作状态进入或重新进入工作状态前必须洗手消毒。

四、生产、仓储卫生要求

车间和库房的地面、墙壁、天花板及设备表面要随时保持清洁。但在生产过程中应尽量避免或减少冲洗工作。车间内的门窗应注意随时保持关闭，并安装有纱窗、防蝇帘、灭蝇灯等防虫害的设施。在没有密闭过滤通风系统的生产区域可安装紫外线杀菌灯，生产前至少使用半小时以上。

所有的原料、包装材料、产品都应注意不能直接落地摆放。同时，所用的拍板要保持干燥、清洁，注意存放处的卫生。货物堆放时，要与四周墙壁保持50cm以上的距离，而且上面不能接触设备、管道、天花板或有冷凝水滴落。原料、包装材料和成品要分库存放；不同品种、批次、生产日期的货品要分开，有问题的原料和产品要有单独的存放区域；无菌包装纸存放时要保持其外包装的完整；使用后剩余的包装材料必须用干净的收缩膜缠绕保持，以免污染。

设备的清洁必须及时、彻底。对于使用CIP清洁的设备，必须保证清洗介质的种类、浓度、温度、流量和循环时间的准确。

五、质量控制和质量保证

原料质量直接影响到成品的最终质量，而原料的质量标准是原料质量控制的依据，制定清晰、准确的原料质量标准尤为重要。原料质量标准应包括可接受原料的外观（形状、色泽、组织状态、运行出现的异物污染和不允许出现的异物污染等）、包装贮存运输形式、批号标签使用形式、仓储条件、保质期等方面的准确描述和量化指标。在原料到货后，原料库的接受人员应按照质量保证部门制定的原料接受程序，对来料进行抽样检查，并且按原料质量标准判定来货是否符合接收标准。对不合格标准的来货，可按照原料质量合同的规定拒收或单独存放等待退换。对于干性物料（如乳粉、糖、巧克力粉等），库房内应有相应的检验合格放行程序。

生产过程中的每项操作都应有明确的标准操作规程，特别对于生产过程中的关键控制点要加强控制。每个关键控制点的内容、控制参数、控制程序都应有规范的标准。生产过程中的质量控制程序还应规定有检查的频率、方法、检查人、记录方式、记录的审核收存、出现问题后的呈报处理程序等。

成品必须有具体的质量标准、质量合格标准和成品放行标准，经理化指标、感官指标和微生物指标检查合格后的产品才能进入市场。

六、强化质量意识

生产企业所规定的管理制度是依靠全体员工执行和操作的，完成的好坏很大程度上取决于执行人的质量意识的强弱，为此，要不断强化员工的质量意识，明确责任。生产区域的每个工作岗位都要确定有具体的职责，包括操作时应遵守的标准操作过程、应填写的记录、应做到的卫生标准、应达到的质量要求等。

员工在上岗前首先要接受质量方面的培训，充分理解企业内部GMP各项要求的实质，明确自己的岗位职责。

【本章小结】

本章主要阐述巴氏杀菌乳、超高温灭菌乳及再制乳的概念、分类、质量标准、工艺要点、杀菌技术和质量控制措施。

巴氏杀菌乳是以鲜牛乳为原料，经过离心净化、标准化、均质、杀菌和冷却，以液体状态灌装，供消费者直接食用的商品乳。执行GB 5408.1—1999巴氏杀菌乳的质量标准。其工艺要点主要包括原料乳的验收和分级、预处理、标准化、均质、巴氏杀菌、冷却、灌装、冷藏、运输。

超高温灭菌乳是指牛乳在密闭系统连续流动中，通过换热器加热至135～150℃的高温且不少于1s的灭菌处理，然后在无菌状态下灌装于无菌包装容器中的乳制品。该产品所采用的灭菌方法是直接蒸汽加热法或间接加热灭菌法。其工艺要点主要包括原料乳质量要求、预热和均质、杀菌、无菌冷却、无菌包装。由于该产品能在常温下长期贮藏和销售，食用方便，深受人们喜欢，是一个具有良好发展前景的产品。

再制乳是把几种乳制品，主要是脱脂乳粉和无水黄油，经加工处理制成的液态乳。其成分与鲜乳相似，也可以强化各种营养成分。目前该产品发展迅速，市场占有率正逐年提高。其加工方法主要有全部均质法、部分均质法、稀释法。其工艺要点包括脱脂乳粉的溶解、无水黄油的添加、均质处理、杀菌、冷却、包装。

牛乳杀菌技术作为单独一节进行详细介绍，为牛乳杀菌工的理论和技能要求奠定必要的基础。主要介绍杀菌方法（低温长时巴氏杀菌法、高温短时巴氏杀菌法、超巴氏杀菌法、超高温瞬时灭菌法、普通灭菌法）和杀菌设备（冷热缸、保温消毒缸、片式热交换器、列管式杀菌器、UHT杀菌设备）的使用方法及操作顺序。

液态乳的质量控制主要从目前国际上推行的GMP和SSOP的标准两个方面分析的，重点从以下六个方面进行介绍：企业要建立良好操作规范；工厂设计要合理规范，符合GMP和SSOP的标准要求；个人卫生与健康；生产、仓储卫生要求；质量控制和质量保证；强化质量意识。

【复习思考题】

一、名词解释

1. 超高温灭菌乳　2. 部分均质法　3. 间接加热法　4. 再制乳　5. 巴氏消毒乳　6. 超高温（UHT）灭菌法　7. 无菌包装　8. 液态乳　9. GMP

二、填空题

1. 液态乳按杀菌方法通常分为四大类，即_____、_____、_____、_____。

2. 按产品营养成分或特性分类，液态乳包括_____、_____、_____、_____和_____。

3. 巴氏杀菌乳标准化的目的是保证牛乳中含有规定的最低限度的_____。我国规定消毒乳的含脂率为_____。

4. 在巴氏杀菌乳的生产中，均质的工艺要求为牛乳预热到_____，一般均质压力为_____MPa。

5. 巴氏杀菌乳在贮存、运输和销售过程中，必须冷却到_____℃以下，并在_____℃以下尽量在避光条件下贮藏和运输，分销时产品保持密闭。

6. 根据加热方式的不同，超高温灭菌处理主要有_____和_____两种。

7. 乳品生产上常用的杀菌方法有_____、_____、_____、_____和_____等。

8. 乳品生产上常用的间歇杀菌设备有_____和_____两种。高温短时间杀菌设备有_____和_____两种。超高温灭菌设备主要包括_____和_____两种。

三、简答题

1. 简述巴氏杀菌乳的概念及操作要点。

2. 简述超高温灭菌乳的概念及灭菌方式。

3. 试述再制乳的概念及工艺要点。

4. 以L-TBA/8无菌包装机为例，简述其无菌包装过程。

5. 作为一个乳品厂要想保证产品质量需从哪些方面考虑？

四、综述题

1. 试述超高温（UHT）灭菌乳的生产过程。

2. 试述巴氏消毒乳的工艺要点。

五、技能题

1. 杀菌缸或冷热缸的操作步骤。

2. 片式热交换器的操作顺序。

3. 具有抽真空装置的列管式杀菌器的操作顺序。

4. 旋转刮板式 UHT 加热杀菌设备的使用。

【实训二十二】　乳品厂的参观

一、参观目的

通过参观了解乳品厂的整体设计布局、液态乳各个产品的生产过程，以及乳品厂的质量控制体系。

二、参观场所和时间

参观场所：附近较大型乳品厂。

参观时间：4 课时或半天。

三、参观要求

1. 听从参观带队老师的安排，遵守参观纪律。

2. 听从厂方的安排，遵守厂方的生产纪律和卫生制度。

3. 要仔细观察、认真听工作人员的讲解，勤动脑。

四、参观程序

1. 先由该厂的技术人员介绍本厂的总体情况及目前各产品的发展前景和学生参观应注意的问题。

2. 在技术人员的带领下，先参观该厂总体布局，再参观液态乳各产品的生产环节。

3. 该厂技术人员与老师和学生进行交流。

4. 利用所学的知识提出该厂在生产上存在的问题及改进的建议。

5. 以小组为单位，对所参观的内容及技术员和工人师傅所介绍的情况进行总结分析。

五、作业

写出实训报告和参观体会。

【实训二十三】　均质花生乳的制作

均质花生乳是鲜牛乳经巴氏杀菌、均质等工艺而制成的一种消毒牛乳。其口感、风味深受广大消费者欢迎。

一、实训目的

通过实训让学生了解巴氏杀菌乳的制作过程，掌握其制作要点。

二、主要设备及原料

设备：磨浆机、杀菌锅、封口机、远红外烤箱、胶体磨、电炉等；原料：鲜牛乳、白砂糖、花生仁、甜蜜素等。

三、实训方法和步骤

1. 实验配料　鲜牛乳 15kg、白砂糖 1.2kg、花生浆（将烤熟的花生仁和水按 1∶8 的比例磨浆）9kg、甜蜜素 6g。

2. 制作步骤

（1）花生浆的制备

① 选择籽粒饱满，无虫蛀、霉变的优质花生仁。

② 把花生仁放入烤箱中烘烤，温度 200～220℃，烤熟为止。注意掌握好火口，防止烤焦或不熟。

③ 按加水比例放入磨浆机中磨浆 2 遍，备用。

（2）原料混合　按配方比例把鲜牛乳、白砂糖、甜蜜素、花生浆加入不锈钢桶中，混合均匀。

（3）均质处理　先把上述混合液预热到 65℃，再在胶体磨中均质两遍。

（4）巴氏杀菌　把上述混合液放入杀菌缸中，进行巴氏杀菌，杀菌条件为 80℃、15s。

（5）冷却　迅速冷却至 10℃。

（6）灌装、冷藏　把灌装好的花生乳，放入冷藏库中。

四、实训结果分析

先品尝，然后进行产品质量分析。见表1。

表1　产品评定表

评 定 项 目	标 准 分 值	实 际 得 分	扣分原因或缺陷分析
色泽	10		
滋味、气味	40		
组织状态	25		
口感	25		

五、注意事项

1. 花生烘烤要注意火口，切勿烤焦，否则产品味苦、色暗。

2. 花生烤熟后，一定要把红色的花生衣去干净，否则，影响产品感官质量。

3. 用胶体磨均质时，要先粗磨再细磨，否则会影响均质效率。

第十四章　酸牛乳加工技术

【知识目标】　了解酸牛乳的种类及其质量特征，掌握酸牛乳质量的控制方法；掌握酸牛乳发酵剂的概念、种类和制备方法；掌握凝固型和搅拌型酸牛乳的加工工艺流程及操作技术要点。

【能力目标】　能够制作凝固型和搅拌型酸牛乳；能够解决酸牛乳生产中的一般问题。

【适合工种】　乳品发酵工。

第一节　酸牛乳概述

酸牛乳具有很好的功效，不仅具有牛乳的营养价值，而且还有其他功效：①酸牛乳中乳酸菌能形成维生素B和分解乳糖，可克服乳糖不耐症；②酸牛乳可降低胆固醇；③酸牛乳对便秘和细菌性腹泻有预防作用；④酸牛乳能抑制癌；⑤酸牛乳具有美容作用；⑥酸牛乳中乳酸菌还能产生抗生素，有抑制各种炎症的效果。酸牛乳的发展随着人们对其上述功效的逐步认识，已经拥有了越来越多的消费者，产量逐年增加，且呈直线上升趋势，现已是一种极其重要和常见的乳制品，也是一种老少皆宜的营养食品。

一、酸牛乳的概念

酸牛乳是以牛乳或复原乳为主要原料，经杀菌处理，添加或不添加辅料，使用含有保加利亚乳杆菌、嗜热链球菌的菌种发酵制成的凝乳状产品，成品中必须含有大量相应的活菌。

二、酸牛乳的类型

通常根据原料中乳脂肪含量、生产方法、加工工艺、成品的组织状态、口味可以将酸乳分成不同类别。

1. 按含脂率分类

世界粮农组织和世界卫生组织规定，酸牛乳按含脂率可分为全脂酸乳（含脂3%以上）、半脱脂酸乳（0.5%~3%）和脱脂酸乳（0.5%以下）。

2. 按生产方法分类

根据酸牛乳的生产方法和凝结的物理结构分成两大类。

（1）凝固型酸牛乳　凝固型酸牛乳发酵过程在包装容器中进行，从而使成品因发酵而保留其凝乳状态。

（2）搅拌型酸牛乳　搅拌型酸牛乳发酵后的凝乳在灌装前搅拌成黏稠状组织状态。

3. 按酸乳口味分类

（1）天然纯酸牛乳　产品只由原料乳和菌种发酵而成，不含任何辅料和添加剂。

（2）加糖酸牛乳　产品由原料乳和糖加入菌种发酵而成，在我国市场上常见，糖的添加量较低，一般为6%~7%。

（3）调味酸牛乳　在天然酸乳或加糖酸乳中加入香料而成，主要添加香蕉、柠檬、柑橘等香精。

（4）果料酸牛乳　成品是由天然酸乳与糖、果料混合而成，主要添加草莓、杏、菠萝、樱桃、橘子、山楂及水蜜桃等。

（5）疗效酸牛乳　包括低乳糖酸乳、低热量酸乳、蛋白质强化酸乳。

4. 按发酵的加工工艺分类

（1）冷冻酸牛乳　指在酸乳中加入果料、增稠剂或乳化剂，然后将其进行冷冻处理而得到的产品，冷冻制成酸乳冰淇淋、酸乳冰霜、酸乳雪糕（-20℃）保存。

（2）浓缩酸牛乳　将正常酸乳中的部分乳清除去而得到的浓缩产品。因其除去乳清的方式与加工干酪方式类似，有人也叫它酸乳干酪，总固体乳 24%。

（3）酸牛乳粉　通常指使用冷冻干燥法或喷雾干燥法将酸牛乳中约 95% 的水分除去而制成的乳粉，酸牛乳在干燥处理之前需加入淀粉或其他水解胶体。其产品有酸乳粉、酸乳片、酸乳干酪等（水分含量 5%）。

三、我国酸乳成分标准

见表 14-1。

表 14-1　酸乳成分标准　　　　　　　　　　　　单位：%

项　　目		纯酸乳	调味酸乳	果料酸乳
脂肪含量	全脂酸乳 ≥	3.1	2.5	2.5
	部分脱脂酸乳	1.0～2.0	0.8～1.6	0.8～1.6
	脱脂酸乳 ≤	0.5	0.4	0.4
蛋白质含量 ≥		2.9	2.3	2.3
非脂乳固体 ≤		8.1	6.5	6.5

第二节　发酵剂制备

一、发酵剂的概念及种类

1. 发酵剂的概念

发酵剂是一种能够促进乳的酸化过程，含有高浓度乳酸菌的特定微生物培养物。

2. 发酵剂的种类

（1）按发酵剂制备过程分类

① 乳酸菌纯培养物。即一级菌种的培养，一般多接种在脱脂乳、乳清、肉汁或其他培养基中，或者用冷冻升华法制成的一种冻干菌苗。

② 母发酵剂。即一级菌种的扩大再培养，它是生产发酵剂的基础。

③ 生产发酵剂。生产发酵剂即母发酵剂的扩大培养，是用于实际生产的发酵剂。

（2）按使用发酵剂的目的分类

① 混合发酵剂。这一类型的发酵剂含有两种或两种以上的菌，如保加利亚乳杆菌和嗜热链球菌按 1∶1 或 1∶2 比例混合的酸乳发酵剂，且两种菌比例的改变越小越好。

② 单一发酵剂。这一类型发酵剂只含有一种菌。

二、发酵剂的主要作用及菌种的选择

1. 发酵剂的主要作用

① 分解乳糖产生乳酸使乳的 pH 值降低，从而使酪蛋白凝固，使酸度增高。

② 产生挥发性的物质，以明串珠菌为主的细菌能分解乳中柠檬酸生成羟丁酮，进而氧化成丁二酮，丁二酮具有芳香味。搅拌作用也有促使芳香物质生成的作用，也可以消除硫基（—SH）的作用。

③ 具有一定的降解脂肪、蛋白质的作用，从而使酸乳更利于消化吸收。

④ 酸化过程抑制了致病菌的生长。

2. 发酵剂菌种的选择

菌种的选择对发酵剂的质量起着重要作用，应根据生产目的不同选择适当的菌种。选择时以产品的主要技术特性，如产香性、产酸力、产黏性及蛋白水解力作为发酵剂菌种的选择依据。应注意以下两点。

① 要掌握菌种最适宜的生长温度，耐热性，产酸能力等。

② 产品可以单独使用一种，也可混合使用。混合的目的就是利用菌种间的共生作用，如保加利亚杆菌和嗜热链球菌就具有共生的作用。另外，丁二酮乳链球菌、柠檬酸链球菌在牛乳中不

产酸，但和乳酸链球菌及乳脂链球菌一起使用时，可增加以上两种菌的产酸速度。

三、发酵剂的调制

发酵剂的制备分三个阶段，即乳酸菌纯培养物、母发酵剂和生产发酵剂。

1. 培养基的选择原则

① 与产品的原料相同或类似。例如：调制乳酸菌发酵剂时最好用全乳，脱脂乳或还原乳。

② 作为培养基的原料乳必须新鲜、优质。

③ 培养基应该严格灭菌，要求达到完全的无菌状态。

2. 发酵剂的制备方法

(1) 纯培养菌种的活化　纯培养菌种也叫商品发酵剂，从微生物研究单位购进。

① 菌种的复活及保存。a. 乳酸菌纯培养物可从菌种保存单位购进，通常都装在试管或安瓿瓶中保存和寄送，但活力经常减弱，需恢复其活力。b. 在无菌操作条件下将以上菌种接种到灭菌的脱脂乳试管中多次传代、培养。c. 培养好的菌种保存在 0～4℃冰箱中，每隔 1～2 周移植一次，但在长期移植过程中，可能会有杂菌污染，造成菌种退化或菌种老化、裂解。d. 菌种需进行不定期的纯化处理，以除去污染菌和提高活力。

② 活化的程序。a. 将装菌种的试管口用火焰灭菌，按 2%～3% 的接种量，接入脱脂乳中；b. 按菌种所需的生活环境进行培养，凝固后，再取同样的量，按同样的方法反复数次培养；c. 如是干粉菌种，用灭菌铂耳取出少量，移入预先准备好的培养基中，在所需温度下培养。

(2) 母发酵剂的调制　用活化的纯培养菌种制成的发酵剂叫母发酵剂，即一级菌种的扩大再培养，它是生产发酵剂的基础，是乳品厂各种发酵剂的起源。

① 母发酵剂的制备方法。

a. 取新鲜脱脂乳 100～300mL 置于容器中，容器经 150℃、1～2h 的干热灭菌或 120℃、15～20min 高压灭菌或 100℃、30min 连续 3d 间歇灭菌，冷却到菌种所需的温度。

b. 将染色镜检纯一的酸乳菌种按制备母发酵剂所用脱脂乳量的 1%～2% 纯培养菌种，用灭菌吸管吸取，接种于容器（实验室用灭菌脱脂乳的三角瓶）中，要求充分搅拌均匀，置 43℃恒温箱中培养 5～7h，或 37℃过夜培养（实验室在恒温箱中进行培养），使其凝固，凝固后再移入灭菌脱脂乳中，如此反复 2～3 次，使乳酸菌保持一定活力，然后再制备生产发酵剂。

② 母发酵剂的冷冻保存法。

a. 准备 20～30 个 100～250mL 的塑料瓶。

b. 准备优质的脱脂乳，每个塑料瓶装上 2/3 体积的脱脂乳。

c. 把脱脂乳加热到 100℃、保持 10～20min，或 90℃、30min 以消毒，同时要搅拌，使脱脂乳均匀受热，然后冷却到室温。

d. 把母发酵剂以 2%～3% 的比例接种，然后迅速放入冷冻室，接种后脱脂乳的 pH 应当低于 6.4。如果不解冻，这样母发酵剂可以存活 1～2 年。

(3) 生产发酵剂（工作发酵剂）的制备　生产发酵剂即母发酵剂的扩大培养，是用于实际生产的发酵剂。制取生产发酵剂的培养基最好与成品的原料相同，以使菌种的生活环境不致急剧改变而影响菌种的活力。

① 生产发酵剂的制备方法。

a. 取实际生产量 5% 的原料乳（脱脂乳、新鲜全脂乳或复原脱脂乳，总固形物含量 10%～12%），放于灭过菌的生产发酵容器中，置于 90～95℃条件下杀菌 30～60min，冷却到 42℃（或菌种要求的温度，见表 14-2）。

b. 接种 3%～5% 的发酵剂，充分搅拌均匀，培养凝固即为生产发酵剂。发酵到滴定酸度大于 0.8% 后冷却到 4℃，此时生产发酵剂的活菌数达 $1×10^8～1×10^9$ cfu/mL。

② 批量生产发酵剂制作。

a. 准备优质的新鲜全脂牛乳。

b. 把全脂牛乳加热到 90～92℃，保持 10～20min，同时要不断搅拌，保证牛乳受热均匀，以及避免乳清分离。

表 14-2 常用乳酸菌的形态、特性及培养条件

细菌名称	细菌形状	菌落形状	发育最适温度/℃	在最适温度中乳凝固时间	极限酸度/°T	凝块性质	滋味	组织形态	适用的乳制品
乳酸链球菌	双球状	光滑,微白,菌落有光泽	30～35	12h	120	均匀稠密	微酸	针刺状	酸乳、酸稀奶油、牛乳酒、酸性奶油、干酪
乳油链球菌	链状	光滑,微白,菌落有光泽	30	12～24h	110～115	均匀稠密	微酸	酸稀奶油状	酸乳、酸稀奶油、牛乳酒、酸性奶油、干酪
柠檬明串珠菌、戊糖明串珠菌、丁二酮乳酸链球菌	单球单状、双球状、长短不同的细长链状	光滑,微白,菌落有光泽	30	不凝结 2～3d 18～48h	70～80 100～105	均匀	微酸	酸稀奶油状	酸乳、酸稀奶油、牛乳酒、酸性奶油、干酪
嗜热链球菌	链状	光滑,微白,菌落有光泽	37～42	12～24h	110～115	均匀	微酸	酸稀奶油状	酸乳、干酪
保加利亚乳杆菌、干酪杆菌、嗜酸杆菌	长杆状,有时呈颗粒状	无色的小菌落,如絮状	42～45	12h	300～400	均匀稠密	酸	针刺状	酸牛乳、马乳酒、干酪、乳酸菌制剂

c. 准备一些塑料瓶，螺口并且配有盖子，将塑料瓶消毒，然后倒放在消毒毛巾上，使其干燥。

d. 往塑料瓶中倒入其容积 2/3 的牛乳，盖紧盖子，让牛乳在室温下冷却 20～30min。

e. 再把塑料瓶浸入凉水，让牛乳冷却到 20～25℃（如果是酸乳，则为 42℃）。

f. 接种 2%～3% 的发酵剂培养物，发酵直到形成凝乳。

四、发酵剂的质量鉴定

1. 感官鉴定

质地均匀细腻，富有弹性，组织状态均匀一致；表面光滑，无龟裂，无皱纹，凝固状态较好，不能有乳清析出或有少许乳清析出；有酸乳特有的风味。首先不得有腐败味、苦味、饲料味和酵母味等异味。

2. 化学性质检查

主要检查酸度和挥发酸。酸度以滴定酸度表示，以 0.8%～1.0%（乳酸度）为宜。测定挥发酸时，取发酵剂 250g 于蒸馏瓶中，用硫酸调整 pH 为 2.0 后，用水蒸气蒸馏，收集最初的 1000mL，用 0.1mol/L NaOH 滴定。

3. 细菌检查

使用革兰氏染色或纽曼（Newman）染色方法染色发酵剂涂片，并用高倍光学显微镜（油镜头）观察乳酸菌形态正常与否以及杆菌与球菌的比例等，测定总菌数和活菌数，品质好的总菌数一般不少于 10^9 个/mL，活菌数一般不少于 10^7 个/mL。必要时发酵剂污染度检定有没有杂菌，裂纹等。

① 阳性大肠菌群试验检测粪便污染情况；

② 乳酸菌发酵剂中不许出现酵母或霉菌；

③ 检测噬菌体的污染情况；

④ 纯度可用催化酶试验，乳酸菌催化酶试验呈阴性，阳性是污染所致。

4. 实际发酵实验

按规定接种后，若能在正规时间内产生凝固，则说明活力测定合乎规定指标，发酵剂是合乎质量要求的。

5. 发酵剂活力测定

(1) 酸度测定法 在高压灭菌后的脱脂乳中加入 3％的发酵剂，并在 37.8℃温箱内培养 3.5h，迅速从培养箱中取出试管加入 20mL 蒸馏水及 2 滴 1％的酚酞指示剂，用 0.1 mol/LNaOH 标准溶液滴定，按下式计算。

$$活力 = \frac{0.1mol/L\ NaOH\ 溶液体积(mL) \times 0.009}{10 \times 牛乳相对密度} \times 100\%$$

当酸度达 0.8％以上，认为活力较好。

(2) 色素还原测定 9mL 脱脂乳中加 1mL 菌种和 0.005％刃天青溶液 1mL，36.7℃的温箱中培养 35min 以上，颜色完全褪去则表示活力良好。

五、发酵剂的保存

1. 液体形式

发酵剂菌种可用几种不同的生长培养基以液体形式保存（培养基一般为活化培养基或发酵生产所用的培养基）。在 0～5℃条件下保存，每 3 个月活化一次。

2. 粉末状

嗜热型乳酸菌发酵剂因具有较高的耐热性，所以可以采用喷雾干燥技术来制备干粉发酵剂；嗜温型乳酸菌发酵剂则更适宜于用冷冻干燥技术来制备干粉发酵剂。为使喷雾干燥后发酵剂具有更好的活力和更高的活菌数，常在喷雾干燥之前向发酵培养液中添加一定比例的保护剂，如抗坏血酸和谷氨酸等稳定物质。

3. 冷冻干燥法

冷冻干燥法是一种适用范围很广的菌种保存方法，发酵剂利用冷冻干燥技术不仅为了保存菌种，更主要的是为了生产大量直投式或间接生产所需的发酵剂，以满足乳品工业生产需求。

冷冻干燥方法有两种：①−20℃冷冻（不发生冷缩）和−80～−40℃深度冷冻（会发生浓缩）。②−196℃超低温液氮冷冻（会发生浓缩）。

第三节 酸牛乳生产

一、酸牛乳生产工艺流程

酸牛乳工艺流程如下。

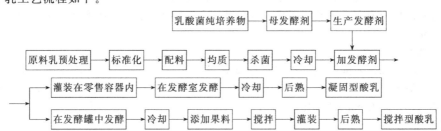

二、原辅料要求及预处理方法

1. 原料乳的质量要求

(1) 理化特性 总干物质含量不得低于 11.5％，酸度在 18°T 以下，杂菌数不高于 5.0×10^5 cfu/mL。

(2) 原料乳 用于制作发酵剂的牛乳和生产酸牛乳的原料乳必须是高质量的，不得使用病畜乳，如乳房炎乳和残留抗生素、杀菌剂、防腐剂的牛乳。

2. 酸乳生产中使用的原辅料

(1) 脱脂乳粉 用作发酵乳的脱脂乳粉质量必须高，无抗生素、防腐剂。脱脂乳粉可提高干物质含量，改善产品组织状态，促进乳酸菌产酸，一般添加量为 1％～1.5％。

(2) 稳定剂 在搅拌型酸乳生产中，添加稳定剂通常是必要的，使用稳定剂的类型，一般有明胶、果胶和琼脂，其添加量应控制在 0.1％～0.5％。

（3）糖及果料　在酸乳生产中，一般用蔗糖或葡萄糖作为甜味剂，其添加量可根据各地口味不同有所差异，一般以 6.5％～8％为宜；果料的种类很多，如果酱，其含糖量一般在 50％左右。果料及调香物质在搅拌型酸乳中使用较多，而在凝固型酸乳中使用较少。

3. 配合料的预处理

（1）均质　原料配合后，进行均质处理。均质处理可使原料充分混匀，有利于提高酸乳的稳定性和稠度，并使酸乳质地细腻，口感良好。均质所采用的压力以 25MPa 为宜。

（2）热处理　主要是杀灭原料乳中的杂菌，确保乳酸菌的正常生长和繁殖；钝化原料乳中对发酵菌有抑制作用的天然抑制物；热处理使牛乳中的乳清蛋白变性，以达到改善组织状态，提高黏稠度和防止成品乳清析出的目的。通常原料乳经过 90～95℃并保持 5min 的热处理效果最好。

4. 冷却接种

（1）冷却　热处理后的乳要快速降温到发酵剂菌种最适生长温度，一般在温度条件 43～45℃。

（2）接种　接种量要根据菌种活力、发酵方法、生产时间的安排和混合菌种配比等综合因素考虑。接种量参考见表 14-3。

表 14-3　接种量参考表

接　种　量	嗜热链球菌	保加利亚乳杆菌	接　种　量	嗜热链球菌	保加利亚乳杆菌
0.5％	3	1	2.0％	3	2
1.0％	2	1	5.0％	2	1

一般生产发酵剂，其产酸活力均在 0.7％～1.0％，此时接种量应为 2％～4％。如果活力低于 0.6％时，则不应用于生产。加入的发酵剂应事先在无菌操作条件下搅拌成均匀细腻的状态，不应有大凝块，以免影响成品质量。

制作酸乳常用的发酵剂为嗜热链球菌和保加利亚乳杆菌的混合菌种，降低杆菌的比例则酸乳在保质期限内产酸平缓，防止酸化过度，如生产短保质期普通酸乳，发酵剂中球菌和杆菌的比例应调整为 1∶1 或 2∶1；生产保质期为 14～21d 的普通酸乳时，球菌和杆菌的比例应调整为 5∶1；对于制作果料酸乳而言，两种菌的比例可以调整到 10∶1，此时保加利亚乳杆菌的产香性能并不重要，这类酸乳的香味主要来自添加的水果。

三、凝固型酸牛乳的加工

1. 工艺流程

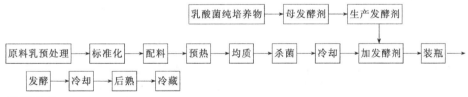

2. 操作要点

（1）灌装　可根据市场需要选择玻璃瓶或塑料杯。在装瓶前需对玻璃瓶进行蒸汽灭菌。一次性塑料杯可直接使用（视其情况而定），灌装时速度要快。

（2）发酵　用保加利亚乳杆菌与嗜热链球菌的混合发酵剂时，温度保持在 41～42℃，温度要恒定，培养时间 2.5～4.0h（2％～4％的接种量），达到凝固状态时即可终止发酵。

一般发酵终点可依据如下条件来判断：①滴定酸度达到 80°T 以上；②pH 值低于 4.6；③表面有少量水痕；④倾斜酸乳瓶或杯，乳变黏稠。

经验判断：乳凝固后，取出放于桌面，敲击如上浮面成整体即可，或轻拿起倾斜，斜面整体成半流体，对面瓶壁光滑，此时即可停止发酵。

（3）冷却　发酵好的凝固酸乳，应立即移入 0～4℃的冷库中，迅速抑制乳酸菌的生长，以免继续发酵而造成酸度升高。

（4）后熟 发酵凝固后需在 0～4℃贮藏 24h 后，可增强风味，质检待销售，通常把该贮藏过程称为后成熟。一般最大冷藏期为 7～14d。

四、搅拌型酸牛乳的加工

搅拌型酸牛乳的加工工艺及技术要求基本与凝固型酸乳相同，其不同点主要是搅拌型酸牛乳多了一道搅拌混合工艺（图 14-1），这也是搅拌型酸牛乳的特点，另外，根据在加工过程中是否添加了果蔬料或果酱，搅拌型酸牛乳可分为天然搅拌型酸牛乳和加料搅拌型酸牛乳。这里只对与凝固型酸牛乳不同点加以说明。

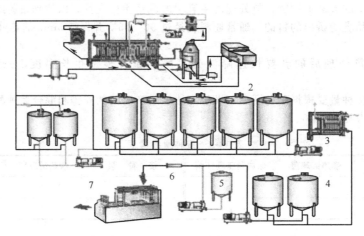

图 14-1 搅拌型酸乳生产线
1—生产发酵剂罐；2—发酵罐；3—片式冷却器；4—缓冲罐；5—果料罐；
6—混合器；7—灌装机

1. 发酵

搅拌型酸乳的发酵是在发酵罐中进行，应控制好发酵罐的温度，避免忽高忽低。发酵罐上部和下部温度差不要超过 1.5℃。

2. 冷却

搅拌型酸乳冷却的目的是快速抑制细菌的生长和酶的活性，以防止发酵过程产酸过度及搅拌时脱水。在酸乳完全凝固（pH4.6～4.7）时开始冷却，冷却过程应稳定进行。冷却过快将造成凝块收缩迅速，导致乳清分离；冷却过慢则会造成产品过酸和添加果料的脱色。搅拌型酸乳的冷却可采用片式冷却器、管式冷却器、表面刮板式热交换器、冷却罐等等设备冷却至搅拌适宜温度。

3. 搅拌

通过机械力破坏凝胶体，使凝胶体的粒子直径达到 0.01～0.4mm，并使酸乳的硬度和黏度及组织状态发生变化。在搅拌型酸乳的生产中，这是一道重要工序。

（1）搅拌的方法 机械搅拌使用宽叶片搅拌器，搅拌过程中应注意既不可过于激烈，又不可过长时间。搅拌时应注意凝胶体的温度、pH 及固体含量等。通常搅拌开始用低速，以后用较快的速度。

（2）搅拌时的质量控制

① 温度。搅拌的最适温度 0～7℃，此时适于亲水性凝胶体的破坏，可得到搅拌均匀的凝固物，既可缩短搅拌时间还可减少搅拌次数。在 20～25℃的中温区域进行搅拌时，酸乳凝胶体的黏度随着搅拌的进行逐渐减小，但机械应力消失后，凝胶粒子可以重新配位，从而使黏稠度再度增大，酸乳凝胶体经历了一个从溶胶状态又回到凝胶状态的可逆性变换过程，这个过程有助于提高酸乳的黏稠度。若在 38～40℃左右进行搅拌，凝胶体易形成薄片状或砂质结构等缺陷。根据以上分析，并结合生产实际，若要使 40℃的发酵乳降到 0～7℃不太容易，所以开始搅拌时发酵乳的温度以 20～25℃为宜。

② pH。酸乳的搅拌应在凝胶体的 pH 值达 4.7 以下时进行，若在 pH4.7 以上时搅拌，则因

酸乳凝固不完全、黏性不足而影响其质量。

③ 干物质。较高的乳干物质含量对搅拌型酸乳防止乳清分离能起到较好的作用。

④ 管道流速和直径。凝胶体在通过泵和管道移送，流经片式冷却板片和灌装过程中，会受到不同程度的破坏，最终影响到产品的黏度。凝胶体在经管道输送过程中应以低于 0.5m/s 的层流形式出现。若以高于 0.5m/s 的湍流形式出现，胶体的结构将受到严重破坏。破坏程度还取决于管道长度和直径。管道直径不应随着包装线的延长而改变，尤其应避免管道直径突然变小。

4. 混合、灌装

果蔬、果酱和各种类型的调香物质等可在酸乳自缓冲罐到包装机的输送过程中加入，这种方法可通过一台变速的计量泵连续加入到酸乳中。果蔬混合装置固定在生产线上，计量泵与酸乳给料泵同步运转，保证酸乳与果蔬混合均匀。也可在发酵罐内用螺旋搅拌器搅拌混合。在果料处理中，杀菌是十分重要的，对带固体颗粒的水果或浆果进行巴氏杀菌，其杀菌温度应控制在能抑制一切有生长能力的细菌，而又不影响果料的风味和质地。在连续生产中，应采用快速加热和冷却的方法，既能保证质量，又经济。添加物有时也采用天然果汁浓缩液，使酸乳形成所需的色泽和风味，有时也添加各种香料。

酸乳可根据需要，确定包装量和包装形式及灌装机。

5. 冷却、后熟

将灌装好的酸乳于冷库中 0～7℃冷藏 24h 进行后熟，进一步促使芳香物质的产生和改善黏稠度。

五、酸牛乳生产注意事项

1. 影响酸牛乳正常发酵的原因及控制措施

① 选择新鲜优质的原料乳。

② 定期对酸牛乳纯培养菌种进行纯度和活力检验。

③ 防止噬菌体繁殖，加柠檬酸钙可抵抗。

④ 注意洗涤剂及消毒剂的残留量。

⑤ 加发酵剂后应尽快分装完毕。

⑥ 做到无菌操作，防止二次污染。

⑦ 发酵温度要恒稳，避免忽高忽低。

2. 影响酸牛乳成品质量的原因及控制办法

① 乳清析出。因贮藏温度过高或时间较久，使蛋白质的水合能力降低，形成的凝乳疏松而碎裂，使乳清析出。另外一个原因是牛乳中盐类不平衡。

② 凝块不良、发软。发酵时间不够或使用了发酵能力衰退的发酵剂，产酸低（小于50 °T），引起了凝固不良。此外，乳中固体物的不足，发酵停止，搬运过程中的剧烈震动等也是造成凝固不良的原因。

③ 发酵时间长。这可能是使用的发酵剂不良，产酸弱，乳中酸度不足，发酵温度过低或发酵剂用量过少的缘故。

④ 口感、滋味及气味不良。原料乳、发酵剂的污染以及工艺流程不卫生会使酸乳凝固时出现海绵状气孔和乳清分离现象，口感不良，有异味。

⑤ 轻拿轻放，防止震动，以免影响酸乳凝结的组织状态。

⑥ 观察酸乳凝结情况，掌握好发酵时间，防止酸度不够、过高以及乳清析出。

第四节　质量标准和质量控制

一、酸牛乳与加味酸牛乳的质量标准

酸牛乳的质量可从感官指标、微生物指标、理化指标三个方面进行评定。

1. 感官指标

感官指标见表 14-4。

表 14-4　天然酸乳与加味酸乳的感官指标

感官性质		凝固酸乳	加味凝固酸乳	加味搅拌型酸乳
外观	表面	表面光滑、无乳清分离	表面光滑、无乳清分离	被搅拌的外观、无乳清分离
	颜色	自然的乳白色	以辅料为准颜色、即果实的自然颜色	以辅料为准颜色、即果实的自然颜色
	新鲜度	新鲜外观	新鲜外观	新鲜外观
芳香味		独特的酸乳香味	具有辅料的典型香味、酸味	具有辅料的典型香味、酸味
滋气味		典型的滋气味、酸味等	具有辅料的典型滋气味、酸味等	具有辅料的典型滋气味、酸味等
硬度		可切割、呈蛋糕状、硬、无乳清分离	蛋糕状、硬、无乳清分离	乳油样、有黏稠性

2. 微生物指标

酸牛乳的质量标准应符合国标 GB 19302—2003，见表 14-5。

表 14-5　酸乳微生物指标

项　目		指　标	说　明
大肠杆菌/(MPN/100g)	≤	90	
酵母/(cfu/g)	≤	100	
霉菌/(cfu/g)	≤	30	微生物指标不合格不得出售
致病菌(沙门氏菌、金黄色葡萄球菌、志贺氏菌)		不得检出	
乳酸菌数/(cfu/g)	≥	1×10^6	

3. 理化指标

一般规定酸乳固体物不低于 11.5%，脂肪不低于 3.0%，酸度不高于 120 °T；牛乳中不应含有抗生素类物质，否则酸乳不能正常发酵，见表 14-6。

表 14-6　酸乳理化指标

项　目		指　标	说　明
脂肪/%	≥	3.00	
乳总干物质/%	≥	11.50	
酸度/°T		70.00~110.00	脂肪含量按扣除砂糖计算
砂糖/%	≥	5.00	
汞(以 Hg 计)/(mg/kg)	≤	0.01	

二、凝固型酸牛乳的质量控制

1. 凝固性差

酸乳有时会出现凝固性差或不凝固现象，其主要原因有以下几点。

（1）原料乳质量　当乳中含有抗生素、防腐剂时，会抑制乳酸菌的生长。试验证明原料乳中含微量青霉素（0.01IU/mL）时，对乳酸菌便有明显抑制作用。使用乳房炎乳时由于其白细胞含量较高，对乳酸菌也有不同的噬菌作用。此外，原料乳掺假，特别是掺碱，使发酵所产的酸消耗，而不能积累达到凝乳要求的 pH 值，从而使乳不凝或凝固不好。原料乳消毒前，污染有能产生抗生素的细菌，杀菌处理虽除去了细菌，但产生的抗生素不受热处理影响，会在发酵培养中起抑制作用，这一点引起的发酵异常往往会被忽视。原料乳的酸度越高，含这类抗生素就越多。牛乳中掺水，会使乳的总干物质降低，也会影响酸乳的凝固性。

因此，要排除上述诸因素的影响，必须把好原料验收关，杜绝使用含有抗生素、农药以及防腐剂或掺碱的牛乳生产酸乳。对由于掺水而使干物质降低的牛乳，可适当添加脱脂乳粉，使干物质达11％以上，以保证质量。

（2）发酵温度和时间 发酵温度依所采用乳酸菌种类的不同而异。若发酵温度低于最适温度，乳酸菌活力则下降，凝乳能力降低，使酸乳凝固性降低。发酵时间短，也会造成酸乳凝固性降低。此外，发酵室温度不均匀也是造成酸乳凝固性降低的原因之一。因此，在实际生产中，应尽可能保持发酵室的温度恒定，并控制发酵温度和时间。

（3）噬菌体污染 是造成发酵缓慢、凝固不完全的原因之一。可通过发酵活力降低，产酸缓慢来判断。国外采用经常更换发酵剂的方法加以控制。此外，由于噬菌体对菌的选择作用，两种以上菌种混合使用也可减少噬菌体危害。

（4）发酵剂活力 发酵剂活力弱或接种量太少会造成酸乳的凝固性下降。对一些灌装容器上残留的洗涤剂（如氢氧化钠）和消毒剂（如氯化物）也要清洗干净，以免影响菌种活力，确保酸乳的正常发酵和凝固。

（5）加糖量 生产酸乳时，加入适当的蔗糖可使产品产生良好的风味，凝块细腻光滑，提高黏度，并有利于乳酸菌产酸量的提高。试验证明，6.5％的加糖量对产品的口味最佳，也不影响乳酸菌的生长。若加量过大，会产生高渗透压，抑制乳酸菌的生长繁殖，造成乳酸菌脱水死亡，相应活力下降，使牛乳不能很好凝固。

2. 乳清析出

乳清析出是生产酸乳时常见的质量问题，其主要原因有以下几种。

（1）原料乳热处理不当 热处理温度偏低或时间不够，就不能使大量乳清蛋白变性，而变性乳清蛋白可与酪蛋白形成复合物，能容纳更多的水分，并且具有最小的脱水收缩作用。据研究，要保证酸乳吸收大量水分和不发生脱水收缩作用，至少使75％的乳清蛋白变性，这就要求85℃、20～30min或90℃、5～10min的热处理；UHT加热（135～150℃、2～4s）处理虽能达到灭菌效果，但不能使75％的乳清蛋白变性，所以酸乳生产不宜用UHT加热处理。根据经验，原料乳的最佳热处理条件是90～95℃、5min。

（2）发酵时间 若发酵时间过长，乳酸菌继续生长繁殖，产酸量不断增加。酸性的增强破坏了原来已形成的胶体结构，使其容纳的水分游离出来形成乳清上浮。发酵时间过短，乳蛋白质的胶体结构还未充分形成，不能包裹乳中原有的水分，也会形成乳清析出。因此，酸乳发酵时，应抽样检查，发现牛乳已完全凝固，就应立即停止发酵；若凝固不充分，应继续发酵，待完全凝固后取出。

（3）其他因素 原料乳中总干物质含量低、酸乳凝胶机械振动、乳中钙盐不足、发酵剂加量过大等也会造成乳清析出，在生产时应加以注意，乳中添加适量的$CaCl_2$既可减少乳清析出，又可赋予酸乳一定的硬度。

3. 风味不良

正常酸乳应有发酵乳纯正的风味，但在生产过程中常出现以下不良风味。

（1）无芳香味 主要由于菌种选择及操作工艺不当所引起。正常的酸乳生产应保证两种以上的菌混合使用并选择适宜的比例，任何一方占优势均会导致产香不足，风味变劣。高温短时发酵和固体含量不足也是造成芳香味不足的因素。芳香味主要来自发酵剂酶分解柠檬酸产生的丁二酮物质。所以原料乳中应保证足够的柠檬酸含量。

（2）酸乳的不洁味 主要由发酵剂或发酵过程中污染杂菌引起。污染丁酸菌可使产品带刺鼻怪味；污染酵母菌不仅产生不良风味，还会影响酸乳的组织状态，使酸乳产生气泡。因此，应严格保证卫生条件。

（3）酸乳的酸甜度 酸乳过酸、过甜均会影响质量。发酵过度、冷藏时温度偏高和加糖量较低等会使酸乳偏酸，而发酵不足或加糖过高又会导致酸乳偏甜。因此，应尽量避免发酵过度现象，并应在0～4℃条件下冷藏，防止温度过高，严格控制加糖量。

（4）原料乳的异臭 牛体臭、氧化臭味及由于过度热处理或添加了风味不良的炼乳或乳粉等制造的酸乳也是造成其风味不良的原因之一。

4. 表面有霉菌生长

酸乳贮藏时间过长或温度过高时，往往在表面出现有霉菌。黑斑点易被察觉，而白色霉菌则不易被注意。这种酸乳被人误食后，轻者有腹胀感觉，重者引起腹痛下泻。因此要严格保证卫生条件并根据市场情况控制好贮藏时间和贮藏温度。

5. 口感差

优质酸乳柔嫩、细滑，清香可口。但有些酸乳口感粗糙，有砂状感。这主要是由于生产酸乳时，采用了高酸度的乳或劣质的乳粉。因此，生产酸乳时，应采用新鲜牛乳或优质乳粉，并采取均质处理，使乳中蛋白质颗粒细微化，达到改善口感的目的。

三、搅拌型酸牛乳的质量控制

1. 组织砂状

酸乳在组织外观上有许多砂状颗粒存在，不细腻。砂状结构的产生有多种原因，在制作搅拌型酸乳时，应选择适宜的发酵温度，避免原料乳受热过度，减少乳粉用量，避免干物质过多和较高温度下的搅拌。

2. 乳清分离

其原因是酸乳搅拌速度过快，过度搅拌或泵送造成空气混入产品，这种缺陷将使零售用容器上层酪蛋白完全分离，乳清蓄积在下层。因此，搅拌既不可过于激烈，也不可持续时间过长。此外，酸乳发酵过度，冷却温度不适及干物质含量不足等因素也可造成乳清分离现象。因此，应选择合适的搅拌器搅拌并注意降低搅拌温度。同时可选用适当的稳定剂，以提高酸乳的黏度，防止乳清分离，其用量为 0.1%～0.5%。

3. 风味不正

除了与凝固型酸乳的相同因素外，还主要因为搅拌型酸乳在搅拌过程中因操作不当而混入大量空气，造成酵母和霉菌的污染。酸乳较低的 pH 值虽然抑制几乎所有细菌生长，但却适于酵母和霉菌的生长，造成酸乳的变质、变坏和不良风味。

4. 色泽异常

在生产中因加入的果蔬处理不当而引起变色、褪色等现象时有发生。应根据果蔬的性质及加工特性与酸乳进行合理的搭配和制作，必要时还可添加入抗氧化剂。

第五节 冷冻酸乳的加工

冷冻酸乳是将酸乳的保健功能和特殊滋味与冰淇淋的冰凉感觉和细腻质地有机结合起来，产品货架期长、使用方式多样等优点而成为冷冻甜品市场的消费热点。

一、双歧杆菌冷冻酸乳加工技术

1. 概述

双歧杆菌是一类专性厌氧杆菌，要求的厌氧及营养条件较高，广泛存在于人及动物肠道中，母乳中含有双歧杆菌生长促进因子。双歧杆菌在母乳喂养的健康婴儿肠道中几乎以纯菌状态存在，双歧杆菌在肠道中的数量成为婴幼儿和成人健康状况的标志，反映了双歧杆菌对人体健康的重要作用。

将异麦芽低聚糖这种促双歧因子添加到酸乳中，加工成具有促双歧杆菌生长功能的冷冻酸乳，大大提高了酸乳制品的生命力，食用后既可直接摄取活性乳酸菌，又可激活肠道中双歧杆菌的生长，达到内外双向增加人体肠道中有益菌群含量的目的。

双歧杆菌发酵乳的技术关键是保证产品具有一定活菌含量、营养卫生及外观风味。

2. 原料与配方（参考配方）

鲜牛乳 70%；全脂乳粉 3%；异麦芽低聚糖 7%；蔗糖 4%；发酵剂 3%；稳定剂 0.24%；余量为饮用水。

3. 主要设备

隔水式电热恒温培养箱、高压匀浆泵、小型冰淇淋凝冻机、冰箱。

4. 工艺流程

5. 操作要点

（1）异麦芽低聚糖浆制备　将各种稳定剂与异麦芽低聚糖及蔗糖混匀，使稳定剂分散便于溶解，加入所需温水将物料全部溶解后加热至 60～65℃，经 100 目筛布过滤后，在 60℃、15MPa 条件下均质，然后将均质液加热到 95℃保温 5min 进行杀菌，随后冷却至 5℃备用。

（2）酸乳的制备　将鲜牛乳净乳后加热到 50℃以上，加入乳粉溶解后，在 65℃、15～18MPa 条件下均质，然后将乳液加热至 95℃保温 5min 进行杀菌，随后冷却至 43℃，接种 3％的混合发酵剂，搅拌均匀后在 41～43℃下发酵至 pH 4.6 时，立即停止发酵。

（3）破乳　发酵好的酸乳随即进行冷却，当温度达到 25℃时，缓慢进行搅拌，加快冷却速度，当冷却到 10℃以下时停止搅拌，若此时仍有凝乳时继续缓慢搅拌至料浆黏稠均匀、无块状物为止。

（4）配料　将制好的糖浆液加入到上述乳液中搅拌均匀，此时料温以 3～5℃为佳。

（5）凝冻、灌装、硬化　上述料浆经凝冻机凝冻，出口料温控制在 −5～−3℃，凝冻好的物料迅速进行灌装，然后立即送入 −23℃的冷冻室硬化 10h 以上，取出后在 −18℃条件下贮存。

二、双歧杆菌冷冻酸乳质量标准

1. 感官指标

色泽：呈均匀一致的白色或乳白色。

滋味和气味：具有酸乳特有的发酵芳香味，甜中透酸，香而不腻，给人以愉快感，无不良气味。

组织状态：无肉眼可见冰晶，组织致密，无外来杂质。

2. 理化指标

异麦芽低聚糖（以还原糖计）＞3％；非脂乳固体＞11％；蔗糖＞5％；脂肪＞3％；酸度：50～65 ℃T；乳酸菌＞$1.5×10^8$ 个/mL；汞（以 Hg 计）＜0.01mg/kg。

3. 微生物指标

大肠菌群＜450 个/100mL；致病菌不得检出。

【本章小结】

随着人们对酸牛乳功效的逐步认识，酸牛乳现已成为一种老少皆宜的营养食品，已是一种极其重要和常见的乳制品，这就要求酸牛乳制作必须符合卫生标准，生产出更加安全可靠和高质量的食品。

本章主要讲述了酸牛乳的种类及其质量特征，酸牛乳发酵剂的概念、种类和制备方法，凝固型和搅拌型酸牛乳的加工工艺流程、操作技术要点，酸牛乳质量的控制方法和双歧杆菌冷冻酸乳的加工四个方面的内容。

酸牛乳是以牛乳或复原乳为主要原料，经杀菌处理，添加或不添加辅料，使用含有保加利亚乳杆菌、嗜热链球菌的菌种发酵制成的凝乳状产品。酸牛乳的种类主要按生产方法分为凝固型和搅拌型酸牛乳，执行 GB 19302—2003 质量标准。

发酵剂是一种能够促进乳的酸化过程，含有高浓度乳酸菌的特定微生物培养物。通过发酵剂三步骤生产（对纯培养菌种的活化、母发酵剂的调制、生产发酵剂的制备）的实施以及发酵剂的质量鉴定，为酸牛乳制备提供最坚实的基础。

双歧杆菌酸乳是将异麦芽低聚糖促双歧因子添加到酸乳中，加工成具有促双歧杆菌生长功能的冷冻酸乳。主要介绍了双歧杆菌冷冻酸乳的加工流程、制备方法和质量标准，其关键技术是保证产品具有一定活菌含量、营养卫生及外观风味。

【复习思考题】

一、名词解释

1. 发酵剂　　2. 发酵酸乳　　3. 凝固型酸牛乳　　4. 搅拌型酸牛乳

二、选择题

1. 生产发酵乳制品时，为消除对菌种的有害因素，有必要进行下列哪一项检验（　　）?

A. 酒精检验　　　　　　　　　　　B. 相对密度或比重检验

C. 细菌数检验　　　　　　　　　　D. 抗生素残留检验

2. 生产发酵酸乳时，常采用的发酵温度和时间是（　　）。

A. 发酵温度 41~43℃，发酵时间 3~4h　　B. 发酵温度 4℃，发酵时间 7~10d

C. 发酵温度 15~20℃，发酵时间 1~2d　　D. 发酵温度 63℃，发酵时间 30min

三、填空题

1. 乳在微生物的作用下发生乳酸发酵，导致乳的酸度逐渐升高。由于发酵产酸而升高的这部分酸度称为_____。

2. 对 pH 值酸度可用氢离子浓度负对数（pH）表示，正常新鲜牛乳的 pH 为_____，一般酸败乳或初乳的 pH 在_____以下，乳房炎乳或低酸度乳 pH 在_____以上。

3. 在发酵乳制品生产中要使用发酵剂，发酵剂的主要作用是使_____发酵，产生挥发性风味物质和产生_____。

4. 发酵乳制品生产中按制备过程对乳酸菌发酵剂的分类，可以分为：_____、_____、_____。

5. 现在市场上流通的发酵酸乳，按成品的组织状态来划分可以分为_____酸乳和_____酸乳两大类。

四、简述题

1. 简述发酵剂的概念及种类。

2. 发酵剂的质量检验主要有哪几方面？怎样进行检验？

五、综述题

1. 以市场上的酸乳制品为例，分析其最容易发生的质量缺陷和产生的原因，你能否找出其克服的办法？

2. 试述酸牛乳的加工工艺及要点。

六、技能题

1. 发酵剂制备的操作步骤。

2. 酸乳检验指标和相关操作步骤。

【实训二十四】　发酵剂的制备及鉴定

一、实训目的

通过实验掌握酸乳发酵剂的制备方法及其鉴定方法。

二、主要原料及设备

1. 原料　脱脂乳和菌种。

2. 发酵剂制备的仪器设备　5~10mL 吸管（灭菌）2 支，50~100mL 灭菌量筒 2 个，20mL 灭菌带棉塞试管 2 支，150mL 三角烧杯 2 个，酒精灯一盏，脱脂棉 500g，恒温箱（共用），手提式高压灭菌器，其他（玻璃铅笔，试管架，吸耳球，火柴，水桶）。

3. 发酵剂鉴定的仪器设备　碱用滴定管及滴定架，100~150mL 烧杯或三角烧杯，10~20mL 吸管。试剂：0.1 mol/L NaOH，1%~2%酚酞酒精溶液，蒸馏水，0.05%刃天青溶液。

三、实训方法和步骤

1. 发酵剂制备

(1) 菌种制作

① 菌种的选择与活化。制作酸乳制品用发酵剂的菌种一般由专门实验室保存，使用者应根据生产的酸乳制品种类进行选择活化（见表1）。

表1　不同菌种的发酵特征及培养条件

种 类	菌 种	主要机能	最适温度/℃	凝乳时间/h	极限酸度/°T	适应的酸乳制品
乳酸杆菌	保加利亚乳杆菌 (*L. bulgaricus*)	产酸、生香	45～50	12	300～400	酸凝乳、牛乳
	嗜酸乳杆菌（*L. acidophilus*）	产酸	45～50	12	300～400	嗜酸菌乳
	干酪乳酸杆菌 (*L. casei*)	产酸	45～50	12	300～400	液状酸凝乳
乳酸球菌	嗜热酸链球菌 (*Str. thermophilus*)	产酸	50	12	70～100	酸凝乳
	乳酸链球菌（*Str. lactis*）	产酸	30～35	12	120	人工酪乳、酸稀奶油
	乳脂链球菌（*Str. cremoris*）	产酸	30	12～14	110～115	人工酪乳、酸稀奶油
	丁二酮乳酸链球菌（*Str. diacetilactis*）	产酸、生香	30	18～48	100～105	人工酪乳、酸稀奶油
酵母	乳酒假丝酵母 (*Candida. kefyr*)	产醇、CO_2	16～20	15～18		牛乳酒
	脆壁克鲁维酵母 (*Kluyveromyces fragilis*)	产醇、CO_2 产醇、CO_2				牛乳酒 牛乳酒

② 活化菌种。按无菌操作进行，菌种为液体时，用灭菌吸管取1～2mL接种于装灭菌脱脂乳的试管中（10mL脱脂乳）。菌种为粉状的用灭菌铂耳或玻璃棒取少量接种于灭菌脱脂乳的试管中混合，然后置于恒温中根据不同菌种的特性选择培养温度与时间，培养活化。活化可进行1至数次，依菌种活力确定。

（2）调制母发酵剂　将脱脂乳分装于试管中和三角烧杯中，每试管中10mL，每个三角瓶中100～150mL，然后盖上棉塞、硫酸纸，扎紧后进行高压灭菌，灭菌温度在120℃，保持5min之后，慢慢放气，取出灭菌乳冷却至42℃左右再进行接种，接种2％～3％，充分混匀后，置于恒温中培养（40～42℃、2.5～3h），三角瓶中菌种供制生产发酵剂用，试管中菌种仍可作为原菌种保留，原菌种更新周期一般为3d，最长不得超过一周。制备好的菌种放于冰箱内保存。

（3）调制生产发酵剂　将脱脂乳分装于500mL以上的三角瓶中或不锈钢培养缸中（缸的容量为5～10kg），盖严后进行灭菌，灭菌温度在120℃，5min后按上述方法取出冷却至45℃接种，接种量在2％～5％，充分混合后置于恒温箱中培养（40～45℃，2.5～3h）。此菌种供生产酸乳制品时使用。

2. 发酵剂的质量检验

（1）感官检验　观察发酵剂的质地，组织状态，凝固与乳清析出的情况，味道和色泽，好的发酵剂应凝固得均匀，细腻、致密、无块状物，有一定弹性，乳清析出的少，具有一定酸味或香味，无异常味、无气泡和色泽变化。

（2）化学检验

① 检验酸度。采用滴定法，计算出酸度或吉尔涅尔度（°T）。

a. 操作。用吸管吸取10mL发酵剂于100～150mL三角瓶中，加20mL蒸馏水混匀。加2滴酚酞-酒精溶液，用0.1mol/L NaOH滴定至出现玫瑰红色1min内不消失为止。

b. 计算。吉尔涅尔度＝消耗的0.1mol/L NaOH体积（mL）×10

$$乳酸度(\%)=\frac{滴定消耗的\ 0.1mol/L\ NaOH\ 体积(mL)\times0.009}{样品体积(mL)\times1.030}\times100\%$$

② 细菌学检验。细菌学检验主要检验发酵剂的乳酸菌数和杂菌污染情况。一般是使用革兰染色或纽曼（Newman）染色方法染色发酵剂涂片，并用高倍光学显微镜（油镜头）观察乳酸菌形态正常与否以及杆菌与球菌的比例等，测定总菌数和活菌数，在计数时要注意观察有无污染。

③ 活力检验。

a. 酸度测定法。

b. 刃天青还原法。将 1mL 发酵剂加入 9mL 灭菌脱脂乳中，并加 0.005% 刃天青溶液 1mL，在 36.7℃保温 30min 后开始观察，其后每 5min 观察一次结果，淡粉红色为终点，活力好的发酵剂应在 35min 内还原刃天青。50～60min 还原的发酵剂不宜使用，对照的不含发酵剂的空白灭菌脱脂乳的还原时间不应少于 4h。

四、实训结果分析

实训结果分析见表 2。

表 2 发酵剂质量评定表

评定项目	标准状态	实际状态	缺陷分析	结果定性
组织状态	光滑,无龟裂,凝固状态较好,无乳清析出			
酸味	独特的酸乳香味			
滴定酸度	大于 0.4%			
刃天青还原法	颜色褪色小于 35min			

五、注意事项

1. 应选择新鲜品质好的牛乳做脱脂乳培养基，鲜乳中菌数不能太高，一般低于 10000 个/mL，不含抗生素和消毒剂，患乳房炎牛产的乳不适于制作发酵剂，因其在治疗时使用抗生素会抑制酸乳菌种的生长繁殖。发酵剂所用的脱脂乳灭菌要彻底。

2. 母发酵剂仅第一次由原培养物制备外，在一般生产过程中均由前代母发酵剂制备。

3. 盛装发酵剂的容器最好是玻璃制的三角瓶，其口小，容量大，用棉塞塞紧瓶口可防止杂菌污染。此外亦便于感官检查。但也可使用金属容器制备发酵剂。

4. 接种时要注意防止污染。应按无菌操作的要求进行。最好在无菌室内接种，可减少空气中杂菌污染，以保证发酵剂中无酵母菌、霉菌。实验台要用消毒药消毒。接种时避免直接倾倒，可用灭菌吸管或匙子接种。

5. 发酵剂成熟后应立即冷却，其量少时可置于冰箱中保存，量多可于冷却水中，直至应用。

6. 同一天的批量发酵剂应该使用同一份母发酵剂来培养，但如果出现这些情况（①发酵时间变长；②产品有异味；③母发酵剂被污染，或者操作失误），就应当更换母发酵剂。

7. 批量发酵剂要保证第二天发酵生产有足够的使用量，每 500L 牛乳大约要用 20～30L 批量发酵剂。

【实训二十五】 凝固型酸牛乳制作

一、实训目的

通过实训掌握酸牛乳加工的方法和操作要点。

二、主要设备及原料

设备：牛乳的消毒锅、2～5mL 灭菌吸管、灭菌铂耳、50～100mL 灭菌量筒、酒精灯、灭菌量筒、灭菌勺、温度计、玻璃棒、恒温箱、冰箱、灭菌牛乳瓶若干。

原料：鲜乳 10kg，蔗糖 1kg，发酵剂 500g［一般选用保加利亚乳杆菌（*Lactobacillus bulgaricus*）和嗜热性链球菌（*Streptococcus thermophilus*）］，脱脂乳培养基。

三、实训方法和步骤

1. 工艺流程

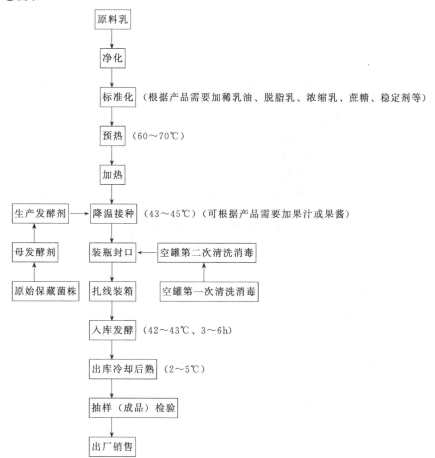

2. 酸牛乳的制作

（1）原料乳验收与处理 生产酸乳所需要的原料乳要求酸度在 18°T 以下，脂肪大于 3.0％，非脂乳固体大于 8.5％，并且乳中不得含有抗生素和防腐剂，并经过滤。

（2）加蔗糖 蔗糖添加剂量一般为 6％～8％，最多不能超过 10％。具体办法是在少量的原料乳中加入糖后加热溶解，过滤后倒入原料乳中混匀即可。

（3）杀菌冷却 将加糖后的乳滤入铝锅中，然后置 90～95℃ 的水浴中。当温度上升到 90℃ 时，开始计时，保持 30min 之后立即冷却到 40～45℃。

（4）添加发酵剂 将制备好的生产发酵剂（保加利亚乳杆菌：嗜热链球菌＝1：1）表层 2～3cm 去掉，再用灭菌玻璃棒搅成稀奶油状。用洁净灭菌量筒取乳量2％～3％的生产发酵剂，先用等量灭菌乳混匀后倒入冷却乳中，充分混匀。

（5）装瓶 将酸乳瓶用水浴煮沸消毒20min，然后将添加发酵剂的乳分装于酸乳瓶中，每次不能超过容器的4/5。装好后用蜡纸封口，再用橡皮筋扎紧即可进行发酵。

（6）发酵 将装瓶的乳置于恒温箱中，在 40～45℃ 条件下保持 4h 左右至乳基本凝固为止。

（7）冷藏 发酵完毕后，置于0～5℃冷库或冰箱中冷藏4h以上，进一步产香且有利于乳清吸收。

四、实训结果分析

实训结果分析见表1。

表1 凝固型酸牛乳质量评定表

评定项目	标准状态	实际状态	缺陷分析	结果定性
感官性质	凝乳稳固细腻,色泽均匀一致,呈自然的乳白色;表面光滑、无乳清分离;香味和滋味纯正浓郁,无异味			
微生物指标	大肠杆菌/(MPN/100g)≤90,乳酸菌数/(cfu/g)≥1×10⁶			
理化指标	固体物不低于 11.5%,脂肪不低于3.0%,酸度不高于120 °T			

五、注意事项

1. 加发酵剂后应尽快分装完毕。

2. 做到无菌操作,防止二次污染。

3. 轻拿轻放,防止震动,以免影响酸乳凝结的组织状态。

4. 发酵温度要恒定,避免忽高忽低。

5. 观察酸乳凝结情况,掌握好发酵时间,防止酸度不够、过高以及乳清析出。

【实训二十六】 冷冻酸牛乳

一、实训目的

通过实训掌握冷冻酸牛乳的方法和操作要点。

二、主要设备及原料

设备:冰淇淋搅拌器、冰淇淋冷凝器、冰淇淋杯、冰箱、燃气灶、温度计、锅、木铲、塑料盆、滤布、台秤等。

原料:牛乳0.5L,白砂糖 150g,鸡蛋黄4个,稀乳油0.5L,香草粉适量。

三、实训方法和步骤

1. 混合料的配制 搅打鸡蛋黄,将其混于牛乳中,同时将稀奶油、糖、香草粉加入,搅拌使混合均匀。

2. 杀菌和老化 将混合物加热至80℃保持25s,然后立即冷却至20℃,将混合物放在冰箱中冷藏4~5h(温度0~4℃)。

3. 凝冻 老化完成时,开动冰淇淋搅拌器和冷凝器,将时间控制器调至冰淇淋处(大约需要10~12min)进行凝冻。

4. 包装 凝冻后即进行包装,包装规格应根据冰淇淋的品种而定。如冰砖冰淇淋,要将凝冻好的冰淇淋及时倒入到冰砖车内,通过机械方式定量地自动将冰淇淋灌装入已折好的冰砖纸盒内,并及时封口。

5. 硬化 包装好后,再装入大纸盒或塑料箱中送至硬化室(如冰柜),温度—25~—23℃硬化处理,时间10~12h。

四、实训结果分析

实训结果分析见表1。

表1 冷冻酸牛乳质量评定表

评定项目	标准状态	实际状态	缺陷分析	结果定性
感官性质	呈均匀一致的乳白色或与本品种相一致的均匀色泽。形态完整,组织细腻滑润,没有乳糖、冰晶及粗粒存在,无直径超过0.5cm的孔洞,无肉眼可见的外来杂质。具有各香型品种特有的香气。清凉细腻,绵甜适口,给人愉悦感			

续表

评定项目	标准状态	实际状态	缺陷分析	结果定性
微生物指标	菌落总数≤25000 个/mL 大肠菌群≤450 个/100mL 致病菌不得检出			

五、注意事项

1. 要制作出好的冰淇淋，卫生条件很重要。在操作过程中所用的设备、用具应严格杀菌，像勺子、过滤器等需煮沸后使用。

2. 配好料后一定搅拌均匀，尽可能均质。

3. 速冻效果与冰淇淋的品种、包装规格大小和堆装方法有关。如大冰砖（320g）的凝冻速度在同一条件下要比中冰砖（160g）慢一些，而纸杯冰淇淋（50g）的凝冻速度要比中冰砖快一些。堆装时箱与箱之间要有一定的距离，最好间隔 2～4cm，不宜过于紧密，否则也会影响速冻效果。

第十五章　干酪加工技术

【知识目标】　了解干酪的概念、分类与特点，掌握干酪加工的基本原理和常见干酪的生产技术与常见质量问题及控制措施。

【能力目标】　掌握常见干酪的发酵与压榨工艺操作要点。

【适合工种】　干酪制造工。

第一节　干酪的概念和种类

一、干酪的概念

干酪（cheese）又称奶酪，是指在乳中（或脱脂乳或稀奶油等）加入适量的乳酸菌发酵剂和凝乳酶，使乳蛋白质（主要是酪蛋白）凝固后，分离出乳清，将凝块压成所需形状而制成的产品。制成后未经发酵成熟的产品称为新鲜干酪；经长时间发酵成熟而制成的产品称为成熟干酪。国际上将这两种干酪统称为天然干酪。

干酪生产历史悠久，起源于公元前 6000～7000 年，是以牛、羊乳为原料制成的产品。我国人民很早以前就制造干酪，当时称之为"乳腐"，宋朝已设立乳品制造部且有"牛羊马乳酪院制造酥酪"的记载。目前在世界范围内，干酪是耗乳量最大的乳制品，发达国家六成以上的鲜乳用来加工干酪。20 世纪干酪加工业迅猛发展，而我国干酪产量和消费量较低，还未形成规模，但发展潜力巨大，因此应充分重视干酪加工业的发展，以不断满足消费者的需要。

二、干酪的营养成分

干酪的营养价值很高，内含丰富的蛋白质、脂肪、无机盐和维生素及其他微量成分等。各种干酪的主要化学成分见表 15-1。主要为蛋白质和脂肪，其含量相当于将原料乳中的蛋白质和脂肪浓缩了 10 倍。经过成熟发酵过程后，干酪中的蛋白质在凝乳酶和发酵微生物产生的蛋白酶的作用下而分解生成胨、肽、氨基酸等可溶性物质，极易被人体消化吸收，干酪中蛋白质的消化率为 96%～98%。干酪中含有大量的必需氨基酸和丰富的盐类，尤其含大量的钙和磷，除能满足人体的营养需要外，还具有重要的生理作用。此外，干酪也是维生素 A 的良好来源（表 15-2），其次是胡萝卜素、B 族维生素和烟酸等。

表 15-1　各种干酪的主要化学成分　　　　　　单位：%

种　类	水分含量	蛋白质含量	脂肪含量	灰分含量	钙含量	磷含量
脱脂生干酪	70～75	13～20	1～2	2～3	0.08	0.23
稀奶油干酪	38～43	13～16	43～48	0.5～1.5	0.089	0.09
砖状干酪	37～40	22～24	27～33	4～4.5	0.68	0.42
契达干酪	34～42	21～25	30～36	3.5～7	1.0～1.7	0.3～0.5
瑞士多孔干酪	30～34	25～30	30～34	3～4	0.45～0.68	—
法国羊乳干酪	37～40	19～23	31～34	5～7	0.704	0.537
加工干酪	41～42	21～24	28～31	5～6	—	—

表 15-2　干酪中维生素 A 含量　　　　　　单位：μg/100g

种　类	维生素 A 含量
圆形荷兰干酪	960
加工干酪	237
青纹干酪	1251～2104

三、干酪的分类

干酪种类繁多，品种多达 2000 种以上，一般根据干酪的质地、脂肪含量和成熟情况进行分类。

1. 根据干酪中的水分含量分类

见表 15-3。

表 15-3 干酪的品种分类

形体的软硬与成熟有关的微生物			代　表
特别硬质(水分 30%~35%)	细　菌		珀尔梅撒、罗马诺
硬质(水分 30%~40%)	细菌	大气孔	埃曼塔尔、格鲁耶尔
		小气孔	荷兰干酪、荷兰圆形干酪
		无气孔	契达干酪
半硬质(水分 38%~45%)	细菌		砖状干酪、林堡干酪
	霉菌		罗奎福特、青纹干酪
软质(水分 40%~60%)	霉菌		卡门培尔
	不成熟		农家干酪、稀奶油干酪
融化干酪(水分 40%以下)	—		融化干酪

2. 根据凝乳方法的不同分类

(1) 凝乳酶凝乳的干酪　大部分干酪品种都属于此种类型。

(2) 酸凝乳的干酪　如农家干酪、夸克干酪和稀奶油干酪。

(3) 热、酸联合凝乳的干酪　如瑞考特干酪。

(4) 浓缩或结晶处理的干酪　麦索斯特干酪。

3. 国际上的划分

国际上常把干酪分为天然干酪、再制干酪和干酪食品三大类。定义和要求见表 15-4。

表 15-4 天然干酪、再制干酪和干酪食品的定义和要求

名　称	规　格
天然干酪	以乳、稀奶抽、部分脱脂乳、酪乳或混合乳为原料,经凝固后,排出乳清而获得的新鲜或成熟的干酪产品,允许添加天然香辛料以增加香味和口感
再制干酪	用一种或一种以上的天然干酪,添加食品卫生标准所允许的添加剂(或不加添加剂),经粉碎、混合、加热融化、乳化后而制成的产品,乳固体含量在 40%以上,此外,还有下列两条规定:①允许添加稀奶油、奶油或乳脂以调整脂肪含量;②在添加香料、调味料及其他食品时,必须控制在乳固体总量的 1/6 以内,但不得添加脱脂乳粉、全脂乳粉、乳糖、干酪素以及非乳源的脂肪、蛋白质及碳水化合物
干酪食品	用一种或一种以上的天然干酪或再制干酪,添加食品卫生标准所规定的添加剂(或不加添加剂),经粉碎、混合、加热融化而成的产品。产品中干酪的质量须占总质量的 50%以上,此外,还规定:①添加香料、调味料或其他食品时,需控制在产品干物质总量的 1/6 以内;②可添加非乳源的脂肪、蛋白质或碳水化合物,但是不得超过产品总量的 10%

第二节　干酪的生产原理与技术

一、干酪中的微生物

1. 干酪发酵剂

(1) 发酵剂种类　在制作干酪过程中,用来使干酪发酵与成熟的微生物培养物称为干酪发酵剂。添加发酵剂主要是促进凝乳酶作用,以缩短凝乳时间;生成乳酸,促进乳清排出;在成熟过程中,促进干酪的成熟及风味变化。

干酪发酵剂可分细菌发酵剂和霉菌发酵剂。细菌发酵剂主要以乳酸菌为主,主要有乳酸链球菌、乳脂链球菌、干酪乳杆菌、丁二酮链球菌、嗜酸乳杆菌、保加利亚乳杆菌、嗜柠檬酸明串珠

菌等，有时还加入丙酸菌。霉菌发酵剂主要是对脂肪分解能力强的卡门培尔干酪青霉、干酪青霉、娄地青霉等，有时也使用解脂假丝酵母等某些酵母。

(2) 发酵剂的制备　目前，干酪加工厂家多使用专门机构生产的冻干粉末状菌种或混合菌种发酵剂。采用多菌种混合发酵剂可以使干酪生产中产酸、产芳香物质和形成干酪特殊组织状态。生产中根据干酪品种、加工工艺、原料乳的质量和组成以及发酵剂本身的活力，一般要求每升中含 $10^8 \sim 10^9$ 个活菌。

① 乳酸菌发酵剂的制备。乳酸菌发酵剂的制备与发酵乳发酵剂制备方法相似，在酸度达到 $0.75\% \sim 0.85\%$ 时冷却备用。

② 霉菌发酵剂的制备。将除去表皮的面包切成小立方体，放入三角瓶中，加入适量的水及少量乳酸后进行高温灭菌，冷却后在无菌条件下将悬浮着霉菌菌丝或孢子的菌种喷洒在灭菌的面包上，然后在 $21 \sim 25℃$ 的恒温培养箱中培养 $8 \sim 12d$，使霉菌孢子布满面包表面，将培养物取出，于 $30℃$ 条件下干燥 $10d$（或进行真空干燥）。最后将所得物破碎成粉末，放入容器中备用。

2. 干酪加工过程中的有害微生物

在干酪制作过程中，有时会受到有害微生物污染如大肠杆菌、丁酸菌、丙酸菌等，真菌类的酵母菌、霉菌以及噬菌体等，这些有害菌易使干酪出现产气，颜色发生变化，硬质干酪表面软化、褪色，产生不愉快臭味等质量缺陷。生产中要严格操作，采取措施防止有害微生物的污染。

二、原料乳的要求及检验

制作干酪的原料乳必须是符合国家规定的优良新鲜乳，要经过以下各项检验：①感官鉴定：色泽、风味等；②酒精试验：以 70%中性酒精试验呈阴性；③酸度测定：在 $19°T$ 以下；④美蓝还原试验：经 $5.5h$ 以上褐色者；⑤发酵试验；⑥必要时进行抗生素试验。

发酵试验是将原料乳加入试管中保温 $33 \sim 40℃$，使其自然发酵凝固，此时观察凝固物有无气体产生，以检查原料乳中是否有大肠菌群的细菌和能发酵乳糖的酵母菌。如有，凝块内便会有气体产生。

另一种方法是皱胃酶发酵试验。在灭菌的广口瓶中加入原料乳 $260mL$，滴入 $2 \sim 3$ 滴皱胃酶溶液，在 $37℃$ 保温使牛乳凝固，然后用灭菌刀将凝块切碎，排出乳清，再将凝块放入瓶内，于 $37℃$ 保温 $12h$，检查凝块的性质来判定乳的质量。良好的原料乳经 $20 \sim 30min$ 就能充分凝结，再经 $12h$ 就能获得均匀而结实的凝块，无气泡，略带纯正的酸味；而质量差的原料乳有霉味、酵母味、腐败味，凝块内贯穿有气泡并呈膨胀状态，乳清颜色浑浊或不形成凝块。

原料乳中青霉素的检验方法是：在含有杀菌乳 25%，酵母膏、糖、蛋白胨、肉汤 75%及溴甲酚紫 0.01%的培养基中，接种嗜热链球菌进行培养，直至指示剂溴甲酚紫变为灰色时，将此培养基与等量的试验乳样混合于试管中，在 $45℃$ 以下保温，然后与添加已知青霉素剂量，并经同样处理的试管每隔 $30min$ 比较一次。如在 $30min$ 即达一样者，则每毫升试验乳样中即含有 $0.06 \sim 0.015U$ 的青霉素；$1h$ 达一样者，则含有 $0.015U$ 的青霉素；超过 $1h$ 者则含 $0.0037U$ 的青霉素。

三、凝乳酶

凝乳酶即皱胃酶，是制作干酪必不可少的凝乳剂，从犊牛或羔羊的皱胃（第四胃）提取，可分为液体、粉状及片状三种制剂。皱胃酶的等电点为 pH4.45～4.65，凝乳作用的最适 pH 为 4.8 左右，凝固的适宜温度为 40～41℃。凝乳酶在弱碱（pH 为 9）、强酸、热、超声波等作用下失活。

1. 皱胃酶的制备

(1) 原料调制　皱胃酶是由犊牛、羔羊的第四胃产生，当幼畜接受了母乳以外的饲料时，其胃就开始分泌胃蛋白酶，用含有胃蛋白酶的制品凝乳所制作的干酪因胃蛋白酶的作用而使产品的可接受性极差，不能用于制备凝乳酶。应选择出生两周内、没有食用过母乳以外其他食物的犊牛的胃，在第三胃和第四胃之间用绳扎住，从第四胃幽门口吹入空气使之膨大并在幽门处扎紧晾干。

(2) 皱胃酶的浸出　将晾干的皱胃切细（或用捣碎机捣碎），用含 4%～5%的 NaCl 溶液、10%～12%乙醇溶液浸提。将多次浸提液收集后离心除渣，加入 1mol/L 盐酸约 5%使黏液分离沉淀后，再加入 NaCl 使浸出液含盐量达 10%。调整 pH 至 5～6（防止皱胃酶变性）即得液体制剂。

目前已采用从活犊牛的胃中提取皱胃酶，利用活犊牛将乳清流入皱胃中，经过一定时间后，再通过插入胃管引液排出，由排出液精制成皱胃酶。

(3) 皱胃酶的精制 将皱胃酶的浸出液经透析和醋酸处理（pH 约为 4.6），离心后将沉淀的粗酶反复透析、酸化，离心多次后所收集的精制液体产品放在 0～4℃的条件下，静置 2～3d，即可形成极小针状结晶。将结晶溶于水，再经透析，去除酸、盐等物质，最后冷冻干燥呈粉末状，即得到精制产品。

2. 凝乳酶的凝乳原理及影响因素

(1) 凝乳原理 凝乳酶与酪蛋白的专一性结合使牛乳凝固。该凝固作用分为两个过程：①牛乳中加入凝乳酶后，形成副酪蛋白，此过程称为酶性变化；②副酪蛋白在乳浆中游离钙的作用下，副酪蛋白微球之间会形成"钙桥"，从而使副酪蛋白微球相互作用发生凝聚，产生凝胶体，这个过程称为非酶变化。

在实际操作过程中，在室温以上的温度下，上述两个过程存在相互重叠现象，无明显区分。此外，副酪蛋白因凝乳酶作用时间延长会使酪蛋白进一步水解，此过程在凝乳时较少考虑，但对干酪成熟却很重要。

(2) 凝乳酶凝乳的影响因素

① pH 的影响。凝乳酶作用的最适 pH 为 4.8，在低于 4.8 条件下，形成的凝块较硬。

② 钙离子的影响。钙离子不仅影响凝乳，而且也影响副酪蛋白的形成。酪蛋白所含的胶质磷酸钙是凝块形成时所必需的成分。如增加乳中的钙离子，则可缩短凝乳酶作用时间，且形成的凝块较硬。

③ 温度的影响。凝乳酶的凝乳作用，在 40～42℃条件下作用最快，在 15℃以下或 65℃以上则不发生作用。温度不仅影响副酪蛋白的形成，更主要影响副酪蛋白形成凝块的过程。

④ 原料乳加热的影响。加工过程中如先将牛乳加热至 42℃以上，再冷却至凝乳所需的正常温度后，添加凝乳酶，此时凝乳时间会延长，凝块变软，这种现象称为"滞后现象"。这是因为牛乳在 42℃以上的温度加热处理时，酪蛋白微球中的磷酸盐和钙离子被游离出来所致。

3. 凝乳酶的活力测定

凝乳酶的活力单位（rennin unit，RU）是指凝乳酶在 35℃的条件下，使牛乳 40min 凝乳时，单位质量（一般为 1g）的凝乳酶能使牛乳凝固的倍数。即 1g 或 1mL 凝乳酶，在 35℃，40min 内所能凝固的牛乳的质量（g）或体积（mL）。

凝乳酶的活力测定方法是：将 9g 优质脱脂乳粉溶于水中，配成 100mL 乳液，并用 1mol/L 乳酸调整其酸度至 0.18%（或相当于 20 °T），用水浴加热至 35℃，添加 10mL 1% 的凝乳酶食盐水溶液，迅速搅拌均匀，准确记录开始加入酶液直至凝乳时所需的时间（s）。该时间也称为凝乳酶的绝对强度。其活力计算公式如下：

$$活力 = \frac{供试乳样质量(g)或体积(mL)}{凝乳酶质量(g)或体积(mL)} \times \frac{2400(s)}{凝乳时间(s)}$$

式中，2400s 为测定凝乳酶活力所规定的时间（40min）。

活力确定以后，即可根据活力计算凝乳酶的添加量。

例如：原料乳的质量为 120kg，用活力为 1：12000 的凝乳酶进行凝固，则需添加凝乳酶的量 x 可按下式计算。

$$1：12000 = x：120000$$
$$x = 10g$$

4. 凝乳酶的添加

一般液体凝乳酶制剂的活力为 1：10000～1：15000，粉状凝乳酶活力为液体的 10 倍左右。为使凝乳酶在乳中分散均匀，必须将商品酶制剂进行稀释后使用。一般液体酶制剂至少用 2 倍的水稀释，而使用粉状凝乳酶时，应用 1% 的盐水将其配制成 2% 的溶液。添加凝乳酶时，应沿着干酪槽边缘慢慢加入并进行搅拌，搅拌时注意避免使乳产生泡沫，添加完后继续搅拌 2min，使凝乳酶与原料乳充分混合均匀后静止。

四、干酪加工工艺中的新技术

1. 超滤及反渗透技术在干酪生产中的应用

利用超滤及反渗透技术处理原料乳，可以将乳中大部分的水分、乳糖、无机盐等物质排出，使蛋白质、脂肪被浓缩，乳蛋白质的利用率达到 94.9%（一般处理法只能利用 78.7%），提高了干酪的收率，且能减少发酵剂和凝乳酶的使用量。成品质量和风味良好。该技术主要被用于软质干酪的生产。

2. 发酵剂的无菌连续培养技术

发酵剂的常规制备方法既繁琐时间又长，而且不适应大批量连续化生产干酪。在制作过程中如受到空气中杂菌和噬菌体的污染，将影响干酪的正常生产和成品质量。发酵剂的无菌连续化大批生产技术是在封闭无菌的条件下进行发酵剂的培养制备。首先在培养装置上培养母发酵剂，然后由无菌的压缩空气压送到生产发酵剂培养罐中进行培养。经检验合格后，再由无菌压缩空气送出，进行生产接种。该项技术的应用，较好地防止了微生物和噬菌体的二次污染，而且适应了干酪连续化大批量生产的需要。

3. 自动判定凝乳切割时间的技术

在干酪的生产工艺中，凝块的切割是很重要的工艺环节。特别是切割时机的判定，直接影响乳清的排出和干酪的收率、成品质量等。常规的判定方法是依靠操作人员的感官，如手指等来直观地判定凝乳的状态和切割时机。由于受到个人技术、操作熟练程度的影响，会产生某些判定误差。如果采用其他的仪器手段来进行判定，则容易造成对凝乳的破坏。最近在日本开发研制出了利用细线加热黏度计来自动判定凝乳切割时机的新技术。该技术的主要原理是：在原料乳（已添加凝乳酶）中垂直固定一根特殊的金属丝（如白金丝），并接通电流使其发热。当乳的流动性良好时，金属丝所产生的热量及时散发到牛乳中，其本身温度上升较慢。当牛乳开始凝固后，乳的流动性变差，黏度增高，金属丝产生的热量较难传导出去，因而其本身温度开始逐渐升高。利用这一原理，将金属丝的温度变化指标输入终端监视系统中进行处理，进而自动判定乳的凝固状态和切割的最佳时机。由于这项技术的推广应用，在提高干酪的品质和收率的同时，还可以节省劳动力，促进干酪生产工艺的自动化。

4. 自动化连续成型压榨

该项工艺技术是从凝块的加温搅拌结束、进行堆积开始，采用全自动化设备，完成堆积、切碎、装模、压榨定型等工艺操作过程。成型器和模盖等都被固定或安装在设备及传动装置上。除压榨好的干酪被不断送出外，其他包括装填、压榨、模具的 CIP 自动清洗等全部过程均为自动连续操作。

5. 皱胃酶的代用凝乳酶

皱胃酶来源于犊牛的第四胃，由于其成本高及目前肉牛的生产实际等原因，开发、研制皱胃酶的代用酶越来越受到普遍的重视，并且很多代用凝乳酶已应用到干酪的生产中。代用酶按其来源可分为动物性凝乳酶、植物性凝乳酶、微生物凝乳酶及遗传工程凝乳酶等。

（1）动物性凝乳酶 主要是胃蛋白酶，其在性质在很多方面与皱胃酶相似，但胃蛋白酶的蛋白分解力强，单独使用使产品略带苦味。

（2）植物性凝乳酶 主要有无花果蛋白分解酶、木瓜蛋白分解酶、凤梨酶，但都存在蛋白分解力强，使制品略带苦味的缺陷。

（3）微生物来源的凝乳酶 可分为霉菌、细菌、担子菌三种来源。主要在生产中得到应用的是霉菌性凝乳酶。微生物来源的凝乳酶生产干酪时的缺陷主要是在凝乳作用强的同时，蛋白分解力比皱胃酶高，干酪的收得率较皱胃酶生产的干酪低，成熟后产生苦味。另外，微生物凝乳酶的耐热性高，给乳清的利用带来不便。

（4）利用遗传工程技术生产皱胃酶 美国和日本等国利用 DNA 遗传工程技术，将控制犊牛皱胃酶合成的 DNA 分离出来，导入微生物细胞内，利用微生物来合成皱胃酶，已得到美国食品药品管理局（FDA）的认定和批准并在美国、瑞士、英国、澳大利亚等国广泛推广应用。

第三节　干酪的生产工艺

各种天然干酪的生产工艺基本相同，现以半硬质或硬质干酪产品生产为例，介绍干酪生产的基本加工工艺流程。

一、生产工艺流程

二、操作要点

1. 原料乳的检验与预处理

（1）原料乳的检验　高品质的干酪产品来源于高质量的原料乳。因此，必须对原料乳进行感官、理化、微生物、抗生素指标等严格检验，以保证进入生产过程的原料乳的质量。一般用于干酪生产的原料乳中的细菌总数应低于 100000cfu/mL。

（2）原料乳的预处理　用离心除菌机进行净乳处理，不但可以除去乳中大量杂质，还可除去乳中 90% 的细菌，有效破坏在巴氏灭菌中很难杀死的丁酸梭状芽孢杆菌。牛乳净化后立即冷却到 4℃ 以下，抑制细菌繁殖。

（3）标准化　为保证产品质量均一，组成一致，在加工前要对原料乳进行标准化。成分标准由其中的水分及脂肪含量决定。实践中主要通过调整原料乳中脂肪和蛋白质之间的比例进行，一般包括原料乳脂肪标准化和酪蛋白（C）/脂肪（F）比例标准化（C/F 一般为 0.7）。标准化的主要方法有：通过离心的方法除去部分乳脂肪；加入脱脂乳、稀奶油、脱脂乳粉等。

2. 杀菌

原料乳经标准化后进行灭菌，其作用可以杀灭原料乳中的致病性微生物并降低细菌的总体数量，破坏乳中的多种酶类，促使蛋白质变性。杀菌温度一般采用低温长时间（63℃、30min）或高温短时（71～75℃、15s）的杀菌方法。杀菌时如温度过高，时间过长，则蛋白质热变性量增多，凝块松软，且收缩后也较软，往往形成水分较多的干酪。生产中常采用保温杀菌缸或片式热交换杀菌机杀菌。杀菌后的牛乳冷却到 30℃ 左右，放入干酪槽中。

3. 添加发酵剂和预酸化

原料乳经杀菌后，直接打入干酪槽中。将干酪槽中的牛乳冷却到 30～32℃，然后加入发酵剂。添加发酵剂的作用如下：①使发酵乳糖产生乳酸，提高凝乳酶的活性，缩短凝乳时间；②促进切割后凝块中乳清的排出；③发酵剂在成熟过程中，利用本身的各种酶类促进干酪的成熟；④防止杂菌的繁殖。加入方法为取原料乳量的 1%～2% 制好的工作发酵剂，边搅拌边加入，并在 30～32℃ 条件下充分搅拌 3～5min。为了促进凝固和正常成熟，加入发酵剂后应进行短时间发酵，以保证充足的乳酸菌数量，此过程称为预酸化。经 20～30min 的预酸化后，取样测定酸度。添加发酵剂并经 20～30min 发酵后，酸度为 0.18%～0.22%，可用 1mol/L 的盐酸调整酸度，一般调整酸度到 0.21% 左右。

4. 添加剂的添加

为了改善乳凝固性能，提高干酪质量，需要向乳中加入某些添加剂，主要有以下几种类型。①氯化钙。生产中配成约含 40% 氯化钙的饱和溶液，氯化钙的允许使用量为每 100kg 牛乳不超过 20g。可以促进凝乳酶的作用，促进酪蛋白凝块的形成。②色素。乳脂肪中的胡萝卜素使干酪呈黄色，但含量随季节变化，冬季则低。生产中应向干酪中添加一定量的色素，调整色泽。③硝酸盐。可抑制产气菌的生长，防止干酪发生鼓胀现象。产气菌包括大肠菌、丁酸梭状芽孢杆菌等。用量为每 100kg 牛乳中加入 20g 硝酸钾，为防止污染，一般先配成溶液经煮沸后再加入牛乳中。不能过多，否则抑制发酵，影响成熟和风味。

5. 添加凝乳酶

根据凝乳酶的活力按照原料乳的量计算，使用前用 1% 的食盐水将凝乳酶配成 2% 的溶液，并在 28~32℃ 下保温 30min 左右，然后将凝乳酶溶液加入到原料乳当中，均匀搅拌 2~3min 后，使原料乳静置凝固。

6. 凝乳及凝块切割

凝乳酶凝乳过程与酸凝乳不同，即先将酪蛋白酸钙变成副酪蛋白酸钙后，再与钙离子作用而使乳凝固，乳酸发酵及加入氯化钙有利于凝块的形成。在 32℃ 下静置 40min 左右，用玻璃棒以 45°角斜插入凝乳中，再缓缓抽出，凝乳裂口如锐刀切割，有透明乳清析出即可开始切割。其目的是：使大凝块转化为小凝块，缩短乳清从凝块中流出的时间；增大凝块的表面积，改善凝块的收缩脱水特性。干酪刀分为水平式和垂直式两种，刃与刃的间距一般为 0.79~1.27cm。切割时用干酪刀先沿着干酪槽长轴用水平式刀平行切割，再用垂直式刀沿长轴垂直切割，最后沿短轴垂直切割，使其切成 0.7~1.0cm³ 的小立方体，操作时动作应轻稳，防止切割不均或过碎。

7. 凝块的搅拌与加温

凝块切割后，用干酪耙或干酪搅拌器轻轻搅拌。此时凝块较脆弱，尽量防止将凝块碰碎。搅拌持续到第一次乳清排出时间为 15~25min，这时颗粒较硬且不易堆积。乳清排出时不停止搅拌，这样可避免颗粒粘连在一起。排出量一般为牛乳体积的 30%~50%。从第一次排出乳清后到热烫前的搅拌称为中期搅拌，时间为 5~20min。在搅拌过程中同时进行热烫即加入热水；将热水、蒸汽加入干酪槽的夹层中；或将二者结合起来。常用的方法初始时每 3~5min 升高 1℃。当温度升至 35℃ 时，则每隔 3min 升高 1℃。当温度达到 38~42℃ 时停止加热并维持此时的温度。其目的是：促进凝乳颗粒收缩脱水，排出游离乳清，增加凝块的紧实度；降低乳酸菌数量和活力，防止干酪的过度酸化；杀死操作过程中污染的腐败性和致病性微生物，利于产品的稳定。热烫结束后需对凝乳颗粒进行冷却处理。确定后期搅拌时间的根据：①乳清酸度达到 0.17%~0.18% 时即可停止搅拌；②凝乳粒的体积收缩到切割时的一半时；③用手捏干酪粒感觉有适度弹性或用手握一把干酪粒，用力压出水分后放开，如果干酪粒富有弹性，放开能重新分散时即可排除乳清。

8. 排除乳清

凝乳粒和乳清达到标准要求时，就可将乳清通过干酪槽底部的金属网排出。将干酪粒堆积在干酪槽的两侧，促进乳清的进一步排出。排出可分几次进行。要求每次排出同体积的乳清，一般为牛乳体积的 35%~50%，排放乳清可在不停搅拌下进行。

9. 成型压榨

乳清排除后，将干酪粒堆积在干酪槽的一端或专用的堆积槽中，上面用带孔木板或不锈钢板压 5~10min，使其成块，并继续排出乳清，此过程称为堆积。在此过程中要注意避免空气进入干酪凝块当中。堆积后的干酪块切成方砖形或小立方体，已使干酪具有一定的形状，利于干酪在一定的压力下排出乳清。堆积排出乳清后将其装入成型器中进行定型压榨。干酪成型器可由不锈钢、塑料或木材制成。在内衬衬网的成型器内装满干酪凝块后，放入压榨机上进行压榨定型。压榨时开始一般压力为 0.2~0.3MPa，时间为 20~30min。预压榨后根据情况进行调整，可以再进行一次预压榨或直接正式压榨。预压后将干酪反转后装入成型器内以 0.4~0.5MPa 的压力在 15~20℃ 再压榨 12~24h。压榨结束后，将干酪从成型器中取出，切除多余的边角，得到生干酪。

10. 加盐

干酪生产中加盐的目的在于：抑制腐败及病原微生物的生长；调节干酪中包括乳酸菌在内的有益微生物的生长和代谢；促进干酪成熟过程中的物理和化学变化；直接影响干酪产品的风味和质地。干酪的加盐量一般在 0.5%~3%（质量分数）。

不同干酪可以采用不同的加盐方法，加盐的方法有以下三种。①干法加盐。如法国浓味干酪，将盐撒在干酪粒中，并在干酪槽中混合均匀或将食盐涂布在压榨成形后的干酪表面。②湿法加盐。如荷兰干酪、荷兰圆形干酪，将压榨成形后的干酪取下包布，置于盐水池中腌渍，盐水的浓度前 2 天保持在 17%~18%，以后保持在 22%~23%。③混合法：如瑞士干酪、砖状干酪，是指在定型压榨后先涂布食盐，过一段时间后再浸入食盐水中的方法。湿法加盐可防止干酪内部产生气体，盐水温度应保持在 8℃ 左右，腌渍时间一般为 4d。

11. 成熟

生鲜干酪置于一定温度（10～12℃）和湿度（相对湿度 85%～90%）条件下，通过在乳酸菌等有益微生物和凝乳酶的作用，经一定时间（3～6 个月）使干酪发生一系列物理和生物化学变化的过程称为干酪的成熟。干酪的成熟可改善干酪的组织状态和营养价值，增加干酪的特有风味。

干酪的成熟通常在成熟库（室）内进行。成熟时低温比高温效果好，一般为 5～5℃。相对湿度一般为 85%～95%，因干酪品种而异。当相对湿度一定时，硬质干酪在 7℃ 条件下需 8 个月以上的成熟，在 10℃ 时需 6 个月以上，而在 15℃ 时则需 4 个月左右。软质干酪或霉菌成熟干酪需 20～30d。

干酪的成熟过程一般包括前期成熟、上色挂蜡、后期成熟和贮藏。前期成熟是将待成熟的新鲜干酪放入温度、湿度适宜的成熟库中，每天用洁净的棉布擦拭其表面，防止霉菌的繁殖。为了使表面的水分蒸发均匀，擦拭后要反转放置。此过程一般要持续 15～20d。上色挂蜡为了防止霉菌生长和增加美观，将前期成熟后的干酪清洗干净后，用食用色素染成红色（也有不染色的）。待色素完全干燥后，在 160℃ 的石蜡中进行挂蜡。所选石蜡的熔点以 54～56℃ 为宜。近年加工技术的发展，已逐渐采用合成树脂取代石蜡或采用食用塑料膜进行真空包装、热缩包装。后期成熟和贮藏：为了保证干酪完全成熟，以形成良好的口感和风味，还要将挂蜡后的干酪放在成熟库中继续成熟 2～6 个月。成品干酪应放在 5℃ 及相对湿度 80%～90% 条件下贮藏。

第四节　典型干酪的生产工艺

一、农家干酪

农家干酪（cottage cheese）属典型的非成熟软质干酪，它具有爽口、温和的酸味，光滑、平整的质地。因为农家干酪是非常易腐的产品，所以制作农家干酪的所有设备及容器都必须彻底清洗消毒以防杂菌污染。

1. 原料乳及预处理

农家干酪是以脱脂乳或浓缩脱脂乳为原料，一般用脱脂乳进行标准化调整，使无脂固形物达到 8.8% 以上。然后对原料乳进行 63℃、30min 或 72℃、16s 的杀菌处理。冷却温度应根据菌种和工艺方法来确定。一般短时法为 32℃，长时法为 22℃。

2. 发酵剂和凝乳酶的添加

（1）添加发酵剂　将杀菌后的原料乳注入干酪槽中，保持在 25～30℃，添加制备好的生产发酵剂（多由乳酸链球菌和乳油链球菌组成）。添加量为：短时法（5～6h）5%～6%，长时法（16～17h）1.0%。加入前要检查发酵剂的质量，加入后应充分搅拌。

（2）氯化钙及凝乳酶的添加　按原料乳量的 0.01% 加入 $CaCl_2$，搅拌均匀后保持 5～10min。按凝乳酶的效价添加适量的凝乳酶，一般为每 100kg 原料乳加 0.05g，搅拌 5～10min。

3. 凝乳的形成

凝乳是在 25～30℃ 条件下进行。短时法需静置 4.5～5h 以上，长时法则需 12～14h。当乳清酸度达到 0.52%（pH 为 4.6）时凝乳完成。

4. 切割、加温搅拌

（1）切割　当酸度达到 0.5%～0.52%（短时法）或 0.52%～0.55%（长时法）时开始切割。用水平式和垂直式刀分别切割凝块。凝块的大小为 1.8～2.00cm（长时法为 1.2cm）。

（2）加温搅拌　切割后静置 15～30min，加入 45℃ 温水（长时法加 30℃ 温水）至凝块表面 10cm 以上位置。边缓慢搅拌，边在夹层加温，在 45～90min 内达到 49℃（长时法 2.5h 达到 49℃），搅拌使干酪粒的大小收缩至 0.5～0.8cm。

5. 排除乳清及干酪粒的清洗

将乳清全部排除后，分别用 29℃、16℃、4℃ 的杀菌纯水在干酪槽内漂洗干酪粒 3 次，以使干酪粒遇冷收缩，相互松散，并使其温度保持在7℃以下。

6. 堆积、添加风味物质

水洗后将干酪粒堆积于干酪槽的两侧，尽可能排除多余的水分。再根据实际需要加入各种风味物质。最常见的是加入食盐（1%）和稀奶油，使成品乳脂率达4%～4.5%。

7. 包装与贮藏

一般多采用塑杯包装，质量有：250g、300g等。应在10℃以下贮藏并尽快食用。

二、荷兰圆形干酪

1. 原料乳的验收与标准化

荷兰圆形干酪（edam cheese）原料乳按乳脂率为2.5%～3.0%进行标准化。

2. 原料乳的杀菌

将原料乳在干酪槽内进行63～65℃、30min的杀菌处理后，冷却至29～31℃。

3. 添加发酵剂

向原料乳中添加2%的发酵剂，搅拌后，加入0.02%的$CaCl_2$（事先配成10%溶液）。调整酸度至0.18%～0.20%。

4. 添加凝乳酶

加凝乳酶（用1%的食盐水配成2%的溶液）搅拌均匀，保温静置25～40min进行凝乳。凝乳酶的添加量应按其效价进行计算，当效价为70000U时，一般加入量为原料乳的0.003%。

5. 切割及凝块的处理

切割后的凝块大小约为1.0～1.5cm。然后用干酪耙搅拌25min。当凝块达到一定硬度后排出全部乳清量的1/3，再加温搅拌，在25min内使温度由31℃升至38℃，并在此温度下继续搅拌30min。当凝块收缩，达到规定硬度时排除全部乳清。

6. 堆积、成型压榨

将凝块在干酪槽内进行堆积，彻底排除乳清。此时乳清的酸度应为0.13%～0.16%。然后，切成大小适宜的块并装入成型器内，置于压榨机上预压榨约30min，取下整形后反转压榨，最后进行3～6h的正式压榨。取下后进行整理。

7. 浸盐

将干酪放在温度为10～15℃、浓度为20%～22%的盐水中浸盐2～3d，每天翻转一次。

8. 成熟

将浸盐后的干酪擦干放入成熟库中进行成熟。条件为：温度10～15℃，相对湿度80%～85%。每天进行擦拭和翻转，至10～15d后上色挂蜡。最后放入成熟库中进行后期成熟（5～6个月）。

三、契达干酪

1. 原料乳的预处理

契达干酪（cheddar cheese）原料乳经验收、净化后进行标准化，使酪蛋白/乳脂肪的比为0.69～0.71。杀菌采用巴氏消毒63～65℃、30min，冷却至30～32℃，注入事先杀菌处理过的干酪槽内。

2. 发酵剂和凝乳酶的添加

发酵剂一般由乳酪链球菌和乳酸链球菌组成。当乳温在30～32℃时添加原料乳量1%～2%的发酵剂。因为发酵剂可以产生足够数量的酸，抑制杂菌繁殖，提高干酪的质地、一致性和风味，所以发酵剂对提高契达干酪的质量起着非常重要的作用。

发酵剂加入搅拌均匀后，加入原料量0.01%～0.02%的$CaCl_2$，要徐徐均匀添加。由于成熟中酸度高，抑制产气菌，故不需添加硝酸盐。静置发酵30～40min后，酸度达到0.18%～0.20%时，再添加0.002%～0.004%的凝乳酶，搅拌4～5min后，静置凝乳。

3. 切割、加温搅拌及排除乳清

凝乳酶添加后20～40min，凝乳充分形成后，进行切割，一般大小为0.5～0.8cm。切后乳清酸度一般应为0.11%～0.13%。在31℃下搅拌25～30min，促进乳酸菌发酵产酸和凝块收缩析出乳清。然后排除 1/3 量的乳清，开始以每分钟升高 1℃ 的速度加温搅拌。当温度最后升至 38~39℃ 后停止加温，继续搅拌 60~80min。当乳清酸度达到 0.20% 左右时，排除全部乳清。

4. 凝块的翻转堆积

排除乳清后，将干酪粒经 10~15min 堆积，以排除多余的乳清，凝结成块，厚度为 10~15cm，此时乳清酸度为 0.20%~0.22%。将呈饼状的凝块切成 15cm×25cm 大小的块，进行翻转堆积，视酸度和凝块的状态，在干酪槽的夹层加温，一般为 38~40℃。每 10~15min 将切块翻转叠加一次，一般每次按 2 枚、4 枚的次序翻转叠加堆积。在此期间应经常测定排出乳清的酸度，当酸度达到 0.5%~0.6%（高酸度法为 0.75%~0.85%）时即可。

全过程需要 2h 左右，该过程比较复杂，现已多采用机械化操作。

5. 破碎与加盐

堆积结束后，将饼状干酪块用破碎机处理成 1.5~2.0cm 的碎块。破碎的目的在于使加盐均匀，定型操作方便，除去堆积过程中产生的不愉快气味。然后采取干盐撒布法加盐。当乳清酸度为 0.8%~0.9%，凝块温度为 30~31℃ 时，按凝块量的 2%~3%，加入食用精盐粉。一般分 2~3 次加入，并不断搅拌，以促进乳清排出和凝块的收缩，调整酸的生成。生干酪含水 40%，食盐 1.5%~1.7%。

6. 成型压榨

将凝块装入专用的定型器中在一定温度下（27~29℃）进行压榨。开始预压榨时压力要小，并逐渐加大。用规定压力 0.35~0.40MPa 压榨 20~30min，整形后再压榨 10~12h，最后正式压榨 1~2d。

7. 成熟

成型后的生干酪放在温度 10~15℃，相对湿度 85% 的条件下发酵成熟。开始时，每天擦拭翻转一次，约经一周后，进行涂布挂蜡或塑袋真空热缩包装。

整个成熟期 6 个月以上。若在 4~10℃ 条件下，成熟期需 6~12 月。包装后的契达干酪应贮存在冷藏条件下，防止霉菌生长，延长产品货架期。

四、融化干酪

1. 概念

将同一种类或不同种类的两种以上的天然干酪，经粉碎、加乳化剂、加热搅拌、充分乳化、浇灌包装而制成的产品，叫做融化干酪（processed cheese），也称加工干酪。

2. 融化干酪的特点

① 可以将不同组织和不同成熟度的干酪适当配合，制成质量一致的产品；

② 由于在加工过程中进行加热杀菌，食用安全、卫生，并且具有良好的保存特性；

③ 集各种干酪为一体，组织和风味独特；

④ 可以添加各种风味物质和营养强化成分，较好地满足消费者的需求。

3. 融化干酪的生产工艺

（1）原料干酪的选择　一般选择细菌成熟的硬质干酪如荷兰干酪、契达干酪和荷兰圆形干酪等。为满足制品的风味及组织，成熟 7~8 个月风味浓的干酪占 20%~30%；为了保持组织滑润，则成熟 2~3 个月的干酪占 20%~30%，搭配中间成熟度的干酪 50%，使平均成熟度在 4~5 个月，含水分 35%~38%，可溶性氮 0.6% 左右。过熟的干酪由于有的氨基酸或乳酸钙结晶析出，不宜作原料。有霉菌污染、气体膨胀、异味等缺陷者不能使用。

（2）原料干酪的预处理　原料干酪的预处理室要与正式生产车间分开。预处理是去掉干酪的包装材料，削去表皮，清拭表面等。

（3）切碎与粉碎　用切碎机将原料干酪切成块状，用混合机混合。然后用粉碎机粉碎成 4~5cm 的面条状，最后用磨碎机处理。现在，该工艺操作通常在熔融釜中进行。

（4）熔融、乳化　在熔融釜中加入适量的水，通常为原料干酪重的 5%～10%。成品的含水量为 40%～55%，但还应防止加水过多造成脂肪含量的下降。按配料要求加入适量的调味料、色素等，再加入预处理粉碎后的原料干酪，然后开始向熔融釜的夹层中通入蒸汽进行加热。当温度达到 50℃左右，加入 1%～3% 的乳化剂，如磷酸钠、柠檬酸钠、偏磷酸钠和酒石酸钠等。最后将温度升至 60～70℃，保温 20～30min，使原料干酪完全融化。加乳化剂后，如果需要调整酸度时，可以用乳酸、柠檬酸、醋酸等，也可以混合使用。成品的 pH 值为 5.6～5.8，不得低于5.3。乳化剂中，磷酸盐能提高干酪的保水性，可以形成光滑的组织状态；柠檬酸钠有保持颜色和风味的作用。在进行乳化操作时，应加快釜内的搅拌器的转数，使乳化更完全。在此过程中应保证杀菌的温度。一般为 60～70℃、20～30min 或 80～120℃、30s 等。乳化结束时，应检测水分、pH 值、风味等，然后抽真空进行脱气。

（5）充填、包装　经过乳化的干酪应趁热进行充填包装。必须选择与乳化机能相适应的包装机。包装材料多使用玻璃纸或涂塑性蜡玻璃纸、铝箔、偏氯乙烯薄膜等。包装的量、形状和包装材料的选择应考虑到食用、携带、运输方便。包装材料既要满足制品本身的保存需要，还要保证卫生安全。

（6）贮藏　包装后的成品融化干酪，应静置 10℃以下的冷藏库中定型和贮藏。

五、干酪制品

1. 干酪食品

天然干酪和融化干酪被广泛地应用到其他食品中，如干酪三明治、干酪香肠、干酪蛋糕、干酪汉堡包、干酪糖果等，目前在各国食品市场上占有重要的地位，并且有着良好的发展势头。

2. 功能性干酪制品

在保证干酪营养和风味的同时，通过强化和添加功能性食品营养因子，增强干酪的健康保健作用，开发出了强化钙、微量元素、维生素类强化干酪，低脂、低盐干酪，以及添加功能因子如膳食纤维、低聚糖、甲壳素、CPP（酪蛋白磷酸肽）等功能性干酪制品。

第五节　干酪的质量标准和质量控制

一、干酪的质量标准

根据 GB 5420—2003 规定适用于以乳为原料，经杀菌、凝乳（发酵或不发酵）等工艺制成的干酪产品。产品可按脂成分中的水分含量分为软质、半硬质、硬质、特硬质干酪，也可按脂肪含量分为高脂、全脂、中脂、部分脱脂和脱脂干酪。

1. 干酪感官指标

干酪感官指标见表 15-5。

表 15-5　干酪感官指标

项　目	要　求
色　泽	具有该类产品正常的色泽
组织状态	组织细腻，质地均匀，具有该类产品应有的硬度
滋味及气味	具有该类产品特有的滋味和气味

2. 干酪理化指标

（1）干酪非脂成分中的水分含量　见表 15-6。

表 15-6　干酪非脂成分中的水分含量

产品类型	非脂成分中的水分含量/(g/100g)	产品类型	非脂成分中的水分含量/(g/100g)
软质干酪　>	67	硬质干酪	49～56
半硬质干酪	54～69	特硬质干酪　<	51

$$非脂成分中的水分含量=\frac{干酪中的水分含量(g)}{干酪总质量(g)-干酪中的脂肪含量(g)}\times100g$$

（2）干酪脂肪含量 见表15-7。

表 15-7 干酪脂肪含量

产品类型	干物质中脂肪含量/(g/100g)	产品类型	干物质中脂肪含量/(g/100g)
高脂干酪 ≥	60.0	部分脱脂干酪	10.0~24.9
全脂干酪	45.0~59.9	脱脂干酪 <	10
中脂干酪	25.0~44.9		

3. 干酪的污染物

见表15-8。

表 15-8 干酪的污染物指标

项 目		指 标
铅(Pb)/(mg/kg)	≤	0.5
无机砷/(mg/kg)	≤	0.5
黄曲霉毒素 M_1(折算为鲜乳计)/(μg/kg)	≤	0.5

4. 干酪微生物指标

见表15-9。

表 15-9 干酪微生物指标

项 目		指 标	项 目		指 标
大肠菌群(MPN/100g)	≤	90	酵母/(cfu/g)	≤	50
霉菌①/(cfu/g)	≤	50	致病菌(沙门菌、金黄色葡萄球菌)		不得检出

① 不包括霉菌发酵产品。

二、干酪生产中常见的质量缺陷与控制措施

干酪质量缺陷是由于使用异常原料乳、异常细菌发酵或在操作过程中操作不当等原因所引起，其缺陷可分为以下几类。

1. 物理性缺陷及其控制措施

（1）质地干燥 指干酪的凝乳块在较高温度下"热烫"、凝乳切割过小、加温搅拌时温度过高、酸度过高、处理时间较长及原料含脂率低等都能引起干酪制品水分排出过多而干燥的现象。生产中可通过改进加工工艺，表面挂石蜡、塑料袋真空包装及在高温条件下进行成熟来防止。

（2）组织疏松 指凝乳中存在裂隙。造成的原因有酸度不足，乳清残留于凝乳块中，压榨时间短或成熟前期温度过高等。控制措施：进行充分压榨并在低温下成熟。

（3）脂肪渗出 指脂肪过量存在于凝乳块表面或其中的现象。引起原因是由于操作温度过高，凝块处理不当（如堆积过高）而使脂肪压出。可通过调整生产工艺来防止。

（4）斑纹 指干酪表面出现不规则斑纹的现象。主要由工艺中操作不当引起，特别在切割和热烫工艺中由于操作过于剧烈或过于缓慢引起。

（5）发汗 指成熟过程中干酪渗出液体的现象。其原因是干酪内部的游离液体多及内部压力过大所致，多见于酸度过高的干酪。可通过改进工艺控制酸度来防止。

2. 化学性缺陷及其控制措施

（1）金属性黑变 指由铁、铅等金属与干酪成分生成黑色硫化物，根据干酪质地的状态不同而呈绿色、灰色和褐色等色调的现象。控制措施：加工中除考虑设备、模具本身带入金属外，还要注意防止外部污染。

（2）桃红或赤变 当使用色素（如安那妥）时或干酪中的硝酸盐添加过量，可使干酪产生红色现象。控制措施：认真选用色素及控制硝酸盐的添加量。

3. 微生物性缺陷及其控制措施

（1）酸度过高　主要原因是微生物繁殖速度过快。控制措施：降低预发酵温度，并加食盐以抑制乳酸菌繁殖；加大凝乳酶添加量；切割时切成微细凝乳粒；高温处理；迅速排除乳清以缩短制造时间。

（2）干酪液化　干酪中因液化酪蛋白的微生物而使凝固干酪液化的现象，多发生于干酪表面。引起液化的微生物一般在中性或微酸性条件下发育。

（3）发酵产气　干酪成熟生成微量气体，不形成大量的气孔，而由微生物引起干酪产生大量气体是干酪的缺陷之一。引起的原因在成熟前期产气是由于大肠杆菌污染，后期产气则是由梭状芽孢杆菌、丙酸菌及酵母菌繁殖产生的。控制措施：可将原料乳离心除菌或使用产生乳链菌肽的乳酸菌作为发酵剂，也可添加硝酸盐，调整干酪水分和盐分。

（4）苦味生成　干酪的苦味是常见的质量缺陷。酵母或非发酵剂菌都可引起干酪苦味。极微弱的苦味可构成契达干酪的风味成分之一，这是由特定的蛋白胨、肽所引起。另外，乳高温杀菌、原料乳的酸度高、凝乳酶添加量大以及成熟温度高均可能产生苦味。食盐添加量多时，可降低苦味的强度。

（5）恶臭　干酪中如存在厌氧性芽孢杆菌，会分解蛋白质生成硫化氢、硫醇、亚胺等，此类物质产生恶臭味，生产过程中要防止这类菌的污染。

（6）酸败　由污染微生物分解乳糖或脂肪等生成丁酸及其衍生物所引起。污染菌主要来自于原料乳、牛粪及土壤等。

【本章小结】

本章主要介绍了干酪的概念、分类和营养价值、加工原理、生产工艺、常见干酪的加工工艺和常见质量问题及控制措施。

干酪是指在乳中（或脱脂乳或稀奶油等）加入适量的乳酸菌发酵剂和凝乳酶，使乳蛋白质（主要是酪蛋白）凝固后，分离出乳清后，将凝块压成所需形状而制成的产品。干酪的营养价值很高，内含丰富的蛋白质、脂肪、无机盐和维生素及其他微量成分等。经浓缩和发酵其蛋白质、脂肪含量是鲜乳的 10 倍，而且易被人体吸收。干酪生产中发酵剂有细菌发酵剂和霉菌发酵剂，其可促进凝乳酶作用，以缩短凝乳时间；生成乳酸，促进乳清排出；在成熟过程中，促进干酪的成熟及风味变化。优质原料乳是保证优质干酪的基础，加工时注意原料乳的验收与乳的标准化；凝乳酶即皱胃酶，是制作干酪必不可少的凝乳剂，从犊牛或羔羊的皱胃（第四胃）提取，可分为液体、粉状及片状三种制剂。皱胃酶的等电点为 pH4.45～4.65，最适 pH 为 4.8 左右，凝固的适宜温度为 40～41℃。凝乳酶在弱碱（pH9）、强酸、热、超声波等作用下失活。其工艺要点主要包括原料乳的检验与预处理、添加剂的添加、发酵剂的添加和预酸化、凝乳酶的添加、凝乳及凝块切割、凝块的搅拌与加温、排除乳清、成型压榨、加盐、成熟等。

常见典型干酪如农家干酪、荷兰圆形干酪、契达干酪，其工艺与天然干酪的工艺基本相同，但也有独特之处。融化干酪是指将同一种类或不同种类的两种以上的天然干酪，经粉碎、加乳化剂、加热搅拌、充分乳化、浇灌包装而制成的产品，也称加工干酪。干酪制品是指将食品中加入干酪的产品，属干酪的再加工品。

干酪的质量标准根据 GB 5420—2003 规定，生产中常见的质量问题有物理性原因引起的质地干燥、组织疏松、脂肪渗出、斑纹、发汗；化学因素原因引起的金属性黑变、桃红或赤变；微生物引起的酸度过高、干酪液化、发酵产气、苦味生成、恶臭及酸败等，加工中根据原因可采取相应的控制措施。

【复习思考题】

一、名词解释

1. 干酪　2. 凝乳酶　3. 预酸化　4. 凝乳酶的活力　5. 天然干酪

二、填空题

1. 国际上常把干酪分为_____、_____、_____。

2. 干酪发酵剂可分_____和_____。

3. 干酪的原料乳检验内容有_____、_____、_____、_____、_____、_____。

4. 干酪生产工艺中常用的添加剂有_____、_____、_____。

5. 干酪常见的物理性缺陷有_____、_____、_____、_____、_____。

三、选择题

1. 用乳分离机对乳进行离心处理可以进行下列哪些操作（　　）。

A. 乳的标准化 　　　　　　　　B. 乳的离心除菌除渣 　　　　　　　C. 均质

D. 分离稀奶油和脱脂乳 　　　　　E. 干燥乳粉时离心喷雾浓缩乳

2. 干酪这种乳制品在分类上属于（　　）。

A. 发酵乳制品 　　　　　　　　　B. 液态乳制品

C. 酸乳制品 　　　　　　　　　　D. 冷冻乳制品

3. 凝乳酶凝乳的最适 pH 与温度是（　　）。

A. 4.8，40～42℃ 　　　　　　　　B. 4.0，20～32℃

C. 4.8，50～55℃ 　　　　　　　　D. 3.5，40～42℃

4. 干酪工艺中加盐的目的（　　）。

A. 抑制腐败及病原微生物的生长 　　B. 调节干酪生长和代谢

C. 促进干酪成熟过程中的物理和化学变化 　　D. 赋予干酪咸味

四、简述题

1. 简述干酪的概念、种类和营养价值。

2. 干酪发酵剂有哪些？其作用和目的是什么？在制备和使用中应注意哪些问题？

3. 简述天然干酪的一般生产工艺和操作过程。

4. 干酪的质量标准和质量控制方法有哪些？

【实训二十七】 契达干酪的制作

一、实训目的

通过在实验条件下对干酪的加工进一步了解和熟悉其加工工艺、操作过程和加工原理。

二、实训内容

1. 配料　牛乳（5L）、干酪发酵剂、$CaCl_2$（10%）、凝乳酶（1/10000）、盐水 18%～20%

2. 器具　干酪刀、干酪容器（可用锅或盆放入水浴锅内代替）、干酪模具（1kg 干酪用）、温度计、不锈钢直尺、勺子、不锈钢滤网。干酪制作过程中所用每个工具必须先用热碱水清洗，再用 200mg/kg 的次氯酸钠溶液浸泡，使用前用清水冲净。

3. 步骤

（1）原料验收与标准化　原料乳要符合鲜乳理化及卫生指标，标准化是将原料乳的含脂率调至 2.0%～2.5%，将乳用纱布滤入杀菌锅内，在 65℃条件下消毒 30min（或 73～78℃、15s）后迅速冷至 30℃。

（2）装模　在 30℃水浴条件下将乳倾注在干酪容器中，并使干酪容器始终处于 30℃水浴条件下。

（3）加发酵剂　加入活化好的发酵剂并搅拌。购买的粉末状干酪发酵剂必须经活化后才能使用，干酪发酵剂是嗜中温发酵剂，活化条件为温度 22℃、时间 18h，活化后发酵剂的酸度应为 0.8% 左右。

（4）加入 $CaCl_2$　加入发酵剂后再加入 $CaCl_2$ 溶液并搅拌。$CaCl_2$ 的添加量为原料乳的 0.01%～0.02%。

（5）加入凝乳酶　加入发酵剂 30min 后，加入 45～50 滴凝乳酶。在滴入过程中不断搅动，加完 50 滴后停止搅动。

（6）搅拌和切割　乳在水浴中再静置 30min 后，检验凝乳块是否形成。如果凝乳成功就可以开始切割，否则可以再等一段时间，直至凝乳块形成。开始顺着容器壁切下去，然后再向凝乳块中间切下去，接着向不同方向切，切割时动作要轻，切割过程在大约 10min 内完成，切成 1cm³ 左右的小凝乳块。

（7）乳清分离 切割后开始小心搅动，同时从干酪槽中去除乳清，直到物料体积变为最初的 1/2。

（8）洗涤 洗涤是为了降低乳酸浓度，并获得合适的搅拌温度。洗涤持续 20min，如果时间过长，那么就有过多乳糖和凝乳酶留在凝乳块中的危险。乳清分离后，在不断搅动情况下，加入 60～65℃经过煮沸的热水，直至凝乳块的温度为 33℃，使物料体积还原为原来的容量，然后再持续搅动 10min，10min 后盖干酪槽，将其放入 36℃水浴中持续 30min。

（9）干酪压滤器装填 用手将凝乳块装入干酪模具，使凝乳块达到模具高度的 2 倍，然后合上模具。

（10）压榨成型 装好一个 1kg 左右的模具，将模具放在干酪压榨机上，然后持续压榨 0.5h，然后将干酪从模具中取出，翻转，再放回模具中，继续压榨 3.5h。压榨时保证干酪上压力为 1kgf/cm²（1kgf/cm²＝98.0665kPa）。

（11）盐腌 压榨成型后，将干酪从压滤器中取出，放入 18％～20％、13～14℃的盐水中浸泡 24h。

（12）成熟 放在温度 12℃、湿度 85％的发酵间中的木制隔板上，持续成熟 4 周以上。发酵开始约 1 周内每日翻转干酪 1 次，并进行整理。1～2 周后用专用树脂涂抹，以防表面龟裂。

三、注意事项

1. pH 原料乳的 pH 是影响凝乳酶活性的一个重要因素，如 pH 小于 5.0 时凝乳酶稳定，大于 6.0 时凝乳酶失活，正常乳 pH 为 6.5，因此凝乳中应加适量稀盐酸（1mol/L）调节乳中 pH。

2. 凝乳时间 凝乳时间应控制在 25～40min，过长过短均对干酪质量有影响，可通过酶量、凝乳温度控制。

3. 切块 虽不同品种切块大小不一，但对同一品种的必须切块大小均匀，否则因排乳清不均影响干酪的质量。

4. 搅拌 开始一定要缓慢进行，否则切块破碎，增加蛋白损失，影响产量，二次加温要缓慢升温，以免影响切块排乳清，进而影响干酪的质量。

5. 成型压榨 成型预压过程和包布操作要快而保温，防止干酪变凉，影响压榨，压榨时要逐渐加压使干酪团内部和表层排乳清均匀，易控制成品的正常含水量等。

四、实训报告与分析

根据实训过程写出实训报告，对产品过程与要点进行记录，就产品质量进行分析评定和成本核算。

五、实训思考题

1. 如何对凝乳形成中的 pH 值进行控制？

2. 如何控制凝乳时间？

3. 分析其他类型干酪工艺与本产品的异同点。

第十六章　炼乳生产技术

【知识目标】　了解炼乳的概念与种类，掌握淡炼乳和甜炼乳的生产技术。
【能力目标】　掌握甜炼乳的结晶操作与淡炼乳的灭菌技术。
【适合工种】　炼乳结晶工。

炼乳是将鲜乳经真空浓缩或其他方法除去大部分的水分，浓缩至原体积 25％～40％的乳制品。炼乳种类有很多，根据所用的原料和添加的辅料不同，可以分为加糖炼乳（甜炼乳）、淡炼乳、脱脂炼乳、半脱脂炼乳、花色炼乳、强化炼乳和调制炼乳等。我国以前主要生产全脂甜炼乳和淡炼乳。近年来，随着我国乳业的发展，炼乳已退出乳制品的大众消费市场。但是，为了满足不同消费者对鲜乳的浓度、风味以及营养等方面的特殊要求，采用适当的浓缩技术将鲜乳适度浓缩（闪蒸）而生产的"浓缩乳"仍将有一定的市场。

第一节　甜炼乳的生产工艺

甜炼乳是全脂加糖炼乳（或加糖甜炼乳）的简称，是在原料乳中加入约 16％的蔗糖，经杀菌、浓缩到原体积 40％左右，成品中的蔗糖含量为 40％～45％的一种乳制品。甜炼乳中蔗糖的渗透压能抑制成品中残留微生物的生长繁殖，使密封后的成品能在室温下保存。

一、甜炼乳生产工艺流程

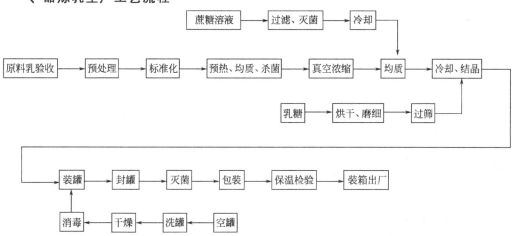

二、甜炼乳生产工艺要点

1. 原料乳的验收及预处理

牛乳应严格按要求进行验收，验收合格后经称重、过滤、净乳、冷却、贮乳、标准化等预处理工作，然后进行预热杀菌。

2. 标准化

指调整乳中脂肪和非脂乳固体的比例，使其符合成品的要求，在脂肪不足时采用添加稀奶油，过高时添加脱脂乳或分离出部分稀奶油。

3. 预热杀菌

（1）预热杀菌目的　在原料乳浓缩之前进行的加热处理称为预热。预热的目的：杀灭原料乳中的病原菌和大部分杂菌，破坏和钝化酶的活力，以免成品产生脂肪水解，酶促褐变，保证产品安全性，提高成品贮藏性；为牛乳在真空浓缩起预热作用，防止结焦，加速蒸发；使蛋白质适当变性，推迟成品变稠；如预先加糖，可通过预热使蔗糖完全溶解。

（2）预热方法和工艺条件　适宜的预热条件是影响甜炼乳保存性以及黏度和稠度的重要因素。如使用间歇式消毒缸以 72℃ 预热，易使成品在保存期变稀，造成脂离和乳糖沉淀；80～100℃ 预热，随着预热温度的升高，变稠趋势加剧。85℃ 预热已有明显的变稠倾向，95～100℃ 更为严重。预热温度和保持时间除了达到杀灭致病菌和杀死绝大多数对产品质量有害的微生物、钝化酶等，还应根据消毒器类型、加糖、浓缩等处理条件，综合性慎重选择，尽可能防止变稠和脂肪游离发生。

常用的预热条件有以下几种。

① 连续式消毒采用 78～80℃、保温 8～10min 或 95℃、3～5min 预热。

② 间歇式消毒采用 76～78℃、保温 10～15min，冷却到 60℃. 小批量生产和散装炼乳宜用此法。

③ 超高温瞬间灭菌采用 120℃、2～4s，冷却至 60℃ 预热。此法杀菌和钝化酶的效率高，且甜炼乳组织状态好。但如果鲜乳质量差，仍会变稠。本法要求较稳定的蒸汽压力。

4. 加糖

（1）加糖的目的　加糖主要目的在于抑制炼乳中细菌的繁殖，增加制品的保存性，同时赋予成品甜味。糖的加入会在炼乳中形成较高的渗透压，而且渗透压与糖浓度成正比。糖浓度越高抑制细菌的生长繁殖效果越好，但加糖量过高会产生糖沉淀的缺陷。

（2）加糖量与蔗糖比　乳中必须加入能够充分抑制微生物繁殖的足够的蔗糖，而又不能出现蔗糖结晶沉淀。生产中甜炼乳中的蔗糖与其溶液的比率，称为蔗糖比，蔗糖比又称蔗糖浓缩度、糖水比，一般用下式来表示：

$$T_S = \frac{W_T}{W_S + W_T} \times 100\%$$

或者

$$T_S = \frac{W_T}{1 - W_g} \times 100\%$$

式中　T_S——蔗糖比，%；

W_T——炼乳中蔗糖含量，%；

W_S——炼乳中水分含量，%；

W_g——炼乳中总乳固体含量，%。

通常规定蔗糖比为 62.5%～64.5%。因为蔗糖比高于 64.5% 会有蔗糖晶体析出，致使产品组织状态变差；低于 62.5% 抑菌效果差，不利于产品保存。

加糖量的计算方法举例如下。

【例 1】 炼乳中总乳固体的含量为 28%，蔗糖含量为 45%，其蔗糖比为多少？

解：
$$T_S = \frac{45\%}{1 - 28\%} \times 100\% = 62.5\%$$

根据所要求的蔗糖比，也可以计算出炼乳中的蔗糖含量。

【例 2】 炼乳中总乳固体含量为 28%，脂肪为 8%。标准化后原料乳的脂肪含量为 3.16%，非脂乳固体含量为 7.88%，欲制得蔗糖含量 45% 的炼乳，试求 100kg 原料乳中应添加蔗糖多少？

解：
$$浓缩比 = \frac{W_g}{原料乳中的总固体含量（\%）}$$

$$应添加蔗糖量 = \frac{炼乳中的蔗糖量}{浓缩比}$$

$$浓缩比 = \frac{28\%}{3.16\% + 7.88\%} = 2.5362$$

$$应添加蔗糖量 = \frac{45\%}{2.5362} \times 100 = 17.74(kg)$$

（3）加糖方法　甜炼乳加工中加糖方法不同，产品在保存期的增稠趋势有显著的差异。加糖越早，乳和糖接触的时间愈长，温度愈高，变稠趋势愈显著。因此，加糖的方法选择不当会引起变稠或脂肪游离；选择适当，可以延缓变稠或减少脂肪游离。加糖的方法应根据甜炼乳的变稠、脂肪游离情况及所采用的杀菌条件、浓缩设备类型等做综合考虑，可以通过试验而后再确定。

蔗糖加入的方法有以下几种：①将糖直接加于原料乳中，然后预热；②浓度 65％～75％的浓糖浆经 95℃、5min 杀菌，冷却至 57℃后与杀菌后的乳混合浓缩；③在浓缩将近结束时，将杀菌并冷却的浓糖浆吸入浓缩罐内。

加糖方法中第一种方法操作简便，但杀菌时由于糖的存在提高了细菌的耐热性，而且在贮存中容易变稠。为了杀菌彻底和防止变稠，一般多采用第三种方法，第二种方法次之。采用第三种方法时，把蔗糖溶于 85℃以上的热水中，调成约 65％的糖浆，在浓缩将结束时吸入真空浓缩锅中。但这种方法有使成品黏度降低的倾向并增加了水分的含量。

5. 浓缩

牛乳中含有 88％以上的水分，甜炼乳要求含水约 26％左右。浓缩的目的是除去部分水分，有利于保存；减少质量和体积，便于保藏和运输。浓缩的方法有常压加热浓缩、减压加热浓缩、冷冻浓缩、离心浓缩、逆渗透浓缩等。目前炼乳加工生产中采用常压浓缩和减压浓缩两种。常压加热浓缩设备简单，但容易引起热变性，不能制出优质炼乳，已趋于淘汰。目前广泛使用的是减压加热浓缩即真空浓缩。

(1) 真空浓缩的特点

① 具有节省能源，提高蒸发效能的作用；

② 蒸发在较低条件下进行，保持了牛乳原有的性质；

③ 避免外界污染的可能性。

(2) 真空浓缩条件和方法　浓缩过程中浓缩时间温度与产品质量有重要关系，浓缩时间一般不超过 2.5h，浓缩乳温度不宜超过 60℃为宜。时间超过 3.5h，温度高于 60℃易使乳蛋白热变性，炼乳发生变色变稠，还会因脂肪球在浓缩过程中合并，直径增大而使脂肪上浮甚至产生油滴。但浓缩后期的乳温若低于 48℃，甜炼乳亦易变稠。真空浓缩锅浓缩炼乳时，锅温应控制在 58℃以下，浓缩近终点时锅温控制在 48～50℃为宜。

浓缩过程中，加热蒸汽的压力愈高，温度愈高，乳蛋白受热变性的程度愈大，因而会使甜炼乳变稠的倾向增大。一般浓缩初期蒸汽压力可控制在 0.1MPa，随着物料浓度的升高，黏度升高，其沸点也升高，而且物料自然对流减慢，应逐渐关小加热蒸汽压力。浓缩结束前 15～20min，蒸汽压力应降低至 0.051MPa。

(3) 浓缩终点的确定　浓缩终点的确定一般有三种方法：

① 相对密度测定法。相对密度测定法使用的比重计一般为波美比重计，刻度范围在 30～40°Bé，每一刻度为 0.1°Bé。

15.6℃时的甜炼乳相对密度（d）与 15.6℃时的波美度（B）存在如下关系：

$$B = 145 - \frac{145}{d}$$

炼乳浓缩终点的温度为 48℃左右，若测得浓度为 31.71～32.56°Bé 时则可认为已达到终点。生产中，因乳品的乳质变化有可能发生误差，一般还要测定其黏度和折射率加以校核。

② 黏度测定法。黏度测定法可使用回转黏度计或毛式黏度计。测定时需先将乳样冷却到 20℃，然后测其温度，一般规定为 100mPa·s/20℃。生产中为防止炼乳发生脂肪游离和气泡产生，炼乳的黏度适当提高，在测定时如大于 100mPa·s/20℃，可加入无菌水加以调节，一般加入 0.1％的水可降低黏度 4～5mPa·s/20℃。

③ 折射仪法。使用的仪器可以是阿贝折射仪或 TZ—62 型手持糖度计。当温度为 20℃、脂肪含量为 8％时，甜炼乳的折射率和总固体含量之间有如下关系：

总固体含量(%)=[70+44×(折射率-1.4658)]×100%

6. 均质

在浓缩后，凝乳一般立即进行均质处理，通过均质可有效地防止产品脂肪上浮现象。甜炼乳均质压力一般为 10～14MPa，温度为 50～60℃。如果采用二次均质，第一次均质条件和上述相同，第二次均质压力为 3.0～3.5MPa，温度控制在 50～60℃为宜。采用二次均质可提高产品质量，但设备费用和操作经费均会提高，生产上可根据原料性质、产品的性状等因素而选择。

7. 冷却结晶

甜炼乳生产中冷却结晶是最重要的工序之一。通过冷却结晶可使炼乳及时冷却以防止炼乳在贮藏期间变稠；控制乳糖结晶，使乳糖组织状态细腻，细小的乳糖晶体悬浮而不发生沉淀现象。

(1) 乳糖结晶与组织状态的关系 乳糖的溶解度较低，室温下约为18%，在含蔗糖62%的甜炼乳中只有15%。而甜炼乳中乳糖含量约为12%，水分约为26.5%，这相当于100g水中约含有45.3g乳糖，其中有2/3的乳糖是多余的。在冷却过程中，随着温度降低，多余的乳糖就会结晶析出。若结晶晶粒微细，则可悬浮于炼乳中，从而使炼乳组织柔润细腻，如结晶晶粒较大，则组织状态不良，甚至形成乳糖沉淀。

(2) 乳糖结晶温度的选择 若以乳糖溶液的浓度为横坐标，乳糖温度为纵坐标，可以绘出乳糖的溶解度曲线，或称乳糖结晶曲线（图16-1）。

图中四条曲线将乳糖结晶曲线图分为三个区：最终溶解度曲线左侧为溶解区，过饱和溶解度曲线右侧为不稳定区，它们之间是亚稳定区。在不稳定区内，乳糖将自然析出。在亚稳定区内，乳糖在水溶液中处于过饱和状态将要结晶而未结晶。在此状态下，只要创造必要的条件如加入晶种，就能促使它迅速形成大小均匀的微细结晶，这一过程称为乳糖的强制结晶。试验表明，强制结晶的最适温度可以通过促进结晶曲线来找出。

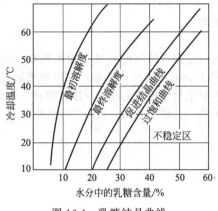

图 16-1 乳糖结晶曲线

【例3】 用含乳糖4.8%、非脂乳固体8.6%的原料乳生产甜炼乳，其蔗糖比为62.5%，蔗糖含量为45.0%，非脂乳固体含量为19.5%，总乳固体含量为28.0%，计算其强制结晶的最适温度。

解：

水分含量 $A = 100 - (28.0 + 45) = 27.0(\%)$

浓缩比 $R = $ 产品非脂乳固体含量/原料非脂乳固体 $= 19.5/8.6 = 2.267$

炼乳中乳糖含量 $B = 4.8(\%) \times 2.267 = 10.88(\%)$

炼乳水分中乳糖浓度 $C = $ 炼乳中乳糖含量/（炼乳中乳糖含量＋水分含量）

$C = 10.88/(10.88 + 27) = 28.7(\%)$

由图16-1的结晶曲线上可以查出，该炼乳理论上添加晶种的最适温度为28℃。在强制结晶过程中要使浓缩乳的温度控制在亚稳定区内，当达到结晶最适温度时，及时投放乳糖晶种，迅速搅拌并冷却，就能够形成产品需要的大量细微的晶体。

(3) 晶种的制备 甜炼乳结晶过程中，在最适温度投放晶种不但要求一定数量，而且还要求晶种粒径应在5μm以下。晶种取精致乳糖粉（多为α-乳糖），在100~105℃下烘干2~3h，然后经超微粉碎机粉碎，再烘干1h，并重新进行粉碎，通过120目筛就可以达到要求，然后装瓶、密封、贮存。晶种添加量为炼乳质量的0.02%~0.03%。晶种也可以用成品炼乳代替，添加量为炼乳量的1%。

(4) 晶种的作用与添加量 在甜炼乳中乳糖晶体的产生先形成极细的晶核，晶核进一步变为一定大小、一定形状的晶体。对于相同的结晶量来说，若晶核形成速度远大于晶体的成长速度，则晶体多而颗粒细；反之则晶体少而颗粒粗；若两者速度相近，则产品中晶体的大小不一。添加晶种，就是在过饱和的乳糖溶液为晶核的形成创造条件，给一个结晶的诱导力，保证晶核形成速度大大超过晶体成长速度，从而使晶体多而细。乳糖晶种的添加量与晶种的粗细有关，晶种愈细，产生结晶的诱导作用愈强，产生的晶核愈多，炼乳的乳糖晶体也就愈细。乳糖晶种的一般添加量为甜炼乳量的0.02%~0.04%，如果乳糖晶种的颗粒达到3~5μm，添加成品量的0.025%已足够。

(5) 冷却结晶方法 冷却结晶方法通常分为间歇式及连续式两大类。间歇式冷却结晶通常采用蛇管冷却结晶器。一般分为三个阶段：第一阶段为冷却初期，即浓乳出料后乳温在 50℃ 左右，应迅速冷却至 35℃ 左右；第二阶段为强制结晶期，继续冷却至接近 28℃，可投入晶种，搅拌，保温 0.5h 左右，以充分形成晶核；第三阶段冷却后期，把炼乳冷却至 20℃ 搅拌 1h，即完成冷却结晶操作。

连续式冷却结晶采用连续瞬间冷却结晶机，其原理与冰淇淋类似。炼乳在强烈的搅拌作用下，在几十秒到几分钟内，即可被冷却至 20℃ 以下。采用此法即使不加晶种，也可得到微细的乳糖结晶，而且由于强烈搅拌，使炼乳不易变稠，并可防止褐变和减少污染。

8. 包装和贮藏

冷却结晶后的甜炼乳灌装时，采用真空封罐机或其他脱气设备，或静止 5～10h 左右，待气泡逸出后再进行灌装。装罐应装满，尽可能排除顶隙空气。封罐后经清洗、擦罐、贴标、装箱，然后入库贮藏。炼乳贮藏于仓库内，库温不得高于 15℃；空气湿度不应高于 85%。贮藏过程中，每月应翻罐 1～2 次，防止糖沉淀的形成。

第二节　淡炼乳的生产工艺

淡炼乳是直接将牛乳浓缩至原体积的 40%，装罐后密封并经灭菌而成的制品。

一、淡炼乳生产工艺流程

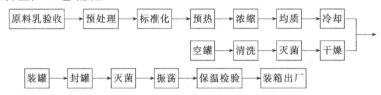

二、淡炼乳的生产工艺要点

1. 原料乳验收、预处理、标准化

淡炼乳在生产工艺中需经过高温灭菌，故原料乳要进行 75% 的酒精检验，并做添加磷酸盐热稳定性试验。

2. 预热

预热目的参见本章第一节。淡炼乳一般采用 95～100℃、10～15min 的高温预热，通过预热可提高乳品的热稳定性，同时使炼乳保持适当的黏度，使乳中的钙离子成为不溶的磷酸钙沉淀，从而使与酪蛋白结合的钙减少，提高了酪蛋白热稳定性。另外采用 UHT（超高温瞬时）灭菌技术也可提高乳的热稳定性，如 120℃、15s 的预热条件。

为了提高乳蛋白质的热稳定性，在淡炼乳生产中允许添加少量稳定剂。常作稳定剂使用的有柠檬酸钠、磷酸氢二钠或磷酸二氢钠，添加量为 100kg 原料乳中添加磷酸氢二钠或柠檬酸钠 5～25g，或者 100kg 淡炼乳添加磷酸二氢钠 12～62g。稳定剂的用量最好根据浓缩后的小样试验来决定，使用过量，产品风味不好且易褐变。

3. 浓缩

浓缩的目的、特点和条件与甜炼乳相同。当浓缩乳温度为 50℃ 左右时，测得的波美度为 6.27～8.24°Bé 即可。由于淡炼乳的浓度较难控制，所以生产中可以先浓缩到浓度稍高一些。

4. 均质

淡炼乳在长时间放置后会发生脂肪上浮现象，表现为其上部形成稀奶油层，严重时一经震荡还会形成奶油粒，影响产品质量。通过均质可以破碎脂肪球，防止脂肪上浮；使产品易于消化、吸收；改善产品感官质量；使吸附于脂肪球表面的酪蛋白量增加，进而增加制品的黏度，缓和变稠现象。

在炼乳生产中视具体情况可以采用一次或二次均质；如采用二次均质，第一次在预热之前进行，第二次应在浓缩之后。淡炼乳一般采用一次均质。由于开始均质的压力不会马上稳定，所以最初出来的物料均质不一定充分，可以将这部分物料返回，再均质一次。均质压力第一段为 14～

16MPa，第二段为 3.5MPa 左右；均质温度以 50～60℃为宜。为了确保均质效果，可以对均质后的物料进行显微镜检视，如果有 80%以上的脂肪球直径在 2μm 以下，就可以认为均质充分了。

5. 冷却

炼乳均质后的温度一般为 50℃左右，在此温度下停留时间过长，可能出现耐热性细菌繁殖或酸度上升的现象，从而使灭菌效果及热稳定性降低，成品的变稠和褐变倾向也会加剧。因此，要及时且迅速地使物料的温度降下来，以防止发生上述产品质量问题。淡炼乳冷却温度与装罐时间有关，一般要求当日装罐需冷却到 10℃以下，次日装罐应冷却至 4℃以下。

6. 标准化

浓缩后的标准化是使浓缩乳的总固形物控制在标准范围内，所以也称为加水操作。加水量可按下式计算：

$$加水量 = \frac{A}{B} - \frac{A}{C}$$

式中　A——标准化乳的脂肪总量；

　　　B——成品的含脂率，%；

　　　C——浓缩乳的含脂率，%。

7. 装罐、封罐

（1）小样试验　为了防止由于不可预见的变化而造成成品的损失，装罐前应先做小样试验。小样试验按以下步骤进行。

① 试样准备。吸取浓度为 4.11%的磷酸氢二钠溶液 0.5mL、1.0mL、1.5mL、2.0mL、2.5mL、3.0mL，分别加入净重 411g 的浓缩乳罐中，封罐后摇匀。

② 灭菌试验。将罐中浓缩乳仔细搅匀后，加盖密封，然后在小型高压灭菌釜或生产用的大型灭釜中进行高温灭菌，灭菌条件应与批量生产条件相同。淡炼乳生产通常采用下列灭菌条件。

开始（17～18min）→87℃（6～8min）→100℃（6～8min）→116℃（保温 15min）→放气（5min）→冷却。

③ 开罐检验。灭菌后开罐，倾入烧杯中，检查其组织状态、色泽、风味，并测定黏度。黏度用毛式黏度计测定，以 20℃时大球 100～2000mPa·s 为宜。高于此黏度，一般有热凝固倾向。若黏度较高，可把灭菌温度降低 0.5℃或缩短灭菌时间 0.5min；若黏度过低，则灭菌保温时将回转式灭菌釜回转架暂停 5min，以提高黏度。总之，通过小样试验，确定批量生产的灭菌条件和稳定剂的添加量。

（2）装罐、封罐　将稳定剂溶于灭菌蒸馏水加入到浓缩乳中，搅拌均匀，即可装罐、封罐。但装罐不得太满，因淡炼乳封罐后要高温灭菌，故必须留有顶隙，以防胀罐，封罐最好用真空封罐机，以减少炼乳中的气泡和顶隙中的残留空气。

8. 灭菌、冷却

灭菌的主要目的是为了杀灭微生物、钝化酶类，从而延长产品的贮藏期，同时还可提高淡炼乳的黏度，防止脂肪上浮。除此之外，灭菌还能赋予淡炼乳特殊的芳香味。

灭菌方法分为间歇式（分批式）灭菌法和连续式灭菌法两种。

间歇式灭菌适于小规模生产，可用回转灭菌机进行，灭菌条件同小样试验。

连续式灭菌可分为 3 个阶段：预热段、灭菌段和冷却段。封罐后罐内乳温在 18℃以下，进入预热区预热到 93～95℃，然后进入灭菌区，加热到 114～119℃，经一定时间运转后，进入冷却区，冷却到室温。近年来，新出现的连续灭菌机，可在 2min 内加热到 125～138℃，并保持 1～3min，然后急速冷却，全部过程只需 6～7min。连续式灭菌法灭菌时间短，操作可实现自动化，适于大规模生产。

9. 振荡

如果灭菌操作不当，或使用了稳定性较低的原料乳，则淡炼乳中常有软凝块出现，通过振荡，可使软凝块分散复原成均一的流体。振荡使用水平式振荡机进行，往复冲程为 6.5cm，300～400 次/min，通常在室温下振荡 15～60s。

10. 保温检验

淡炼乳在出厂前，一般还要经过保温试验，即将成品在 25～30℃下保藏 3～4 周，观察有无胀罐现象，并开罐检查有无缺陷。必要时可抽取一定比例样品，于 37℃下保藏 7～10d，加以检验。合格的产品即可擦净，贴标装箱出厂。

第三节　炼乳的质量指标、主要质量缺陷及控制措施

一、炼乳的质量标准

根据国家标准 GB 5417—1999 规定，甜、淡炼乳的感官特性、理化指标和卫生指标应符合下列规定。

1. 感官特性

应符合表 16-1 的规定。

表 16-1　全脂无糖炼乳和全脂加糖炼乳的感官特性

项 目	全脂无糖炼乳	全脂加糖炼乳
色泽	呈均匀一致的乳白色或乳黄色，有光泽	
滋味和气味	具有牛乳的滋味和气味	具有牛乳的香味，甜味纯正
组织状态	组织细腻，质地均匀，黏度适中	

2. 理化指标

应符合表 16-2 的规定。

表 16-2　全脂无糖炼乳和全脂加糖炼乳的理化指标

项 目		全脂无糖炼乳	全脂加糖炼乳	项 目		全脂无糖炼乳	全脂加糖炼乳
蛋白质/%	≥	6.0	6.8	水分/%	≤		27.0
脂肪/%	≥	7.5	8.0	酸度/°T	≤	48.0	
全乳固体/%	≥	25.0	28.0	杂质度/(mg/kg)	≤	4	8
蔗糖/%	≤	—	45.0	乳糖结晶颗粒/μm	≤	—	25

3. 卫生指标

应符合表 16-3 的规定。

表 16-3　全脂无糖炼乳和全脂加糖炼乳的卫生指标

项 目		全脂无糖炼乳	全脂加糖炼乳	项 目		全脂无糖炼乳	全脂加糖炼乳
铅/(mg/kg)	≤	0.5		黄曲霉毒素(M_1)/(μg/kg)	≤	1.3	
铜/(mg/kg)	≤	10.0		菌落总数/(cfu/g)	≤	—	50000
锡/(mg/kg)	≤	10.0		大肠菌群/(MPN/100g)	≤		90
硝酸盐(以 $NaNO_3$ 计)/(mg/kg)	≤	28.0		致病菌(指肠道致病菌和致病性球菌)		不得检出	
亚硝酸盐(以 $NaNO_2$ 计)/(mg/kg)	≤	0.5		微生物		商业无菌	—

二、甜炼乳加工及贮藏过程中的缺陷与控制措施

1. 变稠

甜炼乳在贮藏过程中，特别是当贮藏温度较高时，黏度逐渐增高，甚至失去流动性，这一过程称为变稠。变稠是甜炼乳在贮藏中最常见的缺陷之一，按其产生的原因可分为微生物性变稠和理化性变稠两大类。

（1）微生物性变稠　主要是由于甜炼乳生产过程中受到微生物感染引起，如芽孢杆菌、链球菌、葡萄球菌和乳酸杆菌的生长繁殖，以及代谢产生乳酸及其他有机酸（甲酸、乙酸、丁酸、琥珀酸）和凝乳酶等，从而使炼乳变稠凝固，同时产生异味，并且酸度升高。

控制措施：严格进行卫生管理和有效的预热杀菌；尽可能地提高蔗糖比（但不得超过64.5％）；制品贮藏在10℃以下。

（2）理化性变稠　理化性变稠其反应历程较为复杂，一般是由于乳蛋白质（主要是酪蛋白）从溶胶状态转变成凝胶状态所致。理化性变稠引起的原因主要有以下几点。

① 蔗糖含量与加入方法。蔗糖含量对甜炼乳变稠有显著影响。提高蔗糖含量对抑制变稠是有效的，特别是在乳质不稳定的季节。蔗糖加入一般选在浓缩末期添加为宜。

② 浓缩条件。一般浓缩时温度高，特别是在60℃以上容易变稠。浓缩程度高则乳固体含量高，变稠倾向严重。

③ 预热条件。预热温度与时间对变稠影响最大，63℃、30min预热，可使变稠倾向减小，但易使脂肪上浮、糖沉淀或脂肪分解产生臭味，生产上一般不采用；75～80℃、10～15min预热，易使产品变稠；110～120℃、2～4s预热，则可减少变稠；当温度再升高时，成品有变稀的倾向。

④ 盐类平衡。乳中钙、镁离子过多也会引起变稠。对此可以通过添加磷酸盐、柠檬酸盐来平衡过多的钙、镁离子，或通过离子交换树脂减少钙、镁离子含量，抑制变稠。

⑤ 贮藏条件。贮藏温度越高，时间越长，产品越容易变稠。产品在10℃以下贮存4个月，不产生变稠，但在20℃时变稠倾向有所增加，30℃以上时则显著增加。产品一般控制在15℃以下。

⑥ 原料乳的酸度。原料乳酸度高时酪蛋白胶粒不稳定性，热稳定差炼乳易于变稠。生产工业用甜炼乳时，如果酸度稍高，用碱中和可以减弱变稠倾向，但如果酸度过高，已生成大量乳酸，则用碱中和也不能防止变稠。生产中不但要保证原料乳的质量，还要注意生产环境卫生。

⑦ 蛋白质与脂肪含量。乳蛋白含量越高，脂肪含量越低的情况下越易产生变稠现象。

2. 脂肪上浮

甜炼乳在贮藏中炼乳上层出现淡黄色膏状脂肪层的现象称为脂肪上浮，其与牛乳种类和加工工艺有关，如黄牛、水牛牛乳因脂肪含量高、乳脂肪球大，生产中如预热温度低、保温时间短、浓缩时间长、浓缩温度高于60℃、黏度低都容易发生脂肪上浮现象。要解决脂肪上浮问题可控制工艺条件，在浓缩后进行均质处理，使脂肪球变小并控制炼乳黏度，防止黏度偏低。

3. 块状物质的形成

甜炼乳中，有时会发现白色或黄色大小不一的软性块状物质，其中最常见的是由霉菌污染形成的纽扣状的凝块。纽扣状凝块呈干酪状，带有金属臭及陈腐的干酪气味。在有氧的条件下，炼乳表面在5～10d内生成霉菌菌落，2～3周内氧气耗尽则菌体趋于死亡，在其代谢酶的作用下，1～2个月后逐步形成纽扣状凝块。

控制凝块的主要措施有：①加强卫生管理，避免霉菌的二次污染；②装罐要满，尽量减少顶隙；③采用真空冷却结晶和真空封罐等技术措施，排除炼乳中的气泡，营造不利于霉菌生长繁殖的环境；④贮藏温度应保持在15℃以下并倒置贮藏。

4. 胀罐

胀罐又称为"胖听"、胖罐。引起的原有主要有细菌性和理化性因素。

（1）细菌性胀罐　甜炼乳在贮藏期间，受到微生物（通常是耐高渗酵母、产气杆菌、酪酸菌等）的污染，产生乙醇和二氧化碳等气体使罐膨胀，此为细菌性胀罐。

（2）理化性胀罐　物理性胀罐是由于装罐温度低、贮藏温度高及装罐量过多而造成的。化学性胀罐是因为乳中的酸性物质与罐内壁的铁、锡等发生化学反应而产生氢气所造成的。

控制措施在于加强生产工艺和贮藏条件的控制，使用符合标准的空罐，并注意控制乳的酸度。

5. 砂状炼乳

砂状炼乳系指乳糖结晶过大，以致舌感粗糙甚至有明显的砂状感觉的炼乳。一般来说，乳糖结晶应在10μm以下，而且大小均一。如果在15～20μm，则有粉状感觉，在30μm以上则呈明显的砂状。

控制此类缺陷主要采用：①晶体大小应在 $3\sim5\mu m$，晶种添加量应为成品量的 0.025% 左右；②晶种加入时温度不宜过高，并应在强烈搅拌的过程中用 120 目筛在 10min 内均匀地筛入；③贮藏温度不宜过高，温度变化不宜过大，应对冷却速度、蔗糖比（不超过 64.5%）等因素进行控制。

6. 乳糖沉淀

甜炼乳容器底部有时呈现糖沉淀现象，这主要是乳糖结晶过大形成的，也与炼乳的黏度有关。若乳糖结晶在 $10\mu m$ 以下，而且炼乳的黏度适宜，一般不会有沉淀现象出现。此外，蔗糖比过高，也会引起蔗糖结晶沉淀，其控制措施与砂状炼乳相同。

7. 钙沉淀

甜炼乳在冲调后，有时在杯底发现有白色细小沉淀，俗称"小白点"，其主要成分是柠檬酸钙。柠檬酸钙在炼乳中处于过饱和状态，所以部分结晶析出。甜炼乳中柠檬酸钙的含量约为 0.5%，相当于炼乳内每 1000mL 水中含有柠檬酸钙 19g。而在 $30℃$ 时，1000mL 水仅能溶解柠檬酸钙 2.51g。

控制柠檬酸钙的结晶，同控制乳糖结晶一样，可采用添加柠檬酸钙作为晶种。柠檬酸钙胶体的添加量一般为成品量的 $0.02\%\sim0.03\%$。

8. 褐变

甜炼乳在贮藏中逐渐变成褐色，并失去光泽，这种现象称为褐变。通常是美拉德反应造成的。用含转化糖的不纯蔗糖，或并用葡萄糖时，褐变就会显著。为防止褐变反应的发生，生产甜炼乳时，应使用优质蔗糖和优质原料乳，并避免在加工中长时间高温加热，而且贮藏温度应在 $10℃$ 以下。

9. 蒸煮味

蒸煮味是因为乳中蛋白质长时间高温处理而分解产生硫化物的结果。蒸煮味的产生对产品口感有着很大的影响，控制措施主要是避免高温长时间的加热。

三、淡炼乳的缺陷及原因

1. 胀罐

参见甜炼乳。

2. 异臭味

异臭味的产生主要由于灭菌不完全，残留的细菌繁殖而造成的酸败、苦味和臭味现象。

3. 沉淀

长时间贮藏的淡炼乳的罐底会生成白色的颗粒状沉淀物，此沉淀物的主要成分是柠檬酸钙、磷酸钙和磷酸镁。它的产生与贮藏温度和在淡炼乳中浓度成正比。

4. 脂肪上浮

当成品黏度低，均质处理不完全以及贮藏温度较高的情况下易发生脂肪上浮。

5. 稀薄化

淡炼乳在贮藏期间会出现黏度降低的现象，称之为渐增性稀薄化。随着贮藏温度增高和时间延长淡炼乳的黏度下降很大。稀薄化程度与蛋白质的含量成反比。

6. 褐变

参见甜炼乳。

【本章小结】

本章主要介绍了炼乳的概念和种类、甜炼乳与淡炼乳的加工工艺以及炼乳的质量指标、主要质量缺陷及控制措施。

甜炼乳是全脂加糖炼乳（或加糖甜炼乳）的简称，是在原料乳中加入约 16% 的蔗糖，经杀菌、浓缩到原体积 40% 左右，成品中的蔗糖含量为 $40\%\sim45\%$ 的一种乳制品。甜炼乳加工工艺要点主要包括原料乳的验收及预处理与标准化、预热杀菌、蔗糖的添加、加糖量与蔗糖比的计算、浓缩、均质、终点判断。甜炼乳生产中冷却结晶是最重要的工艺环节，其技术要点包括乳糖结晶与组织状态的关系、乳糖结晶温度的选择、晶种的制备、晶种的作用与添加量的计算、冷却结晶方法等。

淡炼乳是直接将牛乳浓缩至原体积的 40%，装罐后密封并经灭菌而成的制品，其与甜炼乳的主要区别是没有蔗糖的添加和乳糖结晶，其工艺中重点要求掌握浓缩、均质、标准化、装罐、封罐灭菌、冷却、振荡等技术要点。

甜、淡炼乳质量标准根据国家标准 GB 5417—1999、GB 13102—2005 规定，主要包括感官特性、理化指标和卫生指标。

炼乳在加工中因工艺、原料的原因在加工和贮藏过程中会出现变稠、脂肪上浮、块状物质的形成、胀罐、砂状炼乳、乳糖沉淀、钙沉淀、褐变、蒸煮味、异臭味、稀薄化等质量缺陷，生产中根据其产生的原因采取相应的控制措施。

【复习思考题】

一、名词解释

1. 炼乳　2. 标准化　3. 预热　4. 乳糖结晶　5. 变稠　6. 脂肪上浮　7. 纽扣状凝块

二、填空题

1. 炼乳根据所用的原料和添加的辅料不同，可以分为 _____、_____、_____、_____、_____、_____、_____。

2. 乳糖晶种的晶种粒径一般为 _____，添加量为甜炼乳量的 _____。

3. 炼乳浓缩终点的确定方法有：_____、_____、_____。

4. 甜炼乳蔗糖比为 _____。

5. 淡炼乳的灭菌温度一般为 _____，恒温时间为 _____。

三、计算题

1. 炼乳中总乳固体含量为 28%，脂肪为 8%，标准化后原料乳的脂肪含量为 3.2%，非脂乳固体含量为 8.0%，欲制得蔗糖含量 45% 的炼乳，试求 100kg 原料乳中应添加蔗糖多少？

2. 用含蔗糖 4.6%、非脂乳固体 9.0% 的原料乳生产甜炼乳，其蔗糖比为 62.5%，蔗糖含量为 45.0%，非脂乳固体含量为 19.5%，总乳固体含量为 28.0%，计算查表求其强制结晶的最适温度。

四、思考题

1. 乳糖在甜炼乳加工中的作用有哪些？

2. 炼乳生产中蔗糖加入的方法有哪些？

3. 炼乳生产中浓缩终点判断的方法有哪些？

4. 甜炼乳加工及贮藏过程中有哪些质量问题？如何控制？

【实训二十八】　甜炼乳的制作

一、实训目的

通过在实验条件下对炼乳的加工进一步了解和熟悉其加工工艺、操作过程和加工原理。掌握其常见缺陷的控制措施。

二、实训内容

1. 原料与设备　鲜乳或脱脂乳、蔗糖、乳糖粉、小苏打、磷酸二氢钠、浓缩设备、灭菌锅、封罐机、温度计、手持测糖仪、其他量器与容器。

2. 工艺流程

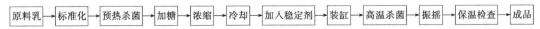

原料乳 → 标准化 → 预热杀菌 → 加糖 → 浓缩 → 冷却 → 加入稳定剂 → 装缸 → 高温杀菌 → 振摇 → 保温检查 → 成品

3. 操作要点

(1) 原料选料　选用新鲜含脂或脱脂乳。

(2) 乳的标准化　如果要提高脂肪含量，在乳中应加乳油；如果要减低含脂率，则在乳中加入脱脂乳。但其酸度不应超过 18°T。

（3）预热消毒 预热温度约在 95℃保持 15min，并观察其蛋白质的耐热性，但酸度以不高于 18°T 为宜。

（4）加糖 甜炼乳的原料在预热后注入糖浆，其量为乳总量的 16%～18%。

（5）浓缩 该法操作轻便，设备简单，乳在夹层平锅内加热，徐缓蒸发乳中水分而达到一定浓缩度即成炼乳。首先，将乳预热到 60℃，加入 16%的蔗糖糖浆，进行搅拌，使浆全部溶解而无结晶存在，保持 10～15min，随后用双层消毒纱布将预热乳滤入平锅内，此时夹层的锅温已升到 65℃，在 63～65℃保持 40～50min 进行浓缩，每分钟搅拌 40～60 次，促使水分大量蒸发，然后降低温度在 60～62℃，继续搅拌，直至浓缩完成为止。

（6）冷却 迅速冷却到 30～32℃，加入 0.025%乳糖粉，加入后徐徐搅拌 40～60min，再继续冷却到 17～18℃，继续搅拌，促使其中结晶变为极细小的粒子。

（7）加入稳定剂 检查后如果乳样品的酸度太高，超过 40°T，高温杀菌时易发生沉淀。应加入重碳酸钠或小苏打中和。为了防止微生物的破坏作用，以免引起炼乳中蛋白质的分解而形成凝块，在装缸杀菌前，可加入 0.02%～0.05%微量磷酸氢二钠稳定剂，以保持炼乳的耐久性。

（8）装缸 温度为 17～18℃，时间在搅拌后 1～2h 内进行。封缸时，最好在真空封缸机中进行。

（9）高温杀菌 高温杀菌的温度在 110～117℃，以 15min 为最妥。杀菌时的升温时间在 15～20min。

（10）振摇 杀菌后将乳缸放置在振摇器中振摇，促使乳内凝聚的干酪酸素软块粉碎，以防止缸底沉淀蔗糖，振摇时间为 10min，转速为每分钟 200 转。

（11）保温检查 振摇后将乳缸放入 37℃的保温箱内保温 8～10d，检查乳缸的杀菌效果，如果杀菌不彻底，由于微生物的氧化作用而产生气体，缸内压力增加，乳缸膨胀变形，说明制品不良，应及时处理。

三、实训报告与分析

根据实训过程写出实训报告，对产品加工过程与要点进行记录，就产品质量进行分析评定和成本核算。

四、实训思考题

1. 蔗糖添加的方法和时间对产品有何影响？
2. 常压浓缩与真空浓缩有哪些不同？
3. 如何控制甜炼乳的质量？

【实训二十九】 炼乳结晶

一、实训目的

通过实训加深对炼乳结晶原理的理解，掌握炼乳结晶的工艺与操作要点。

二、实训内容

1. 原料与设备 鲜乳或脱脂乳、蔗糖、乳糖粉、浓缩设备、超微粉碎机、铜筛（200 目）、灭菌锅、温度计、手持测糖仪、其他量器与容器。

2. 实训步骤

原料乳 → 标准化 → 预热杀菌 → 加糖 → 浓缩 → 结晶条件计算 → 晶种制备 → 冷却结晶 → 结果分析

3. 操作要点

（1）原料乳标准化、预热杀菌、加糖、浓缩 同实训二十八。

（2）结晶条件计算 根据公式计算甜炼乳中乳糖含量，后查表求得结晶最佳温度。

$$水分含量(\%)=[100-(总乳固体含量+蔗糖含量)]\times100\%$$

$$浓缩比=产品非脂乳固体含量/原料非脂乳固体含量$$

$$炼乳中乳糖含量(\%)=原料乳中乳糖含量\times浓缩比$$

炼乳水分中乳糖浓度（%）＝炼乳中乳糖含量/（炼乳中乳糖含量＋水分含量）

根据计算结果有结晶曲线上查出炼乳理论上添加晶种的最适温度。

（3）晶种制备 将精制乳糖在干燥箱中100～105℃下烘干2～3h后用超微粉碎机粉碎，再烘干1h，再次进行粉碎，反复2～3次，通过200目筛，置于玻璃干燥器中冷却备用。

（4）冷却结晶 采用间歇单效浓缩锅配蛇管冷却器。冷却结晶过程如下。

① 冷却初期。浓缩乳放入冷却器中后迅速开动蛇管搅拌，同时进行冷却。使浓缩乳温度由55℃迅速降低到35℃。

② 强制结晶。将浓缩乳由35℃降低到计算得出的结晶最适温度（一般为26～28℃），冷却速度要适度减缓，晶种在此期加入，乳糖晶种加入量为0.025%～0.04%，在10min内，以细铜筛缓慢筛入，保温30min。

③ 冷却后期。将炼乳由结晶最适温度继续冷却至20℃，整个过程需不停搅拌，时间约为60min。

（5）结果分析 采用感官评定，根据甜炼乳感官指标的评分标准表评定炼乳乳糖结晶效果。

三、注意事项

1. 晶种制备时晶种直径保证在3～5μm，在粉碎时如不能达到要求可多次反复粉碎。

2. 强制结晶时冷却速度要减缓，晶种添加在最适温度添加，保温的目的是利于晶核的形成。

3. 冷却后期要不停搅拌，保证结晶小而数量多。

4. 实训中可根据条件，设计不同晶种大小、不同添加温度、不同搅拌时间，来获得不同的炼乳，进行比较分析。

四、实训报告与分析

根据实训过程写出实训报告，分析冷却结晶工艺中的工艺要点。

五、实训思考题

1. 炼乳结晶的原理有哪些？

2. 乳糖晶种大小与炼乳结晶有何关系？

3. 间歇冷却结晶与连续式冷却结晶的工艺特点有哪些？

第十七章　乳粉加工技术

【知识目标】　理解乳粉生产中的标准化、杀菌、浓缩、干燥等环节的工作原理、处理效果；了解乳粉的种类及其质量特征；掌握乳粉加工技术要点及质量的控制方法。

【能力目标】　能够掌握乳粉加工中浓缩和干燥的实践操作技能。

【适合工种】　乳粉干燥工。

目前，随着乳品工业的发展，全新的、高营养的、适用于不同年龄和群体的乳粉产品越来越多。同时，随着社会经济发展和营养意识的增强，越来越多的家庭高度关注婴幼儿的发育，使得配方乳粉中高档婴儿配方乳粉正成为越来越多父母的选择。在高档婴儿配方乳粉领域，近年来许多企业都纷纷抢占高端市场，国内品牌有蒙牛、三鹿、南山、完达山、安满、安怡、伊利、圣元、红星、金星、龙丹、光明、秦俑等，外来品牌有多美滋、惠氏、恩贝尔、美赞臣、雅培、雀巢、森永、味全、明治、澳优、万朝、施恩等。

第一节　乳粉的概念和分类

一、乳粉的概念

乳粉是以鲜乳及其他营养强化剂为原料，经过喷雾干燥技术处理，制成干粉状的产品，其特点是便于携带、保质期长、营养价值高。

二、乳粉的种类

根据所用原料、原料处理及加工方法不同，乳粉可以分为全脂乳粉、脱脂乳粉、速溶乳粉、加糖乳粉、乳清粉、酪乳粉、乳油粉、冰淇淋粉、麦乳精粉等。

1. 全脂乳粉

它基本保持了牛乳的营养成分，适用于全体消费者，但最适合于中青年消费者。

2. 脱脂乳粉

牛乳脱脂后加工而成，口味较淡，适于中老年、肥胖和不适于摄入脂肪的消费者。

3. 速溶乳粉

和全脂乳粉相似，具有分散性、溶解性好的特点，一般为加糖速溶大颗粒乳粉或喷涂卵磷脂乳粉。

4. 加糖乳粉

由牛乳添加一定量蔗糖加工而成，适于全体消费者，多具有速溶特点。

5. 婴幼儿乳粉

一般来说，婴儿是指年龄在 12 个月以内的孩子，幼儿是指年龄在 1～3 岁的孩子，因此这种乳粉一般分阶段配制，分别适于 0～6 个月、6～12 个月和 1～3 岁的婴幼儿食用，它根据不同阶段婴幼儿的生理特点和营养要求，对蛋白质、脂肪、碳水化合物、维生素和矿物质等五大营养素进行了全面强化和调整。

6. 特殊配制乳粉

适于有特殊生理需求的消费者，这类配制乳粉都是根据不同消费者的生理特点，去除了乳中的某些营养物质或强化了某些营养物质（也可能二者兼而有之），故具有某些特定的生理功能，如中老年乳粉、低脂乳粉、糖尿病乳粉、双歧杆菌乳粉等。

第二节　乳粉加工工艺

一、乳粉生产工艺流程

以全脂乳粉为例，其工艺流程如下。

二、乳粉生产工艺要点

1. 原料乳的购入

① 选择合格的供应商，确定原料来源。

② 收乳站或牧场原料乳贮存温度保持在4℃以下，在24h以内使用专用乳槽保温车运往工厂。

2. 原料乳验收

(1) 检测项目 工厂收乳员从乳车上准确采样，进行如下检测：组织感官的鉴定、酒精酸度测定、乳相对密度的测定、乳脂肪含量的测定、蛋白质含量的测定、乳糖含量的测定、微生物指标的测定、牛乳中体细胞含量的测定、抗生素含量的测定、农药污染度的测定、杂质度检验。原料乳必须新鲜，不能混有异常乳。

(2) 检测指标 相对密度应为1.028～1.032(20℃)，酸度不超过20°T，含脂率不低于3.1%，乳固体不低于11.5%。杂菌数不超过$2.0×10^5$个/mL，检测合格后方可收入。

3. 原料乳预处理

(1) 原料乳贮存 经检测合格的原料乳用乳泵经板式换热器迅速冷却至4℃后收入乳缸贮存，贮存温度保持在3～5℃。

(2) 净化 除去机械杂质、乳腺组织和白细胞等，使乳达到工业加工原料的要求。贮存在乳缸内的生乳经乳泵打入一个由分离机和换热器组成的系统中，进行净乳和标准化处理。

① 过滤。有两种方法：一种是纱布过滤法，另一种是机械过滤法。

② 离心。自动排渣离心净乳机，借用分离的钵片在做高速圆周运动时产生的强大离心力，当牛乳进入净乳机时促使牛乳沿着钵片与钵片的间隙形成一层层薄膜，并涌往上叶片的叶轮，朝着出口阀门流出，而相对密度大于牛乳的杂质被抛向离心体内壁四周（每生产1～2h排渣一次）。

(3) 标准化

① 乳脂肪标准化。乳脂肪的标准化是在离心净乳机净乳时同时进行，如果净乳机没有分离奶油的功能，则要单独设置离心分离机。当原料乳中含脂率高时，可调整净乳机或离心分离机分离出一部分稀乳油；如果原料乳中含脂率低，则要加入稀乳油，使成品中含有25%～30%的脂肪（一般为26%）。由于这个含量范围较大，所以生产全脂乳粉时一般不用对脂肪含量进行调整。但要经常检查原料乳的含脂率，掌握其变化规律，便于适当调整。

② 蔗糖标准化。脂肪标准化以后需进行蔗糖标准化，蔗糖标准化方法选择取决于产品配方和设备条件，如产品中蔗糖含量15%左右，可采用两种方法：a. 预热时加糖；b. 将灭菌糖浆加入浓乳中。如产品中蔗糖含量超过20%，采用包装前添加蔗糖细粉，所加蔗糖应符合国家特级品要求。

(4) 均质 加工全脂乳粉的原料一般不经均质，但如果进行了标准化，添加了稀奶油或脱脂乳，则应进行均质，使混合原料乳形成一个均匀的分散体系。即使未进行标准化，经过均质的全脂乳粉质量也优于未经均质的乳粉，制成的乳粉冲调后复原性更好。在加工乳粉过程中，原料乳在离心净乳和压力喷雾干燥时，不同程度地受到离心机和高压泵的机械挤压和冲击，也有一定的均质效果。均质之前，乳温要达到60～65℃才能达到较好的均质效果。所以标准化后的原料乳可以经冷却后暂贮于冷藏罐中，用于加工乳粉时，再将原料乳预热至60℃左右进行均质。

目前生产中采用二段均质机，其中第一段均质压力大（占总均质压力的2/3），形成的湍流强度高，目的是为了打破脂肪球；第二段的压力小（占总均质压力的1/3），形成的湍流强度很小，不足以打破脂肪球，因此不能再形成新的团块，但可打破第一段均质形成的均质团块。为节约能源有时采用部分均质（生产能力大的均质机非常昂贵而且耗能多）法，即乳先被分离成脱脂乳和稀奶油，稀奶油被均质后再与分离出的乳混合。一般压力越高，均质效果越好，合理范围14～21MPa，50～60℃。

4. 预热杀菌

(1) 杀菌方法 一般采用高温短时间杀菌法，或超高温瞬时杀菌法，常用的方法是巴氏杀菌法，目的是杀死乳中微生物和破坏酶的活性。

（2）杀菌条件　若使用巴氏杀菌法，通常采用的杀菌条件为 70～72℃，持续 15～20min；或 85～87℃，15～20s。若用超高温瞬时杀菌装置，则为 120～140℃，保持 2～4s。

5. 浓缩

（1）真空浓缩的设备

① 设备种类。真空浓缩设备种类繁多，按加热部分的结构可分为盘管式、直管式和板式三种；按其二次蒸汽利用与否，可分为单效和多效浓缩设备。

② 设备使用。原料乳经杀菌后，应立即进行真空浓缩。一般浓缩至原料乳体积的 1/4 左右。一般小型乳品厂多用单效真空浓缩锅，较大型的乳品厂则都用双效或三效真空蒸发器，也有的采用片式真空蒸发器。浓缩结束后，浓缩乳一般采用双联过滤器过滤，浓乳浓度 15～18°Bé。

（2）影响浓缩的因素

① 加热器总加热面积。也就是乳受热面积。加热面积越大，在相同时间内乳所接受的热量亦越大，浓缩速度就越快。

② 加热蒸汽的温度与物料间的温差。温差越大，蒸发速度越快；加大浓缩设备的真空度，可以降低乳的沸点；加大蒸汽压力，可以提高加热蒸汽的温度。但是压力过大容易"焦管"，影响质量。所以，加热蒸汽的压力一般控制在 $(4.9～19.6)×10^4 Pa$。

③ 乳的翻动速度。乳翻动速度越大，乳的对流越好，加热器传给乳的热量也越多，乳既受热均匀又不易发生"焦管"现象。另外，由于乳翻动速度大，在加热器表面不易形成液膜（可阻碍乳的热交换）。乳的翻动速度还受乳与加热器之间的温差、乳的黏度等因素的影响。

④ 乳的浓度与黏度。随着浓缩的进行，浓度提高，相对密度增加，乳逐渐变得黏稠，流动性变差。

（3）浓缩质量控制

① 连续式蒸发器。对于连续式蒸发器来说，浓缩过程必须控制各项条件的稳定，如：a. 进料流量、浓缩与温度；b. 蒸汽压力与流量；c. 冷却水的温度与流量；d. 真空泵的正常状态等。保证这些条件的稳定，即可实现正常的连续进料与出料。

② 间歇式盘管真空浓缩锅。在设备清洗消毒后，即可开放冷凝水和启动真空泵。当真空度达 $6.666×10^4 Pa(500mmHg)$ 时即可进料浓缩。待乳液面浸过各排加热盘管后，顺次开启各排盘管的蒸汽阀。开始时蒸汽压力不能过高，以免乳中空气突然形成泡沫而导致乳损失。待乳形成稳定的沸腾状态时，再徐徐提高蒸汽压。控制蒸汽压及进乳量，使真空度保持在 $(8.40～8.53)×10^4 Pa$ $(630～640mmHg)$，乳温保持在 51～56℃，形成稳定的沸腾状态，使乳液面略高于最上层加热盘管，不使沸腾液面过高而造成雾沫损失。随着浓缩的进行，乳的相对密度和黏度逐渐升高，并由于吸入糖浆，使蒸发速度逐渐减慢。一般在乳吸完后，再继续浓缩 10～20min，即可达到要求的浓度。关于蒸汽压力的控制，一般认为可分五个阶段进行：a. 乳进料初期要控制较低的压力，防止跑乳；b. 进料 2/3 以前，乳处于稳定的沸腾期，采用 $9.8×10^4 Pa(1kgf/cm^2)$ 左右的压力，以保持较快的蒸发速度；c. 进料 2/3 以后，黏度上升，压力可降到 $8×10^4 Pa(0.8kgf/cm^2)$；d. 进糖后，压力再降到 $6×10^4 Pa(0.6kgf/cm^2)$；e. 浓缩后期，应采用不高于 $5×10^4 Pa$ $(0.5kgf/cm^2)$ 的压力，并随着浓缩终点的接近而逐渐关小乃至关闭蒸汽阀。总之，压力宜采用由低到高并逐渐降低的步骤，这可适应黏度的变化。不宜采用过高的蒸汽压力，一般不宜超过 $1.5×10^5 Pa(1.5kgf/cm^2)$。压力过高，加热器局部过热，不仅影响乳质量，而且焦化结垢，影响传热效率，反而降低蒸发速度。

（4）浓缩终点的确定　连续式蒸发器在稳定的操作条件下，可以正常连续出料，其浓度可通过检测而加以控制；间歇式浓缩锅需要逐锅测定浓缩终点。在浓缩到接近要求浓度时，浓缩乳黏度升高，沸腾状态滞缓，微细的气泡集中在中心，表面稍呈光泽，根据经验观察即可判定浓缩的终点。但为准确起见，可迅速取样，测定其相对密度、黏度或折射率来确定浓缩终点。一般要求原料乳浓缩至原体积的 1/4，乳干物质达到 45% 左右，浓缩后的乳温一般约为 47～50℃，其相对密度为 1.089～1.100。

① 全脂乳粉为 11.5～13°Bé，相应乳固体含量为 38%～42%；

② 脱脂乳粉为 20～22°Bé，相应乳固体含量为 35％～40％；

③ 全脂甜乳粉为 15～20°Bé，相应乳固体含量为 45％～50％；大颗粒乳粉可相应提高浓度。

6. 喷雾干燥

① 选配、安装适宜的雾化器，紧固好喷枪。待干燥消毒完成后，开启引风机并调整塔内负压。先将过滤的空气由鼓风机吸进，通过空气加热器加热至 130～160℃后，送入喷雾干燥室。

② 将过滤的浓缩乳由高压泵送至喷雾器（压力喷雾干燥）或由乳泵送至离心喷雾转盘（离心喷雾干燥），喷成 10～20μm 的乳滴与热空气充分地接触，进行强烈的热交换，迅速地排除水分，在瞬间完成蒸发、干燥。随之沉降于干燥室底部，通过出粉机构不断地卸出，及时冷却。

③ 最后进行筛粉和包装。

④ 在工作中，注意观察浓乳液位、浓度、温度、负压、风量和各部位运转情况，发现异常及时调整。

7. 出粉、冷却

喷雾干燥室内的乳粉要求迅速连续地卸出及时冷却，以免受热过久，降低制品质量。乳品工业常用的出粉机械有螺旋输送器、转鼓型阀、漩涡气封阀和电磁振荡出粉装置等。先进的生产工艺是将出粉、冷却、筛粉、输粉、贮粉和称量包装等工序连接成连续化的生产线。出粉后应立即筛粉和晾粉，使制品及时冷却。喷雾干燥乳粉要求及时冷却至 30℃以下，目前一般采用流化床出粉冷却装置。

8. 称量与包装

乳粉冷却后应立即用马口铁罐、玻璃罐或塑料袋进行包装。根据保存期和用途的不同要求，可分为小罐密封包装、塑料袋包装和大包装。需要长期保存的乳粉，最好采用 500g 马口铁罐抽真空充氮密封包装，保藏期可达 3～5 年。如果短期内销售，则多采用聚乙烯塑料袋包装，每袋 500g 或 250g，用高频电热器焊接封口。小包装称量要求精确、迅速，一般采用容量式或重量式自动称量装罐机。大包装的乳粉一般供应特别需要者，也分为罐装和袋装。每罐重 12.5kg；每袋重 12.5kg 或 25kg。

三、全脂乳粉的质量标准

1. 感官指标

呈淡黄色的均匀干燥粉末，不应有凝结的硬块及其他杂质，具有消毒牛乳的滋味和气味。

2. 理化指标

蛋白质不低于 34％（占非脂乳固体的量），水分不高于 5.0％，脂肪不低于 26％，复原乳酸度不高于 18°T，不溶度指数不低于 1.0mL，杂质度不高于 16mg/kg。

3. 卫生指标

铅（以 Pb 计）不高于 0.5mg/kg，铜（以 Cu 计）不高于 10mg/kg，硝酸盐（以 $NaNO_3$ 计）不高于 100mg/kg，亚硝酸盐（以 $NaNO_2$ 计）不高于 2mg/kg，酵母和霉菌不高于 50cfu/g，黄曲霉毒素 M_1 不高于 5.0μg/kg，菌落总数不大于 50000cfu/g，大肠菌群（近似值）不大于 90MPN/100g，致病菌不得检出。

第三节　配方乳粉的调配原则及加工技术

早期的调制乳粉是针对婴儿的营养需要，在乳或乳制品中添加某些必要的营养素经干燥而制成的一种乳制品。近年来，调制乳粉是以类似母乳组成的营养素为基本目标，通过添加或提取牛乳中的某些成分，使其组成不仅在数量上而且在质量上都接近母乳的乳制品。调制乳粉的种类包括婴儿乳粉、母乳化乳粉、牛乳豆粉、老人乳粉等。

一、婴儿乳粉主要营养素的调整

当计算婴儿调制乳粉成分配比时，应考虑到婴儿对各种营养成分的需要量，使之尽量接近于母乳的成分配比。世界各国都根据本国婴幼儿的营养需求特点制定了营养需要量标准，调制乳粉向着类似人乳的方向逐渐发展，由调整蛋白质、脂肪、乳糖、无机成分开始，再添加微量有效成分，使之类似人乳。

1. 蛋白质的调整

人乳与牛乳的蛋白质含量与组成有很大差别，牛乳蛋白质中的酪蛋白占78%以上，酪蛋白与乳清蛋白（β-乳球蛋白、α-乳清蛋白、蛋白酶-胨、乳铁蛋白和牛血清白蛋白）的比例约为4：1，而人乳中乳清蛋白与酪蛋白的比例约为1.3：1，这就要求生产企业将乳粉中酪蛋白与乳白蛋白的比例调为1：1，这样才有较好的利用价值。调整方法如下。

① 向牛乳中添加脱盐乳清粉或浓缩乳清蛋白，使酪蛋白与乳清蛋白的比例近似于人乳。

② 在牛乳中直接添加胱氨酸后，其蛋白质效价可与人乳蛋白质相同。

③ 用蛋白分解酶对乳中酪蛋白进行分解。

④ 添加大豆蛋白，以减少蛋白质含量，使之近似人乳的酪蛋白与白蛋白的比例。

⑤ 添加乳铁蛋白可增强免疫性（抵抗大肠杆菌等微生物，减少病毒引起的腹泻等常见疾病），改善体内铁质的平衡等。

2. 脂质的调整

人乳与牛乳的脂肪含量为3.4%～3.5%，大致相同，但脂肪酸组成有很大差别。牛乳饱和脂肪酸特别是挥发酸多，而人乳中不饱和脂肪酸，特别是亚油酸、亚麻酸多。调整方法如下。

① 强化亚油酸，以提高乳脂肪的消化率。

② 脂质中的磷脂是婴儿生长期间所需要的重要成分，包括胆甾醇、脑磷脂、鞘磷脂、脑苷脂类。在婴儿调制乳粉中，应尽可能使磷脂质（鞘磷脂）含量接近人乳的含量。

③ 加植物油（如玉米油、大豆油、橄榄油、棉籽油、红花油）代替部分的乳脂肪，以保证提供更多的亚麻酸和油酸（单不饱和脂肪酸）。

④ 改善乳脂肪的结构、改善脂肪的分子排列。

3. 糖质类的调整

① 牛乳中的乳糖约为4.3%，人的初乳含乳糖5.8%±0.37%，常乳含乳糖6.86%±0.26%，喂养婴儿时一般添加乳糖。

② 蛋白质与乳糖的比例人乳大约为1：6，牛乳大约为1：1.5，婴儿所需要的比例是1：2.5以上。应调整婴儿乳粉蛋白质与乳糖比例为1：（4～4.5）。

③ 调制婴儿乳粉，为了使乳糖与蛋白质的比例尽可能接近人乳，添加蔗糖的量逐渐减少，而只添加乳糖和可溶性多糖类。在调制婴儿乳粉的7%的碳水化合物中，其中6%是乳糖，1%是麦芽糊精。

④ 添加双歧乳杆菌生长因子——黏多糖类，在人的初乳中黏多糖类含量较多。

4. 无机质的调整

① 牛乳乳化时脱盐，除去部分盐类成分（无机磷和钙）。

② 补充一部分铁，达到人乳的水平。

5. 维生素的调整

① 在婴儿乳粉中，叶酸和维生素C必须强化添加，其他需要添加维生素A、维生素B_1、维生素B_6、维生素B_{12}。

② 为了使钙、磷有最大的蓄积量，维生素D必须达到300～400IU/d；但是如果过多，钙磷的蓄积反而减少，影响体重的增加。

6. 其他微量成分

（1）核苷酸 人乳与牛乳中的核苷酸组成有很大差别，所以认为其在营养生理上有特别的意义。这是由于人乳比牛乳中的非蛋白态氮化物含量较多之故，人乳中含量较多，牛乳中只含有微量的核苷酸。

（2）溶菌素 溶菌素具有抗菌、抗病毒作用，还具有广义的免疫作用、血液凝固及止血作用、消炎及乳的消化等作用。

（3）黏蛋白、异构乳糖 黏蛋白是由多糖类、糖蛋白形成的一种黏性物质，是构成机体组织的物质，具有润滑作用及保护作用，人乳中的含量大大高于牛乳。将黏蛋白及异构乳糖添加于婴儿乳粉中，可提高溶菌素的活性，促进双歧乳杆菌的繁殖，使通便性良好，同时可促进氨基酸及脂肪的吸收。

二、婴儿乳粉进一步的营养素调整

目前的婴儿调制乳粉配方中还不含有人乳中存在的免疫物质、酶和激素等，因此，只能说是近母乳。今后的婴儿调制乳粉应具有更合适的生理价值和安全性，更接近人乳，模仿出不同时期的人乳，研制出不同年龄段的配方食品。今后需从以下几方面进一步改进。

① 双歧因子可改善结肠中的微环境以提高对外源感染的抵抗力，并可降低革兰氏阴性病原体的感染。

② 具有杀菌和抑菌活性的分泌性免疫蛋白质 IgA、乳肝褐质、溶菌素和乳过氧化物酶。

③ 牛磺酸是人体必需的氨基酸，是哺乳动物乳汁中含量丰富的游离氨基酸，其主要功能是使体内胆汁酸的存量增多，改善脂肪的吸收，防止胆汁淤积及在细胞方面的作用，尤以对脑及视网膜的发育最为重要。营养专家研究发现，牛黄酸在人脑神经细胞增殖过程中（分化成熟过程）发挥重要作用。

④ 核苷酸是母乳中非蛋白氮（NPN）的组成部分，也是 DNA 及 RNA 的前体。美国惠氏公司生产 S26 配方乳粉是目前唯一添加了母乳水平和经过临床检测的含核苷酸的婴儿乳粉。

⑤ 左旋肉碱（L-carnitine）是一种类维生素物质，过去曾称作维生素 BT，是人乳中自然存在的化合物，主要在哺乳动物的能量产生和脂肪代谢过程中起重要作用。主要存在于动物性食品内，因此以豆蛋白为基础的婴儿乳粉内应添加。

⑥ DHA（二十二碳六烯酸）、EPA（二十碳五烯酸）是脑脂肪的主要成分（大脑中 65％是脂肪类物质），有助于婴儿期形成的脑细胞充实和完善，神经细胞突起延长，体积增大，以利于智力的提高。

三、婴儿乳粉配方

婴儿配方乳粉包括Ⅰ、Ⅱ、Ⅲ三种配方，国家标准 GB 10705—1997《婴儿配方乳粉Ⅰ》和 GB 10766—1997《婴儿配方乳粉Ⅱ、Ⅲ》。

婴儿配方乳粉Ⅰ是以新鲜牛乳（或羊乳）、白砂糖、大豆、饴糖为主要原料，加入适量的维生素和矿物质，经加工制成的供婴儿食用的粉末状产品。具体是在全脂乳粉的基础上用维生素和矿物质等对其进行强化，并用大豆蛋白对蛋白质进行调整，有些还按人乳中脂肪的特点调整乳粉中的脂肪含量。

婴儿配方乳粉Ⅱ是以新鲜牛乳或羊乳（或乳粉）、脱盐乳清粉、精炼植物油、乳油、白砂糖为主要原料，加入适量的维生素和矿物质，经加工制成的供 6 个月以内婴儿食用的粉末状产品。

婴儿配方乳粉Ⅲ是大多以牛乳和精制饴糖为主要原料，以类似母乳的组成为基本目标，通过添加某些营养素或提出牛乳中的某些成分，使其组成成分在数量和质量上都接近母乳，作为 6 个月以内婴儿的母乳代用品，可通过配料、均质、杀菌、浓缩、喷雾干燥制成。

四、婴儿配方乳粉的加工

以婴儿配方乳粉Ⅱ为例简要介绍如下。

1. 婴儿配方乳粉Ⅱ工艺流程

如图 17-1 所示。

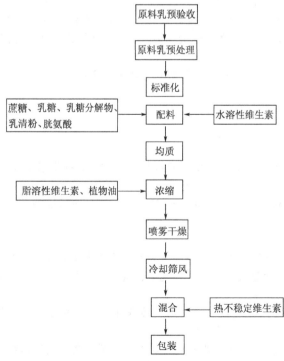

图 17-1　婴儿配方乳粉工艺流程

2. 婴儿配方乳粉Ⅱ工艺要点

① 原料乳的预处理同全脂乳粉，其他原料的各项指标要符合国家规定的标准。

② 稀奶油需要加热至40℃，再加入维生素和微量元素，充分搅拌均匀后与预处理的原料乳混合，并搅拌均匀。

③ 混合料的杀菌温度可采用63～65℃、30min保温杀菌法，或HTST法；而植物油的杀菌温度要求在85℃、10min，然后冷却到55～60℃备用。

④ 浓缩工艺要求与全脂乳粉相同，但浓缩终点要求浓度为40%～45%，温度保持55～60℃。

⑤ 第二次混合物料时要加入维生素C，同时要加入冷却备用的植物油。除了充分搅拌均匀外，还要注意物料的浓度不要低于40%，温度保持在55～60℃。

⑥ 混合均匀的物料要进行均质，均质压力20MPa。

⑦ 喷雾干燥时的进风温度为140～160℃，排风温度为80～86℃。

3. 婴儿乳粉配方Ⅱ（以供参考）

如表17-1所示。

表17-1　婴儿乳粉配方

配方Ⅱ	物 料 名 称	每吨投料量	备　　注
Ⅱ（GB/T 10766—1997）	牛乳	2500kg	干物质11.1%,脂肪3.0%
	乳清粉	475kg	水分2.5%,脂肪1.2%
	棕榈油	63kg	
	三脱油	63kg	
	乳油	67kg	乳油脂肪含量82%
	蔗糖	65kg	
	维生素A	6g	6g相当于240000IU
	维生素D	0.12g	0.12g相当于480000IU
	维生素E	60g	
	维生素K	0.25g	
	维生素B$_1$	3.5g	
	维生素B$_6$	3.5g	
	维生素C	600g	
	维生素B$_2$	0.25g	
	叶酸	4.5g	
	烟酸	40g	
	硫酸亚铁	350g	$FeSO_4 \cdot 7H_2O$

第四节　乳品干燥技术

浓缩后的乳打入保温罐内，立即进行干燥，现在国内外乳粉干燥广泛采用喷雾干燥法。喷雾干燥法包括离心喷雾法和压力喷雾法。

一、喷雾干燥技术

1. 喷雾干燥的原理

浓乳在高压或离心力的作用下，经过雾化器在干燥室内喷出，形成雾状。此刻的浓乳变成了无数微细的乳滴（直径约为10～200μm），大大增加了浓乳表面积。微细乳滴一经与鼓入的热风接触，其水分便在 0.01～0.04s 的瞬间内蒸发完毕，雾滴被干燥成细小的球形颗粒，单个或数个粘连漂落到干燥室底部，而水蒸气被热风带走，从干燥室的排风口抽出。整个干燥过程仅需 15～30s。喷雾干燥是一个较为复杂的包括浓缩乳微粒表面水分汽化以及微粒内部水分不断地向其表面扩散的过程。只有当浓缩乳的水分含量超过其平衡水分，微粒表面的蒸汽压超过干燥介质的蒸汽压时，干燥过程才能进行。

2. 喷雾干燥的三个阶段

（1）预热阶段 浓缩乳的微细乳滴与干燥介质一经接触，干燥即开始，乳滴表面水分即汽化。若乳滴表面温度高于干燥介质的湿球温度，则由于乳滴微粒表面水分的汽化而使其表面温度下降至湿球温度；若微粒表面温度低于湿球温度，干燥介质则供给热量使其表面温度上升至湿球温度，通常称之为预热阶段。直到干燥介质传给微粒的热量与用于微粒表面的水分汽化所需的热量达到平衡时为止。此时，干燥速度便迅速增至某一最大值，即进入下一个阶段。

（2）恒速干燥阶段 当干燥速度达到最大值后，即进入恒速干燥阶段。在此阶段，乳滴中绝大部分游离水将被蒸发除去，且水分的蒸发是在乳滴表面进行。乳滴表面始终被水分所湿润，乳滴中水分扩散速度使乳滴表面水分呈饱和状态，其水分的蒸发速度由蒸汽穿过周围空气膜的扩散速度所决定，周围热空气与乳滴之间的温差则是蒸发速度的动力，而乳滴温度可以近似地等于周围热空气的湿球平均温度（一般为 50～60℃）。这个阶段乳滴内部水分的扩散速度大于或等于乳滴表面的水分蒸发速度。干燥速度主要取决于干燥介质的状态（温度、湿度和气流状况等）。当干燥介质的湿度低时，干燥介质的温度与乳滴表面的湿球温度的温差愈大，乳滴与干燥介质接触良好，则干燥速度愈快；反之，干燥速度减慢，甚至达不到预期的干燥目的。恒速干燥阶段的时间极短，一般仅需要几分之一秒或几十分之一秒。当乳滴中水分扩散速度不能使乳滴表面水分保持饱和状态时，干燥即进入降速干燥阶段。

（3）降速干燥阶段 在恒速干燥阶段，由于乳滴微粒内部水分不断扩散至微粒表面，而表面水分不断汽化，使乳滴内部的水分迅速减少，当乳滴微粒内部向表面扩散的水分已不足以补充表面汽化的水时，乳滴水分的蒸发将发生在乳滴微粒内部的某一界面上。当水分蒸发速度大于乳滴内部水分的扩散速度时，则水蒸气在微粒内部形成，乳中的结合水部分地被除掉。若此时颗粒呈可塑性，就会形成中空的干燥乳粉颗粒，乳粉颗粒的温度将逐步地超出周围热空气的湿球温度，并逐渐地接近于周围热空气的温度，乳粉的水分含量也接近于或等于该热空气温度下的平衡水分，即喷雾干燥的极限水分，这时便完成了干燥过程。此阶段的干燥时间较恒速干燥阶段长，一般为 15～30s。

二、喷雾干燥的特点

1. 喷雾干燥优点

（1）干燥速度快，物料受热时间短 由于浓乳被雾化成微细乳滴，具有很大的表面积。若按雾滴平均直径为 $50\mu m$ 计算，则每升乳喷雾时，可分散成 146 亿个微小雾滴，其总表面积约为 54000m^2。这些雾滴中的水分在 150～200℃ 的热风中强烈而迅速地汽化，所以干燥速度快。

（2）干燥温度低，乳粉质量好 在喷雾干燥过程中，雾滴从周围热空气中吸收大量热，而使周围空气温度迅速下降，同时也就保证了被干燥的雾滴本身温度大大低于周围热空气温度。即使干燥粉末的表面，一般也不超过干燥室气流的湿球温度（50～60℃）。这是由于雾滴在干燥时的温度接近于液体的绝热蒸发温度，这就是干燥的第一阶段（恒速干燥阶段）不会超过空气的湿球温度的缘故。所以，尽管干燥室内的热空气温度很高，但物料受热时间短、温度低、营养成分损失少。

（3）工艺参数可调，容易控制质量 选择适当的雾化器、调节工艺条件可以控制乳粉颗粒状态、大小、容重，并使含水量均匀，成品冲调后具有良好的流动性、分散性和溶解性。

（4）产品不易污染，卫生质量好 喷雾干燥过程是在密闭状态下进行，干燥室中保持约 100～400Pa 的负压，所以避免了粉尘的外溢，减少了浪费，保证了产品卫生。

（5）产品呈松散状态，不必再粉碎　喷雾干燥后，乳粉呈粉末状，只要过筛，团块粉即可分散。

（6）操作简便，自动化高　操作调节方便，机械化、自动化程度高，有利于连续化和自动化生产。操作人员少，劳动强度低，具有较高的生产效率。

2. 喷雾干燥缺点

① 干燥箱（塔）体庞大，占用面积、空间大，而且造价高、投资大。

② 耗能、耗电多。为了保证乳粉中含水量的标准，一般将排风湿度控制到约 10％～13％，即排风的干球温度达到 75～85℃。故需耗用较多的热风，热效率低。热风温度在150～170℃时，热效率仅为 30％～50％；热风温度在 200℃时，热效率可达 55％。因此，每蒸发 1kg 水需要蒸汽3.0～3.3kg，能耗大大高于浓缩。

③ 粉尘粘壁现象严重，清扫、收粉的工作量大。如果采用机械回收装置，又比较复杂，甚至又会造成二次污染，且要增加很大的设备投资。

三、喷雾干燥工艺及设备

1. 工艺流程

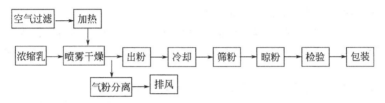

2. 喷雾干燥设备类型

乳粉喷雾干燥设备类型很多，主要有压力喷雾与离心喷雾两大类。这两类设备按热风与物料的流向，又可以分为顺流、逆流、混合流等各种类型。

（1）压力式喷雾干燥设备　立式和卧式并流型平底干燥机，多数是人工出粉；立式和卧式并流型尖底干燥机，机械出粉，亦可以人工出粉。

（2）离心式喷雾干燥设备　高速旋转的离心盘将浓乳水平喷出，所以，干燥室呈圆柱形。立式并流平底干燥机，人工出粉；立式并流尖底干燥机，机械出粉，亦可人工出粉。

3. 干燥设备

喷雾干燥设备是由干燥室、雾化器、高压泵、空气过滤器、空气加热器、进排风机、捕粉装置及气流调节装置组成。

四、喷雾干燥方法

喷雾干燥对产品质量影响很大，必须严格按操作规程进行。

1. 压力喷雾干燥法

压力喷雾干燥法是指浓乳借助高压泵的压力，高速地通过压力式雾化器的锐角，连续均匀地呈扇形雾膜状（中空膜）喷射到干燥室内，并分散成微细雾滴，与同时进入的热风接触，水分被瞬间蒸发，乳滴被干燥成粉末。

雾化状态的优劣取决于雾化器的结构、喷雾压力（浓乳的流量）、浓乳的物理性质（浓度、黏度、表面张力等）。当喷嘴孔径不圆或有豁口时，雾膜厚薄不匀，喷矩偏斜，则雾化不良。当喷嘴孔径和浓乳的物理性质不变时，喷雾压力提高，则喷雾角增大，雾滴粒度变小；反之，喷雾压力降低，则喷雾角变小，雾滴粒度增大。如果喷雾压力不稳，喷雾角时大时小，则雾滴粒度大小不均；当喷嘴孔径和喷雾压力不变时，若浓乳浓度低、黏度小，则雾滴粒度小；反之，则雾滴粒度大。雾滴的大小和均匀度直接影响乳粉颗粒的大小和均匀度。一般情况下，雾滴的平均直径与浓乳的表面张力、黏度及喷嘴孔径成正比，与流量成反比。

2. 离心喷雾干燥法

离心喷雾干燥是利用在水平方向作高速旋转的圆盘的离心力作用进行雾化，将浓乳喷成雾状，同时与热风接触而达到干燥的目的。雾化器一般都采用圆盘式、钟式、多盘式或多嘴式等类型。

雾化状态的优劣取决于转盘的结构及其圆周速度（直径与转速）、浓乳的流量与流速、浓乳的物理性质（浓度、黏度、表面张力等）。当转盘直径固定、料液的物理性质和流量不变时，转速与雾滴大小成反比，即转速高则粒度小；反之，转速低则粒度大。当转盘转速与直径固定、料液物理性质不变时，进料速率与雾滴粒度成反比，即进料速率大则粒度小；反之，进料速率小则粒度大。当转盘转速一定、进料速率不变时，雾滴粒度与料液黏度成正比，即黏度高则粒度大；反之亦然。在其他参数不变时，雾滴粒度与表面张力成正比，即表面张力大时，则粒度大；反之，表面张力小时，则粒度小。

第五节 乳粉质量标准和质量控制

一、乳粉的强制性国家标准

1. GB 10765—1997《婴儿配方乳粉Ⅰ》

以新鲜牛乳（或羊乳）、白砂糖、大豆、饴糖为主要原料，加入适量的维生素和矿物质，经加工制成的供婴儿食用的粉末状产品。

2. GB 10766—1997《婴儿配方乳粉Ⅱ、Ⅲ》

以新鲜牛乳或羊乳（或乳粉）、脱盐乳清粉（配方Ⅱ）、饴糖（配方Ⅲ）、精炼植物油、乳油、白砂糖为主要原料，加入有效量的维生素和矿物质，经加工制成的供 6 个月以内婴儿食用的粉末状产品。

3. GB 10767—1997《婴幼儿配方粉及婴幼儿补充谷粉通用技术条件》

婴儿配方粉：适于 0～12 个月龄婴儿食用的粉状食品。较大婴儿和幼儿配方粉：适于 6～36 个月龄婴幼儿食用的粉状或片状食品。

4. GB 5410—1999《全脂乳粉、脱脂乳粉、全脂加糖乳粉和调味乳粉》

全脂乳粉：仅以牛乳或羊乳为原料，经浓缩、干燥制成的粉状产品。脱脂乳粉：仅以牛乳或羊乳为原料，经分离脂肪、浓缩、干燥制成的粉状产品。全脂加糖乳粉：仅以牛乳或羊乳、白砂糖为原料，经浓缩、干燥制成的粉状产品。调味乳粉：以牛乳或羊乳（或全脂乳粉、脱脂乳粉）为主料，添加调味料等辅料，经浓缩、干燥（或干混）制成的，乳固体含量不低于 70% 的粉状产品。

现行的主要乳粉标准是国家质量技术监督局发布的 GB 5410—1999《全脂乳粉、脱脂乳粉、全脂加糖乳粉和调味乳粉》。标准中，"食品添加剂和食品营养强化剂"、"净含量"、"卫生指标"、"标签"等为强制性条文；"原料要求"、"感官特性"、"理化指标"等列为推荐性条文。该标准与原标准突出的不同是规定了蛋白质含量，并且所规定的蛋白质含量高于国际标准 1～2 个百分点，以促使企业向国际标准靠拢，保证产品达标。该标准还对食品添加剂的品种、用量首次作了规定。

二、质量控制

1. 理化指标

婴儿乳粉配方Ⅱ和配方Ⅲ的理化指标如表 17-2 所示。

表 17-2 理化指标

项 目		指 标	
		每 100g	每 100kJ（每 100kcal）
热量/kJ(kcal)		2077～2408(497～576)	—
蛋白质/g		12.0～18.0	0.5～0.8(2.2～3.3)
其中乳清蛋白（配方Ⅱ）%	≥	60	
脂肪/g		25.0～31.0	1.1～1.4(4.6～5.7)
亚油酸/mg	≥	3000	133(556)
配方Ⅱ乳糖占碳水化合物量/%	≥	90	—

续表

项 目		指 标	
		每 100g	每 100kJ(每 100kcal)
配方 Ⅱ 灰分/g	≤	3.5	0.2(0.6)
配方 Ⅲ 灰分/g	≤	4.0	0.2(0.7)
水分/g	≤	5.0	—
维生素 A/IU		1250～2500	55～111(232～463)
维生素 D/IU		200～400	9～18(37～74)
维生素 E/IU	≥	5.0	0.2(0.9)
维生素 K$_1$/μg	≥	22	1.0(4.0)
维生素 B$_1$/μg	≥	400	20(100)
维生素 B$_2$/μg	≥	500	20(100)
维生素 B$_6$/μg	≥	189	8.4(35)
维生素 B$_{12}$/μg	≥	1.0	0.04(0.2)
烟酸/μg	≥	4000	200(700)
叶酸/μg	≥	22	1.0(4.0)
泛酸/μg	≥	1600	70(300)
生物素/μg	≥	8.0	0.4(1.5)
维生素 C/mg	≥	40	1.8(7.4)
胆碱/μg	≥	38	1.7(7.0)
钙/mg	≥	300	13.3(56)
磷/mg	≥	220	9.7(41)
镁/mg	≥	30	1.3(5.6)
铁/mg		7～11	0.3～0.5(1.3～2.0)
锌/mg		2.5～7.0	0.1～0.3(0.5～1.3)
锰/μg	≥	25	1.1(4.6)
铜/μg		320～650	14～29(59～120)
碘/μg		30～150	1.3～6.6(5.6～28)
钠/mg	≤	300	13.3(56)
钾/mg	≤	1000	44(185)
氯/mg		275～750	12～33(51～139)
牛磺酸/mg	≥	30	1.3(5.6)
复原乳酸度①/°T	≤	14.0	—
不溶度指数/mL	≤	0.2	—
杂质度②/(mg/kg)	≤	6	—
钙/磷		1.2～2.0	

① 复原乳系指干物质 12% 的复原乳汁。

② 杂质度包括焦粉颗粒。

2. 卫生指标

婴儿乳粉配方 Ⅱ 和配方 Ⅲ 的卫生指标如表 17-3 所示。

表 17-3 卫生指标

项 目		指 标	项 目		指 标
铅/(mg/kg)	≤	0.5	酵母和霉菌/(个/g)	≤	50
砷/(mg/kg)	≤	0.5	细菌总数/(个/g)	≤	30000
硝酸盐(以 NaNO$_3$ 计)/(mg/kg)	≤	100	大肠菌群(最近似值)/(个/100g)	≤	40
亚硝酸盐(以 NaNO$_2$ 计)/(mg/kg)	≤	5	致病菌(指肠道致病菌和致病性球菌)		不得检出
黄曲霉毒素 M$_1$		不得检出			

【本章小结】

本章主要讲述乳粉的概念及种类、乳粉生产工艺流程及操作技能和控制条件、婴儿配方乳粉Ⅱ的加工程序和工艺数据、乳粉干燥技术（喷雾干燥工艺设备以及干燥方法）和乳粉质量标准以及控制五个方面的内容。

乳粉是便于携带、保质期长、营养价值高、适用于不同年龄和群体的产品。它以鲜乳及其他营养强化剂为原料，经过喷雾干燥技术处理，制成干粉状。根据所用原料、原料处理及加工方法不同，乳粉可以分为全脂乳粉、脱脂乳粉、速溶乳粉、婴幼儿乳粉等。

以全脂乳粉为例，全面讲述了乳粉的生产工艺流程，并对生产环节的工艺作了较详细的阐述。

调制乳粉的种类包括婴儿乳粉、母乳化乳粉、牛乳豆粉、老人乳粉等，重点对婴儿配方乳粉生产流程和主要营养素的调配原则及加工技术作了详细的叙述。

对乳粉加工过程中的乳粉喷雾干燥——喷雾干燥的原理、特点（优点和缺点）、喷雾干燥工艺流程以及设备和干燥方法这些环节作了叙述，重点阐述了乳粉干燥的操作技能和控制条件以及注意事项。

乳粉质量标准和质量控制采用国标法 GB 5410—1999《全脂乳粉、脱脂乳粉、全脂加糖乳粉和调味乳粉》、GB 19644—2005《乳粉卫生标准》。这可正确认识目前的乳粉制作要求、具体指标和质量控制措施，特别介绍婴儿配方乳粉Ⅱ、Ⅲ（GB 10765—1997）国家标准，为以后乳粉安全生产打下坚实的基础。

【复习思考题】

一、名词解释

1. 乳粉　　2. 真空浓缩　　3. 喷雾干燥　　4. 配方乳粉

二、填空题

1. 我国规定生鲜牛乳收购的质量按标准（GB 6914—86）执行，包括了＿＿＿＿、＿＿＿＿和＿＿＿＿。

2. 在牧场或乳制品加工厂里，对原料乳进行过滤处理的常见方法有：3～4 层＿＿＿＿过滤；对原料乳进行净化处理的常见方法是＿＿＿＿净化处理。

3. 在牛乳的均质、离心净化等加工处理中，要对其进行预热处理，其原因是＿＿＿＿。

4. 均质的目的是防止＿＿＿＿上浮分层、减少酪蛋白微粒沉淀、改善原料或产品的流变学特性和使添加成分＿＿＿＿分布。

5. 目前国内外乳粉生产中采用加热喷雾干燥的方式有＿＿＿＿喷雾干燥和＿＿＿＿喷雾干燥。

三、简述题

1. 试述乳粉的种类及其质量特征。

2. 简述原料乳离心的目的。

3. 简述牛乳均质的目的。

4. 简述原料乳进行真空浓缩的目的和真空浓缩的特点。

5. 影响浓缩的因素有哪些？

6. 喷雾干燥的原理及喷雾过程中的变化。

四、综述题

1. 试各举一例说明脱脂速溶乳粉和全脂速溶乳粉的加工工艺、工艺要求及质量控制方法。

2. 以市场上的 0～6 月龄婴儿乳粉为例，分析其最容易发生的质量缺陷和产生的原因，并找出控制办法。

五、技能题

1. 乳浓缩操作步骤。

2. 乳粉干燥操作步骤。

【实训三十】　乳粉厂的参观实习

一、参观目的

通过参观了解乳粉厂的整体设计布局、乳粉各个产品系列的生产过程以及乳粉厂的质量控制体系。

二、参观器材与试剂

白大褂、帽、口罩、长筒胶鞋。

三、操作与方法

1. 参观要求

① 遵守学校实习纪律，遵守厂方的生产纪律和卫生制度，遵从厂方的实习安排。

② 要认真观察、理解工作人员的讲解并勤动脑。

2. 参观方法和步骤

① 教师预先对实习的乳粉厂进行摸底和周密安排，做到心中有数。

② 教师与现场技术人员一起跟班教学指导，由该厂的技术或管理人员介绍本厂的总体情况及目前各产品的发展前景和学生参观应注意的问题。

③ 在技术人员的带领下，先熟悉该厂总体布局（厂址和厂房的选择布局），再参观乳粉各产品的生产环节（重点是浓缩和干燥车间的卫生程度和生产过程）。

④ 以小组为单位，对所参观的内容作一个总结，如有不解之处可向技术员和工人师傅请教。

四、作业

通过参观写出乳粉厂建筑结构、卫生设施及管理情况和乳粉产品加工技术环节的调查报告。

【实训三十一】　乳 品 干 燥

一、实训目的

熟悉喷雾干燥的工作原理和操作特点，掌握干燥工的操作流程和注意事项。

二、主要设备及原料

喷雾干燥设备主要有：压力喷雾设备（如水平箱式压力喷雾干燥机、立式并流型圆锥塔喷雾干燥机、MD型喷雾干燥机、K-7型单喷嘴二级喷雾干燥）和离心喷雾设备（如安海德罗式离心喷雾干燥机、尼罗式离心喷雾干燥机）。原料：浓缩乳。

三、实训方法和步骤

1. 准备工作

① 熟悉喷雾干燥器的构造、工作原理和操作规程，并进行清洁和预热。

② 按照拟定的工艺条件，调整热工参数，在进风温度150～170℃；排风温度80～95℃范围选择，并进行喷雾操作。

③ 停机与出粉按操作规程操作，干燥将结束前，做好停机准备，按程序停机，出粉及清扫，必要时进行设备的清洗与烘干。

④ 喷雾干燥器的性能属于小型离心喷雾干燥设备，以电加热空气为干燥介质，雾化器采用篮式离心转盘，转速25000r/min。此机采用控制盘集中控制电源和各热工参数，电力功率6kW、进风温度可达250℃，水分蒸发量为1.5～5kg/h。

2. 操作要点

① 开始工作时，先开启电加热器，并检查是否有漏电现象及排风机是否有杂声，如正常即可运转，预热干燥室；预热期间关闭干燥器顶部用于装喷雾转盘的孔口及出料口，以防冷空气漏进，影响预热；干燥器内温度达到预定要求时，即可开始喷雾干燥作业。

② 开动喷雾转盘，待转速稳定后，方可进料喷雾；根据拟定工艺条件，通过电源调节和控

制所需的进风和排风温度或调节进料流量维持正常操作；浓乳贮料罐位于干燥机顶部 20～30cm，并设有流量调节装置，以控制喷雾流量。

③ 喷雾完毕后，先停止进料再开动排风机出粉，停机后打开干燥器室门，用刷子扫室壁上的乳粉，关闭室门再次开动排风机出粉，最后清扫干燥室，必要时进行清洗。

四、实训结果分析

喷雾干燥后乳粉检验方法参照中华人民共和国国家标准乳粉检验方法 GB 5413—85 进行。将评定结果填入表 1 中。

表 1　产品评定表

评定项目		标准状态	实际状态	缺陷分析	结果定性
准备工作		准备充分,准备流程规范			
操作步骤		操作娴熟,技术规范			
感官评定	滋味及气味	乳香浓郁,无异味、氧化味			
	组织状态	干燥粉末状,颗粒均匀,无凝块或结团			
	色泽	乳粉呈天然乳黄色,色泽均匀			
	冲调性	润湿下沉快,冲调后完全无团块、杯底无沉淀者			

注：1. 在感官鉴定时，允许用温水调成复原乳进行鉴定。

2. 润湿下沉性指 10g 全脂加糖乳粉散布在 25℃ 水面上，全部润湿下沉所需的时间。

3. 冲调性指 34g 全脂加糖乳粉用 250mL 40℃ 的水冲调，搅动后观察冲调情况。

五、注意事项

1. 根据喷雾料液及其产品要求对雾化器进行选择，喷雾器关键参数与雾化性能相结合拟订参数。

2. 开机前，请确认水、气、电已满足设备要求；请再次确认所有紧固件已收紧，检查门已关紧。

3. 设备在运转中，不要触摸旋转部件（雾化器、雾化盘、皮带、电机风叶）。

4. 设备运转中或停机后一段时间内，其表面温度比较高，请不要用手去触摸袋滤器、旋风分离器、风管、雾化器、排风机、观察窗等部件。

5. 干燥塔的温度不降到常温时，请不要进入塔内。

第十八章 奶油加工技术

【知识目标】 了解奶油的分类、品质、质量标准；掌握奶油的概念、生产原理、加工方法及质量控制。

【能力目标】 在掌握奶油加工方法的基础上，综合利用加工知识，能够解决奶油生产过程中出现的问题；结合新技术、新设备，改进产品的加工方法，提高产品质量，开发新产品。

【适合工种】 奶油搅拌压炼工。

第一节 概 述

一、奶油的概念
以经发酵或不发酵的稀奶油为原料，加工制成的固态产品。

二、分类
奶油根据制造方法不同，我国生产的奶油分为新鲜奶油、发酵奶油、连续式机制奶油、重制奶油和脱水奶油。

1. 新鲜奶油

用新鲜稀奶油（甜性稀奶油）制成，分为加盐和不加盐，具有特有的奶油香味，乳脂肪含量为 $80\%\sim85\%$。

2. 发酵奶油

稀奶油经杀菌后接种乳酸菌发酵制成，具有微酸和较浓的奶油香味，乳脂肪含量为 $80\%\sim85\%$。

三、奶油的品质
奶油的主要成分为脂肪和水分，一般要求脂肪含量不低于 80%，水分不高于 16%。奶油是一种高热能食品，含有丰富的维生素 A 和维生素 D。

在国外最近 40 年左右的时间里，随着人们生活方式的改变以及营养学、食品工艺学的发展，黄油类产品的脂肪含量变化很大，降脂涂抹食品脂肪含量为 $53\%\sim60\%$；低脂涂抹食品脂肪含量为 40%；极低脂涂抹食品脂肪含量为 $3\%\sim25\%$。

奶油天然的金黄色或奶油黄色（是由于 β-胡萝卜素的存在），再加上其柔和和略微有点不光滑的表面给人一种浓烈的感觉，尽管脂肪含量高，但看起来并没有很明显的油腻感和令人不舒服的感觉。

奶油具有独特的风味，是由于奶油中挥发性的脂肪酸和在加工过程中物质氧化、脂肪水解，以及内酯、丁二酮、二甲醚等物质的产生共同形成的。

奶油是由结晶（固态）脂肪和液态脂肪组成的一个很复杂的油包水（W/O）分散相，该分散相中水以微小水滴分布其中。水滴中溶有有机物（如少量蛋白质和乳糖等）和盐。由于奶油中营养物质的种类较少，从而抑制了微生物的生长繁殖。在加盐奶油的水相中盐含量很高，对微生物生长繁殖抑制更强。因此，奶油比奶类更耐贮藏。

第二节 生产基本原理

一、生产原理
乳中含有约 $3\%\sim5\%$ 的乳脂肪。乳脂肪以脂肪球的形式分散在乳中。新鲜乳静置 20～

30min，会出现分层现象，浮在上层含脂率高的为稀奶油层，下层含脂率低的为脱脂乳。牛乳分层的原因在于乳脂肪密度小于牛乳密度。乳脂肪上升的速度与脂肪球直径的平方及脱脂乳和脂肪球密度差、牛乳的加速度（重力或离心力）成正比，与脱脂乳的黏度成反比。

通过静置时重力作用或离心时产生的离心力作用，可把乳脂肪从乳中分离出来。由于静置方法较高速离心分离速度慢，脂肪分离不彻底，生产上多采用离心机来分离稀奶油和脱脂乳。

二、影响乳分离的因素

1. 温度

乳的温度影响乳的黏度和相对密度。温度升高乳的黏度和相对密度减小，乳脂肪的密度较脱脂乳降低更多，使乳脂肪更易分离。过去生产上用 35～40℃进行分离，现在采用 50～55℃进行密闭式离心分离，这样可以减小乳中脂肪酶催化酶解反应的发生率；但应避免温度过高造成蛋白质变性，减少离心分离机碟片上产生的变性蛋白质引起的腐败对脂肪球的破坏。

2. 转速

分离钵体转速越高，分离效率越高，但转速高则造价高、耗能大、噪声大。一般分离机转速为 4000～9000r/min。

3. 乳的流量

控制奶油和脱脂乳的流量为 1：（6～12）。

4. 原料乳状况

脂肪含量越高、脂肪球直径越大，分离得到的脱脂乳中脂肪含量越高。

5. 正确使用分离机

要求转动主轴垂直于水平面，工作时无震动、无泄漏。对转动部分必须定期更换新润滑油，清理污油，防止杂质混入。封闭压送式分离机启动和停车时要用水代替牛乳。启动 2～3min 取样检验脱脂乳和稀奶油，合格后才能进行正常生产，否则要进行回流。分离机连续工作 2～4h，或生产结束后要进行彻底清洗。

第三节　　奶油加工

一、工艺流程

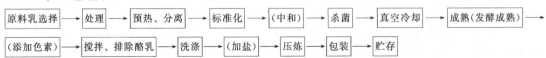

原料乳选择 → 处理 → 预热、分离 → 标准化 → (中和) → 杀菌 → 真空冷却 → 成熟(发酵成熟) →

(添加色素) → 搅拌、排除酪乳 → 洗涤 → (加盐) → 压炼 → 包装 → 贮存

二、加工要点

1. 原料乳的选择

原料乳必须是健康乳牛分泌的，各项指标必须符合我国原料乳的质量标准。含有抗生素、防腐剂、乳房炎乳等的乳不能用于加工酸性奶油。

2. 处理

一般包括过滤、净化和冷却，若能够做到把挤出的乳通过管道直接输送至加工车间，不必进行过滤；采用人工或挤乳器挤出的乳经过容器间传送，最好用过滤器进行过滤，也可用四层以上的消毒纱布过滤除杂质；再用离心净乳机进行净化。挤出的乳若不能进行及时加工，或要经过长距离运输，必须先进行冷却，使乳温降至 4℃以下，反之可以不进行冷却。

3. 预热、分离

根据分离工艺要求先把原料乳预热，再用分离机将乳分离成脱脂乳和稀奶油。

4. 标准化

稀奶油的含脂率及脂肪酸的种类直接影响奶油的质量。由于原料乳中脂肪含量不同以及分离机的种类及流量等不同，分离出的稀奶油脂肪含量也会不同。由于奶牛的品种、季节等和生产的奶油种类不同，对稀奶油的脂肪含量要求也不同，当分离出的稀奶油脂肪含量不符合生产要求时，需用脱脂乳或高脂稀奶油进行调整。常采用皮尔逊法（十字交叉法）计算调配用量。

奶牛的品种、季节、泌乳期等不同，分离出稀奶油的碘值可能也不同。用高碘值的稀奶油生产出的奶油成品过软，低碘值的过硬。为改善成品质量，可以用硬脂酸（碘值低于29）和软脂肪（碘值达42），按比例混合进行调整。

5. 中和

当稀奶油的酸度在16～22°T时，不必进行中和。若酸度过高则必须进行中和以提高成品质量及保存性。酸度高会加速脂肪的水解和氧化，产生显著的三甲胺鱼腥味；高酸度的稀奶油杀菌时，其中的酪蛋白等凝固，使一些脂肪被包在凝块中，搅拌后随酪乳排除掉，影响出品率。若凝块进入奶油会使其保存性降低。

生产上使用的中和剂有石灰、碳酸钠、碳酸氢钠等。中和的方法：使用时先将中和剂配成10％～20％的溶液，不断搅拌，缓慢加入稀奶油中。使用石灰时一定要慢速加入，防止酪蛋白等凝固，用碳酸氢钠时应防止生成的二氧化碳使稀奶油溢出。

稀奶油酸度在55°T以下时，可中和至16°T；若在55°T以上时，中和至20～22°T，注意不应加碱过多，防止产生不良气味。将高酸度稀奶油急速变成低酸度，容易产生特殊气味，且稀奶油变成浓厚状态。

6. 杀菌、真空冷却

杀菌是杀死稀奶油中的致病菌和其中的绝大多数存活的微生物，钝化稀奶油中解脂酶的活性。杀菌最好使用板式换热器，这种热交换器使稀奶油中脂肪球的物理性能破坏降至最低程度。杀菌可采用85～95℃、10～30s。杀菌结束后应迅速冷却至10℃以下，防止因高温长时间作用产生过重的蒸煮味及对稀奶油营养素的破坏。把杀菌后的稀奶油用泵送入真空（大约20kPa）容器中，进行抽真空冷却，同时可以除去挥发性的硫化物及其他不良气味（如饲料味等）。制造鲜奶油时冷却至5℃以下，制造酸性奶油根据碘值不同确定冷却温度。

7. 发酵

制造酸性奶油需进行发酵。发酵就是利用乳酸菌把稀奶油中的乳糖转变成乳酸，稀奶油的pH降低，能够杀死腐败微生物或抑制其生长繁殖，提高奶油的保藏性。发酵过程中生成挥发性物质丁二酮及其他风味物质，使酸性奶油比甜性奶油具有更浓的芳香味。

生产酸性奶油，发酵选用的微生物主要有乳酸链球菌、乳脂链球菌、丁二酮乳链球菌和乳脂明串珠菌，这些微生物混合使用，发酵过程中产酸和生香良好。发酵最适温度为20℃，发酵过程中先产生乳酸，当pH值低于5.2时合成丁二酮及其他风味物质。

现在工厂一般采用带夹套的立式圆柱形罐（内设搅拌器进行）稀奶油的发酵和物理成熟，罐容积为20～130m³。罐在使用前先进行彻底清洗，再用高压蒸汽进行湿热灭菌。把冷却后的稀奶油注入罐内，接种上发酵剂，发酵剂的培养过程同酸牛乳制作。发酵剂接种量一般为2％～5％，随稀奶油碘值的增加而加大，见表18-1，菌种活性高时可适当减少接种量，反之应增加接种量。向罐内加入发酵剂时速度应缓慢，搅拌使之混合均匀。发酵温度一般控制在18～20℃，发酵过程中每隔1h搅拌5min。

表 18-1　不同碘值的稀奶油物理成熟程序

碘　值	温度程序/℃	发酵剂添加量/％	碘　值	温度程序/℃	发酵剂添加量/％
＜28	8—21—20①	1	35～37	6—17—11	6
28～29	8—21—16	2～3	38～39	6—15—10	7
30～31	8—20—13	5	≥40	20—8—11	5
32～34	6—19—12	5			

① 此处3个数字依次表示稀奶油的冷却温度、加热酸化温度和成熟温度。

注：资料引自周光宏. 畜产品加工学. 中国农业出版社，2002。

发酵终点，一般根据产品的风味来确定。若要求产品丁二酮较少以及风味较温和，则控制 pH 值在 5.1 左右；如果要求很浓郁的酸性奶油风味，则应控制 pH 值在 4.6 左右。当发酵达到终点时应迅速冷却，使发酵停止。

8. 成熟

稀奶油在低温下经过一段时间的处理，部分脂肪由液态变成凝固结晶状态，这一过程称为稀奶油的物理成熟。物理成熟对最终产品的黏度、涂抹性、硬度等起了主要的作用。

乳脂肪主要由甘油三酯组成（占总量 98%～99%），其中脂肪酸的种类已鉴定出的约有 450 种，由于脂肪酸的种类不同形成的甘油三酯的熔点也不同，熔点在 -40～40℃。但在实际中起作用的以三组甘油三酯为主。甘油三酯中脂肪酸类型分为三类，见表 18-2。

表 18-2　乳脂肪主要甘油三酯的组成

甘油三酯的主要类型		乳脂肪熔程/℃	含量/%
高熔程甘油三酯(HMG)	三个乳脂肪都是饱和的且都是长链的(C14 或以上)	20～40	10～15
中熔程甘油三酯(MMG)	存在一个短链或不饱和脂肪酸	0～20	30～45
低熔程甘油三酯(LMG)	有一个短链和一个或两个、三个不饱和脂肪酸	<0	35～55

注：引自〔英〕Ralph Early. 乳制品生产技术 . 张国农等译 . 中国轻工业出版社，2002。

脂肪冻结的过程，首先是晶核的形成，然后是晶核的长大。冻结温度越低形成的晶核的数目越多，完全冻结后晶体的体积越小；反之，晶核形成数目少，冻结形成的晶体较大。快速冻结因凝固脂肪的晶体数目多、体积小，晶体表面积更大，在稀奶油搅拌、压炼过程中，从脂肪球中流出的液体脂肪（未冻结）被脂肪晶体吸附量大，成品奶油的出品率就高。

奶油产品的外观、质构、口感、涂抹性等特性，与稀奶油的成熟工艺关系密切。奶油中固体和液体脂肪的比例，固体脂肪晶体颗粒的大小，对上述特性影响较大。

由于奶牛的品种、年龄、泌乳期、季节、营养状况等不同，脂肪中甘油三酯的脂肪酸组成也不同，可用碘值来确定不饱和脂肪酸的含量，乳脂肪的碘值随季节变化在 28～42 之间。一般说来，碘值较高的奶油软而滑腻，碘值较小的奶油硬而浓厚。生产上采用不同的工艺，对碘值不同的稀奶油采用不同的成熟方法（见表 18-1），生产出软硬适宜的奶油。

以碘值为 32～34 的稀奶油为例，其操作方法为：杀菌后的稀奶油冷却至 6℃，保持约 2h，接种 5% 的发酵剂，用 26～27℃ 的水徐徐加热至 18～19℃，保持约 2h，再降温至 12℃。

当碘值大于 39 时，杀菌后的稀奶油冷却至 20℃，接种 5% 的发酵剂，在此温度下维持 5h 左右，再缓慢冷却至 8℃，保持约 2h，再升温至 11℃。

9. 添加色素

为使成品奶油的色泽保持为全年一致的淡黄色，以夏季鲜乳为原料加工成的奶油不需调整颜色，冬季生产出的奶油当颜色淡时，可对照标准奶油色板把奶油颜色调成淡黄色。可添加胡萝卜素或安那妥，使用时用植物油将两者分别配成 30% 和 3% 的溶液，在稀奶油冷却或搅拌过程中加入，用量为稀奶油量的 0.01%～0.05%。

10. 搅拌

将物理成熟后的稀奶油用离心泵送至搅拌器中，利用搅拌机破坏绝大部分脂肪球表面的水化膜，打破水包油（O/W）的乳化体系，释放出液态脂肪，这些液态脂肪使脂肪球"粘"在一起，聚集成块即形成脂肪粒。

（1）奶油的搅拌方式　有间歇式和连续式两种。间歇式搅拌应控制稀奶油的最初温度，夏季一般为 8～10℃，冬季为 11～14℃。稀奶油在搅拌器的注入量一般占总容量的 50%，以利于搅拌过程中泡沫的形成。搅拌过程中充气泡沫的形成和消失对奶油粒的形成比较重要。搅拌过程中控制搅拌器的转速为 40r/min，一般需要 25～45min，形成的奶油粒直径为 2～6mm。搅拌完成后放出的酪乳，要求含脂率在 0.5% 以下。连续式奶油制造机见图 18-1，由于搅拌罐中的高剪切力

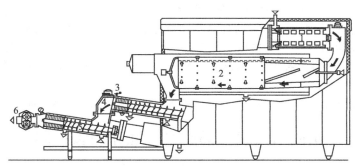

图 18-1　连续式奶油制造机（Fritz 法）流程图

（引自：Ralph Early. 乳制品生产技术 . 张国农等译 . 中国轻工业出版社，2002）

1—搅乳段；2—分离段；3—调节阀；4—真空室；5—压炼段；6—奶油泵

环境，达到相同的效果只需几秒钟。

（2）奶油制造机　奶油制造机是生产奶油的专用设备，一般包括摔油、压炼、洗涤、加盐、成型等功能或程序。奶油制造机分三类：带轧辊的摔油机、无轧辊的摔油机和连续奶油制造机。

11. 洗涤

放出酪乳后的奶油粒中还残留着少许酪乳，因酪乳中含有蛋白质、乳糖等营养素，有利于微生物的生长繁殖，洗涤除去残余酪乳，能够提高奶油的保藏性。洗涤最好使用纯净水，也可使用杀菌冷却后的水。一般用水洗涤 2～3 次，每次加水量一般不超过奶油总量的 50%，水温随稀奶油软硬程度来确定。第一次水温一般为 8～10℃，第二次为 5～7℃，第三次为 5℃ 左右。加水后慢速转动 4～6 圈，然后放出洗涤水，再进行下次洗涤，当排出的水澄清时停止洗涤。

12. 加盐

制造酸性奶油一般不加盐。加盐可改善奶油的风味，抑制微生物生长繁殖。一般加入奶油重 2% 的食盐。添加的食盐要求符合国家一级或特级标准，先在 120～130℃ 下烘烤 3～5min，再过 30 目筛。加入方法有固体和食盐水两种。

食盐水法：把食盐和水按 1∶1 混合，其中约有 1/4 的盐溶解，未溶解的盐粒大小应在 100μm 以下，否则加工出的奶油会有"砂砾"感。连续化生产的奶油必须用盐水法，应注意加盐水后生产出的成品含水量应不高于 16%，否则在加盐水前应先控制稀奶油含水量。

固体盐加入法：就是将经过处理的盐均匀撒在稀奶油表面，静置 10～15min 后，搅拌3～5圈，再静置 10～20min，使食盐充分溶解，再进行压炼。

13. 压炼

奶油压炼采用批量压炼机或连续压炼机。压炼使奶油粒形成特定的团块，液体脂肪和结晶脂肪形成连续相，水分以微细水液分布在脂肪中，形成均一的油包水（W/O）乳浊液；另有少量微细脂肪球仍残留在水相中，形成水包油的乳浊液。压炼可以调节脂肪水分含量，使盐分布均匀。批量压炼若不进行抽真空，生产出的奶油中含有 3%～5% 的空气，使成品质地疏松且较黏；抽真空去除空气后压炼出的奶油质地致密，有蜡状的外观。压炼出的奶油要求水分含量在 16% 以下，水滴呈微小状态，奶油切面不允许有流出的水滴。

14. 包装

压炼出的奶油用包装机进行包装。奶油有 5kg 以上的大包装和从 10g 至 5kg 重的小包装。包装材料要求不透水、不透气、避光、防油等。生产上常用铝箔、复合铝箔、马口铁罐等包装奶油。

15. 贮存

包装好的奶油应放在低温下贮存。4～6℃ 条件下贮期不超过 7d；0℃ 贮期为 2～3 周；−15℃ 下保存期为 6 个月；−25～−20℃ 下保存期为一年。

奶油贮藏过程中，为防止脂肪氧化和微生物引起的腐败变质，一般在压炼完成后或包装之前，添加抗氧化剂和防腐剂。常用的抗氧化剂有维生素 C 用量为 0.02%，维生素 E 用量为 0.03%，柠檬酸用量为 0.01%，去甲二氢愈创木酸（NDGA）用量为 0.01%，没食子酸丙酯（PG）用量为 0.01% 和维生素 K 用量为 0.001%～0.01% 等。防腐剂有脱氢乙酸用量为 0.02%～0.05%，山梨酸（钾）用量为 0.05%。

奶油贮存时应注意不得与有异味的物质贮放在一起，防止奶油吸收异味，影响产品风味。

第四节　奶油的质量标准和质量控制

一、奶油的质量标准

奶油的质量标准应符合 GB 5415—1999 的规定。

1. 感官特性

应符合表 18-3 的规定。

表 18-3　奶油的感官特性

项　目	奶　油	项　目	奶　油
色泽 滋味气味	呈均匀一致的乳白色或乳黄色 具有奶油的纯香味	组织状态	柔软、细腻、无孔隙、无析水现象

2. 水分、脂肪和酸度

应符合表 18-4 的规定。

表 18-4　奶油的水分、脂肪和酸度

项　目		奶　油	项　目		奶　油
水分/%	≤	16.0	酸度°T	≤	20.0
脂肪/%	≥	80.0			

注：不包括以发酵稀奶油为原料的产品。

3. 卫生指标

应符合表 18-5 的规定。

表 18-5　奶油的卫生指标

项　目		奶　油	项　目	奶　油
菌落总数/(cfu/g)	≤	50000	致病菌(指肠道致病菌和致病性球菌)	不得检出
大肠菌群/(MPN/100g)	≤	90		

二、奶油的质量控制

奶油生产、贮藏过程中，由于各种原因，常会出现一些质量问题，下面介绍发生的原因及控制措施。

1. 风味

正常奶油应具有该产品特有的纯香味或乳酸菌发酵的芳香味，但有时会出现下列异味。

（1）脂肪氧化、酸败味　脂肪对光、热、氧、金属等比较敏感，易造成脂肪氧化，特别是酸性奶油较甜性奶油更易出现。因酸性奶油的铜离子主要留在奶油中，而甜性奶油留在酪乳中，铜离子能催化脂肪氧化。脂肪酸败味是由于脂肪酶催化脂肪水解造成，脂肪酶来源于牛乳自身和微生物分泌。为防止脂肪氧化、酸败味的出现，产品最好采用遮光包装，低温保藏，尽可能降低铜、铁离子的含量；稀奶油杀菌时可提高温度或延长时间，生产过程中做好卫生工作，减少微生物的污染；产品添加抗氧化剂和防腐剂等。

（2）牛舍味、饲料味等异味　奶牛食用的饲料、挤出的牛乳在牛舍中放置时间过长、奶油密封不严，与有气味的物质共同放置等，使产品具有牛舍味、饲料味等异味。应加强生产管理，包装密封好产品，避免和有异味的物质共同放置。

（3）金属味　主要是由于奶油加工的设备、包装的马口铁罐等生锈，铁锈进入奶油造成。控制措施是避免设备生锈，最好使用不锈钢设备，马口铁罐防腐涂层一定要完整。

（4）肥皂味　稀奶油中和过程中使用的碱液浓度过高、加入速度快、搅拌不均匀或加碱过量等，使脂肪酸与碱发生皂化反应，奶油产生肥皂味。控制措施是改进不合理工艺，防止加碱过量。

（5）平淡无味　原料乳不新鲜、乳香味淡、物理成熟不够、发酵奶油菌种选择不当或酸度不够、洗涤或脱臭过度、加盐奶油含盐量低等，都会造成奶油平淡无味。可根据产生的原因，改进生产工艺。

（6）苦味　一般是由于加工使用末乳，或生产、贮藏过程中被酵母菌污染所致。

（7）干酪味　原料乳或稀奶油被霉菌或细菌污染后，分泌的蛋白酶催化蛋白质分解，产生过多的凝乳物造成。生产上应加强卫生管理，减少微生物污染；产品贮藏时尽可能采用低温；提高杀菌温度或延长杀菌时间等。

2. 色泽

（1）色泽发白　用冬季的原料乳加工出的奶油色泽浅，甚至白色，主要是奶牛食用青饲少，乳中胡萝卜素等含量低造成的。可添加胡萝卜素等来改善色泽。

（2）色暗无光泽　生产原料乳不新鲜、压炼过度或成品中空气含量过高造成。选用合格原料乳，改进操作工艺，压炼前进行真空脱气，生产出的产品就会有光亮。

（3）有色斑　白色斑点是由于凝固的酪蛋白在洗涤时未能除去，压炼后在奶油中存在，因颜色比奶油浅，呈现白色斑点。在加工过程中应防止蛋白质变性，加强洗涤，尽可能减少奶油中酪蛋白残留量。

（4）深色斑点　由于奶油与空气接触时间长，表面被氧化造成的。控制措施：压炼出的油及时包装，并尽可能少留空隙，采用真空或充惰性气体等包装。

（5）红、绿等斑点　奶油被霉菌等污染，贮存温度过高，生长繁殖过程中产生色素造成。生产过程中应加强卫生管理、添加防腐剂、采用真空或充惰性气体包装、进行低温贮藏等措施进行控制。

3. 组织状态

（1）产品粗糙、易碎和坚硬　搅拌不足、奶油碘值低和成熟不足、压炼不足、搅拌结束至包装温度高于15℃等，会使成品粗糙、易碎和坚硬。

（2）软膏状（或黏胶状）　搅拌过度、洗涤水温度过高、压炼过度、奶油碘值高和温度高等因素造成。可找出原因做相应的改进。

（3）砂砾奶油　奶油加盐压炼后盐粒颗粒大、奶油产品中脂肪结晶直径在 $20\mu m$ 以上，产品入口后有砂状质感。控制措施：加入的食盐应进行过筛，尽可能使食盐溶解；当稀奶油中甘油三酯含量高时，可采用低温进行成熟，控制脂肪晶体直径。

4. 微生物含量过高

原料中微生物含量高、加工过程中污染严重、杀菌不彻底、产品保藏温度高等，都可能导致产品中微生物含量过高。可分析形成原因，做出相应改进。

5. 水分过多

稀奶油成熟不足、搅拌时间过长、搅拌中注入的稀奶油过少、搅拌温度及洗涤温度过高、使用盐水时加水过多、压炼时洗涤水未排放干净、压炼不足等都可能造成奶油含水过高。应根据原因，改进工艺，控制好水分含量。

6. 营养

奶油含有80%以上的脂肪和0.3%的胆固醇，奶油是一种高热能食品，对于高血压、高血脂、肥胖等的人群，食用受到限制，可生产低脂肪的降脂涂抹食品。

【本章小结】

本章主要讲述了奶油的概念、分类、生产原理、加工技术、质量标准及质量控制。由于奶油生产的原料、加工设备、生产工艺、产品包装及贮藏等的不同，生产出的产品可能存在一定差异。应根据实际生产情况，选择合适的加工工艺，结合其他相关知识，生产出优质的奶油产品。

学习本章内容应结合乳品加工基础知识，掌握好乳的化学成分、理化性质、原料乳的验收、乳的处理和发酵酸牛乳的原料选择要求，为奶油加工原料乳的选择和处理提供更加全面的理论指导；结合食品工程原理和食品工厂设备掌握奶油的分离方法；结合普通化学、有机化学和分析化学知识，熟练掌握稀奶油标准化中皮尔逊法的计算方法，碘值的概念及测定方法，脂肪的分类、化学组成、脂肪氧化和酸败的概念及发生原因和控制方法，酸的测定及酸碱中和方法；结合微生物学、食品工艺学、食品工程原理等课程内容，掌握稀奶油的杀菌及冷却目的、原理、方法，真空冷却的优点及对稀奶油的不利影响；结合微生物学、发酵工艺学、酸牛乳的加工等课程内容，掌握微生物的生长特性、菌种保藏及发酵剂制备方法、发酵原理、发酵技术、菌种的分离及提纯方法等；结合物理学、食品工艺学、物理化学等课程内容，掌握冻结的原理及过程，乳状液的概念及性质；结合食品工程原理、食品工厂设备等课程内容，掌握奶油的搅拌、压炼及包装方法；结合食品包装学、食品工艺学等课程，正确选择包装材料及包装方法；结合微生物学、食品添加剂手册等课程内容，掌握奶油生产中添加的色素、食盐、抗氧化剂、防腐剂等的选择原则和添加量；结合食品工艺学等学科内容，选择适宜的温度和时间保藏产品；结合食品工厂设计、奶油生产厂的 GMP 管理规范等学科内容，创造更加合理的环境，提高奶油产品的质量；结合食品卫生学、微生物学、食品分析及奶油产品质量标准等学科内容，控制好奶油产品的感官、理化、微生物、重金属、抗生素等指标。

由于奶油是一种高热能食品并含有较高的胆固醇，可结合营养学及食品工艺学开发生产低脂产品，尽可能满足各类人群的需要。

总之，要全面掌握奶油的加工技术，在学好理论知识的同时，应结合实训或工厂实习操作，把理论和实践充分结合起来；再把操作中遇到的实际问题，通过理论分析找出原因，就能更好地理解和掌握奶油加工技术。

【复习思考题】

一、名词解释

1. 奶油　2. 稀奶油　3. 稀奶油发酵　4. 稀奶油物理成熟　5. 砂砾奶油

二、判断题

1. 奶油的成分主要为乳脂肪，几乎不含有水分。（　　）

2. 牛乳分离前应进行预热处理，一般要求温度不超过 60℃。（　　）

3. 奶油是固态脂肪、液态脂肪和水形成的水包油型（O/W）分散相。（　　）

4. 生产酸性奶油的原料乳不能使用含抗生素、防腐剂及乳房炎乳等的乳。（　　）

5. 当生产酸性奶油时，即使稀奶油的酸度在 22°T 以上时，也不必进行中和。（　　）

6. 生产酸性奶油选用的乳酸菌的种类和发酵温度等与生产酸牛乳的一样。（　　）

7. 一般说来，用碘值高的稀奶油生产出的奶油软而滑腻，用碘值低的生产出的奶油硬而浓厚。（　　）

8. 压炼出的奶油其切面不允许有水滴流出。（　　）

9. 为了更好地保藏奶油，奶油加工中可以加入抗氧化剂，但不能使用防腐剂。（　　）

10. 奶油生产和包装中忌用铁器和铜器与奶油接触，以防脂肪氧化。（　　）

三、选择题

1. 发酵奶油生产中使用的微生物种类为（　　）。

A. 乳酸菌　　　　　　B. 酵母菌　　　　　　C. 霉菌　　　　　　D. 双歧杆菌

2. 用于稀奶油分离的分离机，一般连续工作（　　）或生产结束后要进行彻底清洗。

A. 1h　　　　　　　　B. 2～4h　　　　　　　C. 8h　　　　　　　D. 12h

3. 当稀奶油的酸度超过（　　）°T 时，要进行中和处理。

A. 18　　　　　　B. 22　　　　　　C. 24　　　　　　D. 26

4. 奶油生产中洗涤用水最好选用（　　）。

A. 自来水　　　　B. 矿泉水　　　　C. 纯净水　　　　D. 凉开水

5. 奶油压炼过程中若空气含量在 3%以上时，生产出的奶油（　　）。

A. 质地致密　　　B. 切面有蜡状外观　　C. 质地疏松较黏　　D. 切面有水滴出现

6. 奶油包装一般不能使用的包装材料为（　　）。

A. 铝箔　　　　　B. 马口铁罐　　　　C. 纸盒　　　　　D. 复合铝箔

7. 奶油生产中若添加食盐，不符合工艺要求的为（　　）。

A. 一般添加 2%　B. 使用精盐可不用任何处理　C. 在 120～130℃烘烤　D. 过 30 目筛

8. 对脂肪氧化较敏感的金属离子为（　　）。

A. 铝　　　　　　B. 铜　　　　　　C. 钠　　　　　　D. 钾

9. 稀奶油标准化一般不包括（　　）工艺。

A. 调整脂肪含量　B. 调整脂肪碘值　　C. 调整食盐含量

10. 包装好的奶油在 0℃条件下的贮期为（　　）。

A. 7 天　　　　　B. 2～3 周　　　　C. 6 个月　　　　D. 一年

四、填空题

1. 根据奶油的制造方法不同，我国生产的奶油分为 _____、_____、_____、_____ 和 _____。

2. 奶油的主要成分为 _____ 和 _____，前者含量一般为 _____，后者一般为 _____。

3. 稀奶油的杀菌是杀死 _____ 和其中的绝大多数存活的微生物，钝化稀奶油的 _____ 活性。杀菌常用的温度为 _____，时间为 _____。

4. 奶油生产中添加的色素主要有 _____ 和 _____ 等，使用时将两者用植物油分别配成 _____ 和 _____ 的溶液。

5. 稀奶油搅拌是利用搅拌机破坏绝大部分脂肪球表面的水化膜，打破 _____ 的乳化体系，释放出液态脂肪，这些液态脂肪使脂肪球聚集成块，即形成 _____。压炼使奶油粒形成特定的团块，液体脂肪和结晶脂肪形成连续相，形成均一的 _____ 乳浊液。

6. 奶油贮藏过程中，为防止脂肪氧化和微生物引起的腐败变质，一般在压炼完成后或包装之前，添加抗氧化剂和防腐剂。常用的抗氧化剂有 _____、_____ 和 _____ 等。常用的防腐剂有 _____ 和 _____ 等。

五、简答题

1. 简述奶油的生产原理。

2. 影响奶油分离的因素有哪些？

3. 简述酸性奶油的生产工艺。

4. 简述奶油的生产工艺要点。

5. 奶油生产中一般对哪些成分进行标准化处理？

6. 奶油搅拌应注意哪些问题？

7. 试述奶油生产中出现的质量问题及控制方法。

六、实训题

1. 简述稀奶油的加工过程。

2. 如何制作奶油？

【实训三十二】　稀奶油的制作

一、实训目的

掌握稀奶油的制作方法，熟悉奶油分离机的操作流程；加深对奶油加工知识的理解。

二、实训原理

乳脂肪在乳中以脂肪球形式存在，其密度小于乳的密度。通过静置或离心方法，可以把乳分离成两部分，含脂肪高的为稀奶油。

三、主要设备及原辅料

1. 主要设备　奶油分离机、铝锅（或不锈钢锅）、乳成分检测仪、纱布、温度计、均质机、杀菌锅、玻璃瓶（或复合软包装袋等）。

2. 原辅料　鲜牛乳、柠檬酸二钠、清洗剂等。

四、实训方法和步骤

1. 工艺流程

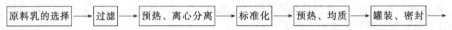

原料乳的选择 → 过滤 → 预热、离心分离 → 标准化 → 预热、均质 → 罐装、密封 →

杀菌、冷却、成品

2. 操作步骤

（1）原料乳的选择　选用新鲜的牛乳，要求酸度低于22°T，乳脂肪含量≥3%。

（2）过滤　取经过消毒的纱布，折成四层，过滤除去牛乳中的杂质。

（3）预热　将牛乳加热至50～55℃，以提高乳脂肪的分离效果和钝化脂肪酶活性。

（4）离心分离

① 分离机的安装。将机身牢固地安装在平稳台架上，注意转动主轴要与地面垂直；再依次安装上所有部件。

② 乳的分离。启动分离机，待其达到规定的转速后将55℃左右的热水加入分离机，当水流出后，加入牛乳。分离2～3min后，用乳成分检测仪测定稀奶油脂肪含量，若不符合要求，可调节稀奶油和脱脂乳流量螺旋，调整稀奶油的脂肪含量。当牛乳分离完毕，加入热水代替牛乳。

③ 分离机的清洗。分离机停止转动后，按顺序拆下所有部件，放入热的洗涤液中浸泡，再用热水冲洗干净，最后用消毒过的干毛巾擦干水分，放置在干燥处保存。

（5）标准化　若分离出的稀奶油脂肪含量不符合要求，可用脱脂乳或高脂稀奶油调整脂肪含量。为防止成品稀奶油颗粒状质构的产生，可加入盐类稳定剂柠檬酸二钠或磷酸二氢钠，柠檬酸二钠加入量一般为0.2%～0.3%，磷酸二氢钠用量为0.02%～0.03%。先把盐类稳定剂加少许水溶解，再加入稀奶油中。

（6）预热、均质　为提高成品稀奶油的黏度，应对稀奶油进行均质处理。若生产发泡稀奶油不应均质，否则会破坏产品充气形成稳定泡沫的能力。均质前先把稀奶油预热至50～55℃，均质压力采用50～150atm(1atm＝1.01×10⁵Pa)，根据产品要求选用一级或二级均质。

（7）灌装　先把玻璃瓶清洗干净，再用蒸汽进行灭菌。将稀奶油注入瓶内，注意要留3～5mm的顶隙，旋紧罐盖进行密封。

（8）杀菌、冷却、成品　稀奶油的杀菌方法有巴氏杀菌和超高温灭菌。巴氏杀菌常用的有65℃、30min；脂肪含量为10%～20%，可采用75℃、15s；脂肪含量＞20%时，可采用80℃、15s。超高温灭菌温度不低于140℃，保温至少2s。保持灭菌温度为112～140℃，保持20～30min，由于该法温度高，稀奶油受热时间长，现在已很少使用。

灌装好的稀奶油放入杀菌桶尽快进行杀菌，杀菌温度121℃、时间20～30min，罐瓶粗则杀菌时间长，反之时间短。杀菌完成后应尽快把稀奶油冷却至40℃以下，即为成品。

五、实训结果分析

稀奶油的含脂率不同，其产品的黏稠度、色泽、风味等也有差异（表1）。

表1　产品评定记录表

评定项目	标准分值	实际得分	扣分原因或缺陷分析
状态	10		
色泽	10		
风味	10		
口感	10		

六、注意事项

1. 牛乳和稀奶油在分离和均质前应进行预热。

2. 半脱脂稀奶油（脂肪含量12%～18%）、一次分离稀奶油（脂肪含量18%～35%）要求高压均质；二次分离稀奶油（脂肪含量＞48%）低压均质；发泡稀奶油（脂肪含量35%～48%）不应均质。

3. 稀奶油杀菌最好使用连续式HTST巴氏杀菌。

4. 稀奶油的包装材料应避光、不透水、不透气、不透油，材料中的物质不应渗入稀奶油。

【实训三十三】　奶油的制作

一、实训目的

掌握奶油的制作方法，熟悉奶油压炼的操作流程；加深对奶油加工理论知识的理解。

二、实训原理

稀奶油含有35%～45%的脂肪，低温下部分乳脂肪冻结为固体；在搅拌下脂肪球水化膜被破坏，脂肪游离出来，经过压炼就能形成含脂率80%左右的奶油。

三、主要设备及原料

1. 主要设备　铝锅（或不锈钢锅）、乳成分检测仪、酸度计、温度计、杀菌锅、冰箱（或冰柜）、搅拌器、奶油压炼机、奶油包装机（或包装用具）、复合软包装袋等。

2. 原料　稀奶油、食盐等。

四、实训方法和步骤

1. 工艺流程

稀奶油、标准化 → （中和）→ 杀菌、冷却 → 成熟 → 搅拌、排除酪乳 → 洗涤 → 加盐 → 压炼 → 包装、成品

2. 操作步骤

（1）稀奶油、标准化　稀奶油制作方法同实训三十二，根据成品的要求对稀奶油进行标准化。

（2）中和　当稀奶油的酸度在16～22°T时，不必进行中和。酸度过高必须进行中和以提高成品质量及保存性。用石灰水溶液缓慢加入稀奶油中，注意应不断搅拌。一般中和至20～22°T。

（3）杀菌、冷却　杀菌可采用85～95℃、10～30s，杀菌结束后应迅速冷却至10℃以下。

（4）成熟　稀奶油的物理成熟时间与温度有关，一般温度为1℃、2℃、4℃、5℃、6℃、8℃时，成熟时间分别为1～2h、2～4h、4～6h、6～8h和8～12h。

（5）搅拌、排除酪乳　把物理成熟的稀奶油加入杀菌过的奶油搅拌器内，加入量一般为总容量的30%～50%，搅拌过程中控制搅拌器的转速为40r/min，一般需要25～45min，形成的奶油粒直径为2～6mm，搅拌完成后放出酪乳。

（6）洗涤　一般用水洗涤2～3次，每次加水量一般不超过奶油量的50%，水温随稀奶油软硬程度来确定。第一次水温一般为8～10℃，第二次为5～7℃，第三次为5℃左右。加水后慢速转动4～6圈，然后放出洗涤水，再进行下次洗涤，当排出的水澄清时停止洗涤。

（7）加盐　一般加入奶油重2%的食盐，食盐先在120～130℃下烘烤3～5min，再过30目筛。把盐均匀撒在稀奶油表面，静置10～15min后，搅拌3～5圈，再静置10～20min，使食盐充分溶解，再进行压炼。

（8）压炼　将奶油粒放入奶油压炼机，压至形成均匀的奶油层，断面无游离水珠为止。控制水分含量在16%以下。

（9）包装、成品　小规模可用木制模型及硫酸纸进行包装，注意木质用具使用前一天先浸泡于水中，防止黏附奶油。常用硫酸纸、铝箔、复合软包装、马口铁罐等包装奶油。包装好的成品奶油应在低温下贮存。

五、实训结果分析

加工出的奶油应表面光滑、透明；呈均匀一致的乳白色或乳黄色；具有奶油的纯香味，无酸味、臭味；切面光滑、不出水滴；放入口中能溶化，无粗糙感。对照标准，比较优劣，并分析出现的原因。见表1。

表1 产品评定记录表

评定项目	标准分值	实际得分	扣分原因或缺陷分析
外 观	10		
色 泽	10		
风 味	10		
口 感	10		
切 面	10		
涂抹性	10		

六、注意事项

1. 根据工艺要求控制好加工温度。

2. 搅拌过程中注意观察奶油粒形成及颗粒大小，防止搅拌不足和过度。

3. 洗涤用水必须经过杀菌，最好使用纯净水。

4. 从搅拌结束到包装，奶油的温度不能超过 15℃，否则在冷藏时缓慢的结晶和质构的发展会导致产品非常硬。

第十九章　冰淇淋加工技术

【知识目标】　了解常见的乳品冷饮的类别、定义、种类和相应的质量标准；理解各种原料成分对乳品冷饮产品质量的影响，把握各种原料的使用量、添加方法。

【能力目标】　能够设计冰淇淋的配方和制造各类冰淇淋；能对冰淇淋生产中常见的一般质量问题进行分析和解决。

【适合工种】　冰淇淋成型工。

第一节　冰淇淋的原料及性质

一、冰淇淋的特点与分类

冰淇淋是以牛乳或乳制品、蔗糖为主要原料，加入蛋或蛋制品、乳化剂、稳定剂、色素、香料等辅料，经混合、杀菌、均质、成熟、凝冻、成型、硬化等加工过程制成的松软可口的冷冻食品。

1. 冰淇淋的特点

(1) 普通冰淇淋　冰淇淋的营养价值很高，脂肪含量为 6%～12%（有的品种可达 16% 以上），蛋白质含量为 3%～4%，蔗糖含量为 14%～18%（水果冰淇淋的含糖量高达 27%），且含有维生素 A、维生素 B、维生素 D 等。因此，冰淇淋是具有浓郁的香味、细腻的组织、可口的滋味和诱人的色泽的营养丰富的消暑冷饮食品。

(2) 莎贝特　以糖和水为主要原料，加入稳定剂、乳化剂，并在凝冻时加入果汁或果酱的冰淇淋叫莎贝特（sorbet）。它不含脂肪，是一种低能量的冷冻饮品，通俗地称为"膨化棒冰"。主要在欧洲生产。

(3) 雪贝特　雪贝特（sherbet）的配料成分为糖、水、水果酸、色素、水果（或水果香精）、稳定剂及少量的乳固体。雪贝特一般含脂肪 1%～3%，非脂乳固体 2%～4%，可以由莎贝特和部分冰淇淋配料混合制成。俗称"膨化雪糕"。

莎贝特和雪贝特不同于传统冰淇淋，它们一般含有较高的水果酸（最少 0.35%），膨胀率较低（通常莎贝特为 25%～30%，雪贝特为 35%～45%），由于乳固体含量少，没有明显的乳味。

2. 冰淇淋的分类

冰淇淋按其组成可分为普通冰淇淋、加料冰淇淋，其中加料冰淇淋又分为香料冰淇淋、水果冰淇淋、坚果冰淇淋等；按形体分为软质冰淇淋、硬质冰淇淋；按颜色分为单色、双色、多色冰淇淋；按添加剂位置可分为夹心冰淇淋和异形冰淇淋；按所含脂肪不同，可分为全乳脂型、半乳脂型和植脂型三类，每一类型产品按其含有其他辅料的不同，又分为清型、混合型和组合型三种。不含颗粒或块状辅料的制品为清型，如奶油、可可冰淇淋；含颗粒或块状辅料的制品为混合型，如草莓冰淇淋；主体冰淇淋的比率不低于 50%，和其他冷饮品或巧克力饼坯等组合而成的制品称为组合型冰淇淋，如巧克力、蛋卷冰淇淋等。

二、冰淇淋的原料

制作冰淇淋的主要原辅料有脂肪、非脂乳固体、甜味料、乳化剂、稳定剂、香料及色素等。冰淇淋的成分可通过以上各种原料进行调配，调配时按照产品的质量标准，计算好原料的数量和比例。

1. 脂肪

脂肪能赋予冰淇淋特有的芳香风味，使其组织润滑、质构良好，具有较好的保型性。因此，通常用于冰淇淋的脂肪为乳脂肪，最好用新鲜的、不加盐的稀奶油或奶油，其酸度不超过 17°T，脂肪含量在 30% 以上。此外，也可以应用相当量的植物脂肪来取代乳脂肪，主要有人造奶油、氢化油、棕榈油、椰子油等，其熔点性质应类似于乳脂肪，为 28～32℃。

2. 非脂乳固体

冰淇淋中的非脂乳固体可以用原料乳、脱脂乳、炼乳、乳粉等调制。其中蛋白质具有水合作用性质，在均质过程中它与乳化剂一同在生成的小脂肪球表面形成稳定的薄膜，确保油脂在水中的乳化稳定性，同时在凝冻过程中促使空气很好的混入，并能防止制品中冰结晶的扩大，使质地润滑。乳糖的柔和甜味及矿物质的隐约盐味，将赋予制品显著的风味特征。

非脂乳固体含量在8%～10%为宜。含量过高时，会影响乳脂肪的风味而产生轻微的咸味，同时乳糖呈过饱和而渐次结晶析出会使制品出现砂砾状的组织结构的缺陷。因此非脂乳固体最大用量不超过冰淇淋中水分的17%。含量过少时，产品的组织松懈，易收缩，形态缺乏稳定性。

3. 甜味料

甜味料在冰淇淋中的作用主要有：①提供甜味；②充当固形物；③降低冰点；④防止冰的再结晶。

现在最常用的为蔗糖，一般用量为15%～16%，蔗糖不仅给予制品以甜味，而且能使制品组织细腻，是优质价廉的甜味料。由于淀粉糖浆甜味柔和，有抗结晶作用，目前生产上常与蔗糖并用。其用量一般以代替蔗糖的1/4为好。

大多数含果汁或果实的冰淇淋因含有酸味而减弱甜味，故应酌情增加甜味料。对于添有可可或橙汁等含苦味强的制品，则宜比一般冰淇淋增加2%～3%的蔗糖。

为了改进风味，增加品种或降低成本，很多甜味料如蜂蜜、糖精、甜蜜素、蛋白糖、甜菊糖、阿斯巴甜等可配合使用。

4. 稳定剂

稳定剂具有亲水性，能与水结合，提高冰淇淋的黏度和膨胀率，抑制冰结晶的生长，减少粗糙的感觉，使产品组织光滑。且其吸水力强，使冰淇淋不易融化，在冰淇淋生产中能起到改善组织状态的作用。

常用的稳定剂有两种类型，一种是果胶、明胶、酪蛋白酸钠、瓜尔豆胶、黄原胶、卡拉胶等蛋白质类；另一种是海藻酸钠、琼脂、羧甲基纤维素、变性淀粉等碳水化合物类。淀粉一般用于等级较低的冰淇淋中。明胶膨胀时吸收的水分是本身的14倍，但是在70℃以上的热水中则失去膨胀的能力。琼脂的凝胶能力和吸水性较强，可吸收相当于自身17倍的水分，但在酸性溶液中凝胶形成能力会降低。因此，在混合配料时要注意稳定剂的使用量和使用条件。

稳定剂的添加量是依冰淇淋的成分组成而变化，一般为0.15%～0.5%。

5. 乳化剂

冰淇淋的成分复杂，其混合料中加入乳化剂除了有乳化作用外，还有其他作用，可归纳为：①使脂肪球呈微细乳浊状态，并使之稳定化；②分散脂肪球以外的粒子并使之稳定化；③增加室温下冰淇淋的耐热性；④减少贮藏中制品的变化；⑤防止或控制粗大冰晶形成，使冰淇淋组织细腻。

冰淇淋中常用的乳化剂有甘油酸酯（单甘酯）、蔗糖脂肪酸酯（蔗糖酯）、聚山梨酸酯（Tween，吐温）、山梨糖醇脂肪酸酯（Span，斯潘）、丙二醇脂肪酸酯（PG酯）、卵磷脂、大豆磷脂等。乳化剂的添加量一般随脂肪含量增加而增加，其范围为0.1%～0.5%。一般复合乳化剂的性能优于单一乳化剂。

6. 蛋与蛋制品

蛋与蛋制品中由于含有具有乳化剂和稳定剂作用的卵磷脂，因此冰淇淋中使用蛋或蛋黄粉制品能改善其组织状态和风味，使冰淇淋组织有细腻的组织构造和稳定的形态，并且能提高产品的营养价值。适量的蛋品用量（蛋为4%，蛋黄粉为0.5%～2.5%）可使冰淇淋有牛奶蛋糕的香味，若过量则会有蛋腥味。

7. 香料和色素

香料可使制品带有醇和的天然香味。香料和色素的种类很多，有天然浸出物和化学合成制品。香料使用较多的是香兰素、草莓、巧克力、咖啡、各种果汁香精等。添加色素可使冰淇淋的外观鲜艳，增进食欲。但是色素的使用必须和冰淇淋的名称、香味相吻合。如柠檬冰淇淋应加柠檬黄色。

第二节　冰淇淋的生产工艺及配方

一、冰淇淋的生产工艺流程

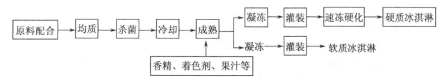

二、混合料的配制

1. 冰淇淋混合料的标准

为制造冰淇淋所调和的各种混合原料称为冰淇淋混合料。其主要成分为：乳脂肪、非脂乳固体、糖类、稳定剂等。其组成标准如下：乳脂肪 8%～14%，非脂乳固体 8%～12%，糖类 13%～15%，稳定剂 0.2%～0.3%，乳化剂 0.1%～0.2%，总固形物 32%～40%。

以上为冰淇淋混合料的基本标准，其不同脂肪含量的冰淇淋混合料的组成如表 19-1 所示。

表 19-1　不同脂肪含量的冰淇淋混合料的组成

脂肪/%	非脂乳固体/%	砂糖/%	稳定剂/%	总固形物/%
8	11～12	13～15	0.3～0.5	32.5～34.5
10	10～11	14～15	0.3～0.5	34.5～36.5
12	9～10	14～15	0.3～0.5	35.0～37.5
14	8～10	14～15	0.3～0.5	36.5～39.5

2. 常见的冰淇淋配方

常见的冰淇淋类型及配方如表 19-2 所示。

表 19-2　1000kg 冰淇淋配方　　　　　单位：kg

原料名称	冰淇淋类型				
	奶油型	酸乳型	花生型	螺旋藻型	茶汁型
砂糖	120	160	195	140	150
葡萄糖浆	100	—	—	—	—
鲜牛乳	530	380	—	—	—
脱脂乳	—	200	—	—	—
全脂乳粉	20	—	35	125	100
花生仁	—	—	80	—	—
奶油	60	—	—	—	—
稀奶油	—	20	—	—	—
人造奶油	—	—	—	60	191
棕榈油	—	50	40	—	—
蛋黄粉	5.5	—	—	—	—
鸡蛋	—	—	—	30	—
全蛋粉	—	15	—	—	—
淀粉	—	—	34	—	—
麦芽糊精	—	—	6.5	—	—
复合乳化稳定剂	4	—	—	—	—
明胶	—	—	—	—	3
CMC	—	3	—	—	2
PGFE(聚甘油脂肪酸酯)	—	1	—	—	—
单甘酯	—	—	1.5	—	2
蔗糖酯	—	—	1.5	—	—
海藻酸钠	—	—	2.5	—	2
黄原胶	—	—	—	5	—
香草香精	0.5	1	—	0.2	—
花生香精	—	—	0.2	—	—
水	160	130	604	630	450
发酵酸乳	—	40	—	—	—
螺旋藻干粉	—	—	—	10	—
绿茶汁	—	—	—	—	100

三、冰淇淋的生产操作要点

1. 混合料的配制

（1）原辅料的处理

① 鲜牛乳。在使用前用 120 目筛过滤除杂。

② 冰牛乳。先击碎成小块，然后溶解、过滤。

③ 乳粉。加温水溶解充分，也可适当均质一次。

④ 奶油。用刀将其切成小块，然后加入杀菌缸。

⑤ 甜味剂。蔗糖在容器中加适量水，加热溶解成糖浆，再经 100 目筛过滤；液体甜味剂，加 5 倍左右的水稀释、混匀，再经 100 目筛过滤，待用。

⑥ 蛋制品。鲜蛋可与鲜乳混合，过滤后均质；冰蛋需加热融化后使用；蛋黄粉先与加热到 50℃的奶油混合，再用搅拌机使其均匀分散在油脂中。

⑦ 果汁。在使用前应搅匀或经均质处理。

⑧ 稳定剂。明胶或琼脂需将其在水中浸泡 10min，再加热到 60～70℃，配制成 10% 的溶液。

（2）混合料调制的顺序　混合料调制时，首先将黏度低的原料如牛乳、脱脂乳等放到带搅拌器的配料缸中，然后添加黏度稍高的原料，如乳粉液、糖浆、稳定剂液等，再加入黏度高的稀奶油、炼乳、蜂蜜等，较少量的固体如可可粉，可以用细筛筛入配料缸中。最后用水调整容量，使混合料的总固体符合要求。添加酸性水果时，为了防止混合料形成凝块，可在混合料充分凝冻后添加；添加香料、色素、果仁、点心等，则应在混合料成熟后添加。混合料的酸度应控制在 0.18%～0.20%，一般不超过 0.25%，否则杀菌时有凝固的危险。当酸度过高时，可用小苏打或碱中和。

配制混合料时，应不断搅拌，并注意控制料温在 40～50℃。否则会影响产品质量。

2. 均质

（1）均质的目的　均质使脂肪球微粒细化至 1μm 左右，以防止乳脂层的形成，改善冰淇淋组织状态；使混合料的黏度增加，缩短成熟时间，有效地预防在凝冻过程中形成奶油颗粒等，使冰淇淋的组织细腻。均质后制得的冰淇淋，形体润滑松软，具有良好的稳定性和持久性。

（2）均质的温度　均质温度过低，混合料黏度高，对凝冻不利，造成冰淇淋形体不良；高温均质，混合料的脂肪球集结的机会少，有降低稠度、缩短成熟时间的效果，但也有产生加热臭的缺陷。温度过高（大于 70℃），凝冻时膨胀率过大，亦有损于形体。通常合适的温度范围为 60～70℃。

（3）均质压力　均质压力过低，则脂肪球不能破碎到要求的程度，混合料凝冻不良，影响冰淇淋的形体。均质压力过高，混合料黏度过高，凝冻时空气难于进入，对获得理想的膨胀率不利，同时对设备的要求也增高。因此，混合料的均质一般采用两段均质，均质压力随混合料的成分、温度、均质机的种类等不同而异，一般第一段为 14～18MPa，第二段为 3～4MPa，这样可使混合料保持较好的热稳定性。

3. 杀菌

（1）杀菌的目的　杀菌的目的有：①杀灭混合料中的微生物，破坏微生物所产生的毒素，钝化酶；②增加混合料的黏度；③提高品质与风味。

（2）杀菌的条件　混合料的杀菌可采用不同的方法，如低温间歇杀菌、高温短时杀菌和超高温瞬时杀菌三种方法。低温间歇杀菌法通常为 68℃保持 30min 或 75℃保持 15min。如果混合料中使用海藻酸钠时，以 70℃加热 20min 以上为好；如果使用淀粉，杀菌温度必须提高或延长保温时间。高温短时杀菌法采用 80～83℃保持 30s。超高温杀菌温度为 100～130℃，保持 2～3s。

4. 成熟

成熟也称老化，是指杀菌后的混合料迅速冷却至 2～4℃，并在此温下保持一定时间的过程。

（1）成熟的目的　成熟过程中，由于脂肪、蛋白质、稳定剂的水合作用的增强和混合料黏稠度的增加，可提高成品的膨胀率，改善成品的组织状态。这是因为均质后的冰淇淋混合料中，脂肪球的表面积有了很大的增加，增强了脂肪球在溶液界面间的吸附能力，在卵磷脂等乳化剂的作用下，脂肪在混合料中能形成较为稳定的乳浊液。随着分散相体积的增加，空气的混入，乳浊液的黏度增加，这样在凝冻过程中使冰淇淋具有细致、均匀的空气泡分散，为冰淇淋细腻的组织结构提供了保证。水化作用的增强使混合料中游离水减少，可防止凝冻时形成较大的冰晶，改善了冰淇淋的组织。

（2）成熟时间　成熟时间随成熟温度和混合料组成的不同而不同。在 $2\sim4℃$ 时，温度越低，成熟时间越短。混合料中，干物质越多，黏度越高，成熟时间越短。干物质少的混合料成熟时间适当延长为好。一般说来，成熟温度控制在 $2\sim4℃$，成熟时间一般以 $6\sim12h$ 为佳。

为提高成熟或老化的效率，可先将混合料的温度降至 $15\sim18℃$，保温 $2\sim3h$，此时混合料中的稳定剂（如琼脂、明胶）膨胀，并充分与水化合，提高水化程度。然后，再将其冷却到 $2\sim4℃$，保温 $3\sim4h$。这样可缩短成熟或老化时间，提高效率。

5. 添加香料

在成熟终了的混合料中添加香精、色素等，通过强力搅拌，在短时间内使之混合均匀，然后送到凝冻工序。

6. 凝冻

凝冻是冰淇淋加工中的一个重要工序，它是将混合原料在强制搅拌下进行冷冻，使空气更易于呈极微小的气泡均匀地分布于混合料中，使冰淇淋的水分在形成冰晶时呈微细的冰结晶，防止粗糙冰屑的形成。

（1）凝冻的目的

① 使水变成微细冰晶。在制冷剂的作用下，温度逐渐下降，水变成微细冰晶，冰淇淋混合料黏稠度逐渐增大而成为凝冻状态。

② 混合料混合均匀。由于凝冻机搅拌器的搅拌作用，使冰淇淋混合料逐渐形成微细的冰屑，防止凝冻过程中形成较大的冰屑；同时使后来加入的香精、香料等均匀混入混合料中。

③ 获得合适的膨胀率。凝冻过程中，由于强烈的搅拌而使空气的极微细气泡逐渐混入，混合料容积增加，这一现象称为增容，以百分率表示即称为膨胀率。

$$膨胀率 = \frac{混合料质量 - 与混合料同容积产品质量}{混合料同容积产品质量} \times 100\%$$

合适的膨胀率可使冰淇淋组织松软，口感细腻，形态完美。

（2）凝冻的设备　冰淇淋的凝冻是通过凝冻机来实现的。

① 凝冻设备的组成。凝冻设备的种类和型号较多，一般由凝冻器、制冷系统、空气混合泵、传动系统四部分组成。

a. 凝冻器。由凝冻筒、刮刀和搅拌器三部分组成。凝冻筒是混合料进行凝冻的场所，一般用不锈钢制造，筒外壁直接与冷却介质接触。刮刀多在搅拌器外侧，有两组或多组，其作用是将凝冻于筒壁上的冰淇淋及时铲刮下来，以使混合料全部均匀凝冻。搅拌器通过它的强烈搅拌，使空气混入混合料中，使冰淇淋得到适当膨胀率。

b. 制冷系统。向凝冻筒提供冷源，其冷却介质常是液氨。

c. 空气混合泵。其作用是将过滤后的空气泵到凝冻筒内。简单的凝冻筒也可不用空气混合泵。

d. 传动系统。传动系统可带动搅拌器和刮刀旋转工作，一般可以进行调速。

② 设备的种类。凝冻机的种类较多，一般可作如下分类。

a. 按操作方式分类。分为间歇式凝冻机和连续式凝冻机。间歇式凝冻机的生产是周期性进行的，在进料和出料时需停机，其生产量一般较小，适用于小企业使用。连续式凝冻机的生产是连续进行的，在进料和出料时无需停机，因此生产能力较大，产品质量也较好。

b. 按冷却方式分类。分为间接冷却式凝冻机和直接蒸发式凝冻机。间歇式凝冻机采用冷冻盐水或冰盐混合物作制冷介质，使混合料凝冻。一般是间歇生产，生产能力和产品质量都较低。直接蒸发式凝冻机是使制冷剂直接受热蒸发而使混合料凝冻，制冷剂可循环使用，生产一般为连续式，是使用最多的一类凝冻机。常用的制冷剂有氨、不含氯的氟利昂（又称氢氟化碳）及某些新型制冷剂。

（3）凝冻的温度与时间　凝冻温度是 $-4\sim-2℃$，间歇式凝冻机凝冻时间为 $15\sim20min$，冰淇淋的出料温度一般在 $-5\sim-3℃$；连续凝冻机进出料是连续的，冰淇淋出料温度为 $-6\sim-5℃$，连续凝冻必须经常检查膨胀率，从而控制恰当的混合料进出量以及空气混入量。

7. 灌装

凝冻后的冰淇淋立即灌装成型，即制成了软质冰淇淋。灌装成型后再硬化，即制成了硬质冰淇淋。冰淇淋的成型有冰砖、纸杯、蛋筒、浇模成型、巧克力涂层冰淇淋、异形冰淇淋切割线等多种成型灌装机。

8. 冰淇淋的硬化

将经过成型灌装和包装后的冰淇淋迅速置于−25℃以下的温度，经过一定时间的速冻，品温保持在−18℃以下，使其组织状态固定、硬度增加的过程称为硬化。

(1) 硬化的目的　固定冰淇淋的组织状态，并使制品中的水分形成极细小冰结晶，保持产品具有一定的松软度和硬度，便于贮藏、运输和销售。

离开冰淇淋机的冰淇淋应迅速硬化，否则任何升温都会使小冰晶颗粒融化并结块，进而在硬化中形成较大的冰晶颗粒，同时微小气室被破坏而引起收缩，成品组织粗糙，品质降低。

(2) 硬化设备　常用的硬化设备主要有硬化室和速冻隧道两种。

① 硬化室。又称速冻室或速冻冷库，属于生产性质的冷库，具有生产工艺要求的冷冻能力。硬化室由制冷系统提供冷量；由内部安装的鼓风机，调节室内的空气温度，并使室内温度均匀；硬化室的外墙、顶棚和地面都应有一定厚度的绝热材料，周壁和门均进行绝热处理，以此维持室内低温的恒定。

使用硬化室时，应严格控制室内的温度和湿度，温度在短时间内的波动不得超过1℃，在大批出货、进货时，一昼夜温度波动不得超过4℃。对达到硬化时间的产品，要及时出货，转入贮藏库。

② 速冻隧道。速冻隧道是一种新型、快速、高效的硬化设备，它可以在很短的时间内(0.5～1h)完成硬化过程。它利用一种环形传送带，将冰淇淋等冷饮制品置于传送系统的载物托盘上，随托盘向前传送，在传送中受冷风降温而硬化。它主要包括绝热隧道、传送系统、托盘冷风系统等。

(3) 硬化方法　硬化时间受容器的大小、膨胀率的高低、凝冻温度高低等影响。通常的硬化方法为：在−25～−23℃的速冻库中速冻10～12h，或让冰淇淋通过−45～−35℃的速冻隧道30～50min。

9. 贮存

冰淇淋在销售前应贮藏在低温冷藏库中。一般情况下，软质冰淇淋在−15～−10℃下贮藏；硬质冰淇淋在−18℃条件下贮存。贮藏中切忌库温忽高忽低。否则，冰淇淋中的冰再结晶，使冰淇淋的质地粗糙。

四、特色冰淇淋加工实例

冰淇淋的制作原料丰富多彩，使用不同的原料，其处理方式就不同，形成的冰淇淋的风味与口感也不尽相同。以下列举几个生产实例。

1. 绿茶冰淇淋

绿茶冰淇淋色泽清亮，口感清爽，在炎热的夏季品尝，清凉而不油腻，深受消费者欢迎。

(1) 配方　全脂乳粉9.3%，稀奶油25%，绿茶汁5%，白砂糖15%，甘油硬脂酸酯0.2%，明胶0.4%，羧甲基纤维素钠0.1%，水45%。

(2) 工艺流程

(3) 操作要点

① 茶汁制备。选择无霉变、无异味、不走香色的各类绿茶叶进行复配，放入90℃干燥箱中烘30min后粉碎成粒度500μm以下的微粒。将茶叶末放入保温缸中，加水加热至85℃浸泡25min，并不断搅拌使之充分溶解，色泽呈茶绿色。

② 混合配料。将稀奶油、白砂糖和适量水搅拌溶解，再奶粉加水搅拌溶解后共同加入保温缸，将稳定剂、乳化剂加约10倍水浸泡溶胀后抽入缸中，并在缸中将料液全部均匀混合后升温至50℃左右。

③ 均质、杀菌、冷却、老化。将料液泵入高压均质机，保持物料在50℃，压力8～12Mpa条件下均质。均质后泵入杀菌器中，85℃杀菌16s。然后通过板式热交换器迅速冷却至0～4℃，送入已清洗消毒的老化缸内，加入茶汁，搅拌均匀后，在0～4℃条件下保持10～12h成熟。

④ 凝冻、灌装、硬化。在冰淇淋凝冻机中迅速凝冻，然后灌装、硬化，形成成品。

2. 玉米酸乳冰淇淋

玉米酸乳是将玉米与牛乳混合一体并经过发酵制得的酸乳。将玉米酸乳配入普通冰淇淋中即制得玉米酸乳冰淇淋。产品具有清新的玉米香味，并使玉米和牛乳的营养价值得到进一步提高。

（1）配方　玉米酸乳20%，蔗糖15%，脱脂乳粉9%，蛋白粉4%，奶油4%，麦芽糊精2%，海藻酸钠0.18%，瓜尔豆胶0.06%，单甘酯0.12%，CMC0.4%，香精适量，加水至100%。

（2）工艺流程

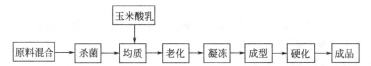

（3）加工要点

① 浸泡。将玉米在40℃温水中浸泡24h以上，直至其完全吸水溶胀。当纵向剖开玉米粒，中心无白色粉点则为浸泡完成。然后用50℃以下温水打浆，料水比为1:5，再用200目滤布过滤，浆汁备用。

② 液化。在玉米浆汁中加入液化酶，用柠檬酸调pH为6，加热至95℃左右，并保温1h。

③ 调配。鲜牛乳与玉米浆汁按1:1混合，依次加入稳定剂、6%的蔗糖及少量玉米香精和乙基麦芽酚，充分混合均匀。

④ 均质、杀菌。均质压力为40MPa。用95℃保温20min杀菌后，冷却。

⑤ 接种、培养。将浆汁冷却至42℃，按2.5%的用量接种发酵液，42℃恒温培养3.5h，再于4℃冷藏24h即为成品。

3. 无糖低脂冰淇淋

普通冰淇淋营养丰富、口感好、消暑止渴，但它含糖、脂均高，不适应中老年人，尤其是肥胖者、糖尿病、心血管病人的要求。为了满足这部分消费者的需求，有必要开发无糖低脂冰淇。这种冰淇淋既保持了原来冰淇淋的口感、色泽、味道，又无糖低脂，是一种保健食品，在国外十分风靡，也是我国冰淇淋的发展方向。

（1）特色原料

① Litesse。一种水溶性食用纤维，分子中结合有少量山梨糖醇和柠檬酸，含热量低，约为脂肪的1/8，它具有脂肪的实体感，是脂肪的良好代用品。它除了可防止胆固醇的吸收；增加排泄物体积，缩短在肠内的通过时间，消除便秘和增强消化功能；有明显的降血脂效果，可减少或防止心血管疾病的发生；还能减少吸收或吸附食物中的致癌物质，阻碍或延长葡萄糖的吸收。

② Dairy-Lo。一种经特殊加工的乳清蛋白浓缩物，主要由β-乳球蛋白经加热后成长为链状蛋白，可代替冰淇淋中的脂肪。它含热量低，还不到脂肪热量的1/2，能显示具有乳脂肪口感和风味，滋味爽口，可强化冰淇淋的口感、质地；此外，它与水的结合能力强，具有稳定剂的功能，能防止冰淇淋形成冰的味觉，使其更具奶油状口味。

（2）配方　无糖低脂冰淇淋是一种保健型冰淇淋，亦是健康食品的发展方向，这种冰淇淋采用了性能独特的添加剂，实际生产中原料种类较多，下列配方可供参考。

① 无糖低脂冰淇淋。全脂乳粉13%，APM（阿斯巴甜）适量，Litesse 7%，复合乳化稳定剂0.5%，糯米粉3%，香精适量，加水至100%。

② 低糖低脂冰淇淋。全脂乳粉14%，蔗糖4%，Litesse 8%，APM适量，糯米粉3%，香精适量，复合乳化稳定剂0.4%，加水至100%。

③ 无糖无脂冰淇淋。脱脂乳粉15％，糯米粉3％，Litesse 8％，香精适量，复合乳化稳定剂0.4％，Dairy-Lo 2 ％，加水至100％。

上述配方中的复合乳化稳定剂系由瓜尔豆胶、CMC、CMS（羧甲基淀粉钠）、单甘酯等配合而成。

（3）工艺流程 加工工艺流程与普通冰淇淋相同。

（4）注意事项

① 由于配方中蔗糖用量较少或无蔗糖，使冰淇淋的固形物含量降低，为使固形物含量达到要求，在配方中添加了糯米粉。

② Litesse 和 Dairy-Lo 是脂肪取代剂，它们可单独使用，但若是一起使用，效果更好，还可降低总的用量。

第三节 冰淇淋的质量缺陷及控制措施

在冰淇淋的实际生产中，由于选料不慎，操作不当，常常导致冰淇淋出现一些质量问题。下面介绍几种冰淇淋的质量缺陷及控制措施。

一、冰淇淋的风味缺陷及控制措施

1. 风味缺陷及影响因素

冰淇淋常会出现各种异味而使其品质变劣。风味缺陷的主要表现有以下几种。

（1）香味不正 冰淇淋中带有与品种不相符的香味。主要是由于加入香料过多，或者其品质太差，带有异味引起的，因此，对香料的品质和用量要严格控制。另外，冰淇淋的吸附能力较强，易于吸收外来气味，因此，贮存库应为专用冷库，尤其不能与有强烈气味的物品放在一起。

（2）酸败味 冰淇淋混合料杀菌不彻底，或混合料在杀菌后放置过久，或冰淇淋灌装过程中造成再污染，都会使微生物混入其中生长繁殖而引起酸败味。严重时还可能产生腐臭味。另外，采用酸度较高的乳制品，如乳酪、鲜乳、炼乳等，也可能造成冰淇淋的酸败味。因此，选用合格的乳制品对消除酸败味至关重要。

（3）甜味不足 甜味不足将使冰淇淋风味大减。造成甜味不足的主要原因是配料时加水过多，配料发生差错，以及在使用蔗糖代用品时没有按甜度要求准确计算用量，使产品甜度降低。

（4）烧焦味 烧焦味是由于对某些原料处理时因温度过高而导致的，如花生冰淇淋或咖啡冰淇淋中，由于加入炒焦的花生仁或咖啡而引起焦糊味，这就需要严格控制原料质量。另外，对混合料加热杀菌时温度过高、时间过长也会引起烧焦味；使用酸度过高的牛乳杀菌时也会出现烧焦味。

（5）氧化味 氧化味主要是脂肪氧化而产生的一种令人不愉快的油哈味。导致的原因有：原料贮存时间过长或贮存温度过高致使脂肪氧化；混合料液中含有较多的金属（如铜、铁等），会加速氧化过程。因此，在使用油脂或含油脂多的原料时必须保证原料质量。

（6）咸味 在冰淇淋中含有过高的非脂乳固体或者被中和过度，均能产生咸味。另外，在冰淇淋原料中采用含盐分较高的乳酪，也能产生咸味。

2. 风味缺陷的控制

（1）选用合格的原料 不合格的原料是冰淇淋产生异味的重要原因。如使用不新鲜的乳制品和蛋制品，产品会产生氧化味等；使用酸度较高的乳酪、炼乳等，易产生酸败味；香精品质较差，会使产品香味不正。因此，优质的原料是保证产品质量的关键。

（2）准确配方 合适的配方将给产品以最佳的化学组成和良好的风味，若配方不当，或各配方用量称量有误，会大大影响产品风味。如加水过多会使产品甜味不足；加脂肪过多会带来油腻感；加香精过多会掩盖乳香味等。因此，在选择配方及其用量时，必须严格把关。

（3）严格操作 加工工艺的得当与否，对风味影响甚大。如冰淇淋混合料杀菌温度过高、时间过长，易出现煮熟味，甚至是烧焦味；各工序间衔接不当，料液搁置时间过长，因细菌侵入而发生酸败味或臭败味。故应严格遵守工艺操作规程，安全卫生操作，严防微生物污染。

（4）防止设备材料污染 在冰淇淋的生产过程中，若料液接触铜、铁、锡等材料制作的设备或器具，则可促使产品产生金属味。另外，这些金属离子又会加速脂肪的氧化，使之产生氧化味。故制造冷饮的设备以不锈钢为最佳。

二、冰淇淋的形体缺陷及控制措施

质量合格的冰淇淋，其形体应当滑润、柔软、紧密，无收缩现象。但是在制造冰淇淋时，由于诸多因素造成了冰淇淋的形体不良，严重影响冰淇淋的外观和质量。

1. 形体缺陷的表现

（1）形体过黏　形体过黏指冰淇淋的黏度过大，其主要原因有：稳定剂使用量过多；均质时温度过低；料液中总干物质过高或膨胀率过低。

（2）有乳酪粗粒　在成品冰淇淋中，有星星点点的乳酪粗粒。这主要是由于混合料中的脂肪含量过高；料液均质不够充分，均质条件有误；凝冻时温度过低以及混合料酸度过高而形成的。

（3）融化后成细小凝块　在冰淇淋融化后有许多细小凝块出现。这一般是由于混合料使用高压均质时，混合料的酸度较高或钙盐含量过高，使冰淇淋中的蛋白质凝成小块。

（4）融化后成泡沫状　冰淇淋融化后含有许多泡沫。主要是由于混合料的黏度较低或有较大的空气气泡分散在混合料中，因而在冰淇淋融化时，会产生泡沫现象。还有一个原因是稳定剂用量不足或者没有完全稳定所形成。

（5）沙砾现象　在冰淇淋的贮藏过程中，常会观察到冰淇淋中有很多小结晶物质，这就是沙砾现象。这种小结晶实质上是乳糖结晶体，因为乳糖较其他糖类难于溶解。在长期冷藏时，若混合料中存在晶核和适宜黏度及适当的乳糖浓度与结晶温度时，乳糖便在冰淇淋中形成晶体。

2. 形体缺陷的控制措施

形体缺陷严重影响感官质量，要防止形体缺陷，可以从以下几方面入手。

（1）控制稳定剂用量　稳定剂对形成和保持冰淇淋优良的形体起着重要的作用。用量过多时，黏性增大，融化缓慢，或呈橡胶状；用量过少时，缺乏黏性，融化后呈泡沫状。因此，必须掌握好用量，并应注意混合均匀。

（2）控制脂肪含量　冰淇淋中的脂肪除了提供营养外，还使其具有轻滑、柔软的形体。但用量过多时，冰淇淋表面会变得干燥，融化也变缓慢；反之，产品表面显潮湿。为此，必须控制脂肪含量，一般控制在 8%～12%。

（3）控制混合料的酸度　酸度高的混合料，均质后黏度增高，使膨胀率提高，因此，产品易产生收缩。若混合料中钙盐含量高，则会加剧蛋白质的凝固，使冰淇淋在融化后出现细小凝块。一般混合料的酸度以不超过 0.2% 为宜。酸度高时杀菌前需用氢氧化钙或小苏打进行中和，否则，杀菌时会造成蛋白质凝块出现。

（4）掌握均质压力和温度　均质可使混合料形成一种浓厚的稳定性乳状液，均质不良会给形体带来种种缺陷。例如，均质不完全，会使形体缺乏黏性；均质过分，又易于产生收缩；均质压力过高，易使蛋白质凝成小块；均质压力过低，又使融化缓慢等。均质的压力和温度是均质操作的两个主要参数，两者密切相关，一般均质压力控制在 15～20MPa，均质温度为 65～70℃。

（5）注意凝冻操作　凝冻过程是将混合料在强制搅拌下进行冰冻，使空气以极微小的气泡状态均匀分布于全部混合料中，一部分水成为冰的微细结晶的过程。其作用有：①冰淇淋混合料受制冷剂的作用而温度降低，黏度增加，逐渐变厚成为半固体状态，即凝冻状态；②由于搅拌器的搅动，刮刀不断将筒壁的物料刮下，防止混合原料在壁上结成大的冰屑；③由于搅拌器的不断搅拌和冷却，在凝冻时空气逐渐混入从而使其体积膨胀，使冰淇淋达到优美的组织与完美的形态。凝冻时膨胀率过高，易发生收缩，缺乏黏性，形体脆弱；反之，则形体黏性太大，表面潮湿。在凝冻时，要注意控制温度和时间，以得到合适的膨胀率。

三、冰淇淋的组织缺陷及控制措施

冰淇淋的组织要细腻、光滑、润口，无乳糖及冰的结晶和乳酪粗粒。但是，生产中操作不慎，大的乳糖结晶和冰晶就会出现，因而影响冰淇淋的口感和质量。

1. 组织缺陷的表现

（1）组织粗糙　组织粗糙是指在冰淇淋组织中产生较大的冰晶。其主要原因有：冰淇淋中的总干物质不足，蔗糖与非脂乳固体的比例配合不当，所用稳定剂的品质较差或用量不足，混合原料所用乳制品溶解度差，均质压力不恰当，料液进入凝冻机时的温度过高，机内刮刀的刀口太钝，空气循环不良，硬化时间过长，冷藏库温度不稳定等。

(2) 组织松软　组织松软是指冰淇淋组织强度不够，过于松软。这主要与冰淇淋中含有多量的气泡有关。这种现象多是因使用干物质不足的混合原料，或者使用未经均质的混合料，以及膨胀率控制不良而产生的。

(3) 组织坚实　组织坚实是指冰淇淋组织过于坚硬。这主要是因冰淇淋混合料中所含总干物质过高或膨胀率较低所致。

(4) 面团状组织　在配制冰淇淋混合料时，稳定剂的用量过多或加入时搅拌不均、硬化过程掌握不好、均质压力过高等，均能产生这种组织。

2. 组织缺陷的控制措施

组织缺陷对感官质量影响也很大，可以从以下几方面加以控制。

(1) 严格控制原料用量　合适的原料用量将有助于克服组织粗糙。如适量的乳蛋白和稳定剂具有水合作用，可减少游离水的存在，冰晶就难以长大；合适的脂肪含量也能抑制冰晶的生长。

(2) 控制总固形物含量　总固形物的多少也影响组织，总固形物过少，会造成组织松软；而总固形物过多，又会使组织过于坚硬。

(3) 掌握均质压力和温度　混合料均质对冰淇淋的形体、结构有重要影响。均质一般采用二级高压均质机进行均质，其作用是使脂肪球直径变小，一般可达 $1 \sim 2 \mu m$，同时使混合料黏度增加，防止在凝冻时脂肪被搅成奶油粒，以保证冰淇淋产品组织细腻，一般均质压力控制在 $15 \sim 20MPa$，均质温度为 $65 \sim 70 ℃$。

(4) 控制膨胀率　膨胀率过高，会使冰淇淋中含有多量气泡，造成组织松软；而膨胀率过低，含气泡量少，又会使组织过于坚硬，膨胀率一般控制在 $90\% \sim 100\%$。

(5) 恒定冷库温度　冰淇淋在灌装成型后，即进入冷库中硬化。冰淇淋硬化的优劣对产品最后品质有着至关重要的影响，硬化迅速则融化少，组织中的冰晶细，成品细腻润滑；若硬化缓慢，则部分融化，冰的结晶大，成品粗糙，品质低劣。另外，冷库温度应尽可能恒定，这样可避免由于水分的重结晶而造成冰淇淋组织粗糙。

四、冰淇淋的收缩及控制措施

冰淇淋的体积之所以能膨胀扩大，主要是由于混合料在凝冻机中受到搅拌器的高速搅拌，将空气搅成微细的气泡并均匀地混合在冰淇淋组织中，最后成为松软的冰淇淋。但是，如果空气气泡受到破坏，空气会从冰淇淋组织中逸出，使其体积缩小，也就造成了冰淇淋的收缩。

1. 冰淇淋收缩的原因

冰淇淋的收缩是影响其品质的重要因素，而产生收缩的原因主要有以下几方面。

(1) 原料组成及用量

① 蛋白质及其稳定性。若蛋白质不稳定，其所构成的组织一般缺乏弹性、容易泄出水分，冰淇淋组织也因其收缩而变得坚硬，这主要是由于乳固体采用高温脱水处理，或牛乳及乳脂的酸度过高等。

② 糖类及其品种。在凝冻时，如混合料的凝固点高，则操作时间短，且收缩性也小。糖类是冰淇淋的主要组分，其对凝固点的影响较大，糖分含量高，凝固点随之降低；而相对分子质量小的糖类，如蜂蜜、淀粉糖浆等，又比相对分子质量大的蔗糖凝固点低。因此，要慎用分子量小的糖类。

③ 糖分含量太高。冰淇淋混合料中糖分含量过高，相对地降低了混合料的凝固点。在冰淇淋中，蔗糖含量每增加 2%，则凝固点降低约 $0.22℃$。蔗糖含量一般不超过 16%。

(2) 操作

① 膨胀率。凝冻是使冰淇淋体积膨胀的重要操作，合适的膨胀率使冰淇淋具有优良的组织。但是膨胀率过高，气泡含量过多，易使组织塌陷，冰淇淋也就发生收缩。

② 气泡直径。空气气泡的压力与气泡本身的直径成反比。因此，气泡小者其压力反而大，故细小的空气气泡易于破裂从其组织中逸出，而使组织收缩。因此，要控制气泡直径。

③ 冰晶大小。在凝冻时，冰淇淋混合料中会产生数量极多且极细小的冰晶，它们能使其组织致密、坚硬，并可抑制空气气泡的逸出，避免组织的收缩，若是冰晶粗大，则难以有效保护气泡。

（3）温度 空气气泡是以微细状态存留在冰淇淋组织中，其气泡内的压力一般比外界的空气压力大，而温度的变化将对冰淇淋组织产生重要的影响。当温度上升或下降时，气泡内的空气压力亦相应地随着温度的变异而变化；若压力差足以使气泡冲破组织的禁锢而逸出，或外界压力能压破气泡，则冰淇淋组织会陷落而形成收缩。

2. 冰淇淋收缩的控制措施

冰淇淋的收缩，大大影响了产品外观和商品价值，应尽力避免。防止冰淇淋的收缩，应从多方面进行全面控制。

（1）采用合格原料 合格的原料有助于防止冰淇淋的收缩，有些原料对冰淇淋的收缩影响较大，更应多加注意，如乳与乳制品，应选质量较好、酸度较低的。糖度也是一项重要指标，糖分含量不宜过高，不宜采用淀粉糖浆、蜂蜜等相对分子质量小的糖类，以防凝固点降低。

（2）严格控制膨胀率 膨胀率过高是引起冰淇淋收缩的重要原因，影响膨胀率的因素很多。在混合料的组分上，脂肪、非乳脂固体、糖类等对膨胀率均有较大影响；而杀菌、均质、老化等操作也对膨胀率高低起很大作用。但影响膨胀率最大者乃是凝冻操作，应认真对待。

（3）采用快速硬化 冰淇淋经凝冻、成型后，即进入冷冻室进行硬化，若冷冻室中温度低，硬化迅速，组织中冰的结晶细小，融化慢，产品细腻、轻滑，能有效地防止空气气泡的逸出，减小冰淇淋的收缩。

（4）硬化室中应保持恒定低温 凝冻后的冰淇淋应尽快进入硬化室，避免高温融化。在硬化室中，要特别注意保持温度的恒定。冰淇淋一旦融化，即会产生收缩，这时即使再降低温度也无法恢复原状。尤其是当冰淇淋的膨胀率较高时更要注意，因其更易产生收缩。贮藏硬化后的冰淇淋产品在销售前应保存在低温冷藏库中，库温为－20℃。

【本章小结】

冰淇淋是以牛乳或乳制品、蔗糖为主要原料，加入蛋或蛋制品、乳化剂、稳定剂、色素、香料等辅料，经混合、杀菌、均质、成熟、凝冻、成型、硬化等加工过程制成的松软可口的冷冻食品。

冰淇淋种类繁多，按其营养特点分为普通冰淇淋、莎贝特（sorbet）和雪贝特（sherbet）三种；按其成品性状和加工特点又可分为分为普通冰淇淋、加料冰淇淋，软质冰淇淋、硬质冰淇淋，单色冰淇淋、多色冰淇淋，夹心冰淇淋和异形冰淇淋等多种。

在冰淇淋中，各种原辅料发挥着不同的作用。脂肪能赋予冰淇淋特有的芳香风味，并使其组织润滑；非脂乳固体能防止制品中冰结晶的扩大，使质地润滑；甜味料可提供甜味，降低混合料冰点，防止冰的再结晶；稳定剂和乳化剂可提高冰淇淋的黏度和膨胀率，抑制冰结晶的生长，减少粗糙的感觉，而使产品组织光滑；香精香料可使制品带有醇和的香味；色素可使冰淇淋的外观鲜艳，增进食欲。

冰淇淋在制作时，必须按照产品配方要求，严格选择、处理原料。如乳粉应加温水溶解充分；奶油先切碎再加入杀菌缸；蔗糖宜加水溶解成糖浆，添加量为15%～16%；明胶或琼脂，需将其在水中浸泡10min，再加热到60～70℃，配制成10%的溶液，其添加量为0.15%～0.5%；乳化剂的添加量控制在0.1%～0.5%。在加工过程中，注意选择合适的均质压力和杀菌条件，并将杀菌后的混合料迅速冷却至2～4℃下成熟6～12h，然后，放入凝冻机中凝冻，制成软质冰淇淋，经灌装后，在－25～－23℃的速冻库中速冻10～12h，或让冰淇淋通过－45～－35℃的速冻隧道30～50min，硬化制得硬质冰淇淋。

生产中，若选料不慎或操作不当，常常导致冰淇淋出现风味缺陷、形体缺陷、组织缺陷及冰淇淋的收缩等质量问题。要达到规定的冰淇淋质量标准，应该从冰淇淋混合料的组成（配方与原辅料质量）、生产工艺条件和生产设备三方面去分析研究，正确操作，以保证产品质量。

总之，本章介绍了冰淇淋的特点、分类，所用原辅料及其作用，重点阐述了冰淇淋的生产工艺、配方和加工操作要点。详细分析了形成冰淇淋质量缺陷的原因，并指出了相应的控制措施。为学生试制冰淇淋提供了一定的参考。通过本章的学习，使学生学会冰淇淋的加工制作和质量控制。

【复习思考题】

一、名词解释

1. 冰淇淋　　2. 老化　　3. 冰淇淋的膨胀率　　4. 清型冰淇淋　　5. 混合型冰淇淋　　6. 组合型冰淇淋
7. 莎贝特（sorbet）　　8. 雪贝特（sherbet）

二、填空题

1. 冰淇淋按所含脂肪不同，可分为_____、_____、_____三类，每类按加入其他辅料的不同，又分为_____、_____、_____三种。
2. 冰淇淋中稳定剂的添加量一般为_____%，乳化剂的添加量为_____%。
3. 冰淇淋加入中稳定剂的作用有_____、_____、_____。
4. 混合料进行均质的目的是_____、_____、_____。
5. 老化的目的有_____、_____、_____。
6. 影响凝冻的因素有_____、_____、_____。
7. 凝冻设备由_____、_____、_____和_____四部分组成。
8. 硬化后的冰淇淋，在销售前应保存在冷库中，库温应不高于_____。
9. 经凝冻的冰淇淋应及时分装，快速硬化。硬化_____则冰晶融化少，组织中的冰结晶_____，成品细腻轻滑；否则冰晶粗大，产品组织粗糙。
10. 冰淇淋生产中易出现的质量缺陷是_____、_____、_____、_____。

三、问答题

1. 冰淇淋的分类与特点有哪些？
2. 一般冰淇淋的配方标准有哪些。
3. 冰淇淋生产的基本工艺过程包括哪些？如何控制？
4. 什么是冰淇淋的膨胀率？说明影响冰淇淋膨胀率的因素及原理。

四、综述题

1. 试述雪糕、冰棒的生产工艺及操作要点。
2. 冰淇淋生产中易产生哪些质量缺陷？如何控制？

【实训三十四】　冰淇淋的制作

一、实训目的

通过本实训掌握冰淇淋加工的基本工艺流程和操作注意事项，并学会冰淇淋的质量控制。

二、实训原理

将冰淇淋混合料充分混合、杀菌、冷却老化后，放入冰淇淋凝冻机，通过搅拌器的高速搅拌作用使混合料膨胀，并通过冷凝器冷凝，再经灌装、硬化制得冰淇淋。

三、主要设备及原料

1. 仪器与设备　冰淇淋机搅拌器、冰淇淋冷凝器、冰淇淋杯、冰箱、燃气灶、温度计、锅、木铲、塑料盆、滤布、台秤等。
2. 原料　牛乳0.5L，白砂糖150g，鸡蛋黄4个，稀奶油0.5L，香草粉（按说明书添加）。

四、实训方法和步骤

1. 混合料的配制　搅打鸡蛋黄，将其混于牛乳中，同时将稀奶油、糖、香草粉加入，搅拌使混合均匀。
2. 杀菌和老化　将混合物加热至80℃保持25s，然后立即冷却至20℃，将混合物放在冰箱中冷藏4~5h（温度0~4℃）。
3. 凝冻　老化完成时，开动冰淇淋机搅拌器和冷凝器，将时间控制器调至冰淇淋处（大约需要10~12min）进行凝冻。
4. 硬化　当凝冻完成时，将冰淇淋取出装入容器中送至硬化室（冰柜，温度-34~-23℃）

硬化处理，时间 10～12h。软质冰淇淋所需时间较短。

五、实训结果分析

制得的冰淇淋其形体应当滑润、柔软、紧密，无收缩现象，无大的乳糖及冰的结晶和乳酪粗粒，风味正常，无异味。否则应分析产品产生缺陷的原因，制定相应的改进措施。记录相关数据，计算冰淇淋的膨胀率，并进行产品成本核算。

六、注意事项

1. 按冰淇淋的组成，严格计算配料的用量。认真处理原辅料，注意调配混合料的顺序。

2. 如稀奶油不够，可用植物硬化油加牛乳代替，稀奶油中含纯脂肪 30％～40％，脱脂乳 60％～70％，使用植物硬化油时，需同时使用乳化剂——单甘油酯（按说明添加）进行乳化。

3. 要制作出好的冰淇淋，卫生条件很重要。在操作过程中所用的器具应严格杀菌，像勺子、过滤器等需煮沸后使用。

4. 凝冻机在使用前应进行严格的清洗、消毒处理，特别是与混合料相接触的部分。

5. 当混合料达到凝冻筒容积的 60％～70％时（混合料不能注入太满，否则易于外溢），关闭进料阀，开动搅拌器。

第二十章 干酪素加工技术

【知识目标】 了解干酪素的概念及用途，掌握干酪素的加工技术和制作要点；了解干酪素的质量控制标准。

【能力目标】 掌握干酪素的点制技术和操作要点。

【适合工种】 干酪素点制工。

一、干酪素概述

干酪素也叫酪蛋白，是利用脱脂乳为原料，在皱胃酶或酸的作用下生产的酪蛋白凝聚物，经洗涤、脱水、粉碎、干燥制得。乳中酪蛋白是干酪素的主要成分，酪蛋白是牛乳中主要的含氮化合物，含量约 2.5%，是以酪蛋白酸钙-磷酸钙复合物形式，呈胶体状态分散于乳中。

干酪素的感官状态是白色或微黄色、无臭味的粉状或颗粒状，在水中几乎不溶，25℃的水仅可溶解 0.2%～2.0%，也不溶于酒精、乙醚及其他有机溶剂，易溶于碱性溶液、碳酸盐水溶液和 10% 的四硼酸钠溶液。是非吸湿性物质，相对密度为 1.25～1.31。

1. 干酪素的制取方法

按制取的方法不同，干酪素的生产分为酸法和酶法两种。在工业生产的干酪素，大部分是以酸法生产的。

酸法生产的干酪素又可分为加酸法和乳酸发酵法。加酸法生产干酪素，又可分为盐酸干酪素、乳酸干酪素、硫酸干酪素和醋酸干酪素等。

酶法干酪素是利用凝乳酶凝固的干酪素，虽然与牛乳的酪蛋白复合物有大致相同的相对分子质量及元素组成，但产品的性质有部分的不同。

不同制造方法可获得不同质量和用途的干酪素，要根据用途选择适当的制造方法；各种干酪素产品的特征，由沉淀的温度、酸度、洗涤水量、干燥温度及时间等因素决定。

2. 干酪素的工业用途

尽管食用干酪素的用量逐年增加，全世界生产的干酪素中仅有约 15% 供食用。在工业上，干酪素主要用于纸面涂布、塑胶、黏着剂和生产酪蛋白纤维。干酪素与碱反应生产强力黏结剂，制造干酪素涂料，皮革工业、医药工业也使用干酪素，用途很广。

(1) 塑性干酪素 将干酪素在施加压力的同时加热，并加甲醛液处理硬化后具有可塑性，可供用于刀柄、象牙纺织品、纽扣、梳子以及其他物品的制造。它具有色泽良好，显示高度光泽、无臭、不燃烧的优点，但吸湿性强、质地脆弱为其缺点。

(2) 黏结剂 干酪素溶于碱则能制得黏性很强的胶状液。它常与硼砂、苛性钠、重碳酸钠生成黏结剂，与消石灰混合则耐水性增大。干酪素广泛用于胶合板、乐器、家具等的生产。

(3) 纤维工业 用于纤维染色固定色彩，或与云母粉末配合，赋予产品金属光泽。

(4) 造纸工业 干酪素可广泛用于高级纸张或防水性包装纸等的制造。

(5) 医药工业 碘、氯、汞、银、铁、磷等的干酪素化合物可缓和刺激性、收敛性，也可以用于制造软膏等乳化剂。干酪素的水解物即氨基酸混液，可供速效性营养素制剂。

(6) 食品工业 干酪素主要在以下食品中应用：肉制品、冰淇淋和冷冻甜食、咖啡伴侣和糖果、发酵乳制品、烘焙食品、起酥油和涂抹油、面食制品、运动饮料、干酪制品等。

3. 原料脱脂乳的获得

(1) 牛乳分离 离心分离法是现代工业化生产获得脱脂乳和稀奶油的主要方法。它采用牛乳乳脂分离机，借助分离钵旋转时所产生的离心力，使牛乳中较重的脱脂乳被挤压到分离钵的壁上，较轻的稀奶油聚集到分离钵的中心部分，从而使牛乳分离成脱脂乳与稀奶油两部分，各自沿不同出口不断地流出。

(2) 牛乳乳脂分离机 牛乳乳脂分离机是干酪素生产的关键设备，欲得到含脂低的脱脂乳（一般脂肪含量不超过 0.05%），需采用高速碟片式全封闭离心机。这种分离机的牛乳入口和脱脂乳及稀奶油出口均是密闭的。在操作过程中，没有空气混入，不产生气泡，因此又称无泡沫分离机。工作时牛乳泵运转产生压力，在压力作用下牛乳进入分离机。稀奶油和脱脂乳出口均通过压力盘，密封并产生出口压力。此分离机可一机多用，有牛乳分离、净乳及标准化三种功能，目前国内各乳品厂多使用此种分离机。

（3）影响分离效果的因素

① 转速。分离机在旋转时产生的离心力与转速的平方成正比。转速越快，则分离效果越好。但转数不得过快，必须按规定运行，以免损坏分离机部件。

② 分离量。进入分离机中牛乳的流量不应超过分离机的额定产量。如牛乳流入量过多，会造成分离不完全，易造成脱脂乳的脂肪含量偏高。对于不带进料泵的牛乳分离机，若能掌握好进乳量，也可获得高质量的脱脂乳。

③ 牛乳的含脂率。牛乳含脂率越高，分离出稀奶油浓度也越高，残留于脱脂乳中的脂肪含量也会偏高。

④ 牛乳的清洁度。在分离稀奶油的同时，牛乳中含有的上皮细胞、凝固蛋白及其他杂质都随同牛乳一起进入分离机后被分离出来，聚集在转钵内壁。污物、杂质越积越厚，使分离碟片堵塞，从而导致分离机不能正常工作，影响甚至丧失分离效果。因此，必须严格控制原料乳的质量及清洁度，并在操作上应采取定时清洗分离机以保证分离效果。

⑤ 牛乳的温度。牛乳的温度低，黏性增加，分离效率低下，甚至使分离阻塞。牛乳分离的温度取决于分离的目的，一般分离的目的主要是为了脂肪标准化，能做到不阻塞分离机即可，不要求分离十分完全，除寒冬需将牛乳加温分离外，其余时间均不必加温。生产干酪素、奶油则不同，为获得合格的脱脂乳，牛乳分离前要预热以降低牛乳黏度，增加脂肪和乳液的密度差，以利于分离完全。实际操作中，要根据牛乳酸度、季节选择适当的分离温度。一般在冬季，牛乳质量好，预热温度可以高些，牛乳酸度超过25°T可适当降低温度分离。一般预热温度为 $35\sim44\,^{\circ}\!C$。

（4）对脱脂乳的质量要求 牛乳经分离获得的脱脂乳是制造干酪素的原料，脱脂乳的含脂率直接影响产品的质量，也是制取优质干酪素的关键。在制造干酪素时，有80%脂肪自脱脂乳转入到干酪素成品中，成品干酪素比原料脱脂乳的含脂率高约2倍。

脱脂乳必须纯净，无机械杂质，酸度不超过23°T，脱脂乳如不能及时加工，可冷却到8℃以下保存，根据脱脂乳的洁净程度来确定放置的时间。

二、干酪素的加工技术

1. 酸法生产干酪素

目前我国生产工业用干酪素多采用此种方法。酸法生产的干酪素采用的是所谓的"颗粒制造法"。此种方法的特点是使用无机酸沉淀酪蛋白，从而形成小而均匀的颗粒，被颗粒包围的脂肪少，颗粒松散易于洗涤、压榨和干燥，而且生产操作时间短。常用的酸有盐酸和硫酸，但盐酸更为常见。用硫酸使酪蛋白凝固时，容易得到不溶的硫酸钙沉淀，混入酪蛋白颗粒中难以除去，从而造成硫酸干酪素灰分含量高，对产品品质有一定影响。

（1）酸化点制原理 酪蛋白属于两性电解质，等电点为4.6。正常鲜乳pH大约为6.6，即接近于等电点的碱性，此时酪蛋白在牛乳中充分表现出酸的性质，与牛乳中的盐基结合，以酪蛋白酸钙形式存在于乳中。此时如加酸，酪蛋白酸钙中的钙被酸所夺取，渐渐地生成游离的酪蛋白，当达到酪蛋白的等电点时钙完全被分离，不带电荷的游离酪蛋白凝固沉淀。

（2）酸液的制备 盐酸是干酪素优良的沉淀剂，盐酸的良好作用是它能把沉淀于干酪素上的盐类除掉，并形成可溶性盐，从而减少了干酪素中的灰分含量。用硫酸使酪蛋白凝固时，容易得到不溶性硫酸钙沉淀，而混入酪蛋白颗粒中，难以除去，所以硫酸制得的干酪素灰分含量高。

生产盐酸干酪素所用的盐酸应符合国标 GB 1897—1995《食品添加剂——盐酸》各项技术要求。酸液配制时需经过滤除去杂质后使用。

① 原料乳要求。原料乳经离心分离制得脱脂牛乳，脱脂乳的含脂率直接影响产品的质量，优质干酪素0.03%以下。在制造干酪素时，约有80%的脂肪从脱脂乳转入到成品干酪素中，成品干酪素的含脂率约比脱脂乳含脂率高25%。脱脂乳必须新鲜、洁净、无杂质，酸度不超过23°T。

② 工艺流程。酸法制备干酪素生产工艺流程如下所示。

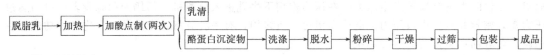

③ 工艺要点。

a. 在稀释缸内加入一定量的 30～38℃ 温水。浓盐酸经过滤后导入稀释缸，稀释后盐酸要搅拌均匀。按要求浓度配比，点制正常牛乳时浓盐酸与水的体积比为 1∶6，点制中和变质牛乳时浓盐酸与水的体积比为 1∶2。

b. 脱脂乳加温至 40～44℃，不断搅拌下徐徐加入稀盐酸，使酪蛋白形成柔软的颗粒，加酸至乳清透明，所需时间约 3～5min，然后停止加酸，停止搅拌 0.5min。开启搅拌器，第二次加酸应在 10～15min 内完成，不可过急，边加酸边检查颗粒硬化情况，准确地确定加酸终点。

c. 加酸至终点时，乳清应清澈透明，干酪素颗粒均匀一致（其大小为 4～16mm）、致密结实、富有弹性、呈松散状态。乳清的最终滴定酸度为 56～68°T。停止搅拌并静置沉淀 5min，再放出乳清。

（3）酸法干酪素生产过程中的关键点——点制

① 点制温度。脱脂乳加热温度高易使酪蛋白形成粗大、不均匀、硬而致密的颗粒或凝块。不均匀的颗粒中，小颗粒已酸化好，大颗粒却并没有酸化完全，颗粒中钙不能充分分离留在颗粒之中，致使产品灰分增高，影响产品质量。温度低易形成软而细小的颗粒，点制中加酸即使微量过剩也会造成干酪素易溶解，造成乳清分离困难，不易洗涤和脱水。

② 点制酸度。点制中必须准确控制加酸量，加酸不足，成品灰分含量高，影响质量。如加酸过量，干酪素可重新溶解，影响产率，并且溶化了的干酪素颗粒水洗、干燥都非常困难。

③ 搅拌速度。点制中要控制搅拌速度，太快、太慢均不适宜。一般在 40r/min 最适宜。如搅拌速度快，可适当提高点制温度和加酸的速度，否则易形成细小的干酪素颗粒而影响到点制效果。

④ 点制时间。点制时间短，酪蛋白颗粒酸化不充分，钙分离不完全，致使成品灰分含量高。适当延长点制时间，可以降低干酪素的灰分含量，又可以节约酸的用量。但点制时间过长会延长生产周期，降低设备利用率。

2. 酶法生产干酪素

利用凝乳酶使酪蛋白形成凝块沉淀而提纯制成的干酪素称之酶法干酪素。酶法干酪素灰分含量高、酸度低，只能溶解于 15% 的氨水中，并不溶于 3% 的四硼酸钠溶液，所以用途不广。

（1）酶的要求 酶法生产干酪素所用酶有凝乳酶和皱胃酶两种，具体要求如下。

① 皱胃酶是从犊牛或羔羊的第四胃的胃壁上提取的。皱胃酶在弱酸、中性或弱碱环境中可将酪蛋白水解，这种酶的最适 pH 为 5.2～6.3。当 pH 高于 7.5 时，皱胃酶即不起作用，当 pH 为 8 时酶失去活力。皱胃酶的最适温度为 39～42℃，低温能强烈抑制皱胃酶的作用。

② 凝乳酶所用的胃蛋白酶一般是从猪胃和牛、羊皱胃黏膜中提取的，它由胃蛋白酶原形成。它的最适 pH 为 1.5～2.0，最适温度为 33～40℃。

③ 凝乳酶的凝固作用。酪蛋白在凝乳酶的作用下，转变为副酪蛋白，酪蛋白分子中的磷酸酰胺键水解，副酪蛋白的磷酸基上的羟基（—OH）同钙离子结合，于是副酪蛋白的微粒发生团聚作用而凝固。因此，只有当乳中存在钙离子时，才能使酪蛋白凝固。

（2）酶法干酪素的生产工艺流程 生产工艺流程如下所示。

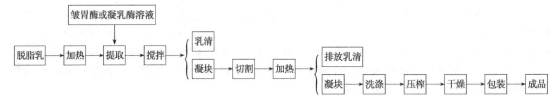

（3）工艺要点 脱脂乳加热至 35℃，添加凝乳酶溶液，使酪蛋白凝结。凝乳酶的添加量以能使全部脱脂乳在 15～20min 内凝固即可。加入酶溶液，待牛乳凝结后，把形成的凝块慢慢搅拌，然后速度加快，继续添加酶溶液直至乳清完全分离为止。此时酪蛋白黏结成颗粒，而后加热

到 55℃，加热要缓慢，使干酪素颗粒中的乳清分离出来。此时颗粒具有弹性，排乳清，用 25～30℃水洗两次，再经脱水、粉碎，并于 43～46℃下干燥，最后包装入库。

3. 乳酸发酵干酪素

利用乳酸菌发酵脱脂乳生产的干酪素溶解性好、黏结力强。在脱脂乳中添加 2%～4% 的乳酸菌发酵剂，在 33～34℃下使之发酵，达到 pH4.6 或滴定酸度 0.45%～0.5% 时，停止发酵。然后一边搅拌一边加温到 50℃左右，排出乳清。加冷水充分洗涤凝块，再将凝块压榨、粉碎、干燥。将最后分离出来的乳清部分，保温 32～40℃发酵一夜，供下次发酵使用（添加量 5%～10%）。这样逐次使用作为发酵剂。加温时，如果酸度高则凝块软，变为微细凝块，过滤困难；反之，发酵不充分，则乳清不透明，凝固也不好，变为软质凝块，过滤不良，回收率下降。此外，不经发酵直接添加乳酸的方法也被广泛地使用。

4. 共沉淀物干酪素

此法是指加酸（pH4.5～5.3）或不加酸添加 0.03%～0.2% 的钙，加热至 90℃以上，使脱脂乳中的酪蛋白及乳清蛋白共同沉淀而制得的产品。此法可回收乳中 95%～97% 的蛋白质，是制造成本低廉并能回收营养价值高的乳蛋白质的方法。

共沉淀物由 80%～85% 的酪蛋白及 15%～20% 的乳清蛋白组成。共沉淀物可用 4%～6% 的多磷酸盐溶解，或用胶体磨粉碎溶解，根据用途分为高、中、低三种灰分含量的制品。

（1）高灰分制品 将脱脂乳在保温罐中加热至 88～90℃，用泵定量送乳，并添加 0.2% 的氯化钙。混合物约用 20s 通过保温管，倾斜排除。凝块在此处被过滤网分离，洗涤 1～2 次。洗涤水的 pH 为 4.4～4.6。成品灰分含量为 8%～8.5%。

（2）中灰分制品 在约 45℃的脱脂乳中添加 0.06% 的氯化钙，在保温罐中加热至 90℃，并在罐中停留 10min，然后用泵送乳，这时在泵的前后注入经过稀释的酸，调整 pH 为 5.2～5.3。在保温管中保持 10～15s，然后进行洗涤。添加的氯化钙约 1/4 残留于制品中。成品灰分含量为 5.0%。

（3）低灰分制品 制法与上述基本相同，氯化钙量为 0.03%，pH 为 4.5，90℃保持 20min。成品灰分含量为 3.0%。

5. 食用可溶性干酪素

该法分离后的干酪素，充分洗涤脱水，加碱溶解后干燥，变成可溶性的制品。在生产干酪素过程中，按脱脂乳量的 0.1%～0.3% 添加磷酸氢二钾，并用 0.05% 的氢氧化钠添加调节 pH，加热 50～60℃溶解使干酪素浓度为 15%～16%。将此溶液杀菌后，喷雾干燥。添加的碱按钠计算，干酪素 100g 添加 1.2g，溶解后 pH 在 7 以下为好。食用干酪素在工业上使用粒状活性炭进行脱臭，便于食用。

三、干酪素的质量标准及控制

1. 干酪素的质量标准

干酪素在国际上一般分为三级，即适合食用或特级、一级、二级品。干酪素在质量上最重要的是溶解性、黏结性及加工性等，脂肪含量尽可能少。

我国工业干酪素的质量标准（QB/T 3780—1999）：

① 产品为白色或淡黄色粒状产品，灼烧时有焦臭味，微溶于水，在碱性溶液中溶解；

② 工业干酪素按感官和理化指标，分为特级、一级、二级品；

③ 工业干酪素的感官指标应符合表 20-1；

④ 工业干酪素化学指标如表 20-2 所示。

表 20-1 工业干酪素的感官指标

项 目	特 级	一 级	二 级
色泽	白色或淡黄色,均匀一致	浅黄色到黄色,允许存在 5% 以下深黄色颗粒	浅黄色到黄色,允许存在 10% 以下深黄色颗粒
颗粒	最大颗粒不超 2mm	同特级	最大颗粒不超 3mm
纯度	不允许有杂质存在	同特级	允许存在少量杂质存在

表 20-2 工业干酪素的化学指标

项 目		特 级	一 级	二 级	精 一 级
水含量/%	≤	12	12	12	3.5
脂肪含量/%	≤	1.5	2.5	3.5	1
灰分含量/%	≤	2.5	3	4	1.5
酸量/°T	≤	80	100	150	60

2. 干酪素生产过程的质量控制

干酪素质量控制的关键是控制好脂肪和灰分的含量，一般干酪素成品含脂肪越低质量越好；灰分含量与干酪素的物理特性有密切关系，灰分含量越低溶解度越高，结着力越强。要想获得含脂率低的脱脂乳，必须采用分离效果好的分离机，并控制好影响脱脂乳含脂率的各种因素，必要时进行二次分离来获得含脂率低的脱脂乳。生产过程影响干酪素中灰分高低的因素，对酸法而言最主要的是点制操作。

(1) 脱脂乳含脂率的控制　影响脱脂乳含脂率的各种因素有：

① 分离机在启动后未达到规定转速前即开始进料运转；

② 分离量超过分离机的额定能力；

③ 预热器太大；

④ 供乳泵压力过大；

⑤ 牛乳酸度过高；

⑥ 乳中混有空气；

⑦ 分离温度过高。

(2) 生产过程影响干酪素灰分高低的因素

① 盐酸的质量——稀释配制浓度符合工艺规定要求；

② 点制温度为 40～44℃；

③ 点制酸度为 65～68°T；

④ 搅拌速度为 40r/min；

⑤ 酸化速度——缓慢加酸；

⑥ 充分洗涤；

⑦ 干燥热风要过滤。

【本章小结】

本章重点介绍了干酪素加工技术、质量标准和在食品工业中的应用。干酪素是以利用脱脂乳为原料，在皱胃酶或酸的作用下生产酪蛋白凝聚物，经洗涤、脱水、粉碎、干燥生产出的产品。其中主要成分是酪蛋白。按制取的方法不同，干酪素的生产分为酸法和酶法两种。工业生产的干酪素，大部分是以酸法生产的。尽管食用干酪素的用量逐年增加，但全世界生产的干酪素中仅有约 15% 供食用。在工业上，干酪素主要用于纸面涂布、塑胶、黏着剂和生产酪蛋白纤维。干酪素与碱反应生产强力黏接剂，制造干酪素涂料，皮革工业、医药工业也使用干酪素，用途很广。酸法制备干酪素工艺流程如下：脱脂乳 → 加热 → 加酸点制 → 酪蛋白沉淀物 → 洗涤 → 脱水 → 粉碎 → 干燥 → 过筛 → 包装 → 成品。干酪素在国际上一般分为三级，即适合食用或特级、一级、二级品。干酪素质量控制的关键是控制好脂肪和灰分的含量，一般干酪素成品含脂肪越低质量越好；灰分含量与干酪素的物理特性有密切关系，灰分含量越低，溶解度越高，结着力越强。

【复习思考题】

一、名词解释

1. 干酪素　2. 酶法干酪素

二、填空题

1. 干酪素的主要成分是_____，按制取方法不同分为_____和_____两种。

2. 干酪素质量控制的关键是控制好_____和_____的含量。

3. 点制正常牛乳时浓盐酸与水的体积比为_____。

4. 酶法生产干酪素所用酶有_____和_____两种。

5. 共沉淀物由 $80\%\sim85\%$ 的_____及 $15\%\sim20\%$ 的_____组成。

6. 生产过程影响干酪素中灰分高低的因素，对酸法而言最主要的是_____。

7. 酸法干酪素生产过程中的关键点_____、_____、_____、_____。

三、判断题

1. 工业生产的干酪素，大部分是以酸法生产的。（　　）

2. 干酪素的主要成分是乳清蛋白。（　　）

3. 一般干酪素成品含脂肪越高质量越好。（　　）

4. 干酪素是溶于水的。（　　）

5. 脱脂乳如不能及时加工干酪素，可冷却到 $8℃$ 以下保存。（　　）

6. 利用乳酸菌发酵脱脂乳生产的干酪素溶解性好、黏结力强。（　　）

四、简答题

1. 简述酸法制备干酪素工艺流程。

2. 简述工业上干酪素的主要用途。

3. 灰分含量与干酪素有什么关系？

4. 简述酸化点制原理。

5. 酸液的制备时，为什么经常用盐酸而不要硫酸？

6. 简述凝乳酶的凝固原理。

五、综述题

1. 生产过程影响干酪素灰分高低的因素有哪些？

2. 试比较酸法生产干酪素和酶法生产干酪素的优缺点。

【实训三十五】　盐酸法干酪素的加工

一、实训目的

1. 进一步认识干酪素的感官特征。

2. 掌握制作干酪素的方法及质量标准。

二、实训原理

在酶或酸的作用下所生成的凝固物，经干燥后即成干酪素。分酸法干酪素、凝乳酶（或皱胃酶）干酪素、工业用干酪素、食用干酪素四种。

三、主要设备及原料

1000mL 烧杯或玻璃缸（2000mL）1 个，玻璃棒 1 支，纱布 2 块，100mL 烧杯 1 个，50mL 烧杯 1 个，10mL 吸管 1 支，30～40 目尼龙筛 1 个，电炉 1 台，浓盐酸 1 瓶共用，干燥箱共用，小盘 1 个，脱脂乳 2kg。

四、实训方法和步骤

1. 工艺流程

脱脂乳 → 加热 → 加酸点制（两次）→ 洗涤过滤 → 脱水 → 造粒干燥 → 包装

2. 操作步骤

（1）加热　脱脂乳 500mL 先置于 1000mL 烧杯中于电炉上加热至 40～44℃（不可低于 40℃ 或高于 44℃），加温过高颗粒形成大不易洗涤，加温低（＜40℃）颗粒太软易碎。

（2）加酸　现场称点胶，目的是使酪蛋白凝胶沉淀，因为酸根和酪蛋白钙复合体中的 Ca 结合，使酪蛋白凝集沉淀，点胶用的酸一般先用盐酸（30％～38％），以 8 倍水稀释后作用。点胶前先做小样试验，测量一下加酸的百分量为多少。点胶时边加酸边搅拌直到出现细小凝块，pH4.6～4.8 时停止加酸和搅拌，除去乳清，注意加酸量过高蛋白溶解，过少会使产品中灰分增高。

　　（3）洗涤过滤　用凉水量同排出乳清量相同，洗涤二次，洗涤时轻轻搅拌，然后用纱布过滤。

　　（4）脱水　用离心机或纱布挤压脱水。

　　（5）造粒与干燥　用 30～40 目筛，将脱水的干酪在筛内搓擦，使之从筛孔落下形成均匀一致的小颗粒，用小盘接收，辅放均匀后放入 80℃以下的干燥箱内烘干（最佳干燥温度是 55℃，不超过 6h）；冷却收集后，即为干酪素。

五、实训结果分析

1. 参照表 20-1 对工业干酪素的感官指标进行分析。

2. 参照表 20-2 对工业干酪素的化学指标进行分析。

六、注意事项

1. 牛乳中不能含有杂质、异味，凝块和颜色深黄的原料乳。

2. 注意点制时的脱脂乳的温度以及盐酸酸度的控制。

第二十一章 牛初乳加工技术

【知识目标】 掌握牛初乳的贮藏方法，牛初乳粉、免疫初乳酸乳的加工过程及操作要点。

【能力目标】 熟练掌握牛初乳的加工操作。

【适合工种】 乳制品加工工。

中国牛初乳行业规范认为，母牛产犊后3d内的乳汁与普通牛乳明显不同，称之为牛初乳。牛初乳蛋白质含量较高，而脂肪和糖含量较低。20世纪50年代以来，由于生理学、生物化学、医学以及分子生物学的发展，发现牛初乳中不仅含有丰富的营养物质，而且含有大量的免疫因子和生长因子，如免疫球蛋白、乳铁蛋白、溶菌酶、类胰岛素生长因子、表皮生长因子等，经科学实验证明具有免疫调节、改善胃肠道、促进生长发育、改善衰老症状、抑制多种病菌等一系列生理活性功能，被誉为"21世纪的保健食品"。牛初乳还被外国科学家描述为"大自然赐给人类的真正白金食品"，2000年美国食品科技协会（IFT）则将牛初乳列为21世纪最佳发展前景的非草药类天然健康食品。

第一节 初乳的贮藏

我国乳品工业基地主要集中在黑龙江、内蒙古、上海、浙江等地，为了保证工厂生产的需要，必须有一定的原料乳贮藏量。较之常乳，牛初乳原料特点是分布更加零散。贮藏牛初乳的设备要求也较高，除一般原乳的绝热保温措施外，要求牛初乳在24h后基本无升温。配置适当的搅拌机构，定时搅动乳液，可防止乳脂上浮，造成原料乳成分分布不均。

贮藏牛初乳的方法主要有四种：即冷藏、室温贮藏、化学处理和发酵贮藏。贮藏不当则牛初乳发生分层、变味、酸度升高，免疫球蛋白消化吸收率下降。冷藏或冻藏可以有效地延长初乳保质期，而营养成分、pH值、酸度基本不发生变化。

一、冷藏

现在乳品工业界已经拥有短期贮运牛初乳的冷藏贮罐车以及长期贮藏牛初乳的冷冻设备，所以从制造牛初乳功能性食品角度分析，冷藏无疑是唯一合理的牛初乳贮藏方法，日常温度低于0℃的地区牧场可以直接在户外贮藏牛初乳（当然是在低温季节）。过去，一些牧场直接将富余的新鲜牛初乳与常乳间隙地混合，用于喂养牛犊，若安排得当则不会导致牛犊健康问题。这种即时喂养牛犊的方法无需特别贮运设备，但显然不适合用于牛初乳功能性食品的制造。由于冷藏设备在发达国家牧场里使用日益普及，冷藏牛初乳实际上已经成为一种常见的特种牛乳基料。牛初乳贮藏容器一般采用塑料或不锈钢制造，若用于牛犊喂养可以于冷藏前按每日喂养量配给。

二、室温贮藏

1974年，一位英国农场主偶然发现通过发酵可以成功地在常温下贮藏牛初乳，这大大促进了富余牛初乳的应用。乳品工业界人士和食品科学家受这种发现的启发，投入更多精力对该技术进行开发、研究，使之日益成熟，发酵牛初乳饲料的使用越来越普遍。但牛初乳经室温下贮藏（自然发酵）后，有时其口味不受牛犊欢迎。从功能性食品制造角度看，这种发酵牛初乳可能仅适于制造功能性组分。

三、化学处理

可以采用一定化学试剂（含防腐剂）来控制牛初乳在室温下的天然发酵。若用制造功能性食品，则必须采用食品级防腐剂。

四、细菌接种

利用细菌接种技术可以刺激发酵牛初乳中有益微生物的数量，即选择性增殖一些种类的细菌。目前，国际上一些知名制造商已采用了这一技术，使牛初乳产品的有益菌增殖。例如，向牛初乳中加入 1% 的乳酸链球菌（*Streptococcus lactis*）、嗜热链球菌（*Streptococcus thermophilus*）和保加利亚乳杆菌（*Lactobacillus bulgaridcus*）的混合培养物，以保存牛初乳。后来又用添加了 1% 的乳酸链球菌进行控制发酵的牛初乳做了牛犊喂养实验，但未发现与一般自然发酵牛初乳相比有特别优点。据 Daniels 等人（1977 年）报道，在出生后第 1 周内，牛犊一般会拒绝含有汉逊氏乳酸菌 253（*Hansen's lactic acid* 253）培养物的发酵牛初乳。利用分娩 4～5d 初乳汁进行接种实验，菌种分别为乳酸链球菌、嗜酸乳杆菌（*L. acidophilus*）或保加利亚乳杆菌＋嗜热链球菌等，均可获得满意的保存效果，但仅有乳酸链球菌接种发酵牛初乳能够被牛犊接受。实际操作时，乳酸链球菌先在脱脂乳中培养后与牛初乳混合，再装入贮藏容器内。在实验室发酵实验中，添加 1% 的脱脂乳培养物也可获得理想的效果。

早期关于牛初乳接种发酵实验主要关注其产品保存效果及能否为牛犊接受。今天牛初乳主要用于功能性食品制造，其在风味方面的改良余地很大，应关注乳酸菌等有益菌的保健功效。

五、常温贮藏需要注意的问题

① 牛初乳贮运过程应注意卫生，防止不必要的病原微生物污染。

② 发酵或化学处理的牛初乳最好贮于塑料或不锈钢密封容器中。因为塑料容器易于清洗，普通金属容器可能因为酸性物质处理或发酵产酸而腐蚀。

③ 带血较多的牛初乳不应作发酵处理。

④ 贮藏中每天应定时搅拌，防止固形物组分的分离，这样在牛初乳使用前经搅拌易于获得均匀一致的原料。

⑤ 可以将未经发酵牛初乳与发酵牛初乳混合使用，不会改变其基本化学组成。

⑥ 尽可能将牛初乳贮于阴凉处（温度低于 25℃），高于 30℃ 则必须使用化学防腐剂。对于牛犊喂养实验而言，对其风味可以接受的化学防腐剂包括甲酸、乙酸、丙酸和甲醛。

⑦ 化学防腐剂应在牛初乳装入贮藏容器之前加入，若在全部牛初乳装入容器之后加入，则可能引发不需要的发酵作用。

⑧ 牛初乳应在采集后几周内加工，因为其中活性组分及营养组分在贮藏过程中功能性质会逐渐减弱。发酵牛初乳保质期可能达到 84～100d，但功能组分损失不可避免。

第二节 初 乳 加 工

我国牛初乳功能性食品的加工刚刚起步，或者处于孕育阶段。过去，我国民间通过蒸煮方法将少量富余牛初乳加工成所谓"乳豆腐"，甚至将其废弃掉，其丰富的功能活性组分未得到应有的利用。原轻工业部部颁标准曾规定，奶牛产犊 7d 内的初乳不得作为乳品原料，主要基于加工特性方面的考虑。进入 20 世纪 90 年代，一向推崇"医食同源"的我国，出现了一些强化牛初乳的乳制品。例如，黑龙江完达山乳业集团推出的婴儿配方乳粉，它采用了免疫活性基料与普通乳粉分装的方式，即饮用之前混合。北京牛奶公司 1995 年利用牛初乳生产出的含 IgG 活性的巴氏消毒乳"来福乳"和牛初乳粉，南京桃园应用生物技术公司生产出混合了牛初乳的初乳粉冲剂。

一、初乳粉的加工

牛初乳粉是将牛初乳中的脂肪去除，在其中加入食品中允许添加的抗热变性物质和其他辅料，然后进行干燥而生产出的产品。关键是经杀菌处理后最大限度地保持生物活性物质的活性。

1. 工艺流程

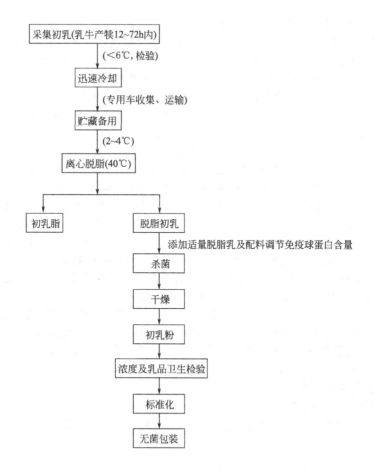

2. 操作要点

（1）原料初乳要求　产后 3d 内的初乳，卫生指标要达到一级乳的标准。收购的初乳应及时降温至低于 6℃，通常在 2～4℃ 下贮存，以防酸败；盛装初乳的桶、壶等器具应提前清洗干净，用蒸汽或沸水杀菌后使用；尽可能减少初乳收购、贮运环节的微生物污染，以利于控制杀菌前初乳中细菌总数和酸度。

（2）脱脂、净化　离心脱脂、净乳，使乳脂肪含量小于 0.1%，除去各种体细胞等杂质。

① 脱脂目的。去除腥味，并防止脂肪氧化产生不良风味；提高初乳的流动性，利于加工；提高蛋白质相对含量，增强热稳定性。

② 脱脂方式。一是以奶油分离机为主的连续式操作，但目前一般国产奶油分离机操作时，运行实际转速较低，有的只能达到 1200～1500r/min（如 DRL200 型乳脂分离机，上海饮料机械厂），且初乳需预热至 30～40℃，否则脂肪分离不充分，残留率高，同时易堵塞分离盘，此外初乳在预热时，不可避免地使原料中细菌总数和酸度上升，不利于杀菌工艺的进行。二是以低温高速离心机为主的间歇式操作。目前国内大型低温离心机（如 FL-06DP 低温冷冻离心机，上海医用分析仪器厂）的处理能力为每批次 6kg，效率较低。但该机运行转速可达 3000～3500r/min，初乳经 3000r/min，15～20min 的离心后，脂肪残留低于 0.2%，脂肪去除率可达 95% 以上，分离效果好，且该机运行时，温度可控制在 0～10℃，可有效防止初乳中细菌总数和酸度增加。

（3）配料　配料中蔗糖、磷酸盐、柠檬酸钠均可提高牛初乳活性物质抗热变性能力，脱脂粉可以作为初乳制品的载体，根据产品标准对原料初乳中 IgG 进行标准化。初乳粉原料配方：脱脂牛初乳 100kg；脱脂乳粉 10kg；蔗糖 10kg；柠檬酸钠 0.075mol/L；磷酸钾（pH6.5）0.10mol/L；总干物质含量 27%。

（4）杀菌　采用 HTST 进行杀菌，如 72℃ 30s、75℃ 15s 等杀菌工艺。脱脂初乳的杀菌与原料卫生状况有密切关系，杀菌方式及强度对成品的卫生质量、IgG 活性及感官特性、风味，都有很大影响。因此，杀菌是初乳制品生产中的关键环节。

① 辐照杀菌。将15kg初乳完全冰冻（减少辐照时脂肪氧化）于塑料壶中，置距钴源50cm处辐照，剂量8.4kGy。其优点是：杀菌完全，IgG活性损失小，方便、易控制。缺点是：辐照过程中使脱脂初乳中残留脂肪氧化，产生哈喇味，维生素类物质损失严重。

② 低温热杀菌。常在列管式巴氏杀菌器中进行，初乳酸度范围应低于35°T的低酸度。优点是可防止脂肪氧化，缺点是IgG活性损失较大，由于原料卫生状况和性质差异，使杀菌效果和强度较难掌握。

初乳生产采用低温热杀菌工艺，对原料卫生状况、酸度、设备及工艺要求等都比较严格，因此一些小规模生产企业，初乳杀菌工艺多采用简便易行的辐照工艺。

（5）浓缩、干燥 真空浓缩其浓缩温度不要超过50℃，浓缩至乳固形物40%～50%；脱脂初乳干燥的目的是为了去除水分，使IgG活性成分大大浓缩，同时便于加工、贮存和食用。

① 冷冻干燥。工艺优点：IgG活性损失率低、工艺操作简单、设备成熟。其缺点是能耗大、成本高、生产能力小、效率低，属间歇生产方式。根据生产经验，每千克初乳冻干粉耗电量约60kW·h。冷冻干燥设备生产能力约为1kg初乳粉/（m²·批次），20～30h/批次。

具体操作步骤为：脱脂初乳装仓→预冻至－40℃→将捕水器降温至－60℃→开启真空泵，将系统真空抽至10Pa→开启加热，使物料得到一定升华潜热，并保持系统真空在20～30Pa→直至冻干，系统真空达到5Pa，保持一定时间，使物料彻底冻干后出仓。

② 低温喷雾干燥。工艺优点是可实现连续式生产，生产能力大、效率高、成本低，并能在喷雾干燥的瞬间脱去初乳中的腥味，改善产品的风味和口感。其缺点是IgG活性损失较冻干工艺高，并且对干燥工艺及设备性能要求很高。采用低温喷雾干燥法的设备如丹麦尼鲁公司，参数条件如进风温度130～140℃、排风温度60～70℃。

二、含有初乳液态乳的加工

1. 含有初乳的巴氏杀菌乳的生产

用初乳直接生产巴氏杀菌乳难度较大，对原料和配料的选择应十分严格，目前多采用初乳和牛乳（或乳粉）按一定比例配合进行生产。

初乳收集 → 冷却 → 检验 → 贮存(2～4℃) → 脱脂 → 杀菌(72℃、15s) → 低温调配 → 无菌包装 → 产品

操作要点可参见初乳粉的加工，需要指出的是生产巴氏杀菌牛初乳要根据实际生产情况，产品中IgG的含量可在0.5～5g/L。

2. 含IgG的UHT乳的生产

超高温瞬时杀菌法（UHT）是指采用加压蒸汽将牛乳加热到135～150℃保持2s，此后迅速冷却的灭菌工艺。UHT与无菌包装连接起来，可以生产灭菌乳，保持无菌状态在常温下可保存3～6个月。UHT乳生产完全实现自动化，是市场上销量很大的产品。由于UHT破坏了IgG的活性，所以要在UHT乳中强化IgG初乳，需采取特殊工艺，如下所示。

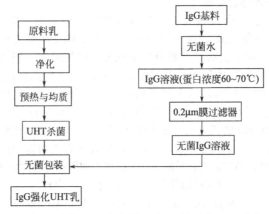

在含IgG的UHT乳生产中，要求IgG分离的纯度必须要高于90%，这样才有可能保证IgG分离物中不含蛋白酶和脂肪酶。蛋白酶和脂肪酶的存在会使UHT乳在存放和销售过程中发生水解。

无菌 IgG 溶液是通过无菌包装注射入 UHT 乳包装纸盒内，这种向 UHT 产品内无菌注射膜杀菌溶液装置早已经商品化。例如通过这种方式加入风味物质或乳糖酶溶液。这种 IgG 强化 UHT 乳在 4～35℃ 贮存 5 个月以上，IgG 活性维持不变。但由于 IgG 基料内含未变性的酶，所以强化产品在 25～35℃ 下贮存时牛乳有变稀现象。

三、牛乳免疫球蛋白浓缩物（MIC）制取

牛初乳免疫球蛋白浓缩物是基于低体重早产儿需要特殊营养，即需要较高的蛋白质和能量，尤其是需要补充免疫球蛋白提出的。

1. 生产工艺

收集牛初乳原料 → 过滤、净乳 → 离心脱脂，35℃ → 杀菌（56℃、30min） → 酸沉淀去除酪蛋白 → 脱盐、除糖 → 超滤浓缩 → 冷冻干燥 → 检验、包装 → 产品

2. 操作要点

① 将原料乳冷却到 8～12℃，离心机分离以去除其含有的血细胞和其他体细胞状物质或粗杂质，然后将牛乳加热、离心除去乳脂肪。得到的脱脂乳冷冻至 -25℃ 贮藏，其抗体活性不会有任何损失。

② 脱脂乳在板式换热器被加热到 56℃，保温罐中保持 30min 使肠道致病菌、病毒失活，再冷却到 37℃，添加酸至 pH 值 4.5 或添加凝乳酶使酪蛋白凝固，再加热到 56℃，保持 10min，就会析出乳清。将酪蛋白凝块用去离子水冲洗 2 次，离心，除去酪蛋白，得到澄清液。

③ 将乳清和澄清液分别用 Seitz 型或 Fihrox 型过滤器过滤以除去细小的酪蛋白粒，防止超滤时堵塞设备。再经超滤，除去乳糖、矿物质和水，使最终浓缩物干物质含量为 10％，总蛋白为 7％～8％，免疫球蛋白为 2％～3％。

超滤分级可以选用中空纤维超滤器，超滤过程中多次加入酪蛋白洗涤液进行"稀释超滤"，乳清料液最终被超滤浓缩 5～6 倍。以乳牛产犊后 3d 内采集的初乳作为原料，可以使干燥后的初乳粉中活性免疫球蛋白的含量达到 30％～45％。如果需要进一步获得更高浓度 IgG 含量的初乳粉，只需要在乳清浓缩液的基础上采取一系列沉淀工艺就可以获得。如将超滤浓缩液 pH 调节到 7.0，加入硫酸铵至溶液饱和，在 4℃ 放置 15min 后冷冻离心（800r/min、10min），沉淀重新溶解、超滤，浓缩物冻干即可获得 IgG 含量 75％ 以上的初乳粉。

④ 最终浓缩物经无菌过滤、低温浓缩和冷冻干燥后得到的免疫球蛋白浓缩物，很容易与乳粉混合，并易溶在水中或液体乳中。

四、牛初乳片的加工

牛初乳片是提取天然牛初乳免疫物质或直接采用脱脂牛初乳粉，加入其他填充剂、黏合剂、调味剂，通过制剂技术压成的片状食品。其加工步骤如下所示。

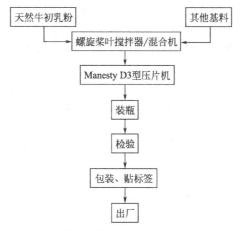

天然牛初乳粉　其他基料
↓　　　　　↓
螺旋桨叶搅拌器/混合机
↓
Manesty D3型压片机
↓
装瓶
↓
检验
↓
包装、贴标签
↓
出厂

由于 IgG 为热敏性组分，故采用粉末直接压片，不经过制粒。这首先要求牛初乳片配料流动性好，不会出现片重差异大以及可压性不好的问题。牛初乳片中主要配料为脱脂牛初乳粉和普通

脱脂乳粉，都是喷雾干燥制品，具有良好的流动性；专利的葡萄糖制品和喷雾干燥乳糖也是很好的直接压片辅料。其次，对压片机作如下改进：①在饲粉器上加装振荡装置或其他强制饲粉装置；②增加预压机构，采用二次压缩，增加压缩时间，克服可压性不够好的困难，并利于排出粉末中的空气，减少裂片现象，增加片剂的硬度；③加设较好的除尘装置。

【本章小结】

初乳是一种非常特别的"乳"，其色黄，有苦味和异臭味，其蛋白质、脂肪、无机盐及维生素等含量均显著高于常乳，由于含丰富的乳白蛋白和乳球蛋白，耐热性能差，加热至60℃以上即开始形成凝块，故其加工有别于常乳。本章分别列出了初乳的贮藏方法，即冷藏、室温贮藏（如经过化学处理或发酵处理等）；以初乳为原料的乳品加工方法，如初乳粉的加工、含有初乳的巴氏杀菌乳的生产、含 IgG 的 UHT 乳的生产、牛乳免疫球蛋白浓缩物（MIC）制取及初乳片的加工。

初乳的加工最关键的步骤是杀菌，能够维持牛初乳活性成分的非热力杀菌或除菌技术乃一种发展趋势。选用微滤除菌、超滤浓缩工艺进行牛初乳粉的加工，初乳粉的活性物质 IgG 含量提高将近一倍。

另外除了将初乳直接加工利用外，还可以将初乳中的活性成分分离出来，然后根据产品的目标进行组合或单独利用。分离技术，超滤分级与浓缩在中国牛初乳加工企业中已经是一种现实的技术手段，此外还有离子交换层析、反胶束抽提、乳酸菌发酵方法等。

最后是干燥技术，它包括低温喷雾干燥、冷冻干燥等能够维持初乳活性的干燥技术，在国内外均已实现了工业化。长时间的真空浓缩工艺对牛初乳活性有严重影响，所以开发干燥的、条件温和的浓缩技术是一个趋势。

【复习思考题】

一、名词解释

1. 初乳　2. IgG　3. 牛初乳粉　4. MIC

二、判断题

1. 可以采用一定化学试剂（含防腐剂）来控制牛初乳在室温下的天然发酵。若用制造功能性食品，则必须采用食品级防腐剂。（　　）

2. 带血较多的牛初乳可以作发酵处理。（　　）

3. 初乳是一种非常特别的"乳"，它是所有雌性哺乳动物产后一个月内所分泌乳汁的统称。（　　）

4. 初乳色黄，有苦味和异臭味，其蛋白质、脂肪、无机盐及维生素等含量均显著低于常乳。（　　）

三、填空题

1. 牛初乳蛋白质含量较高，而_____和_____含量较低。

2. 贮藏牛初乳的方法主要有四种：即_____、_____、_____和_____。

3. 牛初乳粉是将牛初乳中的_____去除，在其中加入食品中允许添加的抗热变性物质和其他辅料，然后进行干燥而生产出的。

4. 在牛乳免疫球蛋白浓缩物（MIC）制取时，通过超滤过程，除去_____、_____和_____，使最终浓缩物干物质含量为 10%，总蛋白为 7%~8%，免疫球蛋白为 2%~3%。

四、简述题

1. 请列举出牛初乳有哪些特点？根据这些特点阐述其不能作为普通乳制品加工原料的原因。

2. 牛初乳的贮藏方法都有哪些？各自都有何特点？

3. 牛初乳的加工方法及分离方法有哪些？

4. 请简述牛初乳的功能性以及作为保健食品的优点。

5. 针对目前牛初乳食品生产中存在的问题，请提出自己的建议。

五、技能题

普通脱脂牛初乳粉的生产工艺流程及其特殊工艺控制。

【实训三十六】 含初乳的免疫酸乳的加工

一、实训目的

1. 进一步认识牛初乳的感官特征。

2. 学习和掌握含初乳的免疫酸乳制作的原理和方法。

3. 品尝自制含初乳的免疫酸乳的味道，比较与普通酸乳的差异。

二、实训原理

不同微生物能有效地利用不同的底物通过其新陈代谢转化成有用的产物，乳酸菌可利用牛乳与蔗糖进行厌氧发酵，最后产生含有乳酸菌等有机物质，成为可供人们饮用的酸乳。在免疫酸乳的发酵过程中，IgG 的活性基本保持不变，初乳的添加促进了嗜热链球菌和保加利亚乳杆菌的产酸速度，而且具有剂量效应，这是由于初乳中所含的特殊物质所起的作用，如各种生长因子、低聚糖类。初乳中的免疫球蛋白不影响乳酸菌的生长。

三、主要设备及原料

1. 设备　纱布，pH 计，恒温培养室、夹层杀菌锅，不锈钢勺子（搅拌用），均质机、紫外杀菌器，冰箱。

2. 原料　牛初乳，白砂糖，胱氨酸，保加利亚乳杆菌和嗜热链球菌。

四、实训方法和步骤

1. 工艺流程

原料乳验收 → 过滤，净化 → 调整 → 杀菌 → 均质 → 强化杀菌 → 冷却 → 添加发酵剂 → 分装 → 发酵 → 冷藏 → 成品检验 → 产品出厂

2. 操作步骤

① 初乳验收。新鲜初乳不含凝块，不得含有防腐剂和各种抗生素，不含肉眼可见的机械杂质。

② 过滤净化。采用多层纱布（4～6 层）过滤或用过滤器（进出口压力差＜0.7kgf/cm²，1kgf/cm²＝98.0665kPa）。用离心净乳机净化，温度为 32℃效果最佳。

③ 调整。添加 0.01％的游离胱氨酸，可防止加热时产生棕色化，脂肪含量在 3％以上，糖含量在 3.5％左右，调节 pH 值为 6.2～6.8。

④ 杀菌。在杀菌缸中进行，采用 LTLT 杀菌，温度 61～63℃、30min，搅拌器要不停搅拌有利于热传递，不易形成薄膜并可降低蛋白质凝固，此时约有 5％～9％的絮状沉淀为正常现象。

⑤ 均质。杀菌后冷却到 51℃左右时开始均质，压力为 15.7～17.7MPa（160～180kgf/cm²）。

⑥ 强化杀菌。采用紫外线杀菌器，波长为 2537Å（1Å＝10^{-10}m）杀菌效果最佳。

⑦ 添加发酵剂。强化杀菌后遮光冷却到 45℃左右可接种，采用活力强的保加利亚乳杆菌和嗜热链球菌混合发酵，以 1∶1 的比例按原料乳的 3％接种。此时加入适量香精以掩盖初乳的腥味。

⑧ 分装。选择适当大小和形状的容器，在装瓶前均需进行蒸汽灭菌，装入混合料液后立即加盖（预经杀菌），严格防止后污染。

⑨ 发酵。充分混匀后置于 41℃～43℃培养室内发酵 3～4h，当酸度达到 0.7％～0.8％（乳酸度）时，从发酵室内取出。

⑩ 冷藏。发酵后，移入 5℃的冰箱中保存，成品酸度可达 0.8％～0.9％。

五、实训结果分析

感官指标：色泽呈乳白色或乳黄色，甜酸适口，具有乳酸菌发酵特有芳香味，无异味。

六、注意事项

1. 初乳杀菌温度要严格控制在 61～63℃，温度过高会产生大量凝块，不利于发酵。

2. 杀菌后要冷却到 45℃以下，否则温度过高杀死发酵菌种而无法进行发酵。

第三篇　蛋制品加工技术

- 蛋的基础知识
- 蛋制品加工技术

第二十二章　蛋的基础知识

【知识目标】　了解禽蛋的构造和理化性质，掌握蛋的化学成分、质量标准和品质鉴别方法。

【能力目标】　为蛋品加工和新产品开发打好基础。

【适合工种】　蛋品检验工。

蛋是禽类繁殖所产的具有生命的活卵。禽蛋中包含着自胚胎发育至幼雏所必需的全部营养成分，同时还具有保护这些营养成分的物质。

第一节　蛋的构造、化学成分和理化性质

一、蛋的构造

蛋由蛋壳、蛋白和蛋黄三部分组成。蛋呈椭圆形，大头叫钝端，小头叫尖端。蛋三部分的组成比例见表22-1。蛋的结构见图22-1。

表 22-1　禽蛋各部分的比例

种　类	蛋重/g	蛋壳/%	蛋白/%	蛋黄/%
鸡蛋	40～66	10～12	55～65	25～33
鸭蛋	50～90	11～13	51～61	28～38
鹅蛋	130～160	11～14	50～60	29～36

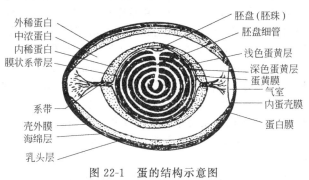

图 22-1　蛋的结构示意图

（引自：周光宏．畜产品加工学．中国农业出版社，2002）

1. 蛋壳外膜

刚产下的蛋壳其表面覆盖着一层黏液，该物质干燥后即形成一层膜，称为蛋壳外膜，也称壳上膜。壳上膜成分为黏液白质，经水洗或机械摩擦易脱落，其厚度为 0.005～0.01mm。其作用主要是堵塞蛋壳上的气孔，防止微生物侵入，阻止蛋内水分蒸发和 CO_2 逸出。

2. 蛋壳

蛋壳是包裹在蛋内容物外面的一层硬壳，它使蛋具有固定的形状，并起着保护蛋白、蛋黄的作用。蛋壳厚度一般为 220μm 以上，它与禽蛋种类、品种、饲养条件等有关。蛋壳上有许多肉眼看不见的、不规则弯曲形状的气孔，气孔在蛋的钝端较多，尖端较少。气孔直径为 4～40μm，它是空气、CO_2 进出的通道；蛋内水分也可由气孔排出，造成蛋的失重。气孔使蛋具有透视性，用灯光照蛋可观察蛋内容物。

3. 壳下膜

在蛋壳和蛋白之间有一层白色薄膜称为壳下膜，其厚度为 73～114μm，壳下膜由两层组成，

外膜叫内壳膜，内层叫蛋白膜。蛋白膜和内壳膜都是由细小的纤维交错成网状结构，内壳膜纤维粗，网眼大，细菌等微生物可直接通过；蛋白膜网眼小，纤维纹理紧密、细致，有些细菌不能直接通过进入蛋内，只有所分泌的蛋白酶将蛋白膜破坏后才能进入蛋内。所有的霉菌孢子均不能透过这两层膜，但其菌丝体可通过，并能使蛋发霉。气体和水蒸气可直接通过这两层膜。

4. 气室

刚产下的蛋没有气室，当蛋产下后温度下降，在蛋的钝端内壳膜和蛋白膜分离形成一个气囊即气室。禽蛋排出后，一般 2～10min 便形成气室，24h 后直径可达 1.3～1.5cm。蛋在存放过程中失水越多，气室越大。气室的大小与蛋的新鲜程度有关，是鉴别蛋新鲜度的标志之一。

5. 蛋白

蛋白是一种白色胶体物质，由外向内分为四层，依次为：外层稀薄蛋白，占蛋白总体积的23.2%；中层浓厚蛋白，占蛋白总体积的 57.3%；内层稀薄蛋白，占蛋白总体积的 16.8%；最内层为系带膜状层，占蛋白总体积的 2.7%，属于浓厚蛋白。

蛋白中的浓厚蛋白与蛋的质量、贮藏、加工关系密切。它是一种纤维状结构，含有溶菌酶（稀薄蛋白不含有）。蛋在贮藏过程中浓厚蛋白变稀，使稀薄蛋白含量逐渐增加，最终使蛋变为水响蛋。同时，溶菌酶也逐渐失去活性，这时微生物易侵入，使蛋腐败变质。

蛋中位于蛋黄两端各有一条浓厚的白色带状扭曲物，叫做系带，一端和钝端的浓厚蛋白相连接，另一端和尖端的浓厚蛋白相连，其作用是将蛋黄固定在蛋的中心。系带呈螺旋形，钝端呈左旋，重约 0.26g，尖端呈右旋，重约 0.49g。系带由浓厚蛋白组成，新鲜蛋的系带较粗且有弹性，含有较高的溶菌酶。随贮存时间的延长，系带会变细甚至完全消失。系带在加工蛋品时，必须除去。

6. 蛋黄

蛋黄位于蛋的中心，呈球形。它由蛋黄膜、蛋黄内容物和胚珠（胎）所组成。

蛋黄膜是包在蛋黄内容物外面的一层有韧性和弹性的透明薄膜，但随着贮藏时间的延长，其韧性和弹性会降低。蛋黄膜的作用是保护蛋黄内容物和胎盘不向蛋白扩散。蛋黄膜分为三层，内层和外层由黏蛋白组成，中层由类胡萝卜素组成。其厚度约为 16μm，约占蛋黄总重的 2%～3%。

蛋黄内容物是一种浓稠不透明的半流动黄色乳状物，由深浅不同的黄色蛋黄分层交替排列。其轮状形成原因是由于蛋黄在合成时，昼夜新陈代谢不同。由于蛋黄内容物中固形物含量高于蛋白，蛋黄的渗透压高于蛋白，随着贮藏时间的延长，蛋白内的水分向蛋黄内渗透，使蛋黄体积不断增大，当超过原体积的 19% 时，会导致蛋黄膜破裂，蛋黄内容物溢出，形成散黄蛋。

蛋黄上侧表面中心有一个直径为 2～3mm 乳白色的白点，未受精的呈圆形叫胚珠，受精的呈多角形叫胚胎（或胎盘）。胚胎下部至蛋黄中心有一细长近似白色的部分叫蛋黄心。受精蛋很不稳定，当气温在 25℃ 以上时，受精的胚胎就会发育，最初形成血环，而后产生树枝状的血丝。

二、蛋的化学组成

蛋的化学组成与禽的种类、品种、饲养条件、产蛋期等因素有关，变化较大。蛋的化学组成见表 22-2。

表 22-2 蛋的化学组成　　　　　　　　　　　　　　单位：%

种　类	水　分	蛋白质	脂　肪	糖　类	灰　分
鸡蛋白	87.3～88.6	11～13	0.02	0.9	0.6～0.8
鸡蛋黄	50.0～51.5	16.2	30～33	1.2	1.0～1.5
鸡全蛋（可食部分）	72.5	13.3	11.6	1.0	0.7～1.2
鸭全蛋（可食部分）	70.8	12.8	15.0	0.3	1.1

1. 蛋壳

蛋壳主要由无机物组成，约占蛋壳重的 94%～97%，其中碳酸钙约占 93%，碳酸镁约占1%，还含有少量磷酸钙和磷酸镁。有机物约占 3%～6%，主要成分为胶原蛋白。

2. 蛋壳外膜

蛋壳外膜含水约为 20%，其组成大部分为蛋白质，并含有一些多糖。

3. 蛋白

（1）水分　禽蛋蛋白的水分含量约为 85%～89%。各层之间水分含量也不相同，外层稀薄蛋白的水分含量为 89%，中层浓厚蛋白水分含量为 84%，内层稀薄蛋白水分含量为 86%，系带膜状层水分含量为 82%。

（2）蛋白质　蛋白质占蛋白总量的 11%～13%。蛋白中的蛋白质除不溶性卵黏蛋白以外，其余为可溶性蛋白质。蛋白质主要是由球状水溶性糖蛋白及卵黏蛋白纤维组成的蛋白质体系。蛋白中的蛋白质主要有卵白蛋白、卵黏蛋白、卵球蛋白、卵伴白蛋白、卵类黏蛋白等。

（3）糖类　新鲜鸡蛋蛋白中糖类约占 0.9%。与蛋白质呈结合态的占 0.5%，游离态的占 0.4%，游离的糖中约 98% 为葡萄糖。尽管糖类在蛋白中含量不高，但对蛋白片、蛋白粉等产品的色泽有密切的关系。

（4）脂肪　新鲜蛋白中脂肪含量极少，约占 0.02%。

（5）无机盐　蛋白中无机盐含量一般为 0.6%～0.8%，主要含有钾、钠、钙等。

（6）维生素　蛋白中的维生素含量较蛋黄低，维生素 B_2 含量较多（每 100g 鸡蛋中约含有 0.31mg），另外还含有维生素 C、泛酸等。

（7）酶　蛋白中除含有溶菌酶外，还含有过氧化氢酶、磷酸酶、蛋白酶等。溶菌酶在一定条件和时间内有杀菌作用，在 37～40℃ 及 pH7.2 时活力最强，初生蛋含菌量少与此酶有关。

4. 蛋黄膜

蛋黄膜平均质量约为 51mg，其中 88% 是水。干物质中蛋白质占 87%，脂肪占 3%，糖类占 10%。内层和外层的主要成分都是糖蛋白。

蛋黄膜是一种半透性膜，蛋白和蛋黄中的大分子物质不能自由通过。蛋黄膜具有弹性，随蛋放置时间延长，这层膜将脆弱化，最终可使蛋黄膜破裂。

5. 蛋黄

新鲜蛋蛋黄的固形物含量为 51%～52%，冷藏 1～2 周后，蛋黄中固形物含量下降约 2%，这是由于蛋白中的水渗入到蛋黄中。蛋黄中约含有 16% 的蛋白质、30%～33% 的脂类，此外还含有糖类、矿物质、维生素、色素等。

（1）蛋白质　蛋黄中的蛋白质主要与脂肪以结合形式存在，包括低密度脂蛋白（约占 70%）、高密度脂蛋白（约占 16%）、卵黄球蛋白（约占 10%）和卵黄高磷蛋白（约占 4%）。

（2）脂肪　脂肪中甘油三酯约占脂肪总量的 62.3%，磷脂约占 32.8%，固醇约占 4.9%，每 100g 蛋黄中胆固醇含量高达 1602mg。磷脂具有很强的乳化作用，且作为脂蛋白的组成成分，也使蛋黄显示出较强的乳化能力。

（3）糖类　占蛋黄总重的 0.2%～1%，主要为葡萄糖，糖多与蛋白质以结合形式存在。

（4）色素　蛋黄中的色素主要有玉米黄质（素）、叶黄素和胡萝卜素等。

（5）维生素　蛋黄中含有丰富的维生素，主要有维生素 A、维生素 B_1、维生素 B_2、维生素 B_6、泛酸、维生素 D、维生素 E、维生素 H、维生素 K 等。

（6）无机盐　蛋黄中的无机盐含量约为 1%～1.5%，主要含有 P、Ca、Na、K、Mg、Fe、S 等。

（7）酶类　蛋黄中含有多种酶类，主要有淀粉酶、甘油三丁酸酶、蛋白酶、肽酶、磷酸酶、过氧化氢酶等。其中 α-淀粉酶是否失活是巴氏消毒蛋品杀菌效果的判定标准。

三、蛋的理化性质

1. 蛋的重量

蛋的重量因家禽的种类、品种、年龄、饲养条件、季节等不同而有显著差异。一般鸡蛋重 40～75g、鸭蛋重 60～100g、鹅蛋重 160～240g。

2. 蛋的颜色

由家禽的种类和品种等决定。鸡蛋主要为白色和褐色，鸭蛋主要有白色和青色，鹅蛋有暗白色和浅蓝色。

3. 蛋的相对密度

蛋的相对密度与蛋的新鲜程度有关，新鲜蛋的相对密度为 1.078～1.294，陈蛋的相对密度一般为 1.025～1.060。

4. 蛋的黏度

新鲜鸡蛋蛋白的黏度为 0.0035～0.0105 Pa·s，蛋黄为 0.11～0.250 Pa·s。陈蛋的黏度降低，主要是由于蛋白质的分解及表面张力的降低而产生。

5. 蛋的 pH 值

新鲜蛋白的 pH 值为 6.0～7.7。贮存期间，由于二氧化碳逸出，pH 值逐渐升高，至 10d 左右可达 9.0～9.7。新鲜蛋黄 pH 值为 6.32，贮存过程变化不大。蛋白和蛋黄混合后的 pH 值为 7.5 左右。

6. 蛋的凝固温度和冰点

新鲜蛋白的热凝固温度为 62～64℃，平均为 63℃；蛋黄为 68～71.5℃，平均为 69.5℃；蛋白和蛋黄混合后为 72.0～77.0℃，平均为 74.2℃。蛋白的冰点为 -0.45～-0.42℃，蛋黄的冰点为 -0.6℃。

7. 蛋的渗透性

蛋黄膜把蛋白和蛋黄分开，它是一种半透性膜，蛋白内的水分和蛋黄内的无机盐离子，可透过该层膜渗透至蛋黄和蛋白。这种渗透量的多少与蛋的贮存温度和时间有关，温度越高，时间越长，渗透量越大。

8. 蛋的耐压性

蛋的耐压性与蛋的形状、蛋壳厚度和禽的种类有关。球形蛋耐压度最大，椭圆形适中，圆柱形最小；蛋壳愈厚耐压愈大，蛋壳厚度一般与壳色有关，色浅的蛋壳薄，色深的蛋壳厚。蛋壳的纵轴较横轴耐压，所以在贮运时以竖放为佳。

第二节　鲜蛋的质量标准

蛋的质量标准是确定蛋品质量优劣的依据，在蛋品销售和蛋品加工中具有重要意义。

一、蛋壳

质量正常的鲜蛋蛋壳表面应清洁、无粪便、无草屑及其他污物；蛋壳完整、无破损；具有禽蛋所特有的色泽，壳外膜呈白色霜状。这样的蛋具有良好的可运性、贮藏性及耐压性。

二、蛋形

正常禽蛋的形状为椭圆形。蛋的形状可用蛋形指数（蛋的纵径/横径）来衡量，标准形状的鸡蛋为 1.30～1.35，大于 1.35 的为细长形蛋，小于 1.30 为近似球形蛋。

三、蛋重

蛋的重量是评定蛋的等级、蛋的新鲜度和结构的重要指标。蛋的重量与禽蛋的种类、品种、饲养管理及蛋的存放时间有关。鸡蛋的国际重量标准为 58g/个。外形大小相同的同种禽蛋，较轻的为陈蛋。

四、气室高度

新鲜蛋的气室很小，高度在 5mm 以下，陈蛋气室在 5mm 以上。测定时将蛋的钝端放在照蛋器上照视，用铅笔在气室的左右两边划一个记号，然后放到气室高度测定规尺的半圆形切口内，读出两边刻度线上的刻度数，进行计算。公式如下。

$$气室高度(mm) = (气室左边高度 + 气室右边高度)/2$$

五、蛋白和蛋黄指数

蛋白指数是浓厚蛋白与稀薄蛋白的重量之比，新鲜蛋比数为 6：4 或 5：5。新鲜蛋其浓厚蛋白含量多，随贮存时间延长，浓厚蛋白逐渐变稀，蛋白指数变小。蛋白状况可用灯光透视法和直接打开法判断。若灯光透视见不到蛋黄的阴影，蛋内呈完全透明，表明浓厚蛋白多，蛋质量优良。打开蛋时，可以用过滤法，分别称重浓厚蛋白和稀薄蛋白的含量，计算出蛋白指数。

蛋黄指数是指蛋黄高度与蛋黄直径的比值。鲜鸡蛋的蛋黄指数为 0.401～0.442，合格蛋的蛋黄指数在 0.30 以上；当蛋黄指数小于 0.25 时，蛋黄膜破裂，出现散黄现象。

哈夫单位是根据蛋重和浓厚蛋白高度，按公式计算出其指标的一种方法。哈夫单位可以衡量蛋白品质和蛋的新鲜程度，它是国际上对蛋白品质评定的重要指标和常用方法。

其测定方法是先将蛋称重，再将蛋打开放在玻璃平面上，用蛋白高度测定仪测量蛋白边缘与浓厚蛋白边缘的中点，避开系带，测定三个等距离中心的平均值。因此，哈夫单位是浓厚蛋白高度对蛋重比例的指数关系。计算公式为：

$$哈夫单位(H.U) = 100 \lg(H - 1.7W^{0.37} + 7.57)$$

式中，H 为浓厚蛋白高度，mm；W 为蛋重，g。

新鲜蛋的哈夫单位在 80 以上，100 为最优，中等鲜度 60～80，60 以下质量低劣。

六、蛋内容物的气味

这是衡量蛋内容物成分有无变化或变化程度大小的指标。鲜蛋打开后无异味，但有时有轻微的腥味（与饲料有关）。若闻到臭味，属于轻微腐败蛋；臭味浓蛋腐败重。

第三节　蛋的品质鉴别方法

鉴别蛋品质量的优劣，常用的方法有感官鉴别法、光照鉴别法、相对密度鉴别法及荧光鉴别法等。

一、感官鉴别法

是用看、听、摸、嗅等方法对蛋进行直观检验。

"看"就是查看蛋壳的颜色是否正常、清洁，有无破损或异样。新鲜蛋蛋壳光亮，有一层呈霜状的白色胶质薄膜。

"听"就是从敲击蛋壳发出的声音，鉴别有无破裂、变质和蛋壳的薄厚程度。可用金属棒轻轻敲击蛋壳，或将两枚蛋拿在手里轻轻回转使两蛋相敲。新生鲜蛋发出的声音坚实，似石头撞击的声音。此方法能把裂纹蛋、钢皮蛋、空头蛋、水响蛋等分开。

"摸"主要靠手感，新生鲜蛋拿在手中有沉重感；孵化过的蛋分量轻；霉蛋、贴皮蛋外壳有粗糙感。

"嗅"就是闻其气味，新鲜鸡蛋无味，鸭蛋有腥味。有霉味的蛋已发霉，有恶臭味的已腐烂，被其他有气味物质污染的是污染蛋。

二、光照鉴别

蛋壳上的气孔使蛋具有透视性，在灯光下可以直接观察蛋内容物。此法操作简单，结果准确，是蛋品鉴别最常用的方法。

新鲜蛋在光线照射下，蛋完全透明，并呈淡橘红色；气室极小，高度在 5mm 以内，略微发暗，不移动；蛋白澄清，无杂质；蛋黄居中，蛋黄膜包裹紧密，呈现朦胧暗影。蛋转动时，蛋黄也随之转动；系带在蛋黄两侧，呈现淡色条状带，而胚胎在光照下不能分辨出来。通过照蛋，还可以看出蛋壳上有无裂纹，气室是否固定，蛋内有无血丝、血斑等。

照蛋的光源可采用日光，也可采用灯光，一般用电灯光。照蛋方法有手工照蛋、机械传送照蛋及电子自动照蛋等，其基本操作原理是蛋在光照射下内容物透明，用人工或电子元件"观看"蛋内容物区分出优劣蛋。

三、相对密度鉴别法

蛋的相对密度与蛋的新鲜程度有密切关系。生产上配成 11％、10％、8％ 三种浓度的食盐溶液，其相对密度分别为 1.080、1.073、1.060，用相对密度计校正后使用。相对密度在 1.080 以上的为新鲜蛋；在 1.073 以上的为次鲜蛋；在 1.060 以上的为次劣蛋；在 1.060 以下的为变质腐败蛋。

【本章小结】

　　本章主要讲述了蛋的构造，蛋的重量、颜色、相对密度、黏度、pH 值、沸点、冰点、渗透压、耐压性等。蛋的质量标准和品质鉴别方法，这些内容为蛋的保鲜与加工奠定良好的基础。

　　蛋的质量标准讲述了蛋壳、蛋形、蛋重、气室高度、蛋白和蛋黄指数等，为全面掌握蛋品的特性做出了补充，也为蛋品质鉴定指明了测定标准。禽蛋品质鉴别方法主要有感官鉴别法、光照鉴别法、相对密度鉴别法及荧光鉴别法等，应掌握蛋的感官、光照和相对密度鉴别法，这些方法操作简便又能够准确鉴别蛋的新鲜程度。学习这些内容最好通过实验、观察进行掌握记忆。由于本章内容所限，蛋的质量标准和品质鉴别方法并未全面讲述，学习该内容可参考《蛋品工艺学》等中禽蛋的质量标准，更加全面掌握好该内容。

【复习思考题】

一、名词解释

1. 蛋　　2. 蛋白指数　　3. 蛋黄指数

二、判断题

1. 气孔在蛋壳的表面均匀分布。（　　）

2. 在蛋的钝端内壳膜和外壳膜分离形成气室。（　　）

3. 系带是将蛋黄固定在蛋的中心，蛋在存放过程中系带几乎没有变化。（　　）

4. 蛋在存放过程中蛋黄的水分逐渐增加。（　　）

5. 一般说来成年人每天食用一个蛋黄较为合理。（　　）

6. 蛋壳的纵轴较横轴耐压，所以在贮运时以竖放为佳。（　　）

7. 质量正常的鲜蛋蛋壳表面可以有少许粪便及其他污物等。（　　）

8. 正常禽蛋的形状为椭圆形。（　　）

9. 刚产下的蛋没有气室，新鲜蛋的气室高度在 5mm 以下。（　　）

10. 新鲜蛋的相对密度在 1.080 以上。（　　）

三、选择题

1. 对蛋壳外膜描述不正确的是（　　）。

A. 成分为蛋白质　　B. 易脱落　　C. 可堵塞蛋壳上的气孔　　D. 对蛋的保藏无影响

2. 下列对蛋白的描述不正确的是（　　）。

A. 蛋白各部分成分不完全相同　　　　　　　B. 含有溶菌酶

C. 水分在贮藏中可渗入蛋黄　　　　　　　　D. 蛋白各部分成分完全相同

3. 下列对蛋黄的描述不正确的是（　　）。

A. 蛋黄营养素含量高于蛋白　　　　　　　　B. 蛋白质含量高于蛋白

C. 胆固醇含量高于猪脂肪　　　　　　　　　D. 不含有糖类

4. 下列描述不正确的是（　　）。

A. 白色鸡蛋不如褐色鸡蛋营养价值高　　　　B. 国际标准蛋重为 58g/个

C. 正常禽蛋的形状为椭圆形　　　　　　　　D. 气室分布在蛋的钝端

5. 新鲜蛋的气室高度应为（　　）。

A. 5mm 以下　　　　B. 6mm 以下　　　　C. 7mm 以下　　　　D. 无气室

6. 新鲜蛋的哈夫单位在（　　）。

A. 70 以上　　　　　B. 80 以上　　　　　C. 90 以上　　　　　D. 100

7. 下列对蛋的 pH 值描述不正确的是（　　）。

A. 蛋白和蛋黄的 pH 值在贮藏过程中变化不大　　B. 蛋黄的 pH 值在贮藏过程中变化不大

C. 随着贮藏时间的延长蛋白的 pH 值升高　　　　D. 蛋黄的 pH 值一般小于 7

8. 合格蛋的蛋黄指数应为（　　）。

A. 0.30 以上   B. 0.30   C. 小于 0.25   D. 不确定

9. 不能通过观看检查蛋的状况为（　　　）。

A. 蛋壳的颜色是否正常、清洁   B. 有无破损或异样

C 蛋壳外膜是否脱落   D. 蛋内容物状况

10. 用相对密度鉴别法判断鸡蛋的新鲜程度，一般不使用的食盐浓度为（　　　）。

A. 11%   B. 10%   C. 8%   D. 6%

四、填空题

1. 蛋由_____、_____、_____三部分组成。蛋壳主要由无机物组成，绝大部分为_____；蛋壳厚度_____以上；质量正常的鲜蛋蛋壳表面应_____及其他污物。

2. 蛋白由外向内分为四层，依次为：_____、_____、_____和_____。

3. 新鲜蛋的系带较粗且有弹性，含有较高的_____。随贮存时间的延长，系带会_____甚至完全消失。系带在加工蛋品时，必须_____。

4. 蛋黄中的蛋白质主要与_____以结合形式存在，包括_____、_____、_____、和_____等。

5. 蛋黄中的脂肪主要含有_____、_____和_____等组成。

6. 蛋的品质鉴别方法常用的有_____、_____、_____及_____等，其中最常用的方法为_____。

五、简答题

1. 从外向内禽蛋依次由哪些部分组成？

2. 禽蛋产下后在贮藏过程中会发生哪些变化？

3. 蛋白和蛋黄各含有哪些化学成分？

4. 蛋黄的蛋白质、脂肪组成各有何特点？

5. 蛋的理化性质包括哪些方面？

6. 蛋的质量标准有哪些？

7. 禽蛋的品质可采用哪些方法进行鉴定？如何进行感官、光照和相对密度鉴别？

第二十三章 蛋制品加工技术

【知识目标】 了解蛋制品加工的辅料及加工原理；熟练掌握蛋品加工方法。

【能力目标】 能够灵活解决蛋品生产过程中出现的问题；综合利用加工知识，结合新技术、新设备，改进产品的加工方法，开发新产品

【适合工种】 蛋品加工工。

第一节 腌 制 蛋

腌制蛋也叫再制蛋，它是在保持蛋原形的情况下，经过食盐、碱、酒糟等加工处理制成的蛋制品。主要产品有皮蛋、咸蛋和糟蛋。

一、皮蛋

皮蛋（又称松花蛋、彩蛋、变蛋）指以鲜蛋为原料，经用生石灰、碱、盐等配制的料液（泥）或氢氧化钠等配制的料液加工而成的蛋制品，是我国著名蛋制品。皮蛋种类很多，按蛋黄是否凝固分溏心皮蛋和硬心皮蛋；按辅料不同分为无铅皮蛋、五香皮蛋等。

（一）辅料及其作用

1. 水

加工皮蛋用水必须符合我国饮用水质量标准，一般用清洁的井水或自来水，纯净水等过软水最好不用。

2. 纯碱（Na_2CO_3）

与加入的辅料熟石灰反应生成氢氧化钠，使蛋白质在碱性条件下变性凝固。氢氧化钠的生成量直接影响皮蛋的质量和成熟期，当鲜蛋白中氢氧化钠含量达 0.2%～0.3% 时，蛋白就会凝固。鲜蛋浸泡在 5.6% 左右的氢氧化钠溶液中 7～10d，就成胶凝状态。氢氧化钠浓度低，皮蛋成熟时间长，甚至不能成熟；反之，成熟期短；含量过高则出现碱伤、烂头等次劣蛋。加工皮蛋用的纯碱要求纯度在 96% 以上，应为白色粉末，无结块。

3. 生石灰

生石灰与水反应生成熟石灰 $[Ca(OH)_2]$。氢氧化钙再与纯碱反应生成氢氧化钠。加工皮蛋选用的生石灰要求氧化钙含量尽可能高，低于 75% 的不能使用。

4. 食盐

加工皮蛋要求使用 NaCl 含量在 96% 以上的干燥粗盐，用量一般为 3%～4%。食盐对皮蛋有调味、抑菌、加快化清（蛋白质黏度降低化成"水"）、利于蛋白质凝固、离壳等作用。

5. 茶叶

茶叶中的单宁与蛋白质作用使其凝固，茶叶中的色素、芳香油、生物碱等其他成分，能使皮蛋增加色泽和风味。因红茶中含有上述成分较其他种类茶叶多，所以加工皮蛋选用红茶。红茶在加工过程中鲜叶中的茶多酚发生氧化，形成古铜色，是加工松花蛋的上等色。加工皮蛋要求选用质纯、干燥、无霉变的红茶（末）。

6. 氧化铅、硫酸锌

俗称金生粉、黄丹粉等。在加工中它能调和配料，起到促进配料向蛋内渗透，加速蛋白质分解，加快皮蛋凝固、成熟、增色、离壳，除去碱味，抑制烂头，易于保存等作用。铅属于重金属，人体内如铅含量超标，对健康有害。我国规定皮蛋铅含量不超过 3mg/kg，英国要求不超过 1mg/kg。加工皮蛋应选用粉末状、小结晶或鳞片状的氧化铅，以红黄色的品质较好，使用前必须粉碎、过筛（140～160 目）。可以使用锌盐如氧化锌、硫酸锌等替代品加工皮蛋。硫酸锌应选用食品级无色、透明的棱柱状体或小针状体，或是粒状结晶状粉末，无臭味。

7. 草木灰

草木灰的主要成分为碳酸钾和碳酸钠，与氢氧化钙反应也可生成碱，并起到调匀其他配料的作用。用于加工皮蛋的草木灰应新鲜、干燥、无异味，为防止灰中有大颗粒杂质及用料不同造成的成分差异，使用前需过筛混拌均匀。

8. 黄土

黄土黏性强，包蛋后能防止微生物侵入。黄土应取自地下深层，不含杂质及有机质，无异味的优质黄土。

9. 稻壳

除稻壳外，也可使用谷壳、锯末等，其作用是防止裹泥后的皮蛋互相粘连。对稻谷壳要求金黄色、干燥、无霉味和异味。

（二）皮蛋的加工方法

1. 浸泡包泥法（溏心皮蛋加工）

（1）工艺流程

（2）加工要点

① 原料选择。加工皮蛋多用鸭蛋为原料，也可使用鸡蛋。因鸡蛋较鸭蛋含水高，在配料时各种辅料用量应适当提高。要求原料蛋一定要新鲜。

② 分级。一般按蛋的重量（或大小）进行分级，这样既有利于成品的销售，又能保证同一批产品质量的一致。

③ 照蛋、敲蛋。确保加工用的蛋新鲜，剔除黏壳蛋、散黄蛋、裂纹蛋等不适合加工的蛋。

④ 配料。各地加工溏心皮蛋料液配方参考表见表23-1。

常用的配料方法有熬料法和冲料法。

a. 熬料法。把耐碱性锅（最好使用不锈钢锅）清洗干净，加入称量好的纯碱、食盐、红茶末、松柏枝、水等煮沸，搅拌使其溶解或混匀；停止加热，依次加入氧化铅、草木灰，最后分次加入生石灰；当配料停止沸腾后，搅拌配料，捞出配料中的石块，再用等重量的石灰补足。

b. 冲料法。将食盐、纯碱、氧化铅、红茶末、松柏枝等倒入缸中，加入开水，搅拌均匀，把茶末泡开；再加入草木灰，搅拌均匀；最后分次加入生石灰，其他操作同熬料法。

配置好的料液静止冷却，待用。春秋季温度控制在 17～20℃，夏季 25～27℃。料液应放置在通风、干燥、卫生的室内，不可再加入生水等。

表 23-1　各地加工溏心皮蛋料液配方参考表（以浸泡100kg鸭蛋计）　　　　单位：kg

地　区	季　节	纯　碱	生石灰	氧化铅	食　盐	红茶末	松柏枝	草木灰	水
北京	春、秋	7	28～30	0.3	4	3	0.3	2	100
	夏	7.5	30～32	0.3	4	3	0.3	2	100
天津	春、秋	7.5	30～32	0.3	3	3	少许	—	100
	夏	7.5～8	30～32	0.3	3	3	少许	—	100
浙江	春、秋	6～6.5	24～26	0.25	3.5	2	—	6	100
	夏	6.5～7	26～28	0.25	3.5	2	—	6	100
湖北	春、秋	6～6.5	25～27	0.3	4.5	3.5	—	6	100
	夏	6.5～7	27～29	0.3	4.5	—	—	6	100

⑤ 验料。料液中碱浓度是否适当，需经过检验后才可使用。验料的方法有简易判定法、相对密度测定法、酸碱滴度法等。

a. 简易判定法。取料液少许，把蛋白滴入其中，15min 后观察蛋白凝固状况，若不凝固说明生成的氢氧化钠含量不足；凝固的蛋白捞出放入容器内观察 1h，若经过 0.5h 凝固的蛋白化为稀水，说明碱液浓度过大；若1h左右蛋白化为稀水，说明碱液浓度合适；当1h后仍不能变稀液，同样说明碱浓度不足。碱浓度过高需加入凉开水，不足加入生石灰和纯碱，调至合格。

b. 相对密度法。取适量料液注入量筒内，用波美比重计测相对密度，若料液温度高于或低于15.5℃，根据比重计读数换算成标准相对密度，合格的料液浓度应为13～15°Bé。

c. 酸碱滴定法。用移液管移取澄清料液4mL，注入300mL三角瓶中，加入100mL蒸馏水，再加入10%的氯化钡10mL，摇匀静置片刻，加入0.5%酚酞指示剂3滴，用0.1mol/L盐酸标准溶液滴定至终点。所消耗的盐酸的体积（mL）乘以10，即相当于氢氧化钠在料液中含量的百分数。通常要求料液中氢氧化钠的含量为4.5%～5.5%。

⑥ 装缸、注料。将检验合格的蛋轻轻放入缸内，蛋壳破损的应及时取出，装蛋至距缸口10～15cm，蛋上加盖竹箅，并用竹条卡紧缸壁，防止蛋上浮。若入缸前蛋温低于15℃，应先升温至15℃以上，再装缸。再将料液（春秋控温15～20℃，夏季20～27℃）徐徐倒入缸内，使料液浸没最上层蛋5cm以上。用塑料薄膜和麻绳密封好缸口，贴上标签等。

⑦ 浸泡期管理。加工车间最适宜温度应控制在20～25℃，春秋季不低于15℃，夏季最高不要超过30℃。温度过低浸泡时间延长，蛋黄不易变色；温度过高，渗透速度快，易出现"碱伤"。注意在浸泡过程中蛋缸不要移动，以免影响凝固；需进行三次检查。

a. 第一次检查。夏季（25～30℃）经5～6d，春秋季（18～23℃）经6～8d。用照蛋法检验，若蛋黄紧贴蛋壳的一边，类似鲜蛋的红贴壳、黑贴壳，蛋白呈阴暗状，说明蛋凝固良好，料液碱度适宜。若还像鲜蛋一样，说明碱浓度不足，应补加碱。若全蛋绝大部分发黑，说明料液过浓，应提前出缸或向缸内加入凉开水稀释料液。

b. 第二次检查。蛋入缸15～20d进行剥壳检查，正常的蛋应为蛋白凝固、表面光洁，色泽褐黄带青，蛋黄部分变成褐绿色。

c. 第三次检查。蛋入缸后20～30d，剥壳检查，蛋白不粘壳、凝固、坚实、表面光洁，呈墨绿色，蛋黄呈绿褐色，蛋黄中心呈淡黄色溏心，说明蛋已成熟。若发现蛋白烂头或粘壳，则料液碱性强，应提前出缸。若蛋白柔软，色泽发青，应延长浸泡时间。

⑧ 出缸、清洗、晾干。皮蛋成熟时间一般为30～40d。灯光照蛋时钝端呈灰黑色，尖端呈红色或棕黄色，说明蛋已成熟。经检查成熟的蛋应立即出缸。

出缸时可戴上胶皮手套，用手把蛋从缸中捞出，也可用特制的捞子捞出。因蛋经长时间浸泡，蛋壳易碎，出缸时应注意轻拿轻放。可用浸蛋的清液把蛋冲洗干净，也可用凉开水冲洗，再把蛋放入竹筐或蛋框上，在阴凉通风的地方，晾干水分。

⑨ 检验。晾干水分后进行检验，即感官检验（一观、二掂、三摇等）和照蛋检验。

a. 一观。看蛋壳是否完整，壳色是否正常，剔除皮壳黑斑过多蛋和裂纹蛋。

b. 二掂。将蛋抛起15～20cm高，落在手中有轻微弹性，并有沉甸甸的感觉者为优质蛋；弹性过大，则为大汤心蛋，过小则为无汤心蛋。

c. 三摇。用拇指、中指捏住皮蛋的两端，在耳边摇动，若听到有水流声则为水响蛋；一端有水响声的为烂头蛋；几乎无水响声的为优质蛋。

d. 四照。即照蛋，若看到皮蛋大部分呈黑色（深褐色），少部分呈黄色或浅红色，且稳定不流动者，即为优质蛋；若内部呈黑色暗影，并有水泡阴影来回转动，即为水响蛋；若一端呈深红色，该部分有云片状黑色溶液晃动者，为烂头蛋。

⑩ 包泥（涂膜）、装箱、成品。经检验合格的皮蛋需进行包泥或涂膜，用以保护蛋壳，防止破损，延长保存期，促进皮蛋后熟，增加蛋白硬度。把包好的蛋放入缸内，再密封好缸口。也可放入内衬塑料薄膜袋的瓦楞纸箱内，放满后扎紧袋口。放入10～20℃的库房内保存，经10～30d后熟即为成品。保质期一般为2～4个月。

a. 涂泥、包糠。取浸渍料液（30%～40%）和干燥、粉碎的黄土（60%～70%），调成浓厚的糯糊状。两手戴橡胶手套，取泥浆50g左右包裹在蛋上，厚度一般为3mm，然后在稻壳上来回滚动，使稻壳等黏附在泥浆上。

b. 涂蜡。用食品包装石蜡（52～58号）或食用石蜡（52～56号）加热至95～110℃使其熔化，把皮蛋放入并迅速取出，冷却后皮蛋表面就覆盖上一层石蜡。存放方法同涂泥皮蛋。

c. 涂白油。白油涂料配方为：食品包装用石蜡 29.7％，斯盘（20）2.6％，吐温（80）3.9％，平平加 0.7％，硬脂酸 2.1％，水 60％，三乙酸胺 1.0％。

将上述配料加热至 94℃，搅拌均匀，制成白色乳液，冷却后备用。使用时加入 50％的冷开水，调匀后，按照涂蜡操作进行。

2. 硬心皮蛋的加工

把调制好的料泥直接包裹在蛋上，因料中碱等其他成分的渗透速度较浸泡慢，夏季加工制品易腐败，一般选在春、秋两季加工。

（1）工艺流程

原料选择 → 分级 → 照蛋、敲蛋 → 料泥调制 → 验料 → 包泥 → 装缸、密封 → 成熟

（2）加工要点

① 原料选择、分级、照蛋、敲蛋。同溏心皮蛋。

② 配料。制作硬心皮蛋的配料，因地区、季节不同而有一定差异。

我国部分地区加工硬心皮蛋配料参考配方见表 23-2。

表 23-2 加工硬心皮蛋配料参考配方（以加工 100kg 鸭蛋计）　　　　单位：kg

产　　地	纯　碱	生石灰	食　　盐	红茶末	草木灰	水
北京	2.3	9	3.2	2	26	43
四川	2.9	10.5	2.8	2	28	41.5
湖南	2.6	12	3	2.5	30	43
江苏	2.2	10	3.6	0.5	25	43.4
安徽	1.43	8.75	3.0	2.25	22	35.0

③ 料泥调制。将红茶末放入锅内加水煮沸，再将生石灰分次加入茶汁中，待石灰全部溶解后加入纯碱和食盐。经充分搅拌后捞出不溶物，并按量补足生石灰，再将过筛的草木灰分次加入料液内，不断搅拌，使混合均匀。料泥搅拌均匀约需 10min 即开始发硬，这时将料取出摊于干净的地面上，为加速降温，泥块厚度不要超过 10cm。次日，把冷却的料泥投入和料机中进行锤打，至泥料发黏似糨糊状为止，此时称为熟料。将熟料放入缸中保存待用，使用时应上下翻动。

④ 验料。生产上常使用简易方法验料。取一块成熟料泥置于平皿或盘碟内，把表面抹光滑，将蛋白少量滴在泥料上，10min 后观察蛋白的变化。若蛋白凝固，手摸时有颗粒状或片状有黏性感，说明碱浓度正常；若蛋白轻微凝固，手摸时有粉末感，说明碱量不足；若蛋白不凝固，手摸时缺乏黏性感，说明碱性过大。对于碱浓度不合格的料泥，必须进行调整，经验料合格后才能使用。

⑤ 包泥。两手戴橡胶手套，取料泥 35～40g（约占蛋重的 65％～67％），放入手掌中，将蛋放在泥上，双手轻轻搓揉，使泥均匀牢固的包裹住蛋，再把蛋滚上一层稻壳等。

⑥ 装缸、密封。把包好料泥的蛋逐个放入缸中，装至离缸口 3～5cm 为宜。密封好缸口，用麻绳将塑料薄膜扎紧，最好使用厚度为 0.05mm 以上的塑料薄膜，较薄的可以用双层。贴上标签，注明生产日期、数量、级别等内容。把缸放在 15～25℃的库房内，注意不要随意搬动蛋缸。定期对蛋品进行检查，方法与浸泡法基本相同。因辅料渗透速度较浸泡法慢，检验时间约延长一倍。

⑦ 成熟。硬心皮蛋的成熟时间一般为 60～80d，库房温度高成熟时间短，反之延长。成熟的皮蛋去壳后，蛋白凝固良好、有弹性、光洁、半透明，呈茶褐色，不粘壳，有松花纹。蛋黄呈暗绿色、橙色的硬心，层次分明。经检验成熟的皮蛋，根据销售要求进行包装后，即可出售。

二、咸蛋的加工

咸蛋以鲜蛋为原料，经用盐水或含盐的纯净黄泥、红泥、草木灰等腌制而成的蛋制品。咸蛋制作方法简单，食用方便，是我国著名的传统食品。

1. 咸蛋加工的原辅料

加工咸蛋常用鸭蛋和鸡蛋，鸭蛋加工出的产品风味、色泽比鸡蛋更优。制作咸蛋选用的原料蛋要求新鲜，其检验方法同皮蛋。辅料主要有食盐、草木灰、黄土、水、五香粉等。加工咸蛋选用的食盐要求氯化钠含量在97％以上，白色、味咸、无肉眼可见的杂质，无苦味、涩味、异臭味，镁盐和钙盐含量低（否则会降低食盐的渗透速度，延长咸蛋的成熟时间）。草木灰、黄土、水等的选择同皮蛋。

2. 咸蛋的加工原理

（1）食盐的扩散和渗透　食盐依靠扩散和渗透作用，经过蛋壳的气孔、蛋白膜、蛋黄膜进入蛋白和蛋黄，蛋内水分反方向渗出使蛋变咸，同时在腌制过程中蛋内发生复杂的生化变化，形成咸蛋独特的风味。

（2）食盐的高渗透压　1％的食盐溶液渗透压为6.1atm（1atm＝1.01×10^5Pa），一般微生物细胞的渗透压为3.5～16.7atm。咸蛋腌渍盐浓度一般为18％～20％，盐溶液产生的高渗透压远远大于微生物细胞的渗透压，这是咸蛋能够在常温下保藏的主要原因。

（3）降低水分活度　进入蛋内的钠离子、氯离子和水分子结合，形成水化离子，使蛋内水分活度降低，微生物可利用的水分减少，其生长繁殖被抑制。这是咸蛋能够长期保藏的另一个原因。

（4）抗氧化作用　盐溶液能够降低溶液中的氧气含量，抑制需氧微生物的活动，有利于咸蛋的保藏。

（5）抑制蛋白酶活力　食盐可降低蛋内蛋白酶和微生物分泌的蛋白酶活力，抑制蛋白质的水解，延缓了蛋的腐败变质。

（6）改变蛋的胶体状态　钠离子、氯离子渗入蛋内后，与蛋白质、脂肪等作用，改变了蛋白、蛋黄的胶体状态，使蛋白变稀，蛋黄变硬，蛋黄中的脂肪游离聚集，使咸蛋具有"鲜、细、嫩、沙、油"等特点。

3. 咸蛋的加工方法

咸蛋加工常用的方法有盐水浸泡法、草木灰法和盐泥涂布法等。

（1）盐水浸泡法　把称量好的盐和水放入锅内，加热煮沸，不断搅拌使食盐溶解，冷却至室温待用。夏季盐浓度为20％，其他季节为18％。腌渍用的缸先清洗干净，最好再用过氧化氢消毒，把经过严格检验、分级后的蛋放入缸内，蛋上面压上竹箅，再用竹条卡紧缸壁，把冷却后的盐水注入缸内，使盐水浸没蛋5～8cm。盖好或密封好缸口，贴上标签，注明时间、种类、级别、数量等。夏季腌制时间为30～40d，其他季节为40～60d。盐水经补加食盐、煮沸、过滤后可多次使用。

（2）草木灰法　又分为提浆裹灰法和灰料包蛋法两种。草木灰最好使用稻草灰。

① 配料。加工咸蛋因地区、季节不同配料也有差异。各地加工1000枚咸蛋的参考配料见表23-3。

表 23-3　各地加工 1000 枚咸蛋参考配料　　　　　　　　单位：kg

地　区	季　节	草木灰	食　盐	水
四川	11月～次年4月	21	6	14
	5月～10月	22	6.8	14.5
北京	11月～次年4月	15	4	12.5
	5月～10月	15	4.5	12.5
湖北	11月～次年4月	16	3.9	12
	5月～10月	16	4.5	12.5
浙江	11月～次年4月	17	5.5	14
	5月～10月	18	6	15

② 灰浆制作。把盐加入水中搅拌使其充分溶解，再将盐水倒入打浆机，把过筛后的草木灰分5～7次加入打浆机，每次加入需搅拌均匀后才可再加入草木灰，搅拌时间一般为10～13min。

搅拌好的灰浆应为不稀不稠的浓浆状，将手指插入灰浆，拔出后手指上黏附的灰浆呈亮黑色，灰浆不流动、不起水、不成团下坠，放入盘内无起泡现象。这样的灰浆放置一夜后即可用于提浆裹灰。若灰浆中的水分减少5%～10%，按同样的方法进行打浆，制成的灰浆黏稠发硬，这样的灰浆用于包蛋法。

③ 提浆裹灰。将检选好的蛋放入灰浆内翻转一下，使蛋壳表面均匀地粘上一层约2mm厚的灰浆，再把蛋放在干灰中滚动，使表面黏附一层干灰，干灰厚1～2mm。用手把灰压紧，再装入特制的塑料袋内，热合或用手旋紧袋口使其密封，放入缸内或瓦楞纸箱内。包蛋法是用手在蛋的表面粘上灰浆，其他操作同提浆法。

④ 腌制。把缸或箱放入库房内，夏季约需40d，其他季节需50d左右腌制成熟。

（3）盐泥涂布法

① 参考配方。蛋65kg，水4～4.5kg，食盐6.5～7kg，干黄土6.5～7.5kg。

② 加工方法。把盐加入水中，搅拌使其溶解，再把经干燥粉碎的黄土分次加入盐水中，在搅拌机中调成黏稠的泥浆。泥浆黏稠度的检验方法是，取一枚蛋放入泥浆中，若蛋的一半浮在泥浆上面，表示泥浆调配合适。把检验合格的蛋浸入泥浆中，使蛋壳表面粘满黏泥，其他方法同草木灰法。

第二节　蛋液和冰蛋的加工

一、蛋液加工

蛋液是指新鲜蛋经过处理、去壳、杀菌、包装等工艺而制成的蛋制品。

1. 工艺流程

原料蛋检验 → 洗涤 → 消毒、清洗 → 晾蛋 → 打蛋 → 混合、过滤 → 冷却 → 杀菌、冷却 → 包装、成品

2. 加工要点

（1）原料蛋的检验　用于加工蛋液的原料蛋必须新鲜，蛋壳坚实、洁净。经照蛋检验合格后，才能用于蛋液加工。

（2）洗涤　通过洗涤可以把蛋壳表面的污染物去除掉，同时也可除去蛋壳表面90%以上的微生物，减少这些物质对蛋液的污染。洗涤槽水温应高于蛋温7℃以上，这样可以防止洗涤水被吸入蛋内，蛋温升高有利于减少打蛋时蛋壳上蛋白的残留，提高出品率，也有利于蛋白与蛋黄的分离。为提高洗涤效果，洗涤水内加入少许洗洁剂或含有效氯的杀菌剂。

洗涤方法有人工和机械两种。人工洗蛋洗涤干净，破壳少，但效率低。把盛放蛋的周转箱放入水槽中，若表面较洁净，可用毛刷逐箱刷洗干净，污染严重的应逐个清洗。机械洗蛋是在洗蛋机中进行，此法效率高，但破壳率高。

（3）消毒、清洗　为减少蛋壳上附着的微生物对蛋液的污染，保证蛋液的质量，打蛋前应先对蛋壳进行消毒处理。常用的方法有三种。

① 漂白粉消毒法。用漂白粉溶液浸泡时，对于洁净蛋壳有效氯含量应在0.01%～0.015%，污染严重的要求为0.08%～0.11%，浸泡消毒时间为5～6min。用喷淋法时，有效浓度应提高1～1.5倍，消毒液温度应在32℃以上，至少高于蛋温20℃。用温水洗净余氯，水中可加入0.5%硫代硫酸钠，以利于更好除去余氯。

② 氢氧化钠消毒法。一般用30～40℃、浓度为0.4%的氢氧化钠溶液浸泡5～6min，再按漂白粉法进行冲洗。

③ 热水消毒法。将洗净的蛋放入78～80℃的热水中浸泡6～8s，杀菌效果良好。应注意严格控制水温和杀菌时间，防止蛋白的凝固。杀菌完成后应迅速用温水进行冲淋冷却，防止热力长时间作用。

（4）晾干　蛋壳消毒后应迅速晾干表面水分，采用45～50℃热空气，在干燥室或隧道式烘干机进行烘干。

(5) 打蛋 就是将蛋壳击破，取出蛋液。打蛋分为打全蛋和打分蛋两种。打全蛋即除去蛋壳得到蛋液；打分蛋是把蛋液流入分蛋器内将蛋黄与蛋白分开。打分蛋要求蛋黄膜不应破裂，若出现蛋黄破裂应另做处理。打蛋方法有机械打蛋和人工打蛋。

人工打蛋使用打蛋台和打蛋器，工作效率低，适合小规模及打分蛋，打分蛋时可以减少蛋黄和蛋白的互混现象。机械打蛋在发达国家已被广泛应用于蛋液加工，我国已从丹麦、荷兰等国引进了打蛋机。机械打蛋生产效率高，产品质量好。打蛋时若有蛋壳进入蛋液，应及时用消毒过的镊子取出蛋壳，有劣质蛋时也应当去除。

① 打蛋的卫生管理。

a. 操作人员的卫生要求。操作人员应定期进行身体检查，身体检查合格后才可以从事此项工作。操作人员上班时不能使用化妆品，不能留有长指甲。进入车间前应先洗澡，穿上已消毒的工作服，戴上工作帽和口罩，穿上水鞋，将手洗净后再用酒精消毒。每工作 2h，应进行洗手和消毒一次。遇腐败蛋时，凡被污染的器具都必须更换，并及时做出相应处理，操作人员也应将手进行清洗和消毒。

b. 打蛋车间及设备的卫生要求。打蛋车间的墙及地面最好贴上瓷砖，并设有排水沟，以便于设备及地面的清洗。车间应光线充足，不要有直射阳光；车间门窗应密封完好，不允许蚊、蝇、鼠等侵入；进入车间的空气最好经过过滤；车间温度应控制在 18℃ 以下；定期对车间进行消毒处理。

② 打蛋设备及用具。打蛋设备及用具每次生产结束后应进行彻底清洗，使用前进行消毒。清洗方法是先用 38～60℃ 的水进行冲洗，然后用 70～72℃ 的清洗剂进行洗涤，再用清水冲洗干净，最后用已消毒的干毛巾擦干残留水，尽可能使设备保持干燥状态。对损坏的部件应及时修理或更换，保证设备的正常运行。打蛋机、输蛋管、贮蛋液等设备每连续工作 4h 应进行一次清洗和消毒；人工打蛋用的器具每 2～3h 要清洗消毒一次。

(6) 混合、过滤 先把蛋液用搅拌机混合均匀，再用板框过滤机、真空过滤机或离心分离机过滤蛋液，除去蛋液中的碎蛋壳、蛋壳膜、蛋黄膜及系带等。

(7) 冷却 若过滤出的蛋液不能及时进行杀菌处理，应先进行冷却降温，以抑制蛋液中微生物的生长繁殖，防止蛋液变质。冷却一般在预冷罐中进行，罐内装有蛇管和搅拌器，为加快降温速度，管内通入冷冻盐水。蛋液冷却至 4℃ 即可。

(8) 杀菌、冷却 既要杀死蛋液中的致病菌及其中的绝大多数微生物，又不能使蛋白质变性，并最大限度保持蛋液的营养素不被破坏，蛋液杀菌只能在较低的温度下进行，即巴氏杀菌。杀菌完成后为防止热力长时间作用于蛋液，应迅速进行冷却降温。蛋液如能尽快使用可冷却到 15℃；反之，应冷却至 2℃ 左右。

① 全蛋液巴氏杀菌。由于蛋液搅拌均匀程度不同，蛋液中是否添加糖、盐等添加剂的种类及用量不同，巴氏杀菌的温度也不同。美国农业部要求 60℃、3.5min；英国采用 64.4℃、2.5min；我国采用 64.5℃、3min。

② 蛋黄的巴氏杀菌。我国对蛋黄液的杀菌方法与全蛋液相同；美国采用 60℃、3.1min；德国采用 56℃、8min 或 58℃、3.5min。

③ 蛋白的巴氏杀菌。我国一般采用 55～57℃、3～4min；美国采用 56.7℃、1.75min。

(9) 包装 冷却后的蛋液最好用马口铁罐进行包装，马口铁罐应内涂防腐涂料或内衬聚乙烯袋。每罐充填量为 5～20kg。容器在使用前应经过清洗和灭菌处理。也可采用 0.5～5kg 几种规格聚乙烯袋或复合铝箔袋软包装，充填后进行密封。包装好的蛋液放入 0～4℃ 的冷库中进行冷藏。运输最好使用冷藏车，温度控制在 4℃ 以下。

二、冰蛋加工

冰蛋又称冷冻蛋，是以鲜蛋为原料，经打蛋、过滤、巴氏低温杀菌、冷冻制成的蛋制品。冰蛋分为冰全蛋、冰蛋白、冰蛋黄三种；蛋液经过杀菌的为杀菌冰蛋。由于冰蛋保存在低温下，其保质期更长。

1. 工艺流程

2. 加工要点

（1）原料蛋检验至包装　工艺要求与蛋液加工相同。若生产杀菌冰蛋品，需对蛋液进行杀菌，过滤、冷却或杀菌、冷却后即可包装。包装以马口铁为主，容量有 5kg、10kg、20kg 三种。

（2）速冻、装箱　包装后的蛋液立即送到速冻车间进行冻结。速冻温度最好采用 $-40 \sim -30℃$，不可高于 $-20℃$，要求听中心温度应在 72h 以内降至 $-18 \sim -15℃$。为防止马口铁罐在速冻过程中发生变形、胖听等现象，冷冻 $30 \sim 36h$ 将马口铁罐倒置，使听的四角及内壁冻结结实，防止膨胀并缩短冷冻时间。当听中心温度达到 $-18℃$，冻结完成。把马口铁罐装入瓦楞纸箱进行包装。

（3）冷藏　包装好的制品放入 $-18℃$ 的冷藏库中保藏。注意产品在运输、销售过程中也应维持 $-18℃$ 的低温。

第三节　干燥蛋制品

干燥蛋制品又称干蛋制品，是蛋液经过处理后再经过干燥除去水分而制成的一类产品。和蛋液制品相比，该产品具有体积小、重量轻、质量稳定、有利于贮藏和运输等优点。干蛋品分为蛋粉和干蛋片。蛋粉又可分为全蛋粉、蛋黄粉和蛋白粉。干蛋品在食品、化工、医药、纺织等工业上应用广泛。

一、蛋白片的加工

蛋白片是以鲜蛋的蛋白为原料，经加工处理、发酵、干燥制成的蛋制品。

1. 工艺流程

2. 加工要点

（1）原料蛋检验　原料蛋检验至蛋白液的加工方法与蛋液的加工方法相同。

（2）发酵　蛋白液中含有约 0.4% 的葡萄糖，若直接把蛋液进行干燥，在干燥及贮藏过程中，葡萄糖与蛋液中的蛋白质及氨基酸会发生美拉德反应，生产出的制品会发生变色、溶解度降低、变味、打擦度下降等。因此，蛋液在干燥前必须除去葡萄糖，即脱糖。

蛋白液的脱糖方法多采用发酵法，又分为自然发酵和人工发酵两种。

自然发酵就是利用蛋液中存在的细菌（主要为乳酸菌），在一定的温度下对蛋液进行培养，乳酸菌把蛋液中的葡萄糖转化为乳酸和二氧化碳，使蛋液的 pH 值下降，pH 值从 6.0~7.7 下降至 5.2~5.4，酸度下降使卵黏蛋白等凝固析出，同时把系带等物质澄清出来。

蛋液进行自然发酵，由于原料蛋液中初菌数不同，发酵很难保持稳定状态，且污染的菌中可能含有沙门氏菌等致病菌。现在由于采用机械打蛋，蛋液制备相当卫生，蛋液初菌少，不易发酵。蛋液发酵最好采用纯培养的细菌进行发酵，即人工发酵。生产上选用的细菌有：产气杆菌、乳酸链球菌、粪链球菌、费氏埃希氏菌、阴沟杆菌。把经过巴氏杀菌的蛋液，接种 2%~5% 经过扩大培养的发酵剂，进行发酵脱糖。

发酵在发酵室里进行，发酵室应清洁、卫生、密闭良好。自然发酵的温度控制在 26~30℃，相对湿度控制在 80% 左右，发酵时间一般为 40~100h。温度过高发酵时间短，腐败菌生长繁殖速度快，易造成蛋白液败坏；温度过低，发酵时间长，甚至不能发酵。人工接种的发酵剂，应根据微生物的种类、添加量来确定最适的发酵温度和发酵时间。蛋液发酵传统法是在木桶或陶缸中进行，现在一般采用发酵罐（内设搅拌器和蛇管，顶部设有视镜）。蛋液注入发酵设备前，应先对设备进行清洗和灭菌；注入量不要超过总量的 75%，防止发酵过程中产生的泡沫溢出。木桶或陶缸上要盖上经灭菌的双层纱布。

蛋白液是否完全发酵直接影响成品质量，发酵终点的确定极为重要。判定方法为发酵过程中生成的泡沫不再上升，并开始下塌，表面裂开，裂开处有一层白色的小泡出现，这是发酵达到终点的标志之一；从发酵液下部取 30mL 蛋白液，装入试管中盖紧橡胶塞，经 5～6s 反复倒置，若液体无气泡上升，颜色为澄清半透明的淡黄色，即发酵完成。

发酵终点蛋白液滋味为酸中带甜，无生蛋白味。用拇指和食指沾少许蛋液对摸，几乎无黏性。蛋白液 pH 值为 5.2～5.4，高于 5.5 为发酵不足，低于 5.0 为发酵过度。

发酵终点的判定也可利用打擦度测定法。

打擦度测定：取蛋白液 284mL，加水 146mL，放入霍勃脱式打蛋机的紫铜锅内，以 2 号、3 号转速各搅拌 1.5min，削平泡沫，用尺子从中心插入，测量泡沫高度，高度在 16cm 以上为达到发酵终点的指标之一。

发酵成熟的蛋白醪液，从容器底部的放液口排出。第一次放出总量的 75%，再每隔 3～4h 进行第二次、第三次排放发酵醪，每次放出约 10%，剩余的 5% 为杂质，不能加工蛋白片。

（3）过滤、中和　用板框过滤机（40 目筛）除去发酵醪中的杂质，再用相对密度为 0.98 的纯氨水进行中和。使发酵醪从弱酸性变成弱碱性，这样就可以避免在烘干过程中产生气泡。经过中和产出的蛋白片，产品的外观、透明度、色泽、溶解度等都保持较好，更耐贮藏。在中和过程中应注意缓慢加入，慢速搅拌，防止大量气泡产生，用精密试纸或酸度计及时检测蛋白液的酸碱度。

（4）烘干　蛋白片的干制采用浅盘式干燥法，加热方式有水浴式和炉式两种。我国多采用热水浅盘干制，美国、日本等国多采用 50～55℃ 热风干燥，其干制时间为 12～36h。不论采用哪种形式，干制过程中不能使蛋白质发生热变性。应选择适度的温度使蛋液水分蒸发，制成透明的蛋白薄片。

① 热水烘干设备及用具。

a. 水流烘架。烘架长约 4m，共 6～8 层，每层水流架上设有水槽，槽内流动热水（水浴锅），水槽可用不锈钢、铝板或塑料等制成，槽深 20cm，一端（或中间）装进水管，另一端（或两端）接出水管。槽内循环流动热水，维持恒定的加热温度。

b. 烘盘。选用铝或不锈钢制成的方形盘，长、宽一般为 30～50cm，深 5cm。把注入蛋液的烘盘放在水槽上，对蛋液加热除去水分。

c. 打泡沫板。木质薄板用来刮去干制过程中形成的泡沫，长度与烘盘内径相同。

d. 其他工具。藤架、浇浆用铝勺、竹镊子、干毛巾、纱布、洁白凡士林等。藤架用于放置揭起的蛋白片，使附着在片上的蛋白液流入烘盘内。

② 烘制过程。把清洗、灭菌的烘盘放在水槽上，用杀菌过的干毛巾擦去水珠，再用纱布在盘内均匀地抹上一层洁白凡士林，注意油量要适宜，此时控制水温 55～56℃。

用铝勺将蛋白液倒入烘盘内，每盘加入量约 2～3kg，液深 2～2.5cm，从进水口至出水口每盘减少量为 50～70g。

蛋白液及凡士林受热后，会产生泡沫及油污沫，若不除去这些泡沫，会影响成品光泽及透明度。蛋液加热 2h 左右，要用打泡沫板刮去水沫，加热 8～9h 刮去油沫。

蛋白液加热 11～13h，由于水分蒸发表面形成一层薄片。再经过 1～2h，薄片厚度可达 1mm，此时可进行第一次揭片。双手各握住一个竹镊，从一端的两边缓缓揭起，然后干面向上，湿面向下放在藤架上，以便附着的蛋白液流入烘盘内。待湿面稍干后移到干燥室的布棚上，湿面向外搭成“人”字形进行晾干。第一次揭片后约 50min 进行第二次揭片，再经过 30min 进行第三次揭片。一般每盘可揭 2～3 次大片，余下的为不完整小片。最后用竹板刮下盘内及烘架上碎屑，送往成品车间。

为保证产品质量，应严格控制好水浴温度及水流速度。干燥开始时要求进口水温 56℃，此时应加快流速，维持出口水温 55℃，经过 4～6h 使出口处温度升至 53～54℃。每次揭片后水温下降 1℃，最后控制在 53℃，液温控制 52℃。

（5）晾白　烘干揭出的蛋白片约含有 24% 的水分，不利于产品的保藏，必须进一步除去水分。大张片湿面向上搭成“人”字形，小片、碎片等直接摊在布棚上烘干。生产上采用 40～50℃ 的热风进行干燥，约 4～5h 水分含量降至 16% 以下。

（6）挑选、分级　将大片蛋白分成 2cm 的小片，碎片用竹筛除去碎屑，再用铜筛筛去粉末。处理过程中拣出厚片、湿片、无光片、杂质及含杂质片等。厚片、湿片应再次进行晾白，含杂质及粉末等先用水溶解、过滤，再进行烘干作为次品。

（7）回软　因不同片水分含量可能有差异，同一片的表面和内部含水量不同，为使其含水分均匀一致，把挑选分级后的蛋白片放在密闭容器内（如塑料箱等，注意要加盖密封好），约放置 2～3d 进行回软。

（8）包装、成品　蛋白片可采用马口铁罐（内衬硫酸纸）进行包装，蛋白片和碎屑等根据成品质量要求按比例装入，如蛋白片 85%，晶粒 1%～1.5%，碎屑 13.5%～14%，注意密封好罐口。也可采用复合铝箔软包装进行包装，热封好袋口后，再装入瓦楞纸箱即为成品。成品放在清洁、干燥、通风良好的库内保存，库温要求不高于 24℃。

二、蛋粉的加工

蛋粉是以鲜蛋为原料，经打蛋、过滤、巴氏低温杀菌、干燥制成的蛋制品。我国主要生产全蛋粉和蛋黄粉，这类产品的贮藏性良好。

1. 工艺流程

蛋液搅拌、过滤 → 脱糖 → 过滤 → 杀菌 → 干燥 → 过筛 → 包装 → 成品

2. 加工要点

（1）蛋液　蛋液种类包括全蛋液、蛋白液和蛋黄液，其制备、搅拌过滤同蛋液加工。

（2）脱糖　全蛋液、蛋白液和蛋黄液中分别含有约 0.3%、0.4% 和 0.2% 的葡萄糖，若不除去葡萄糖，会对产品质量造成不利影响，如变色、变味、溶解度下降等。生产上常用的脱糖方法有以下几种。

① 细菌发酵法。一般用于蛋白液的发酵，发酵方法见蛋白片的加工。

② 酵母发酵法。适用于全蛋液、蛋白液及蛋黄液的脱糖。常用的酵母有面包酵母和圆酵母等。发酵方法是先用 10% 左右的有机酸把蛋液 pH 值调至 7.5 左右，再用少量的水把占蛋液重 0.15～0.20% 的酵母制成悬浊液，加入蛋白液中，在 30～32℃ 下，发酵数小时即可完成。

③ 酶法。是利用葡萄糖氧化酶把葡萄糖氧化成葡萄糖酸进行脱糖。酶法适用于蛋白液、全蛋液的脱糖。

葡萄糖氧化酶的催化的最适 pH 值为 6.7～7.2。用此酶对蛋白液脱糖时应先用 10% 的有机酸调蛋白液 pH 值为 7 左右，全蛋液、蛋黄液一般不需调整。在蛋液中加入 0.01%～0.04% 的葡萄糖氧化酶，因该酶在催化葡萄糖氧化时需要氧气参与反应，所以应同时加入蛋液重 0.35% 的 7% 过氧化氢，并每隔 1h 补加相同重量的过氧化氢，或在催化过程中连续向蛋液中通入氧气。在该酶最适温度下，蛋白液脱糖需 5～6h，蛋黄液 3.5h，全蛋液 4h 左右。

（3）过滤　脱糖后蛋液过滤方法同蛋白片的加工。

（4）杀菌　使用酶法脱糖的蛋白液采用低温杀菌效果较好，杀菌方法同蛋液杀菌。发酵法除糖的蛋液，因蛋液中微生物数目多，多采用干燥后对蛋粉进行干热杀菌。干热杀菌在欧美广泛应用，杀菌方法是 44℃ 保持 3 个月，55℃ 保持 14d 或 63℃ 保持 5d。

（5）干燥　蛋液干燥方法最常用的为喷雾干燥，也可用真空冷冻干燥、浅盘干燥等。喷雾法干燥速度快，成品复原性好、色正、营养损失少。蛋液先经过预热升温至 50～55℃，在高压或高速离心力作用下，通过雾化器分散成雾状微粒，微粒与热空气接触，瞬间（约 0.3s）水分迅速形成蒸汽，蒸汽被热风带走，固体颗粒因相对密度大而沉降下来。蛋粉温度一般为 60～80℃，为防止高温对蛋粉质量造成不利影响，应及时出粉降温。干燥过程中干燥塔温度控制在 120～140℃，热空气温度控制在 150～200℃。

真空冷冻干燥：先把蛋液在 40～50℃ 下进行真空浓缩，使固形物含量提高一倍，再将蛋液冷却至 0～4℃，注入浅盘中，在 -40～-30℃ 进行真空冷冻干燥。该法生产出的蛋粉溶解性好，起泡性及香味较好，但生产成本高。

（6）过筛　干燥后的蛋粉要进行过筛处理，除去粗大颗粒。

（7）包装　蛋粉的包装与蛋白片包装方法基本相同。

【本章小结】

本章主要讲述了皮蛋、咸蛋、蛋液、冰蛋、蛋白片及蛋粉加工的原辅材料的种类、质量要求，产品的加工原理、加工方法、工艺流程及加工技术。

学习本章内容应结合蛋品加工基础知识，选择适合的加工原料；结合普通化学、食品添加剂、食品工艺学、食品包装等课程知识，掌握蛋品加工原料的选择方法，结合微生物学、食品工艺学、食品工程原理等课程内容，掌握蛋液杀菌及冷却目的、原理、方法，掌握蛋液的脱糖目的及方法；结合微生物学、食品发酵工艺学等课程内容，掌握微生物的生长特性、菌种保藏及发酵剂制备方法、发酵原理、发酵技术、菌种的分离及提纯方法等，掌握蛋液的发酵脱糖方法，结合有机化学、生物化学、酶工程学等学科内容，掌握好酶法脱糖的目的及方法；结合食品工程原理、食品工艺学、物理学、普通化学等内容，掌握蛋液的保藏、冷冻原理和冻结方法；结合食品卫生学、微生物学、食品工厂设计、食品工艺学等课程，掌握产品生产过程中操作人员的卫生、车间及用具的消毒杀菌目的及方法；结合食品工艺学、食品工程原理、物理学、食品包装学等学科内容，掌握蛋粉的干燥及包装方法；结合食品卫生学、微生物学、食品分析及蛋类产品质量标准等学科内容，控制好各类蛋品的感官、理化、微生物、重金属、抗生素等指标。

总之，要全面掌握蛋品的加工技术，在学好理论知识的同时，应结合实训或工厂实习操作，把理论和实践充分结合起来；再把操作中遇到的实际问题，通过理论分析找出原因，才能更好理解和掌握蛋类加工技术。另外，可结合蛋品工艺学、食品工艺学、食品配方大全、畜产品工艺学等书籍，了解和掌握蛋品罐头、蛋黄酱、茶叶蛋、卤蛋等的加工技术。

【复习思考题】

一、名词解释

1. 皮蛋　2. 咸蛋　3. 冰蛋　4. 蛋白片　5. 蛋粉　6. 蛋液脱糖

二、判断题

1. 加工皮蛋用水最好选用纯净水。（　　　）

2. 不论用鸡蛋还是用鸭蛋加工皮蛋，配料时各种辅料用量一样。（　　　）

3. 加工皮蛋配制好的料液，若需要加水应加入凉开水。（　　　）

4. 制作皮蛋时腌制温度一般只影响成熟时间，而对成品质量无影响。（　　　）

5. 腌制成熟好的溏心皮蛋用灯光照蛋时钝端应呈灰黑色，尖端呈红色或棕黄色。（　　　）

6. 一年四季都可以制作硬心皮蛋。（　　　）

7. 腌制咸蛋使用的食盐若镁盐和钙盐含量高，咸蛋的成熟时间会延长。（　　　）

8. 制作蛋液最好用流动的清水洗涤原料蛋，对水温无特殊要求。（　　　）

9. 制作蛋液时操作人员每工作 2h，应进行洗手和消毒一次。（　　　）

10. 蛋液杀菌既要杀死致病菌及其中绝大多数微生物，又不能使蛋白质变性。（　　　）

三、选择题

1. 制作溏心皮蛋配制的腌制料液的氢氧化钠浓度夏季一般为（　　　）。

A. 3%～4%　　　　　　B. 4.5%～5.5%　　　　　　C. 5%～6%　　　　　　D. 6%～7%

2. 腌制成熟的咸蛋与鲜蛋相比蛋白（　　　）。

A. 无变化　　　　　　B. 变稀　　　　　　C. 变浓　　　　　　D. 变黑

3. 蛋液制品加工时，用漂白粉消毒后的蛋洗涤时可选用的水为（　　　）。

A. 热水　　　　　　B. 温水　　　　　　C. 冷水　　　　　　D. 对水温无要求

4. 对茶叶在皮蛋加工中的作用描述不正确的为（　　　）。

A. 使蛋白质凝固　　　　　　　　　　　　B. 增加皮蛋颜色和风味

C. 增加皮蛋风味　　　　　　　　　　　　D. 使蛋白凝胶体内有松针状的结晶花纹

5. 用草木灰法加工咸蛋对工艺描述不正确的为（　　　）。

A. 草木灰最好过筛处理　　　　　　　　　　B. 最好选用稻草灰

C. 草木灰应新鲜、干燥、无异味　　　　　　D. 必须使用刚燃烧的草木灰

6. 对溏心皮蛋制作的包泥处理工艺描述不正确的为（　　　）。

A. 保护蛋壳，防止破损　　　　　　　　　　B. 延长保存期

C. 促进皮蛋后熟　　　　　　　　　　　　　D. 黄土用清水调制

7. 加工蛋液对全蛋液巴氏杀菌我国采用的杀菌方法为（　　　）。

A. 60℃、3.5min　　　　　　　　　　　　B. 64.4℃、2.5min

C. 64.5℃、3min　　　　　　　　　　　　D. 65.5℃、3min

8. 加工冰蛋制品下列制作工艺不正确的为（　　　）。

A. －20℃下冻结　　　　　　　　　　　　　B. －18℃下保藏

C. 打蛋前蛋壳可以不进行消毒　　　　　　　D. 蛋液冷冻前可以进行杀菌

9. 制作蛋白片蛋液发酵达到终点，其 pH 值为（　　　）。

A. 4～5　　　　　　B. 5.2～5.4　　　　　　C. 5.5～6　　　　　　D. 6 以上

10. 不能使用的蛋液脱糖方法为（　　　）。

A. 细菌发酵法　　　　B. 酵母发酵法　　　　C. 霉菌发酵法　　　　D. 加酶法

四、填空题

1. 皮蛋又称_____是我国著名蛋制品。皮蛋种类很多，按蛋黄是否凝固可分为_____和_____。

2. 制作硬心皮蛋，冷却后的料泥投入和料机中进行锤打，至泥料发黏似糯糊状为止，此时的料泥称为_____。

3. 咸蛋加工常用的方法有_____、_____和_____等。

4. 对蛋壳进行消毒常用的方法有_____、_____和_____。

5. 蛋液制取中使用的打蛋机等设备每连续工作_____小时应进行一次清洗和消毒；人工打蛋用的器具每_____小时要清洗消毒一次。

6. 冰蛋分为_____、_____、_____三种；蛋液经过杀菌的为_____冰蛋。

7. 干蛋品分为_____和_____，蛋粉分为_____、_____和_____三种。

8. 蛋白片的干制加热方式有_____和_____两种方法。

9. 蛋粉加工干燥方法最常用方法有_____干燥、_____干燥、_____干燥等。

五、简答题

1. 加工皮蛋使用的辅助材料有哪些？

2. 简述溏心皮蛋和硬心皮蛋的加工方法。

3. 咸蛋的腌制方法有哪几种？用盐水浸泡法如何腌制咸蛋？

4. 简述蛋液的加工方法。

5. 如何提高蛋液加工品的卫生质量？

6. 蛋液脱糖是什么含义？为什么要对蛋液脱糖？蛋液脱糖的方法有哪些？

7. 简述蛋白片和蛋粉的加工方法。

六、技能题

1. 掌握无铅松花蛋的制作过程。

2. 掌握蛋白片的制作过程。

【实训三十七】　无铅松花蛋的制作

一、实训目的

掌握无铅松花蛋的制作方法；加深对松花蛋加工理论知识的理解和掌握。

二、实训原理

禽蛋中的蛋白质在碱性条件下发生变性而凝固。蛋白质或氨基酸的氨基和糖类的羰基发生美拉德反应生成褐色或棕褐色；蛋白质分解生成的硫化氢与蛋黄内的金属离子反应，形成多种颜

色；辅料中的色素等，对松花蛋的色泽也有影响。蛋白质的水解、氨基酸的氧化脱氨基及分解产生硫化氢，这一系列复杂的生化反应和辅料的共同作用，形成了松花蛋特有的风味。

三、主要设备及原辅料

1. 主要设备及用具 台秤、天平、缸、照蛋器、电炉、盆、勺子、木棒、胶皮手套、酸式滴定管、滴定台、三角瓶、量筒、移液管、吸耳球等。

2. 原辅料 鸭蛋、生石灰、纯碱、红茶、食盐、硫酸锌、草木灰、石蜡（52～60 号）、水、氯化钡、盐酸、酚酞等。

四、实训方法和步骤

1. 原料蛋的选择 制作松花蛋选用的鸭蛋要求新鲜。用照蛋器透视检验时，气室高度不应高于 9mm，蛋内容物呈均匀一致的微红色，蛋黄不见或略见暗影，胚珠无发育现象，转动蛋时可略见蛋黄随之转动。去除破壳蛋、热伤蛋、胚珠发育蛋、贴皮蛋、散黄蛋、腐败蛋、霉蛋、绿色蛋白蛋、水泡蛋、钢壳蛋、沙壳蛋等不适宜加工的原料蛋，并根据大小、色泽等进行分级。

2. 辅料的选择

（1）生石灰 使用的生石灰要求白色、密度小、块大、纯度高，低于 75% 的不能使用。

（2）纯碱（Na_2CO_3） 纯碱要求白色粉末、无结块、纯度在 96% 以上。不宜选用普通黄色的老碱或土碱。若使用老碱，应进行灼热处理，除去水分和二氧化碳。

（3）茶叶 应选用新鲜、质纯、干燥、无霉变的红茶或红茶末。

（4）食盐 加工皮蛋要求使用 NaCl 含量在 96% 以上的干燥粗盐。

（5）硫酸锌 应选用食品级无色、透明的棱柱状体或小针状体，或是粒状结晶状粉末，无臭味。

（6）草木灰 应选用新鲜、纯净、均匀、干燥的草木灰。

（7）石蜡 选用 52～60 号食品石蜡，要求无色或白色、无臭、无味。

（8）水 必须符合我国饮用水质量标准，一般用清洁的井水或自来水。

3. 料液配制

（1）配方（以 500 枚鸭蛋计） 水 25kg、生石灰 4.5～5.5kg、纯碱 1.7～1.9kg、红茶（末）0.5～0.7kg、草木灰 0～1.2kg、食盐 0.7～1.1kg、硫酸锌 50～60g。

（2）配料方法 把称量好的纯碱、食盐、红茶末、水放入锅内煮沸，再依次加入硫酸锌、草木灰（根据选定的配方加入或不使用），搅拌使之混合均匀，最后分次加入生石灰。当配料停止沸腾后，搅拌配料，捞出配料中的石块，再用等重量的石灰补足。

调配好的料液冷却后待用。春秋季温度控制在 17～20℃，夏季 25～27℃。

（3）料液碱度测定 料液中碱浓度是否适当，需经过检验后才可使用。用移液管移取澄清料液 4mL，注入 300mL 三角瓶中，加入 100mL 蒸馏水，再加入 10% 的氯化钡 10mL，摇匀静置片刻，加入 0.5% 酚酞指示剂 3 滴，用 0.1mol/L 盐酸标准溶液滴定至终点。所消耗的盐酸的体积（mL）乘以 10，即相当于氢氧化钠在料液中含量的百分数。春秋季要求 4%～5%，夏季要求 4.5%～5.5%。碱液浓度过高或过低，应进行调整。

（4）装缸、注料 将蛋轻轻放入缸内，装蛋至距缸口 10～15cm，蛋上加盖竹箅，并用竹条卡紧缸壁，再将检验合格并冷却的料液在不停搅拌下徐徐倒入缸内，使料液浸没最上层蛋 5cm以上。用塑料薄膜和麻绳密封好缸口，贴上标签等。

（5）浸泡期管理 最适宜温度为 20～25℃，春秋季不低于 15℃，夏季最高不要超过 30℃。浸泡过程中需进行三次检查。

① 第一次检查。夏季经 5～6d，春秋季经 6～8d 用照蛋法检验。若蛋黄紧贴蛋壳的一边，类似鲜蛋的红贴壳、黑贴壳、蛋白呈阴暗状，说明蛋凝固良好，料液碱度适宜。若还像鲜蛋一样，说明碱浓度不足，应补加碱。若全蛋绝大部分发黑，说明料液过浓，应提前出缸或向缸内加入凉开水稀释料液。

② 第二次检查。蛋入缸 15～20d 进行剥壳检查，正常的蛋应为蛋白凝固、表面光洁，色泽褐黄带青，蛋黄部分变成褐绿色。

③ 第三次检查。蛋入缸后 20～30d，剥壳检查，蛋白不粘壳，蛋白凝固、坚实、表面光洁呈

墨绿色，蛋黄呈绿褐色，蛋黄中心呈淡黄色溏心，说明蛋已成熟。若发现蛋烂头或粘壳，则料液碱性强，应提前出缸。若蛋白柔软，色泽发青，浸泡时间应延长。

（6）出缸　松花蛋成熟时间一般为30～40d。成熟的松花蛋用手抛起，落到手心时有轻微的弹震感，灯光照蛋时钝端呈灰黑色，尖端呈红色或棕黄色。成熟的蛋即可出缸。捞出的蛋用凉开水冲洗干净，再晾干水分。

（7）品质检验　一般采用"一观、二掂、三摇、四照"进行检验。

① 观。看蛋壳是否完整，壳色是否正常，剔除皮壳黑斑过多蛋和裂纹蛋。

② 掂。将蛋抛起15～20cm，落在手中有轻微弹性，并有沉甸甸的感觉者为优质蛋；无弹性者为次劣蛋。

③ 摇。用拇指、中指捏住皮蛋的两端，在耳边摇动，若听到有水流声则为水响蛋；一端有水响声的为烂头蛋；几乎无水响声的为优质蛋。

④ 照。即用灯光照蛋，若看到皮蛋大部分呈黑色（深褐色），少部分呈黄色或浅红色，且稳定不流动者，即为优质蛋。

（8）涂蜡　把石蜡加热至95～110℃使其熔化，把松花蛋放入石蜡中并迅速取出，冷却后皮蛋表面就覆盖上一层石蜡。

（9）装缸（箱）、贮藏　涂蜡后的松花蛋放入缸内或瓦楞纸箱内贮藏，贮藏环境要求通风、干燥、阴凉，温度控制在10～20℃。经10～30d后熟即为成品。在上述条件下松花蛋的贮藏期一般为2～4个月。

五、实训结果分析

成品蛋壳应完整，无霉变；去壳后的蛋白有弹性，胶凝形态完整，光润半透明，呈青褐、棕褐或棕黄色；蛋黄略带溏心，呈深浅不同的墨绿色或黄色；具有松花蛋应有的滋味和气味，无异味。根据以上指标，检验加工的松花蛋制品，若出现异常，应分析造成的原因（表1）。

表1　产品评定记录表

评定项目	标准分值	实际得分	扣分原因或缺陷分析
蛋壳	10		
蛋白状态	10		
蛋白颜色	10		
蛋黄状态	10		
蛋黄颜色	10		
气味	10		
滋味	10		

六、注意事项

1. 选用原辅材料一定要符合要求。
2. 料液应检验合格后才能使用。
3. 入缸蛋在浸泡的期间最好不要移动或摇动。
4. 按要求进行定期检查。
5. 记录好日期、制作期的温度、每次的检验结果等。

【实训三十八】　蛋白片的制作

一、实训目的

掌握蛋白片的制作方法；加深对蛋白片加工理论知识的理解和掌握。

二、实训原理

蛋白液中含有87.3%～88.6%的水分和0.4%的葡萄糖，通过发酵除去葡萄糖，可防止与蛋白质或氨基酸发生美拉德反应，而影响产品质量。在不使蛋白质变性的前提下，蛋液在52～56℃

加热除去水分，形成含水约24％的湿片，再进行干燥使水分降至不高于16％。

三、主要设备及原辅料

1. 主要设备及用具 照蛋器、打蛋器、不锈钢桶、水浴锅、不锈钢浅盘、40目铜丝布、勺子、镊子、钢丝网架、干燥箱、精密pH试纸（或酸度计）、刷子、打泡沫板、塑料箱（带盖子）、马口铁罐等。

2. 原辅料 鸡蛋、漂白粉、纯氨水、凡士林等。

四、实训方法和步骤

1. 工艺流程

2. 操作步骤

（1）原料蛋检验 用于加工蛋白片的原料蛋必须新鲜，经照蛋检验合格后，才能使用。

（2）洗涤 用温水（高于蛋温7℃以上）洗去蛋壳表面的污物。

（3）消毒、清洗 用含有效氯0.015％～0.01％的漂白粉溶液，浸泡蛋5～6min，对蛋壳进行消毒。捞出用温水洗去余氯。

（4）晾蛋 晾干蛋表面的水分，可在40～50℃下进行烘干。

（5）制蛋白液 用打蛋器把蛋白和蛋黄分开，把制取的蛋白液放入不锈钢桶内。

（6）搅拌、过滤 搅拌使蛋液混合均匀，过滤除去碎蛋壳、蛋壳膜等。

（7）发酵 将过滤后的蛋白液倒入经杀菌过的不锈钢桶（加入量不要超过桶容积的3/4），盖上盖子。控制温度26～30℃，发酵时间一般需要30～50h。当发酵液的泡沫不再上升，并开始下塌，表面裂开，裂开处有一层白色的小泡出现，或发酵液的pH为5.2～5.4，即发酵达到终点。

（8）过滤、中和 用40目铜丝滤布除去发酵醪中的杂质，再缓慢加入纯氨水，把发酵醪调至pH为7.2～7.8。

（9）烘制 水浴锅温度调至55～56℃，把不锈钢烘盘（深5cm以上）浸在热水里。当盘内干燥后用刷子抹上一层洁白凡士林，然后在盘内注入深2～2.5cm蛋白液。加热2h左右，要用打泡沫板刮去水沫，加热8～9h刮去油沫。加热11～13h表面开始形成薄片，再经过1～2h，薄片厚度可达1cm，此时可进行第一次揭片。双手各拿一个竹镊，从一端的两边缓缓揭起，然后干面向上，湿面向下放在钢丝网架上，使附着的蛋白液流下。第一次揭片后约50min进行第二次揭片，再经过30min进行第三次揭片。

（10）干燥 待湿面稍干后放入干燥箱进行干燥，干燥温度为45～50℃，约4～5h水分含量降至16％以下。

（11）挑选、分级 将大片蛋白分成2cm的小片，处理过程中拣出厚片、湿片、无光片、杂质及含杂质片等。厚片、湿片应再次进行干燥，去除含杂质片等。

（12）回软 把挑选分级后的蛋白片放入塑料箱，加盖密封好，约放置2～3d进行回软。

（13）包装、成品 蛋白片可采用马口铁罐或复合铝箔进行包装，密封后即为成品。

五、实训结果分析

制作出的蛋白片呈晶片状，均匀浅黄色，具有蛋白片的正常气味，无异味，无杂质。对照标准，比较加工出的产品。可按表1进行产品评定。

表1　产品评定记录表

评定项目	标准分值	实际得分	扣分原因或缺陷分析
外观	10		
颜色	10		
气味	10		
碎屑率	10		
杂质	10		

六、注意事项

1. 制作过程各环节应加强卫生管理，严格按规范进行。
2. 揭片要缓慢，防止把片撕破。
3. 严格控制水浴加热温度，防止温度过高使蛋白质变性。
4. 包装应密封完好，防止蛋白片吸水。

参 考 文 献

[1] Joseph Kerry. 现代肉品加工与质量控制. 任发政译. 北京：中国农业大学出版社，2006.
[2] 葛长荣等. 动物性食品加工学. 北京：中国轻工业出版社，2004.
[3] 靳烨. 畜禽食品工艺学. 北京：中国轻工业出版社，2004.
[4] 刘希良，葛长荣. 肉品工艺学. 昆明：云南科学技术出版社，1997.
[5] 周光宏. 畜产食品加工学. 北京：中国农业大学出版社，2002.
[6] 周光宏. 畜产品加工学. 北京：中国农业出版社，2002.
[7] 孔保华. 肉品科学与技术. 北京：中国轻工业出版社，2003.
[8] 周光宏. 肉品学. 北京：中国农业科学技术出版社，1999.
[9] 孔保华. 肉制品工艺学. 哈尔滨：黑龙江科学技术出版社，1996.
[10] 陈伯祥. 肉与肉制品工艺学. 南京：江苏科学技术出版社，1993.
[11] 李慧文. 羊肉制品678例. 北京：科学技术文献出版社，2003.
[12] 上海市教育委员会组编. 食品冷冻冷藏原理与设备. 北京：机械工业出版社，2004.
[13] 冯志哲. 食品冷藏学. 中国轻工业出版社，2002.
[14] 谢晶. 食品冷冻冷藏原理与技术. 化学工业出版社，2005.
[15] 李勇. 食品冷冻加工技术. 化学工业出版社，2005.
[16] 蒋爱民. 畜产食品工艺学. 北京：中国农业出版社，2000.
[17] 张文正. 肉制品加工技术. 北京：化学工业出版社，2007.
[18] 赵瑞香. 肉制品生产技术. 北京：科学出版社，2006.
[19] 蒋爱民. 肉制品工艺学. 陕西：山西科学技术出版社，1996.
[20] 南庆贤. 肉类工业手册. 北京：中国轻工业出版社，2003.
[21] 葛长荣，马美湖. 肉与肉制品工艺学. 北京：中国轻工业出版社，2002.
[22] 任发政等. 实用肉品与蛋品加工. 北京：中国农业出版社，2001.
[23] 杨宝进等. 现代食品加工学. 北京：中国农业大学出版社，2006.
[24] 刘玺. 畜禽肉类加工技术. 郑州：河南科学技术出版社，1997.
[25] 黄德智，张向生. 新编肉制品生产工艺与配方. 北京：轻工业出版社，2004.
[26] 夏文水. 肉制品加工原理与技术. 北京：化学工业出版社，2003.
[27] 马美湖. 现代畜产品加工学. 长沙：湖南科学技术出版社，2001.
[28] 刘俊利. 西式盐水火腿工艺与产品质量浅析. [J] 肉类研究，2003，（02）.
[29] 孙建全. 西式火腿加工技术. [J] 中小企业科技，2000，（02）.
[30] 李胜利. 西式盐水火腿在生产加工中出现的问题及产生原因. [J] 肉类工业，1998，（08）.
[31] 谢宗清，王江红. 西式盐水火腿工艺与产品质量浅析. [J] 山东食品科技，1998，（02）.
[32] 骆承庠. 畜产品加工工艺学. 北京：中国农业出版社，1990.
[33] 蒋爱民. 畜产品加工学实验指导（21世纪教材）. 北京：中国农业出版社，2005.
[34] 顾瑞霞. 乳与乳制品的生理功能特性. 北京：中国轻工业出版社，2000.
[35] 郭本恒. 干酪. 北京：化学工业出版社，2004.
[36] 郭本恒. 现代乳品加工学. 北京：中国轻工业出版社，2001.
[37] 马美湖，葛长荣等. 动物性食品加工学. 北京：中国轻工业出版社，2003.
[38] 内蒙古轻工科研所. 乳品工艺学. 北京：中国轻工业出版社，1989.
[39] 乳品工业手册编写组. 乳品工业手册. 北京：中国轻工业出版社，1987.
[40] 武建新. 乳制品生产技术. 北京：中国轻工业出版社，2002.
[41] 曾寿瀛. 现代乳与乳制品加工技术. 北京：中国农业出版社，2003.
[42] 张和平，郭军等. 免疫乳. 北京：中国轻工业出版社，2002.
[43] 张兰威，李晓东等. 无公害乳品生产加工综合技术. 北京：中国农业出版社，2003.
[44] 罗红霞. 畜产品加工技术. 北京：化学工业出版社，2007.
[45] 陈志. 乳品加工技术. 北京：化学工业出版社，2006.
[46] GB 13102—2005.
[47] 彭增起. 畜产品加工学试验指导. 北京：中国农业出版社，2005.
[48] 张忠学. 食品工艺学（下册）. 北京：中国轻工业出版社，1991.
[49] 张和平，张列兵. 现代乳品工业手册. 北京：中国轻工业出版社，2005.
[50] 张和平，张佳程. 乳品工艺学. 北京：中国轻工业出版社，2007.
[51] 谢继志. 液态乳制品科学与技术. 北京：中国轻工业出版社，1999.
[52] 张兰威. 乳与乳制品工艺学. 北京：中国农业出版社，2006.

［53］ 郭本恒．乳制品．北京：化学工业出版社，2001.

［54］ 农业部工人技术培训教材编审委员会编．乳品生产技术Ⅱ．北京：中国农业出版社，1997.

［55］ 高福成．现代食品工程高新技术．北京：中国轻工业出版社，2006.

［56］ 骆承庠．乳与乳制品工艺学．中国农业出版社，1999.

［57］ 顾瑞霞．乳与乳制品工艺学．中国计量出版社，2006.

［58］ 蒋爱民．乳与乳制品工艺学．西安：陕西科学技术出版社，1997.

［59］ 李建强．乳品加工技术．兰州：甘肃科学技术出版社，1994.

［60］ 郭本恒．功能性乳制品．北京：中国轻工业出版社，2001.

［61］ 张富新．畜产品加工技术．北京：中国轻工业出版社，2002.

［62］ Ralp Early．乳制品生产技术．张国农，吕兵，卢蓉蓉译．北京：中国轻工业出版社，2002.

［63］ 杨慧芳，刘铁玲．畜禽水产品加工与保鲜．北京：中国农业出版社，2002.

［64］ 孔保华．乳品科学与技术．北京：科学出版社，2004.

［65］ 薛效贤，薛芹．乳品加工技术及工艺配方．北京：科学技术文献出版社，2004.

［66］ 柴金贞．乳品生产技术Ⅱ．北京：中国农业出版社，1997.

［67］ 郭本恒．乳粉．北京：化学工业出版社，2003.

［68］ 曹劲松．初乳功能性食品．北京：中国轻工业出版．2002.

［69］ 宋昆冈．牛初乳的功能和行业规范．中国乳品工业协会．2006.

［70］ 高真．蛋制品工艺学．北京：中国商业出版社，1992.

［71］ 刘宝家，李素梅，柳东．食品加工技术、工艺和配方大全续集2（中）．北京：科学技术文献出版社，1995.

［72］ 周永昌等．实用蛋品加工技术．北京：农业出版社，1990.